国家示范性高等职业院校电气化铁道技术专业系列

省级示范性特色专业系列教材

电力牵引变流与传动技术

主　编　李华柏　陶　艳

副主编　段树华　黄　杰

主　审　张　莹

西南交通大学出版社

·成　都·

内容简介

本书可作为高等学校铁道类专业电力牵引变流技术、电力牵引与传动系统的教材，全书依照电力电子技术交-直整流、直流斩波、直-交逆变、交-直-交变压变频的模块结构，以四种典型的电力牵引传动系统作为项目载体进行编写。四个项目分别是：直流机车牵引变流与传动系统，直流城轨车辆牵引变流与传动系统，交流城轨车辆牵引变流与传动系统，交传机车牵引变流与传动系统，涵盖了电力电子技术的交-直整流、直流斩波、交流调压、直-交逆变的全部内容。

本书不仅适合大中专院校铁道类专业的电力牵引变流技术与电力牵引传动系统的教学，还可以供从事电力牵引与传动的有关科技人员学习参考。

图书在版编目（CIP）数据

电力牵引变流与传动技术 / 李华柏，陶艳主编. —成都：西南交通大学出版社，2015.5（2021.10 重印）
国家示范性高等职业院校电气化铁道技术专业系列教材　省级示范性特色专业系列教材
ISBN 978-7-5643-3875-6

Ⅰ. ①电… Ⅱ. ①李… ②陶 Ⅲ. ①电力牵引－变流－电力传动系统－高等职业教育－教材 Ⅳ. ①TM922

中国版本图书馆 CIP 数据核字（2015）第 093690 号

国家示范性高等职业院校电气化铁道技术专业系列教材
省级示范性特色专业系列教材

电力牵引变流与传动技术
主编　李华柏　陶　艳

责任编辑	孟苏成
封面设计	墨创文化
出版发行	西南交通大学出版社 （四川省成都市金牛区二环路北一段 111 号 西南交通大学创新大厦 21 楼）
发行部电话	028-87600564　028-87600533
邮政编码	610031
网址	http://www.xnjdcbs.com
印刷	四川森林印务有限责任公司
成品尺寸	185 mm × 260 mm
印张	18.75
字数	467 千
版次	2015 年 5 月第 1 版
印次	2021 年 10 月第 3 次
书号	ISBN 978-7-5643-3875-6
定价	48.80 元

课件咨询电话：028-81435775

前　言

本书以现代轨道交通电力牵引与传动为主线，全面分析了不同类型传动系统的电力牵引变流技术。本书依据电力电子技术交-直整流、直流斩波、直-交逆变、交-直-交的模块结构，以四种典型的传动系统作为项目载体进行编写。四个项目分别是：直流机车牵引变流与传动系统，直流城轨车辆牵引变流与传动系统，交流城轨车辆牵引变流与传动系统，交传机车牵引变流与传动系统，分别对应于电力电子技术中的交-直整流、直流斩波、直-交逆变、交-直-交压变频，将电力牵引变流与电力电子技术密切结合起来，使铁道类专业的学生在学习电力电子技术时能有的放矢，将所学内容与轨道交通牵引传动密切结合起来。本教材突出专业技术知识的实用性、综合性和先进性，适合以理实一体化课堂的形式进行教学，将所学知识与生产现场实际有效结合，真正实现了理论与实践的有机融合。通过该系列项目的学习，学生能够掌握电力牵引变流技术的专业基础知识，而且具备不同类型的牵引传动系统检查维护和电气调试的专业知识和专业技能，真正掌握工作岗位需要的各项技能和相关专业知识。

本书由湖南铁道职业技术学院李华柏、陶艳任主编，段树华、黄杰任副主编，湖南铁道职业技术学院张莹教授主审。在编写的过程中，得到了徐立娟老师的指导与大力支持。李华柏编写项目一；黄杰、段树华共同编写项目二； 李华柏、陶艳、贺婷共同编写项目三（李华柏编写任务一与任务二，陶艳编写任务三与任务四，贺婷编写任务五）；汪科、李华柏、李建忠共同编写项目四（汪科编写任务一与任务二，李建忠编写任务三与任务四，李华柏编写拓展任务）。

在编写的过程中，本书参考了一些国内外的专业书籍、文章及相关资料，在此编者对这些文献、资料的作者表示诚挚的谢意。

由于编者水平所限，书中难免有纰漏和不妥之处，恳请各位读者批评指正，以期再版时修改。

作　者

2015 年 1 月

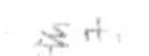

目　录

项目一　直流机车牵引变流与传动系统

【项目描述】

电力牵引系统分为两大类，一类是采用直流牵引电动机的牵引系统，我们称为直流传动系统；另一类是采用交流异步牵引电动机的牵引系统，我们称为交流传动系统。

对于交流传动系统，在变频调速技术成熟以前，变极调速、定子调压调速、转差离合器调速等都只在一些特定场合有一定的应用，但由于其性能较差，很难运用在机车的牵引传动系统中。而直流调速系统具有较优良的静态、动态性能指标，且控制简单，因此，早期的电力机车基本上采用直流牵引传动系统。

交-直电力机车采用交流制供电，在这种供电制下，牵引变电所将三相交流电改变成工频 25 kV 单相交流电后送到接触网上，再经受电弓送至机车牵引变压器进行降压，整流后送给直流串励电动机。串励电动机最大的优点是调速简单，只要改变电动机的端电压，就能很方便地在较大范围内实现对机车的调速。交-直内燃机车的传动方式是采用交流牵引发电机，通过大功率硅整流器将交流电变为直流电，然后供给数台直流牵引电动机。交流发电机无换向器，克服了制造大功率直流牵引发电机换向时所出现的困难，并且结构简单、运用可靠、省铜、质量轻、维护简便，保留了直流牵引电动机的调速性能的特点。

韶山系列电力机车的电传动系统是按通用化、标准化、系列化原则设计的交-直传动电力机车，由主电路、辅助电路和控制电路组成。

本项目以 SS_6 型电力机车为例，主要介绍直流牵引传动系统的总体结构、各组成部分的功能、主电路的工作原理。任务一介绍单相整流电路的调试，任务二介绍 SS_{6B} 型机车牵引传动系统的维护与调试，任务三介绍了三相整流电路的结构与工作原理。

【学习目标】

（1）掌握交-直电力机车牵引传动系统的结构及主电路工作原理与基本控制原理。

（2）了解交-直电力机车直流牵引传动系统的主要设备及其功能。

（3）掌握直流牵引传动系统常用电力电子器件的结构与工作原理及特性。

（4）掌握直流牵引电机的结构、工作原理与技术参数。

（5）掌握交-直机车调速与制动的工作原理。

（6）掌握利用相关仪器、设备对交-直机车直流牵引传动系统维护、调试及常见故障分析与检修的能力。

（7）掌握牵引变流器检查维护的安全操作规范。

【项目导入】

机车一般采用内燃牵引与电力牵引两大类牵引传动系统作为牵引力来源。早期以内燃牵引为主，自从电气化铁路问世以来，电力牵引因其功率大、速度高、效率高、过载能力强逐步成为机车牵引的主流。

图 1-1 是电力机车牵引传动系统结构示意图。

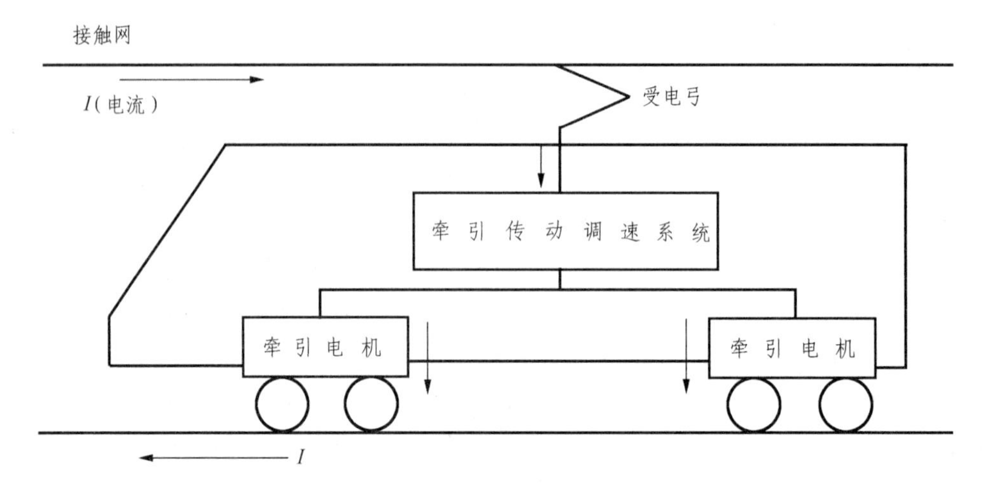

图 1-1 电力机车传动系统示意图

轨道交通车辆电力传动方式按接触网和牵引电动机所采用的电流制式进行分类,可分为：直-直流传动、交-直流传动、直-交流传动、交-直-交流传动。

本项目主要介绍交-直流电力机车牵引传动系统。

图 1-2（a）是内燃机车的直流牵引传动系统示意图，图 1-2（b）是直流电力机车主牵引传动系统示意图。采用交流 25 kV、50 Hz 交流电供电，通过相控整流调压、直流斩波调压对直流牵引电动机供电，实现牵引电机速度与功率的调节。

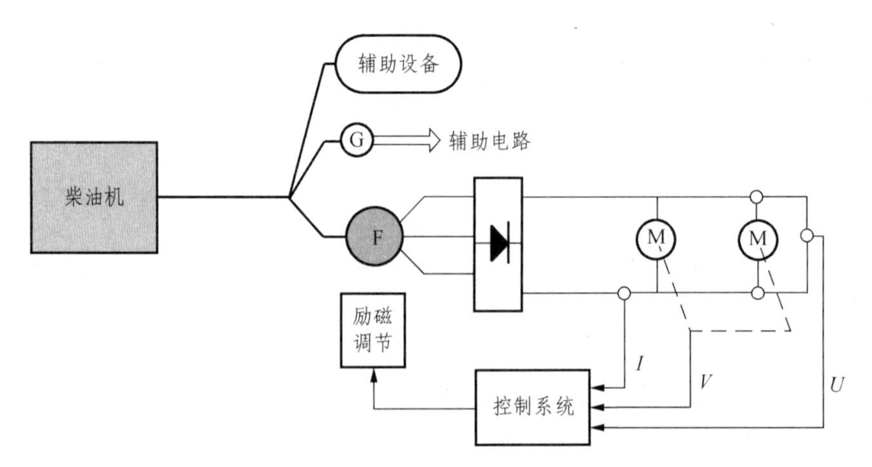

（a）内燃机车直流牵引传动系统示意图

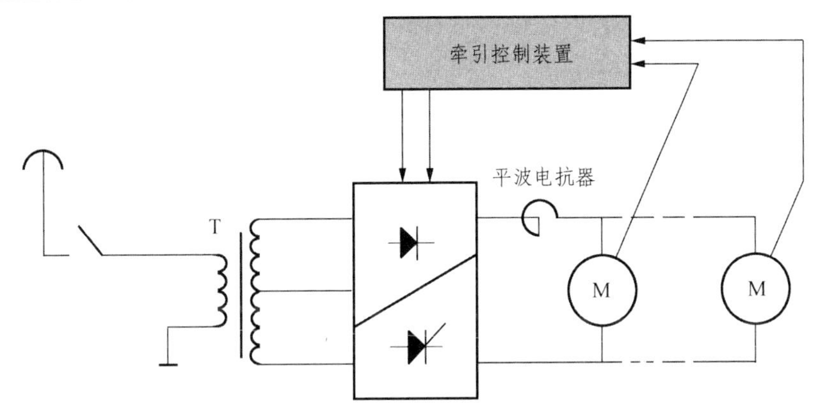

（b）电力机车直流牵引传动系统示意图

图 1-2　交-直流传动系统示意图

任务一　单相整流电路

【学习目标】

（1）能使用万用表测试晶闸管和单结晶体管的好坏。
（2）会对晶闸管进行选型。
（3）掌握晶闸管工作原理、特性及在整流电路中的应用。
（4）能熟练分析单相半波、单相桥式整流电路的工作原理。
（5）能对单相整流电路各物理量进行计算。
（6）能熟练分析单结晶体管触发电路的工作原理。
（7）熟悉触发电路与主电路电压同步的基本概念。

【任务导入】

韶山系列电力机车主要采用三段桥整流技术。在分析三段桥整流技术之前，首先介绍基本的整流电路。整流电路的主要作用是将交流电经过电力电子装置转变为直流电。整流电路按输入交流电的相数可以分为单相整流电路与三相整流电路。单相整流电路输入的是单相交流电。本任务主要介绍整流器件晶闸管的结构、原理、特性以及单相整流电路的结构、类型及工作原理。

1.1　晶闸管的结构、工作原理与特性

1.1.1　晶闸管的结构

晶闸管（Silicon Controlled Rectifier，SCR）是一种大功率 PNPN 四层半导体元件，具有三个 PN 结，引出三个极，阳极 A、阴极 K、门极（控制极）G，其外形如图 1-3（a）所示。

图 1-3（b）所示为晶闸管的图形符号及文字符号。

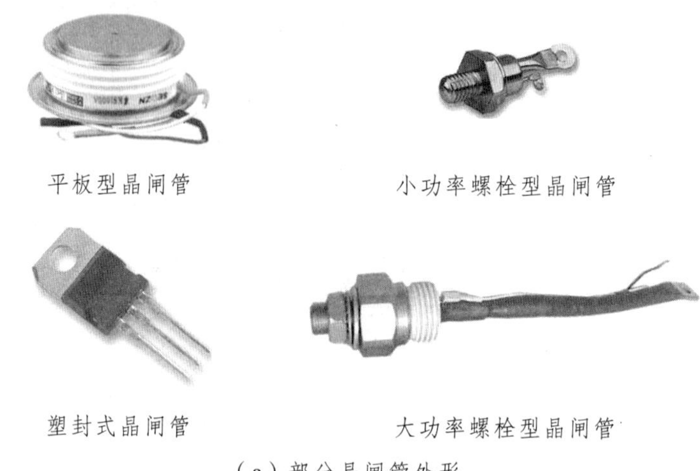

平板型晶闸管　　小功率螺栓型晶闸管

塑封式晶闸管　　大功率螺栓型晶闸管

（a）部分晶闸管外形

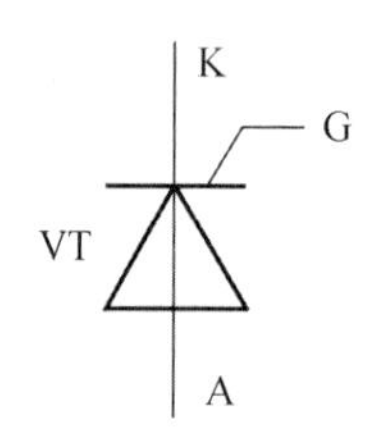

（b）电气图形符号及文字符号

图 1-3 晶闸管的外形及符号

晶闸管的内部结构和等效电路如图 1-4 所示。

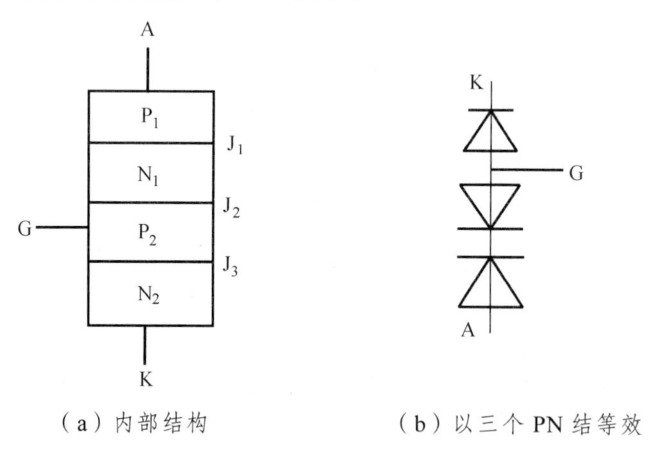

（a）内部结构　　（b）以三个 PN 结等效

图 1-4 晶闸管的内部结构

1.1.2 晶闸管的工作原理

为了说明晶闸管的工作原理，先做一个实验，实验电路如图 1-5 所示。阳极电源 E_a 通过晶闸管的阳极 A 与阴极 K 连接到白炽灯，组成晶闸管的主电路。流过晶闸管阳极的电流称阳极电流 I_a，晶闸管阳极和阴极两端的电压，称阳极电压 U_a。门极电源 E_g 连接晶闸管的门极 G

与阴极 K，组成控制电路亦称为触发电路。流过门极的电流称门极电流 I_g，门极与阴极之间的电压称门极电压 U_g。用灯泡来观察晶闸管的通断情况。

（1）按图 1-5（a）接线，阳极和阴极之间加正向电压，门极和阴极之间不加电压，指示灯不亮，晶闸管不导通。

（2）按图 1-5（b）接线，阳极和阴极之间加正向电压，门极和阴极之间加正向电压，指示灯亮，说明晶闸管已经导通。

（3）按图 1-5（c）接线，阳极和阴极之间加反向电压，门极和阴极之间加正向电压，指示灯不亮，晶闸管不导通。

通过以上实验，可以得出结论：

（1）当晶闸管承受反向阳极电压时，无论门极是否有正向触发电压，晶闸管都不导通，只有很小的反向漏电流流过管子，这种状态称为反向阻断状态。说明晶闸管像整流二极管一样，具有单向导电性（见表 1-1）。

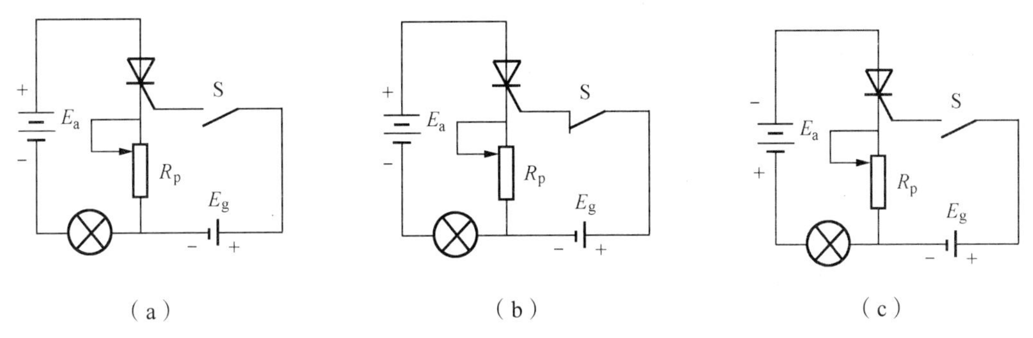

图 1-5　晶闸管导通与关断实验电路

表 1-1　晶闸管导通和关断实验

实验顺序		实验前灯的情况	实验时晶闸管条件		实验后灯的情况	结　论
			阳极电压 U_a	门极电压 U_g		
导通实验	1	暗	反向	反向	暗	晶闸管在反向阳极电压的作用下，不论门极为何种电压，它都处于关断状态
	2	暗	反向	零	暗	
	3	暗	反向	正向	暗	
	1	暗	正向	反向	暗	晶闸管同时在正向阳极电压与正向门极电压的作用下，才能导通
	2	暗	正向	零	暗	
	3	暗	正向	正向	亮	
关断实验	1	亮	正向	正向	亮	已导通的晶闸管在正向阳极的作用下，门极失去控制作用
	2	亮	正向	零	亮	
	3	亮	正向	反向	亮	
	4	亮	正向（逐渐减小到接近于零）	任意	暗	晶闸管在导通状态时，当阳极电压减小到接近于零时，晶闸管关断

（2）当晶闸管承受正向阳极电压时，门极加上反向电压或者不加电压，晶闸管不导通，这种状态称为正向阻断状态。这是二极管所不具备的。

（3）当晶闸管承受正向阳极电压时，门极加上正向触发电压，晶闸管导通，这种状态称为正向导通状态。这就是晶闸管闸流特性，即可控特性。

（4）晶闸管一旦导通后维持阳极电压不变，将触发电压撤除管子依然处于导通状态。即导通后门极对管子不再具有控制作用。晶闸管导通后的管压降为 1 V 左右，主电路中的电流 I 由灯泡电阻和 R_p 以及 E_a 的大小决定。

（5）当 $U_{AK}<0$ 时，无论晶闸管原来处于怎样的状态，都会使灯泡熄灭，即此时晶闸管关断。其实，在流过晶闸管的电流逐渐降低（通过调整电位器 R_p）至某一个较小的数值时，刚刚能够维持 SCR 导通，如果再继续降低阳极电流，SCR 就会关断，该电流称为 SCR 的维持电流。

由此可以总结晶闸管的导通与关断条件：

（1）晶闸管导通条件：阳极与阴极间加正向电压、门极与阴极间加适当正向电压。

（2）关断条件：流过晶闸管的电流小于维持电流；阳极与阴极间加反向电压。

1.1.3 晶闸管导通关断的原理

由晶闸管的内部结构可知，它是一个四层（$P_1N_1P_2N_2$）三端（A、K、G）结构的半导体器件，有三个 PN 结，即 J_1、J_2、J_3。因此可用三个串联的二极管等效，如图 1-4 所示。当阳极 A 和阴极 K 两端加正向电压时，J_2 处于反偏，$P_1N_1P_2N_2$ 结构处于阻断状态，只能通过很小的正向漏电流，当阳极 A 和阴极 K 两端加反向电压时，J_1 和 J_3 处于反偏，$P_1N_1P_2N_2$ 结构也处于阻断状态，只能通过很小的反向漏电流，所以晶闸管具有正反向阻断特性。

晶闸管的 $P_1N_1P_2N_2$ 结构还可以等效为两个互补连接的晶体管，如图 1-6 所示。晶闸管导通关断的原理可以通过等效电路来分析。

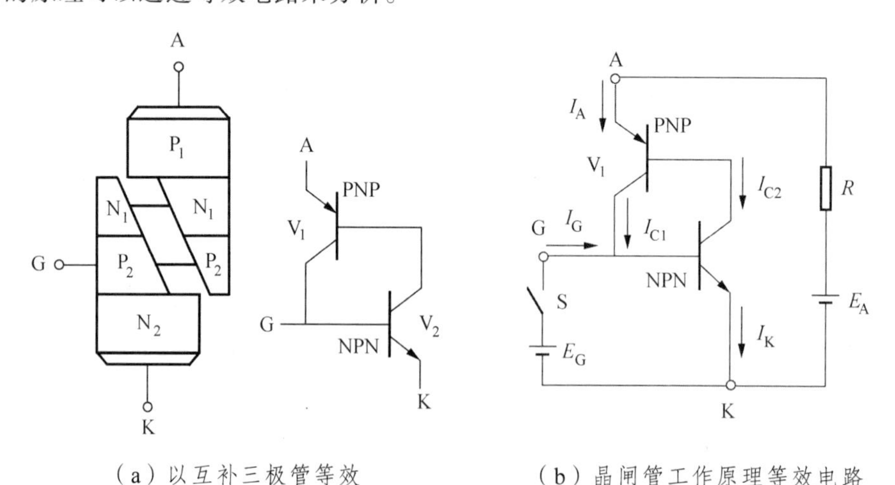

（a）以互补三极管等效　　（b）晶闸管工作原理等效电路

图 1-6 晶闸管工作原理的等效电路

当晶闸管加上正向阳极电压，门极也加上足够的门极电压时，则有电流 I_G 从门极流入 $N_1P_2N_2$ 管的基极，经 $N_1P_2N_2$ 管放大后的集电极电流 I_{C2} 又是 $P_1N_1P_2$ 管的基极电流，再经 $P_1N_1P_2$

管的放大，其集电极电流 I_{C1} 又流入 $N_1P_2N_2$ 管的基极，如此循环，产生强烈的正反馈过程，使两个晶体管快速饱和导通，从而使晶闸管由阻断迅速地变为导通。导通后晶闸管两端的压降一般为 1.5 V 左右，流过晶闸管的电流将取决于外加电源电压和主回路的阻抗。

$$I_G \uparrow \longrightarrow I_{B2} \uparrow \longrightarrow I_{C2}(=\beta_2 I_{B2}) \uparrow = I_{B1} \uparrow \longrightarrow I_{C1}(=\beta_1 I_{B1}) \uparrow$$

晶闸管一旦导通后，即使 $I_G = 0$，但因 I_{C1} 的电流在内部直接流入 $N_1P_2N_2$ 管的基极，晶闸管仍将继续保持导通状态。若要关断晶闸管，只有降低阳极电压到零或在晶闸管加上反向阳极电压，使 I_{C1} 的电流减少至 N1P2N2 管接近截止状态，即流过晶闸管的阳极电流小于维持电流，晶闸管方可恢复阻断状态。

1.1.4　晶闸管特性与主要参数

1. 晶闸管的阳极伏安特性

晶闸管的阳极与阴极间电压和阳极电流之间的关系，称为阳极伏安特性。其伏安特性曲线如图 1-7 所示。

图 1-7 中，第 I 象限为正向特性，当 $I_G = 0$ 时，如果在晶闸管两端所加正向电压 U_A 未增到正向转折电压 U_{bo} 时，晶闸管都处于正向阻断状态，只有很小的正向漏电流。当 U_A 增到 U_{bo} 时，漏电流急剧增大，晶闸管导通，正向电压降低，其特性和二极管的正向伏安特性相仿，称为正向转折或“硬开通”。多次“硬开通”会损坏管子，晶闸管通常不允许这样工作。一般采用对晶闸管的门极加足够大的触发电流使其导通，门极触发电流越大，正向转折电压越低。

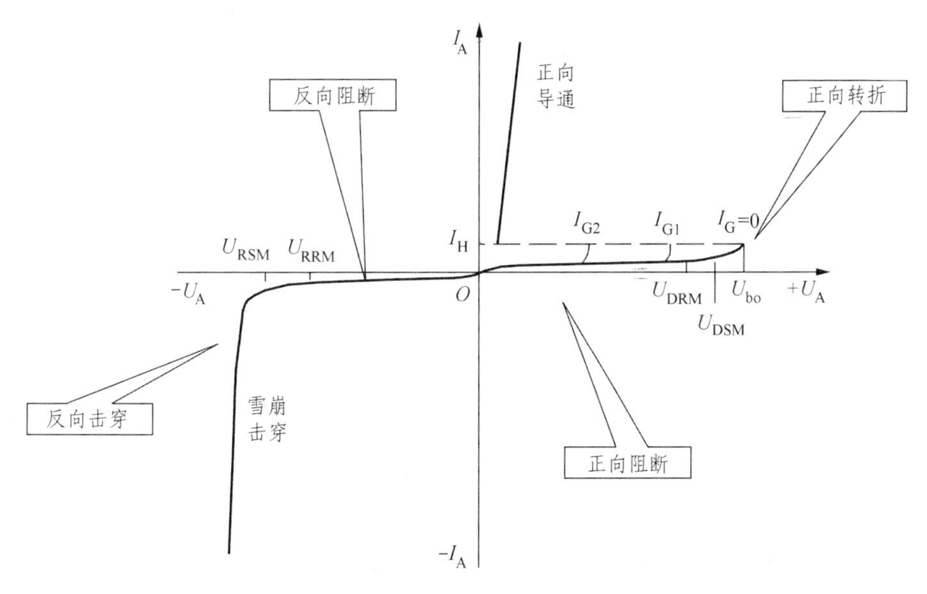

图 1-7　晶闸管阳极伏安特性

晶闸管的反向伏安特性如图中第Ⅲ象限所示，它与整流二极管的反向伏安特性相似。处于反向阻断状态时，只有很小的反向漏电流，当反向电压超过反向击穿电压 U_{RSM} 时，反向漏电流急剧增大，造成晶闸管反向击穿而损坏。

2. 晶闸管的主要参数

在实际使用的过程中，要根据实际需要合理选择晶闸管的型号，以达到合理的性价比。首先要根据实际情况确定所需晶闸管的额定值，再根据额定值确定晶闸管的型号。晶闸管主要参数如下：

1）晶闸管的电压定额

（1）断态重复峰值电压 U_{DRM}。

当门极断开，晶闸管处在额定结温时，允许重复加在管子上的正向峰值电压为晶闸管的断态重复峰值电压，用 U_{DRM} 表示。晶闸管正向工作时有两种工作状态：阻断状态简称断态；导通状态简称通态。

（2）反向重复峰值电压 U_{RRM}。

当门极断开，晶闸管处在额定结温时，允许重复加在管子上的反向峰值电压为反向重复峰值电压，用 U_{RRM} 表示。一般若晶闸管承受反向电压，那么它一定是阻断的。

（3）额定电压 U_{TN}

将 U_{DRM} 和 U_{RRM} 中的较小值按百位取整后作为该晶闸管的额定值。例如，一晶闸管实测 $U_{DRM}=812$ V，$U_{RRM}=956$ V，将两者较小的数 812 V 按表 1-2 取整得 800 V，该晶闸管的额定电压为 800 V。

在晶闸管的铭牌上，额定电压是以电压等级的形式给出的，通常标准电压等级规定为：电压在 1 000 V 以下，每 100 V 为一级，1 000 ~ 3 000 V，每 200 V 为一级，用百位数或千位和百位数表示级数。电压等级如表 1-2 所示。

表 1-2 晶闸管标准电压等级

级别	正反向重复峰值电压/V	级别	正反向重复峰值电压/V	级别	正反向重复峰值电压/V
1	100	8	800	20	2 000
2	200	9	900	22	2 200
3	300	10	1 000	24	2 400
4	400	12	1 200	26	2 600
5	500	14	1 400	28	2 800
6	600	16	1 600	30	3 000
7	700	18	1 800		

在使用过程中，环境温度的变化、散热条件以及出现的各种过电压都会对晶闸管产生影响，因此在选择管子的时候，应当使晶闸管的额定电压是实际工作时可能承受的最大电压的 2 ~ 3 倍，即

$$U_{TN} \geqslant (2\sim3)U_{TM} \tag{1-1}$$

（4）通态平均电压 $U_{T(AV)}$。

在规定环境温度、标准散热条件下，元件通以额定电流时，阳极和阴极间电压降的平均

值，称通态平均电压（一般称管压降），其数值按表 1-3 分组。从减小损耗和元件发热来看，应选择 $U_{T(AV)}$ 较小的管子。实际中，当晶闸管流过较大的恒定直流电流时，其通态平均电压比元件出厂时定义的值（见表 1-3）要大，约为 1.5 V。

表 1-3　晶闸管通态平均电压分组

组　别	A	B	C	D	E
通态平均电压/V	$U_T \leqslant 0.4$	$0.4 < U_T \leqslant 0.5$	$0.5 < U_T \leqslant 0.6$	$0.6 < U_T \leqslant 0.7$	$0.7 < U_T \leqslant 0.8$
组　别	F	G	H	I	
通态平均电压/V	$0.8 < U_T \leqslant 0.9$	$0.9 < U_T \leqslant 1.0$	$1.0 < U_T \leqslant 1.1$	$1.1 < U_T \leqslant 1.2$	

2）晶闸管的电流定额

（1）额定电流 $I_{T(AV)}$。

由于整流设备输出端所接的负载常用平均电流来表示，所以晶闸管额定电流采用的是平均电流，又称为通态平均电流，而不是电流的有效值。所谓通态平均电流是指在环境温度为 40 °C 和规定的冷却条件下，晶闸管在导通角不小于 170° 的电阻性负载电路中，当不超过额定结温且稳定时，所允许通过的工频正弦半波电流的平均值。将该电流按晶闸管标准电流系列取值，称为晶闸管的额定电流（见表 1-4）。

表 1-4　晶闸管的主要参数

型号	通态平均电流/A	通态峰值电压/V	断态正反向重复峰值电流/mA	断态正反向重复峰值电压/V	门级触发电流/mA	门级触发电压/V	断态电压临界上升率/(V/μs)	推荐用散热器	安装力/kN	冷却方式
KP5	5	≤2.2	≤8	100 ~ 2 000	< 60	< 3		SZ14		自然冷却
KP10	10	≤2.2	≤10	100 ~ 2 000	< 100	< 3	250 ~ 800	SZ15		自然冷却
KP20	20	≤2.2	≤10	100 ~ 2 000	< 150	< 3		SZ16		自然冷却
KP30	30	≤2.4	≤20	100 ~ 2 400	< 200	< 3	50 ~ 1 000	SZ16		强迫风冷　水冷
KP50	50	≤2.4	≤20	100 ~ 2 400	< 250	< 3		SZ17		强迫风冷　水冷
KP100	100	≤2.6	≤40	100 ~ 3 000	< 250	< 3.5		SZ17		强迫风冷　水冷
KP200	200	≤2.6	≤0	100 ~ 3 000	< 350	< 3.5		L18	11	强迫风冷　水冷
KP300	300	≤2.6	≤50	100 ~ 3 000	< 350	< 3.5		L18B	15	强迫风冷　水冷
KP500	500	≤2.6	≤60	100 ~ 3 000	< 350	< 4	100 ~ 1 000	SF15	19	强迫风冷　水冷
KP800	800	≤2.6	≤80	100 ~ 3 000	< 350	< 4		SF16	24	强迫风冷　水冷
KP1 000	1 000			100 ~ 3 000				SS13		
KP1 500	1 000	≤2.6	≤80	100 ~ 3 000	< 350	< 4		SF16	30	强迫风冷　水冷
KP2 000								SS13		
	1 500	≤2.6	≤80	100 ~ 3 000	< 350	< 4		SS14	43	强迫风冷　水冷
	2 000	≤2.6	≤80	100 ~ 3 000	< 350	< 4		SS14	50	强迫风冷　水冷

但是决定晶闸管结温的是管子损耗的发热效应，表征热效应的电流是以有效值表示的，其两者的关系为

$$I_{TN}=1.57I_{T(AV)} \tag{1-2}$$

如额定电流为 100 A 的晶闸管，其允许通过的电流有效值为 157 A。

晶闸管在实际选择时，其额定电流的确定一般按以下原则：管子在额定电流时的电流有效值大于其所在电路中可能流过的最大电流的有效值，同时取1.5～2倍的余量，即

$$1.57I_{T(AV)}=I_{TN}\geqslant(1.5\sim2)I_{TM} \tag{1-3}$$

所以

$$I_{T(AV)}\geqslant(1.5\sim2)\frac{I_{TM}}{1.57} \tag{1-4}$$

例 1-1 一晶闸管接在 220 V 的交流电路中，通过晶闸管电流的有效值为 100 A，如何选择晶闸管的额定电压和额定电流？

解： 晶闸管额定电压

$$U_{TN}\geqslant(2\sim3)U_{TM}=(2\sim3)\sqrt{2}\times220=622\sim933\ (\text{V})$$

按晶闸管参数系列取 800 V，即 8 级。

晶闸管的额定电流

$$I_{T(AV)}\geqslant(1.5\sim2)\frac{I_{TM}}{1.57}=(1.5\sim2)\times\frac{100}{1.57}=96\sim120\ (\text{A})$$

按晶闸管参数系列取 100 A。

（2）维持电流 I_H。

在室温下门极断开时，元件从较大的通态电流降到刚好能保持导通的最小阳极电流，这个电流值称为维持电流 I_H。维持电流与元件容量、结温等因素有关，额定电流大的管子维持电流也大，同一管子结温低时维持电流增大，维持电流大的管子容易关断。同一型号的管子其维持电流也各不相同。

（3）擎住电流 I_L。

在晶闸管上加上触发电压，当元件从阻断状态刚转为导通状态时就去除触发电压，此时要保持元件持续导通所需要的最小阳极电流，称为擎住电流 I_L。对同一个晶闸管来说，通常擎住电流比维持电流大数倍。

（4）断态重复峰值电流 I_{DRM} 和反向重复峰值电流 I_{RRM}。

I_{DRM} 和 I_{RRM} 分别是对应于晶闸管承受断态重复峰值电压 U_{DRM} 和反向重复峰值电压 U_{RRM} 时的峰值电流。

3）门极参数

（1）门极触发电流 I_{gT}。

室温下，在晶闸管的阳极-阴极加上 6 V 的正向阳极电压，管子由断态转为通态所必需的最小门极电流，称为门极触发电流 I_{gT}。

（2）门极触发电压 U_{gT}。

产生门极触发电流 I_{gT} 所必需的最小门极电压，称为门极触发电压 U_{gT}。

为了保证晶闸管的可靠导通，实际采用的触发电流往往比规定的触发电流大。

4）动态参数

（1）断态电压临界上升率 du/dt。

du/dt 是在额定结温和门极开路的情况下，不导致从断态到通态转换的最大阳极电压上升率。

限制元件正向电压上升率的原因是：在正向阻断状态下，反偏的 J_2 结相当于一个结电容，如果阳极电压突然增大，便会有一充电电流流过 J_2 结，相当于有触发电流。若 du/dt 过大，即充电电流过大，就会造成晶闸管的误导通。所以在使用时，采取保护措施，使它不超过规定值。

（2）通态电流临界上升率 di/dt。

di/dt 是在规定条件下，晶闸管能承受且无有害影响的最大通态电流上升率。

如果阳极电流上升得太快，那么晶闸管刚一开通时，就会有很大的电流集中在门极附近的小区域内，造成 J_2 结局部过热而使晶闸管损坏。因此，在实际使用时要采取保护措施，使其被限制在允许值内。

5）晶闸管的型号

根据国家的有关规定，普通晶闸管的型号及含义如下：

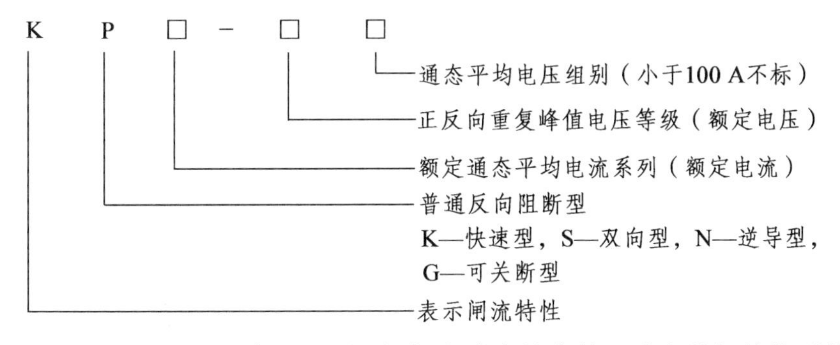

例 1-2 图 1-8 是调光灯电路原理图，根据电路中的参数，确定晶闸管的型号。

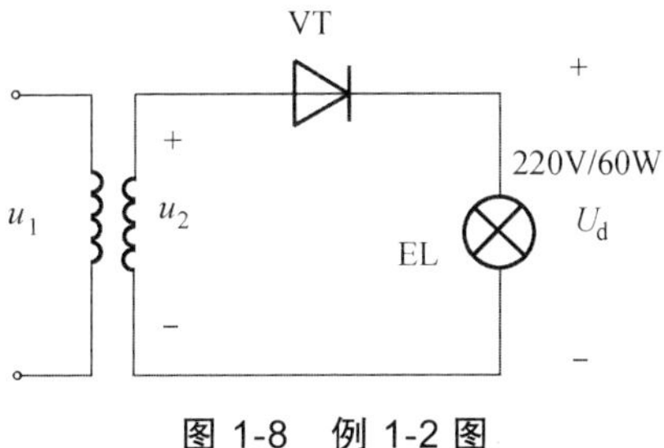

图 1-8 例 1-2 图

解： ① 单相半波可控整流调光电路晶闸管可能承受的最大电压：

$$U_{TM} = \sqrt{2}U_2 = \sqrt{2} \times 220 \approx 311\ (V)$$

② 考虑2 ~ 3倍的余量：

$$(2\sim3)U_{\text{TM}}=(2\sim3)\times311=622\sim933\ (\text{V})$$

③ 确定所需晶闸管的额定电压等级。

因为电路无储能元器件，因此选择电压等级为 7 的晶闸管。

④ 根据白炽灯的额定值计算出其阻值的大小：

$$R_{\text{d}}=\frac{220^2}{60}\approx807\ (\Omega)$$

⑤ 确定流过晶闸管电流的有效值为

在单相半波可控整流调光电路中，当 $\alpha=0°$ 时，流过晶闸管的电流最大，且电流的有效值等于平均值的 1.57 倍。由前面的分析可以得到流过晶闸管的平均电流为

$$I_{\text{d}}=0.45\frac{U_2}{R_{\text{d}}}=0.45\times\frac{220}{807}=0.12\ (\text{A})$$

由此可得，当 $\alpha=0°$ 时流过晶闸管电流的最大有效值为

$$I_{\text{TM}}=1.57I_{\text{d}}=1.57\times0.12=0.19\ (\text{A})$$

⑥ 考虑 1.5 ~ 2 倍的余量：

$$(1.5\sim2)I_{\text{TM}}=(1.5\sim2)\times0.19\approx0.28\sim0.38\ (\text{A})$$

⑦ 确定晶闸管的额定电流 $I_{\text{T(AV)}}$：

$$I_{\text{T(AV)}}\geqslant0.28\ (\text{A})$$

因为电路无储能元器件，因此选择额定电流为 1 A 的晶闸管。

由以上分析可以确定晶闸管应选用的型号为：KP1-7。

1.2 单相半波整流电路

整流电路按电网相数可分为单相整流电路和三相整流电路两大类型。按输出电压是否可调又可分为可控整流与不可控整流。按主电路结构亦可分为半桥整流电路与全桥整流电路。

1.2.1 单相半波整流带电阻性负载

图 1-9 为单相半波可控整流电路原理图，整流变压器起变换电压和隔离的作用，其一次和二次电压瞬时值分别用 u_1 和 u_2 表示，有效值用 U_1 与 U_2 表示。当接通电源后，便可在负载两端得到脉动的直流电压。

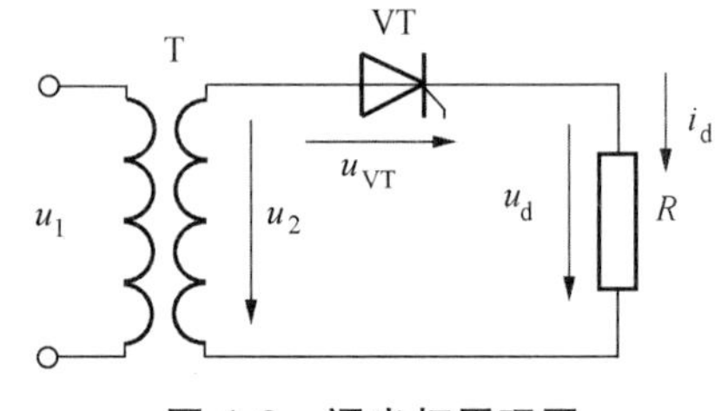

图 1-9 调光灯原理图

1. 名词术语

控制角 α：控制角 α 也叫触发角或触发延迟角，是指晶闸管从承受正向电压开始到触发脉冲出现之间的电角度。

导通角 θ：是指晶闸管在一周期内处于导通的电角度。

移相：改变触发脉冲出现的时刻，即改变控制角 α 的大小，称为移相。改变控制角的大小，使输出整流电压平均值发生变化称为移相控制。

移相范围：移相范围是指一个周期内触发脉冲的移动范围，它决定了输出电压的变化范围。

2. 工作原理

1）原理分析

在电源的正半周，晶闸管承受正向电压（阳极电位高于阴极电位），如果施加触发脉冲，晶闸管电路就导通，晶闸管的端电压为零。电源电压由正变零时，晶闸管中的电流降至维持电流以下，晶闸管变为阻断状态。

2）波形分析

改变晶闸管的触发时刻，即控制角 α 的大小即可改变输出电压的波形，图 1-10（c）所示为输出电压的理论波形。

$0\sim\omega t_1$ 期间，虽然晶闸管承受正向电压，但是无触发脉冲，VT 处于正向阻断状态，$U_{VT}=U_2$，$U_d=0$。

在 ωt_1 时刻，晶闸管承受正向电压，此时加入触发脉冲使晶闸管导通，负载上的输出电压 u_d 的波形是与电源电压 u_2 相同形状的波形；当电源电压 u_2 过零时，晶闸管会同时关断，负载上的输出电压 u_d 为零。

$\pi\sim2\pi$，晶闸管承受反向电压，晶闸管依然处于截止状态，负载两端的电压为 0（见图 1-11）。

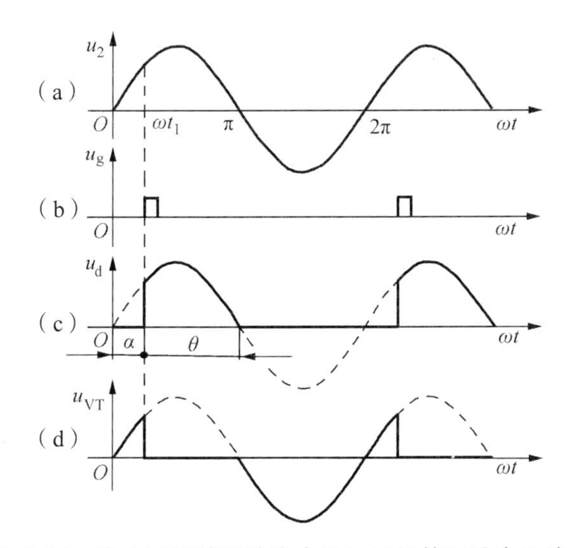

图 1-10　半波可控整流输出电压和晶闸管两端电压波形

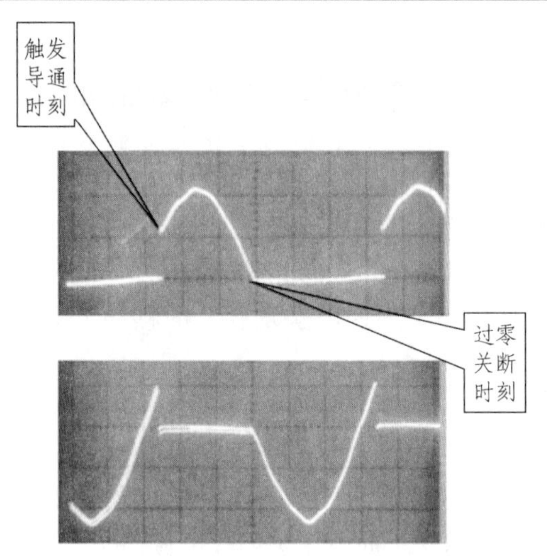

图 1-11 输出电压与晶闸管两端电压实测波形

3）其他角度时的波形分析

继续改变触发脉冲的加入时刻，我们可以分别得到控制角 α 为 90°、120° 时输出电压和管子两端的波形（见图 1-12）。

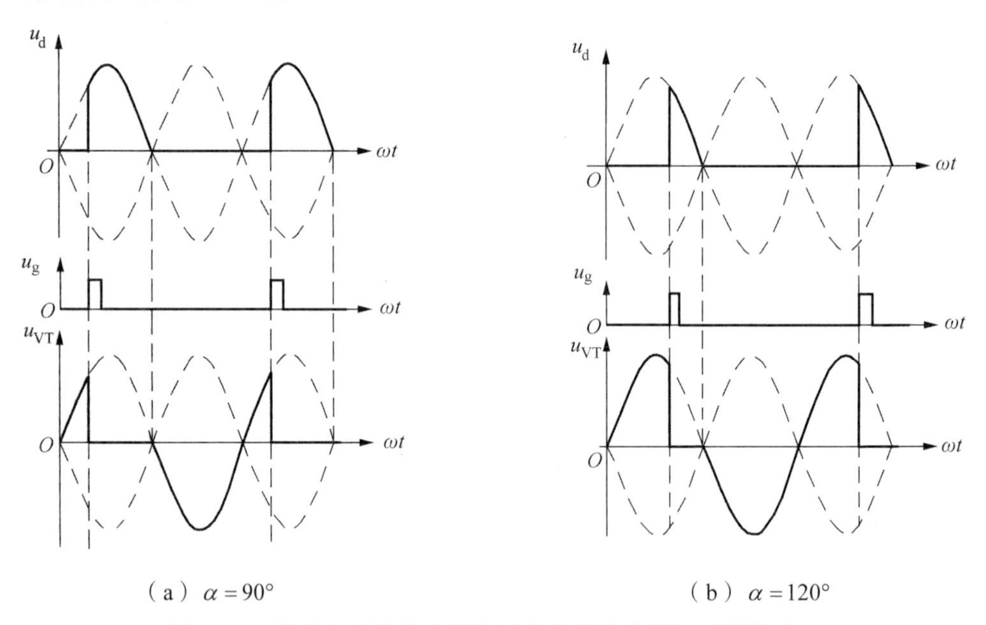

图 1-12 其他角度输出电压和晶闸管两端电压的理论波形

由以上的分析和波形的测试可以得出以下结论：

（1）在单相整流电路中，把晶闸管从承受正向阳极电压起到加入触发脉冲而导通之间的电角度 α 称为控制角，亦称为触发延迟角或移相角。晶闸管在一个周期内导通时间对应的电角度用 θ 表示，称为导通角，且 $\theta=\pi-\alpha$ 。

（2）在单相半波整流电路中，改变的 α 大小即改变触发脉冲在每周期内出现的时刻，则 u_d 和 i_d 的波形也随之改变，但是直流输出电压瞬时值 u_d 的极性不变，其波形只在 u_2 的正半周出现，这种通过对触发脉冲的控制来实现控制直流输出电压大小的控制方式称为相位控制方式，简称相控方式。

（3）理论上移相范围为 0°～180°。单结晶体管触发电路因为电容充电需要一定的时间，所以实际移相范围比理论移相范围要小一些。

3. 基本的物理量计算

1）输出电压平均值与平均电流的计算

$$U_{\mathrm{d}}=\frac{1}{2\pi}\int_{\alpha}^{\pi}\sqrt{2}U_2\sin\omega t\mathrm{d}(\omega t)=0.45U_2\frac{1+\cos\alpha}{2} \quad (1\text{-}5)$$

$$I_{\mathrm{d}}=\frac{U_{\mathrm{d}}}{R_{\mathrm{d}}}=0.45\frac{U_2}{R_{\mathrm{d}}}\cdot\frac{1+\cos\alpha}{2} \quad (1\text{-}6)$$

可见，输出直流电压平均值 U_{d} 与整流变压器二次侧交流电压 U_2 和控制角 α 有关。当 U_2 给定后，U_{d} 仅与 α 有关，当 $\alpha=0°$ 时，则 $U_{\mathrm{do}}=0.45U_2$，为最大输出直流平均电压。当 $\alpha=180°$ 时，$U_{\mathrm{d}}=0$。只要控制触发脉冲送出的时刻，U_{d} 就可以在 $0\sim0.45U_2$ 连续可调。

2）负载上电压有效值与电流有效值的计算

根据有效值的定义，U 应是 u_{d} 波形的均方根值，即

$$U=\sqrt{\frac{1}{2\pi}\int_{\alpha}^{\pi}(\sqrt{2}U_2\sin\omega t)^2\mathrm{d}(\omega t)}=U_2\sqrt{\frac{\pi-\alpha}{2\pi}+\frac{\sin2\alpha}{4\pi}} \quad (1\text{-}7)$$

负载电流有效值的计算

$$I=\frac{U_2}{R_{\mathrm{d}}}\sqrt{\frac{\pi-\alpha}{2\pi}+\frac{\sin2\alpha}{4\pi}} \quad (1\text{-}8)$$

3）晶闸管电流有效值 I_{T} 与管子两端可能承受的最大电压

在单相半波可控整流电路中，晶闸管与负载串联，所以负载电流的有效值也就是流过晶闸管电流的有效值，其关系为

$$I_{\mathrm{T}}=I=\frac{U_2}{R_{\mathrm{d}}}\sqrt{\frac{\pi-\alpha}{2\pi}+\frac{\sin2\alpha}{4\pi}} \quad (1\text{-}9)$$

由图 1-12 中 u_{VT} 的波形可知，晶闸管可能承受的正反向峰值电压为

$$U_{\mathrm{TM}}=\sqrt{2}U_2 \quad (1\text{-}10)$$

4）功率因数 $\cos\varphi$

$$\cos\varphi=\frac{P}{S}=\frac{UI}{U_2I}=\sqrt{\frac{\pi-\alpha}{2\pi}+\frac{\sin2\alpha}{4\pi}} \quad (1\text{-}11)$$

例 1-3　单相半波可控整流电路，阻性负载，电源电压 U_2 为 220 V，要求的直流输出电压为 50 V，直流输出平均电流为 10 A，试计算：

（1）晶闸管的控制角 α 。

（2）输出电流有效值。

（3）电路功率因数。

（4）晶闸管的额定电压和额定电流，并选择晶闸管的型号。

解：

（1）由 $U_d = 0.45U_2 \dfrac{1+\cos\alpha}{2}$ 计算输出电压为 50 V 时的晶闸管控制角 α ：

$$\cos\alpha = \frac{2\times 50}{0.45\times 220} - 1 \approx 0$$

求得 $\alpha = 90°$ 。

（2）$$R_d = \frac{U_d}{I_d} = \frac{50}{10} = 5\ (\Omega)$$

当 $\alpha = 90°$ 时，

$$I = \frac{U_2}{R_d}\sqrt{\frac{\pi-\alpha}{2\pi} + \frac{\sin 2\alpha}{4\pi}} = 22.2\ (\text{A})$$

（3）$$\cos\varphi = \frac{P}{S} = \frac{UI}{U_2 I} = \sqrt{\frac{\pi-\alpha}{2\pi} + \frac{\sin 2\alpha}{4\pi}} = 0.5$$

（4）$$I_{TN} = I_T = I = 22.2\ (\text{A})$$

根据 $I_{T(AV)} = (1.5 \sim 2)\cdot \dfrac{I_T}{1.57} \approx 21.2 \sim 28.3\ (\text{A})$ 。

根据电流等级取额定电流为 30 A。

按电流等级可取额定电流为 30 A。

晶闸管的额定电压为 $U_{TN} = (2\sim 3)U_{TM} = (2\sim 3)\sqrt{2}\times 220 = 622 \sim 933\ (\text{V})$ 。

按电压等级可取额定电压 700 V 即 7 级。

选择晶闸管型号为：KP30-7。

1.2.2 单相半波整流带电感性负载

直流负载的感抗 ωL_d 和电阻 R_d 的大小相比不可忽略时，这种负载称电感性负载。电机的励磁线圈、电抗器属于典型的电感性负载。电感性负载与电阻性负载时有很大不同。为了便于分析，在电路中把电感 L_d 与电阻 R_d 分开，如图 1-13 所示。

电感线圈是储能元件，当电流 i_d 流过线圈时，该线圈就储存有磁场能量，i_d 越大，线圈储存的磁场能量也越大，当 i_d 减小时，电感线圈就要将所储存的磁场能量释放出来，试图维持原有的电流方向和电流大小，电感本身是不消耗能量的。众所周知，能量的存放是不能突变的，可见当流过电感线圈的电流增大时，L_d 两端就要产生感应电动势，即 $u_L = L_d \dfrac{di_d}{dt}$ ，其方向应阻止 i_d 的增大，如图 1-13（a）所示。反之，i_d 要减小时，L_d 两端感应的电动势方向应阻碍 i_d 的减小，如图 1-13（b）所示。

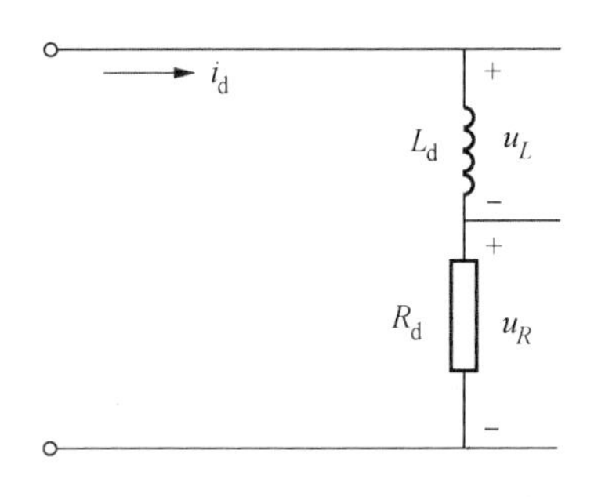

(a) i_d增大时L_d两端感应电动势方向

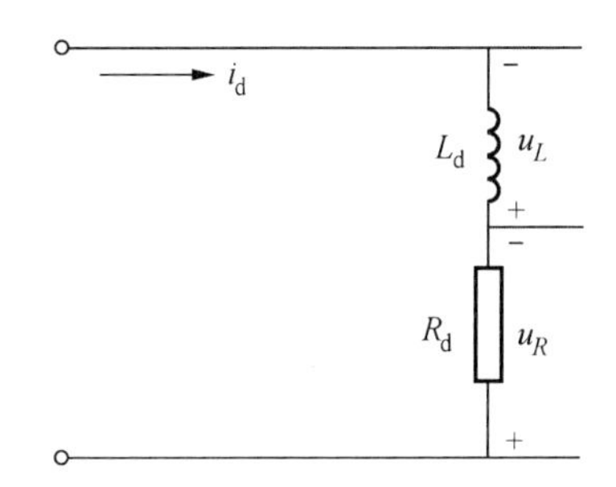

(b) i_d减小时L_d两端感应电动势方向

图 1-13　电感线圈对电流变化的阻碍作用

1. 无续流二极管

图 1-14 所示为电感性负载无续流二极管时的整流主电路，图 1-15 为某一控制角α时的输出电压、电流的理论波形，从波形图上可以看出：

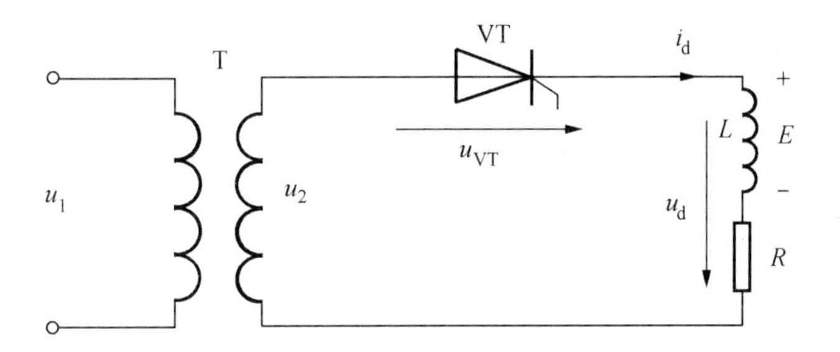

图 1-14　单相半波整流带电感性负载主电路

（1）在u_2的正半周，VT 承受正向电压，$0 \sim \omega t_1$期间，无触发脉冲，VT 处于正向阻断状态，$u_{VT} = u_2$，$U_d = 0$。

（2）在ωt_1时刻，VT 由于触发脉冲u_g的作用而导通，则$u_d = u_2$，$u_{VT} = 0$，一直到π时刻。由于电感的存在，在u_d的作用下，负载电流i_d只能从零按指数规律逐渐上升。

（3）在π时刻，交流电压过零$u_d = 0$，而L中仍蓄有磁场能，$i_d > 0$。

（4）$\pi \sim \omega t_2$期间，L释放磁场能，使i_d逐渐减为 0，此时负载反给电源充电，电感L感应电势极性是上负下正，使电流方向不变，只要该感应电动势比u_2大，VT 仍承受正向电压而继续维持导通，电感储存的能量一部分释放变成电阻的热能，同时另一部分送回电网，直至L中磁场能量释放完毕，VT 承受反向电压而关断。

如此循环，其输出电压、电流波形如图 1-15 所示。

结论：由于电感的存在，使得晶闸管的导通角增大，在电源电压由正到负的过零点也不会关断，使负载电压波形出现部分负值，其结果使输出电压平均值U_d减小。电感越大，维持导电的时间越长，输出电压负值部分占的比例越大，U_d减少越多。当电感L_d非常大时（满足$\omega L \gg R$，通常$\omega L > 10R$即可），对于不同的控制角α，导通角θ将接近$2\pi - 2\alpha$，这时负载上得到的电压波形正负面积接近相等，平均电压$U_d \approx 0$。可见，不管如何调节控制角α，U_d的值总是很小，电流平均值I_d也很小，没有实用价值。

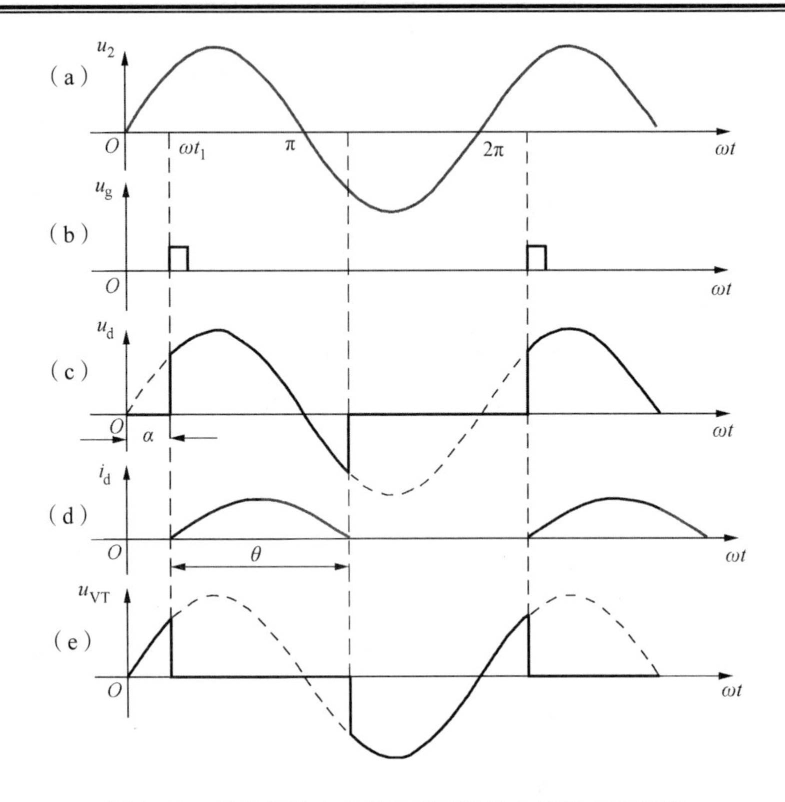

图 1-15 单相半波电感性负载时输出电压及电流波形

实际的单相半波可控整流电路在带有电感性负载时，都在负载两端并联有续流二极管。

2. 带电感性负载接续流二极管

1）电路结构

为了使电源电压过零变负时能及时地关断晶闸管，使 u_d 波形不出现负值，又能给电感线圈 L 提供续流的旁路，可以在整流输出端并联二极管，如图 1-16 所示。由于该二极管是为电感负载在晶闸管关断时提供续流回路，所以又称为续流二极管。

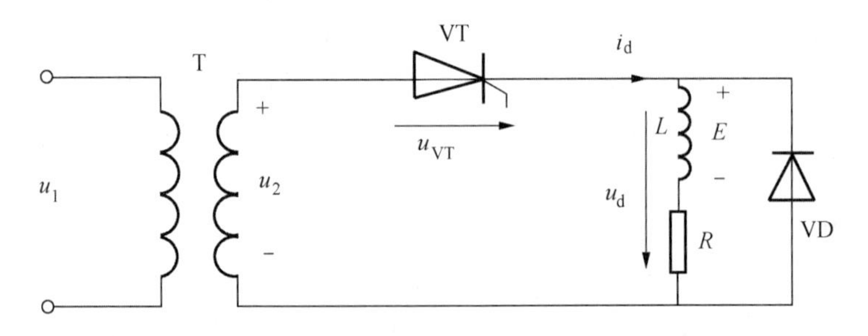

图 1-16 电感性负载接续流二极管时的电路

2）工作原理

图 1-17 所示为电感性负载接续流二极管某一控制角 α 时输出电压、电流的理论波形。

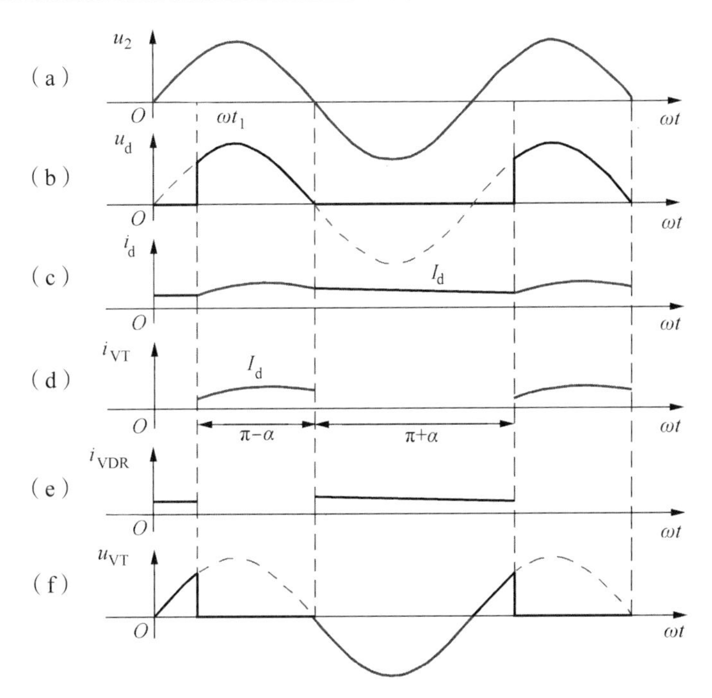

图 1-17　电感性负载接续流二极管时输出电压及电流波形

从波形图上可以看出：

（1）在 u_2 的正半周，晶闸管承受正向电压，触发脉冲在 ωt_1 时刻触发晶闸管导通，负载上有输出电压和电流，二极管 VD 承受反向电压，不导通，不影响电路的正常工作。

（2）在 u_2 负半周期间，电感释放储存的能量，感应电压下正上负，使二极管 VD 承受正向电压导通，维持负载电流通过 VD 构成回路，而不通过变压器，称为续流。此时电源电压 $u_2 < 0$，u_2 通过续流二极管使晶闸管承受反向电压而关断，负载两端的输出电压仅为续流二极管的管压降。如果电感足够大，续流二极管一直导通到下一周期晶闸管导通，使电流 i_d 连续，且 i_d 波形近似为一条直线。

在续流期间，VT 承受 u_2 的负压而关断，此时 u_d=0。

结论：电阻负载加续流二极管后，输出电压波形与电阻性负载波形相同，可见续流二极管的作用是为了提高输出电压。负载电流波形连续且近似为一条直线，如果电感无穷大，则负载电流为一直线。流过晶闸管和续流二极管的电流波形是矩形波。

3）基本的物理量计算

① 输出电压平均值 U_d 与输出电流平均值 I_d。

$$U_d = 0.45U_2 \frac{1+\cos\alpha}{2} \tag{1-12}$$

$$I_d = \frac{U_d}{R_d} = 0.45\frac{U_2}{R_d}\cdot\frac{1+\cos\alpha}{2} \tag{1-13}$$

② 流过晶闸管电流的平均值 I_{dT} 和有效值 I_T。

$$I_{dT}=\frac{\pi-\alpha}{2\pi}I_d \tag{1-14}$$

$$I_T=\sqrt{\frac{1}{2\pi}\int_{\alpha}^{\pi}I_d^2\mathrm{d}(\omega t)}=\sqrt{\frac{\pi-\alpha}{2\pi}}I_d \tag{1-15}$$

③ 流过续流二极管电流的平均值 I_{dD} 和有效值 I_D。

$$I_{dD}=\frac{\pi+\alpha}{2\pi}I_d \tag{1-16}$$

$$I_D=\sqrt{\frac{\pi+\alpha}{2\pi}}I_d \tag{1-17}$$

④ 晶闸管和续流二极管承受的最大正反向电压。

晶闸管和续流二极管承受的最大正反向电压都为电源电压的峰值，即

$$U_{TM}=U_{DM}=\sqrt{2}U_2 \tag{1-18}$$

1.3 单结晶体管触发电路

要使晶闸管导通，除了加上正向阳极电压外，还必须在门极和阴极之间加上适当的正向触发电压与电流。为门极提供触发电压与电流的电路称为触发电路。对晶闸管触发电路来说，首先，触发信号应该具有足够的触发功率（触发电压和触发电流），以保证晶闸管可靠导通；其次，触发脉冲应有一定的宽度，脉冲的前沿要陡峭；最后触发脉冲必须与主电路晶闸管的阳极电压同步并能根据电路要求在一定的移相范围内移相。

图 1-18 所示为单相半波可控整流调光灯电路的触发电路，其采用单结晶体管同步触发电路方式，其中单结晶体管的型号为 BT33。

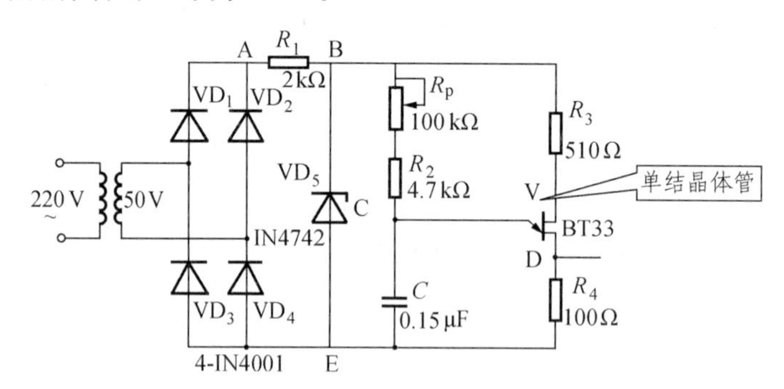

图 1-18 单结晶体管触发电路

1.3.1 单结晶体管

1. 单结晶体管的结构

单结晶体管的原理结构如图 1-19（a）所示，图中 e 为发射极，b_1 为第一基极，b_2 为第二基极。由图可见，在一块高电阻率的 N 型硅片上引出两个基极 b_1 和 b_2，两个基极之间的电阻

就是硅片本身的电阻，一般为 2 ~ 12 kΩ。在两个基极之间靠近 b_1 的地方采用合金法或扩散法掺入 P 型杂质并引出电极，成为发射极 e。它是一种特殊的半导体器件，有三个电极，只有一个 PN 结，因此称为“单结晶体管”，又因为管子有两个基极，所以又称为“双基二极管”。

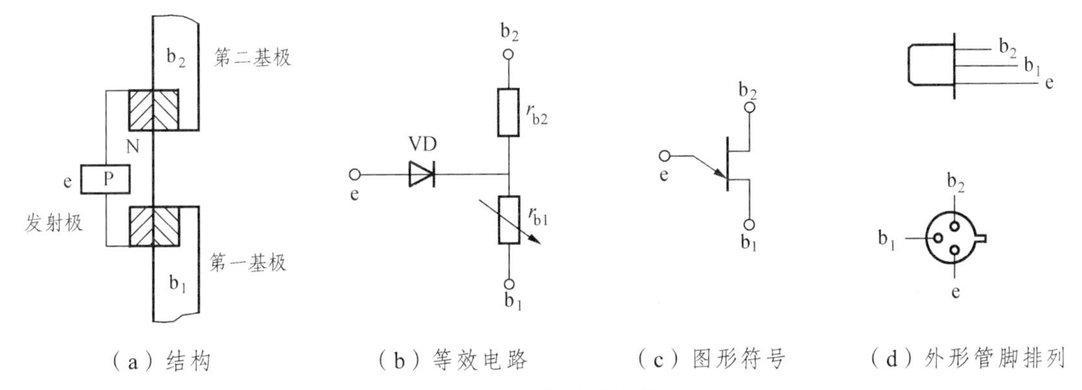

（a）结构　　（b）等效电路　　（c）图形符号　　（d）外形管脚排列

图 1-19　单结晶体管

单结晶体管的等效电路如图 1-20（b）所示，两个基极之间的电阻 $r_{bb}=r_{b1}+r_{b2}$，在正常工作时，r_{b1} 随发射极电流的变化而变化，相当于一个可变电阻。PN 结可等效为二极管 VD，它的正向导通压降常为 0.7 V。单结晶体管的图形符号如图 1-19（c）所示。触发电路常用的国产单结晶体管的型号主要有 BT31 、BT33 、BT35 ，其外形与管脚排列如图 1-19（d）所示。其实物图、管脚如图 1-20 所示。

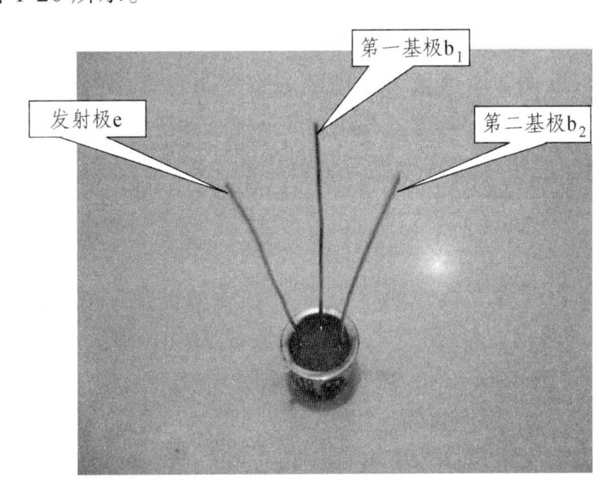

图 1-20　单结晶体管实物及管脚

2. 单结晶体管的伏安特性及主要参数

1）单结晶体管的伏安特性

单结晶体管的伏安特性：当两基极 b_1 和 b_2 之间加某一固定直流电压 U_{bb} 时，发射极电流 I_e 与发射极正向电压 U_e 之间的关系曲线称为单结晶体管的伏安特性 $I_e=f(U_e)$，试验电路图及特性曲线如图 1-21 所示。

当开关 S 断开，I_{bb} 为零，加发射极电压 U_e 时，得到如图 1-21（b）曲线①所示伏安特性曲线，该曲线与二极管伏安特性曲线相似。

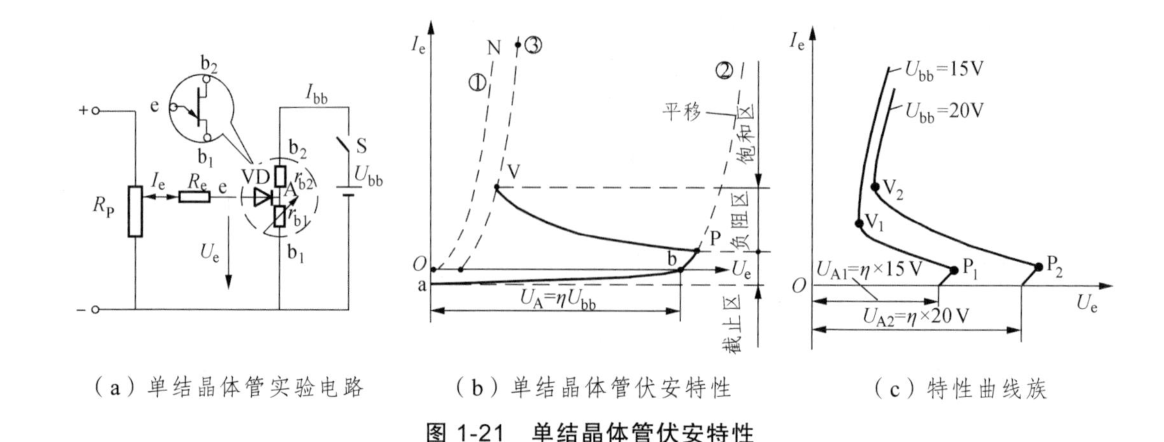

（a）单结晶体管实验电路　（b）单结晶体管伏安特性　（c）特性曲线族

图 1-21　单结晶体管伏安特性

① 截止区——aP 段。

当开关 S 闭合，电压 U_{bb} 通过单结晶体管等效电路中的 r_{b1} 和 r_{b2} 分压，得 A 点电位 U_A，可表示为

$$U_A=\frac{r_{b1}U_{bb}}{r_{b1}+r_{b2}}=\eta U_{bb} \tag{1-19}$$

式中　η 表示分压比，是单结晶体管的主要参数，η 一般为 0.3 ~ 0.9。

当 U_e 从零逐渐增加，但 $U_e<U_A$ 时，单结晶体管的 PN 结反向偏置，只有很小的反向漏电流。当 U_e 增加到与 U_A 相等时，$I_e=0$，即如图 1-21 所示特性曲线与横坐标交点 b 处。进一步增加 U_e，PN 结开始正偏，出现正向漏电流，直到当发射结电位 U_e 增加到高出 ηU_{bb} 一个 PN 结正向压降 U_D 时，即 $U_e=U_P=\eta U_{bb}+U_D$ 时，等效二极管 VD 才导通，此时单结晶体管由截止状态进入到导通状态，并将该转折点称为峰点 P。P 点所对应的电压称为峰点电压 U_P，所对应的电流称为峰点电流 I_P。

② 负阻区——PV 段。

当 $U_e>U_P$ 时，等效二极管 VD 导通，I_e 增大，这时大量的空穴载流子从发射极注入 A 点到 b_1 的硅片，使 r_{b1} 迅速减小，导致 U_A 下降，因而 U_e 也下降。U_A 的下降，使 PN 结承受更大的正偏，引起更多的空穴载流子注入硅片中，使 r_{b1} 进一步减小，形成更大的发射极电流 I_e，这是一个强烈的增强式正反馈过程。当 I_e 增大到一定程度，硅片中载流子的浓度趋于饱和，r_{b1} 已减小至最小值，A 点的分压 U_A 最小，因而 U_e 也最小，得曲线上的 V 点。V 点称为谷点，谷点所对应的电压和电流称为谷点电压 U_V 和谷点电流 I_V。这一区间称为特性曲线的负阻区。

③ 饱和区——VN 段。

当硅片中载流子饱和后，欲使 I_e 继续增大，必须增大电压 U_e，单结晶体管处于饱和导通状态。改变 U_{bb}，器件等效电路中的 U_A 和特性曲线中的 U_P 也随之改变，从而可获得一族单结晶体管伏安特性曲线，如图 1-21（c）所示。

2）单结晶体管的主要参数

单结晶体管的主要参数有基极间电阻 r_{bb}、分压比 η、峰点电流 I_P、谷点电压 U_V、谷点

电流 I_V 及耗散功率等。国产单结晶体管的型号主要有 BT31、BT33、BT35 等，BT 表示特种半导体管的意思，其主要参数如表 1-5 所示。

表 1-5　单结晶体管的主要参数

参数名称		分压比 η	基极电阻 $R_{bb}/\text{k}\Omega$	峰点电流 $I_P/\mu\text{A}$	谷点电流 I_V/mA	谷点电压 U_V/V	饱和电压 U_{es}/V	最大反压 U_{b2emax}/V	发射极反向漏电流 $I_{e0}/\mu\text{A}$	耗散功率 P_{max}/mW
测试条件		$U_{bb}=20\ \text{V}$	$U_{bb}=3\ \text{V}$ $I_e=0$	$U_{bb}=0$	$U_{bb}=0$	$U_{bb}=0$	$U_{bb}=0$ $I_e=I_{emax}$		U_{b2e} 为最大值	
BT33	A	0.45～0.9	2～4.5	＜4	＞1.5	＜3.5	＜4	≥30	＜2	300
	B							≥60		
	C	0.3～0.9	＞4.5～12			＜4	＜4.5	≥30		
	D							≥60		
BT35	A	0.45～0.9	2～4.5			＜3.5	＜4	≥30		500
	B					＞3.5		≥60		
	C	0.3～0.9	＞4.5～12			＞4	＜4.5	≥30		
	D							≥60		

1.3.2　单结晶体管张弛振荡电路

利用单结晶体管的负阻特性和电容的充放电特性，可以组成单结晶体管张弛振荡电路。单结晶体管张弛振荡电路的电路图和波形图如图 1-22 所示。

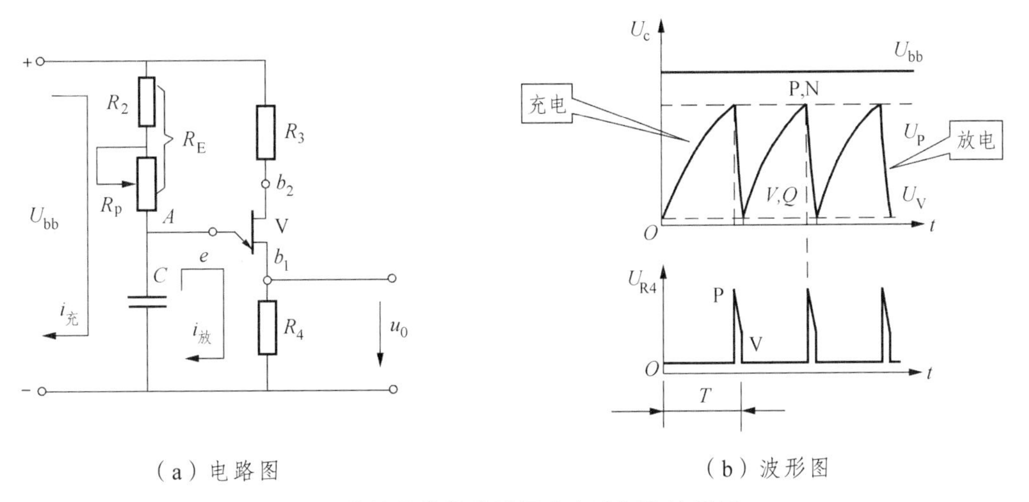

图 1-22　单结晶体管张弛振荡电路图和波形图

设电容器初始电压为零，电路接通以后，单结晶体管是截止的，电源经电阻 R_2、R_P 对电容 C 进行充电，电容电压从零起按指数充电规律上升，充电时间常数为 R_EC；当电容两端电压达到单结晶体管的峰点电压 U_P 时，单结晶体管导通，电容开始放电，由于放电回路的电阻很小，因此放电很快，放电电流在电阻 R_4 上产生了尖脉冲。随着电容的放电，电容电压降低，当电容电压降到谷点电压 U_V 以下时，单结晶体管截止，接着电源又重新对电容进行充电，如此周而复始，在电容 C 两端会产生一个锯齿波，在电阻 R_4 两端将产生一个尖脉冲波，如图 1-22（b）所示。

1.3.3　单结晶体管触发电路

根据晶闸管的导通条件可知，晶闸管必须在阳极承受正向电压时，门极加触发脉冲才能导通。单结晶体管张弛振荡电路输出的尖脉冲可以用来触发晶闸管，但不能直接用作触发电路，还必须解决触发脉冲与主电路的同步问题。

图 1-18 所示为单结晶体管触发电路，是由同步电路和脉冲移相与形成两部分组成的。

1. 同步电路

触发信号和电源电压在频率和相位上相互协调的关系叫同步。例如，在单相半波可控整流电路中，触发脉冲应出现在电源电压正半周范围内，而且每个周期的 α 角相同，确保电路输出波形不变，输出电压稳定。

同步电路由同步变压器、桥式整流电路 $VD_1 \sim VD_4$、电阻 R_1 及稳压管组成。同步变压器一次侧与晶闸管整流电路接在同一相电源上，交流电压经同步变压器降压、单相桥式整流后再经过稳压管稳压削波形成一梯形波电压，作为触发电路的供电电压。梯形波电压零点与晶闸管阳极电压过零点一致。从而实现触发电路与整流主电路的同步。

单结晶体管触发电路的调试与检修主要是通过几个点的典型波形来判断元器件是否正常工作，通过理论波形与实测波形的比较来进行分析。

（1）桥式整流后脉动电压的波形。

图 1-23 所示是由 $VD_1 \sim VD_4$ 四个二极管构成的桥式整流电路的输出波形。

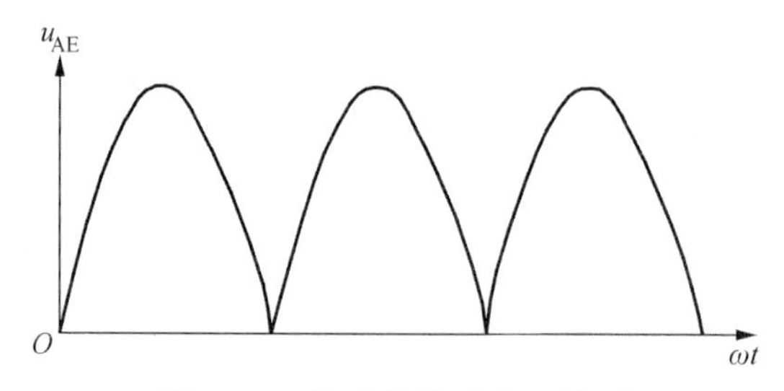

图 1-23　桥式整流后电压波形

（2）削波后的波形。

如图 1-24 所示，该波形是经稳压管削波后得到的梯形波。

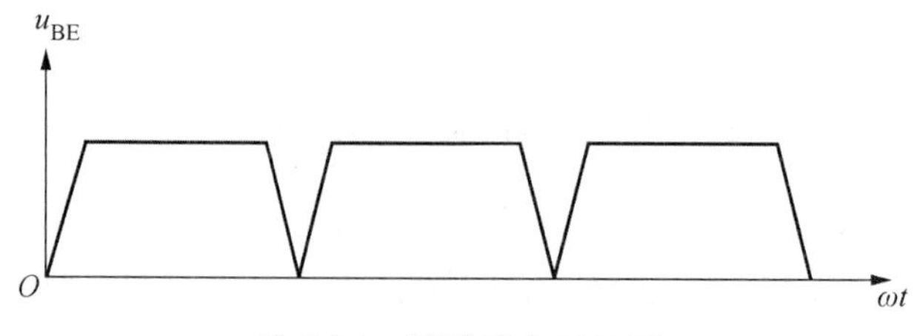

图 1-24　削波后电压波形

2. 脉冲移相与形成

1）电路组成

脉冲移相与形成电路实际上就是上述的张弛振荡电路。脉冲移相由电阻 R_E 和电容 C 组成，脉冲形成由单结晶体管、温补电阻 R_3、输出电阻 R_4 组成。

改变张弛振荡电路中电容 C 的充电电阻的阻值，就可以改变充电的时间常数，图中用电位器 R_P 来实现这一变化，例如：

$$R_P\uparrow\rightarrow\tau_C\uparrow\rightarrow\text{出现第一个脉冲的时间后移}\rightarrow\alpha\uparrow\rightarrow U_d\downarrow$$

2）波形分析

（1）电容电压的波形。

图 1-25 是电容两端的电压波形。由于电容每半个周期在电源电压过零点从零开始充电，当电容两端的电压上升到单结晶体管峰点电压时，单结晶体管导通，触发电路送出脉冲，电容的容量和充电电阻 R_E 的大小决定了电容两端的电压从零上升到单结晶体管峰点电压的时间，这种触发电路无法实现在电源电压过零点即 $\alpha=0°$ 时送出触发脉冲。

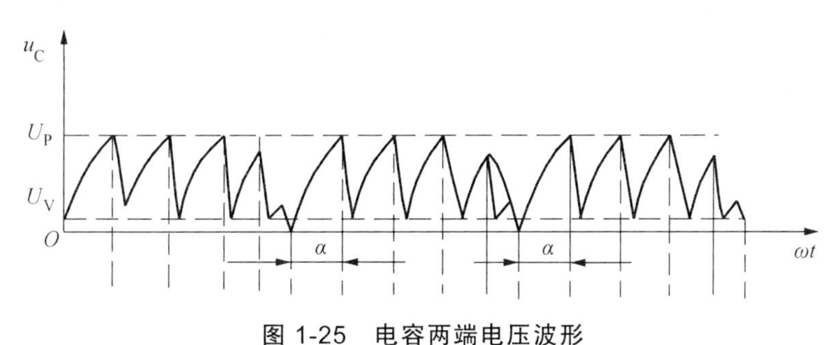

图 1-25 电容两端电压波形

（2）输出脉冲的波形。

单结晶体管导通后，电容通过单结晶体管的 b_1 迅速向输出电阻 R_4 放电，在 R_4 上得到很窄的尖脉冲，图 1-26 为脉冲波形。

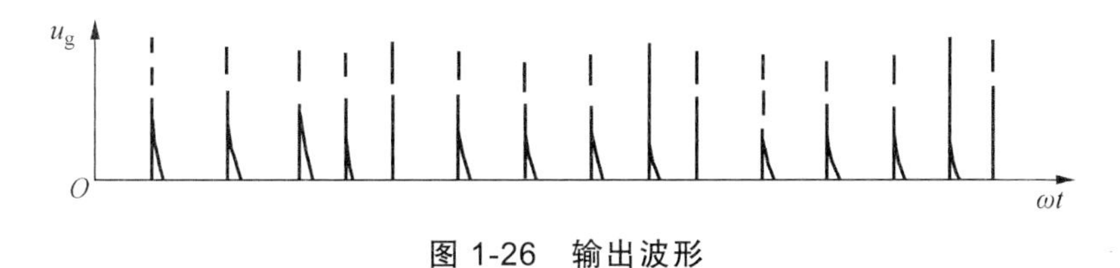

图 1-26 输出波形

调节电位器 R_p 的旋钮，观察输出波形的变化范围。

3. 触发电路各元件的选择

1）充电电阻 R_E 的选择

改变充电电阻 R_E 的大小，就可以改变张弛振荡电路的频率，但是频率的调节有一定的范围，如果充电电阻 R_E 选择不当，将使单结晶体管自激振荡电路无法形成振荡。

充电电阻 R_E 的取值范围为

$$\frac{U-U_{\mathrm{V}}}{I_{\mathrm{V}}}<R_{\mathrm{E}}<\frac{U-U_{\mathrm{P}}}{I_{\mathrm{P}}} \tag{1-20}$$

其中 U——加于图 1-22 中 B-E 两端的触发电路电源电压；

U_{V}——单结晶体管的谷点电压；

I_{V}——单结晶体管的谷点电流；

U_{P}——单结晶体管的峰点电压；

I_{P}——单结晶体管的峰点电流。

2）电阻 R_3 的选择

电阻 R_3 用来补偿温度对峰点电压 U_{P} 的影响，通常取值范围为 200 ~ 600 Ω。

3）输出电阻 R_4 的选择

输出电阻 R_4 的大小将影响输出脉冲的宽度与幅值，通常取值范围为 50 ~ 100 Ω。

4）电容 C 的选择

电容 C 的大小与脉冲宽窄和 R_{E} 的大小有关，通常取值范围为 0.1 ~ 1 μF。

1.4 单相桥式整流电路

单相桥式整流电路输出的直流电压、电流脉冲程度比单相半波整流电路输出的直流电压、电流小，且可以改善半波整流电路中变压器存在直流磁化的现象。单相桥式整流电路分为单相桥式全控整流电路和单相桥式半控整流电路。

1.4.1 单相桥式全控整流电路

1. 电阻性负载

单相桥式整流电路带电阻性负载的电路及工作波形如图 1-27 所示。

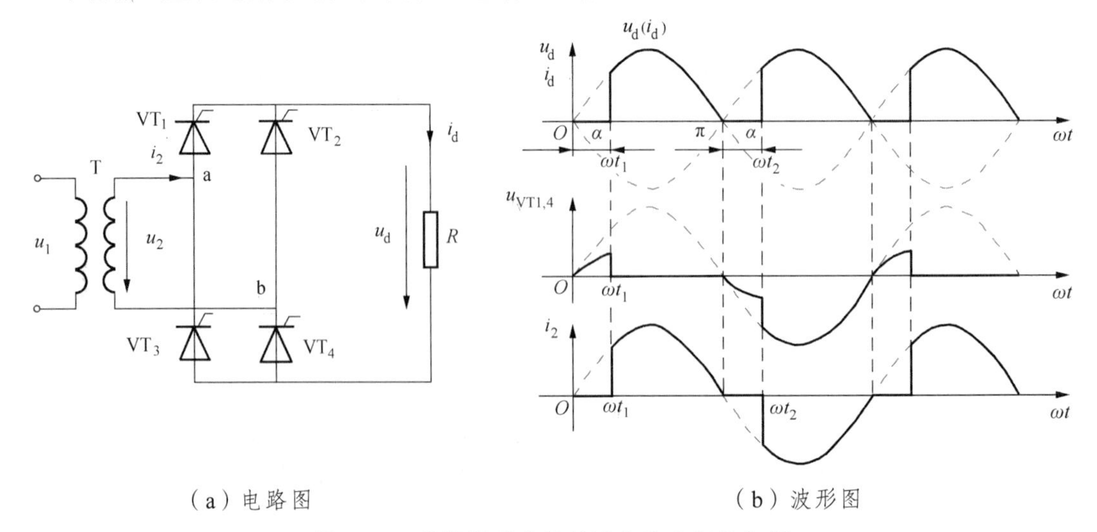

（a）电路图 （b）波形图

图 1-27 单相桥式全控整流电路电阻性负载

晶闸管 VT_1 和 VT_4 为一组桥臂，而 VT_2 和 VT_4 组成另一组桥臂。

（1）$0\sim\alpha$：u_2 为正，VT_1 和 VT_4 无触发脉冲截止，VT_1 和 VT_4 分担 $u_2/2$ 的正向电压，VT_2 和 VT_3 分担 $u_2/2$ 的反向电压，$u_d=0$。

（2）$\alpha\sim\pi$：u_2 为正，VT_1 和 VT_4 由于触发脉冲 U_g 的作用而导通，VT_2 和 VT_3 承受 U_2 的反向电压，$i_d=u_2/R$。

（3）$\pi\sim\pi+\alpha$：u_2 为负，VT_2 和 VT_3 无触发脉冲截止，VT_2 和 VT_3 分担 $u_2/2$ 的正向电压，VT_1 和 VT_4 分担 $u_2/2$ 的反向电压，$u_d=0$。

（4）$(\pi+\alpha)\sim 2\pi$：u_2 为负，VT_2 和 VT_3 由于触发脉冲 u_g 的作用而导通，VT_1 和 VT_4 承受 u_2 的反向电压，$i_d=u_2/R$，且方向保持不变。

从图中可看出，负载上的直流电压输出波形比单相半波时多了一倍，晶闸管的控制角的范围为 $0°\sim180°$，导通角 θ_T 为 $\pi-\alpha$。晶闸管承受的最大反向电压为 $\sqrt{2}U_2$，而其承受的最大正向电压为 $\dfrac{\sqrt{2}}{2}U_2$。

单相全控桥式整流电路带电阻性负载电路参数的计算：

① 输出电压平均值的计算公式

$$U_d=\frac{1}{\pi}\int_\alpha^\pi\sqrt{2}U_2\sin\omega t\mathrm{d}(\omega t)=0.9U_2\frac{1+\cos\alpha}{2} \tag{1-21}$$

② 负载电流平均值的计算公式

$$I_d=\frac{U_d}{R_d}=0.9\frac{U_2}{R_d}\cdot\frac{1+\cos\alpha}{2} \tag{1-22}$$

③ 输出电压有效值的计算公式

$$U=\sqrt{\frac{1}{\pi}\int_\alpha^\pi(\sqrt{2}U_2\sin\omega t)^2\mathrm{d}(\omega t)}=U_2\sqrt{\frac{1}{2\pi}\sin 2\alpha+\frac{\pi-\alpha}{\pi}} \tag{1-23}$$

④ 负载电流有效值的计算公式

$$I=\frac{U_2}{R_d}\sqrt{\frac{1}{2\pi}\sin 2\alpha+\frac{\pi-\alpha}{\pi}} \tag{1-24}$$

⑤ 流过每只晶闸管电流的平均值的计算公式

$$I_{dT}=\frac{1}{2}I_d=0.45\frac{U_2}{R_d}\cdot\frac{1+\cos\alpha}{2} \tag{1-25}$$

⑥ 流过每只晶闸管电流的有效值的计算公式

$$I_T=\sqrt{\frac{1}{2\pi}\int_\alpha^\pi\left(\frac{\sqrt{2}U_2}{R_d}\sin\omega t\right)^2\mathrm{d}(\omega t)}=\frac{U_2}{R_d}\sqrt{\frac{1}{4\pi}\sin 2\alpha+\frac{\pi-\alpha}{2\pi}}=\frac{1}{\sqrt{2}}I \tag{1-26}$$

⑦ 晶闸管可能承受的最大电压为

$$U_{TM}=\sqrt{2}U_2$$

2. 电感性负载

图 1-28 为单相桥式全控整流电路带电感性负载的电路。假设电路电感很大，输出电流连续，电路处于稳态。

在电源 u_2 正半周时，在相当于 α 角的时刻给 VT_1 和 VT_4 同时加触发脉冲，则 VT_1 和 VT_4 会导通，输出电压为 $u_d=u_2$。当电源电压过零变负时，由于电感产生的自感电动势会使 VT_1 和 VT_4 继续导通，输出电压为 $u_d=-u_2$，所以出现了负电压的输出。此时，可关断晶闸管 VT_2 和 VT_3 虽然已承受正向电压，但还没有触发脉冲，所以不会导通。直到在负半周相当于 $\pi+\alpha$ 角的时刻，给 VT_2 和 VT_3 同时加触发脉冲，因 VT_2 的阳极电压比 VT_1 高，VT_3 的阴极电位比 VT_4 的低，故 VT_2 和 VT_3 被触发导通，分别替换了 VT_1 和 VT_4，而 VT_1 和 VT_4 由于 VT_2 和 VT_3 的导通承受反压而关断，负载电流也改为流经 VT_2 和 VT_3 了。

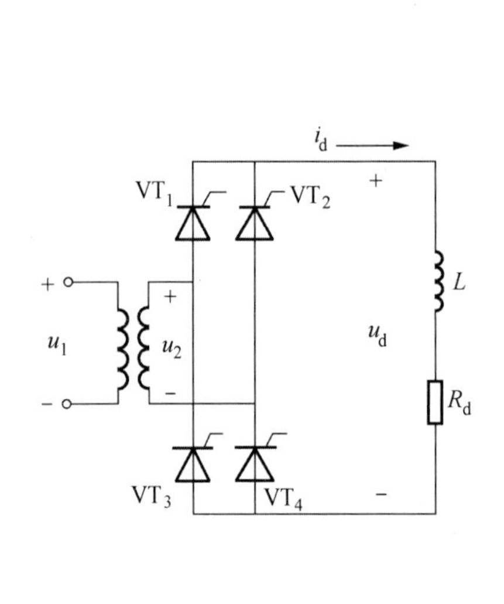

（a）电路图

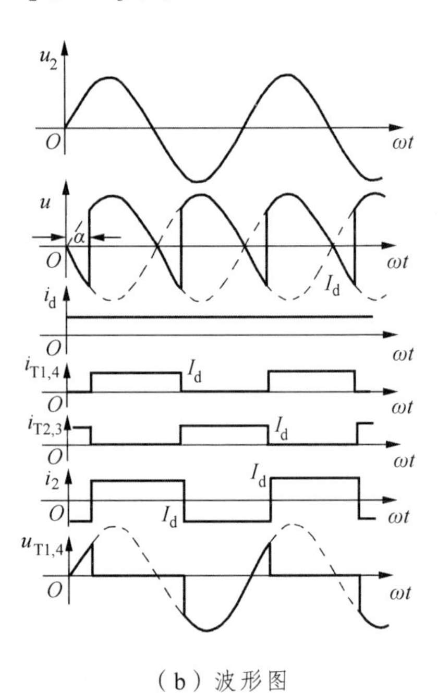

（b）波形图

图 1-28　单相桥式全控整流电路带电感性负载

由图 1-28（b）的输出负载电压 u_d、负载电流 i_d 的波形可看出，与电阻性一负载相比，u_d 的波形出现了负半周部分，i_d 的波形则是连续的近似的一条直线，这是由于电感中的电流不能突变，电感起到了平波的作用，电感越大电流越平稳。

两组管子轮流导通，每只晶闸管的导通时间较电阻性负载时间延长了，导通角 $\theta_T=\pi$，与 α 无关。

单相全控桥式整流电路带电感性负载电路参数的计算：

① 输出电压平均值的计算公式

$$U_d = 0.9U_2\cos\alpha \tag{1-27}$$

在 $\alpha = 0°$ 时，输出电压 U_d 最大，$U_{d0} = 0.9U_2$；当 $\alpha = 90°$ 时，输出电压 U_d 最小，等于零。因此 α 的移相范围是 $0° \sim 90°$。

② 负载电流平均值的计算公式

$$I_d = \frac{U_d}{R_d} = 0.9\frac{U_2}{R_d}\cos\alpha \tag{1-28}$$

③ 流过一只晶闸管的电流的平均值和有效值的计算公式

$$I_{dT} = \frac{1}{2}I_d \tag{1-29}$$

$$I_T = \frac{1}{\sqrt{2}}I_d \tag{1-30}$$

④ 晶闸管可能承受的最大电压为

$$U_{TM} = \sqrt{2}U_2$$

为了扩大移相范围，去掉输出电压的负值，提高 U_d 的值，也可以在负载两端并联续流二极管，如图 1-29 所示。接了续流二极管以后，α 的移相范围可以扩大到 $0° \sim 180°$。

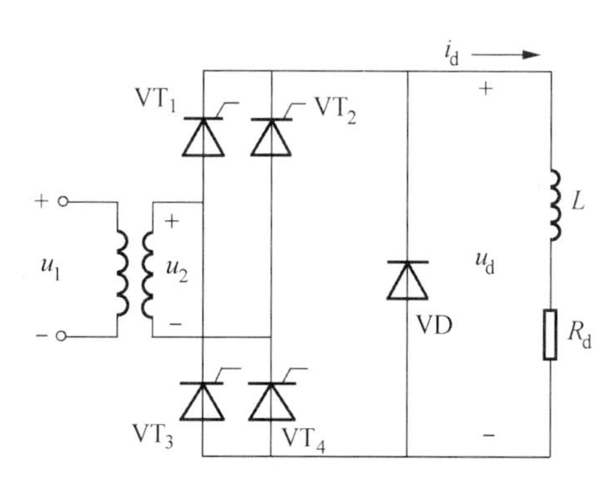

图 1-29　并联续流二极管的单相全控桥

对于直流电动机和蓄电池等反电动势负载，由于反电动势的作用，使整流电路中晶闸管导通的时间缩短，相应的负载电流出现断续，脉动程度高。为解决这一问题，往往在反电动势负载侧串接一平波电抗器，利用电感平稳电流的作用来减少负载电流的脉动并延长晶闸管的导通时间。只要电感足够大，电流就会连续，直流输出电压和电流就与电感性负载时一样。

1.4.2　单相桥式半控整流电路

在单相桥式全控整流电路中，由于每次都要同时触发两只晶闸管，因此线路较为复杂。为了简化电路，实际中可以采用一只晶闸管来控制导电回路，然后用一只整流二极管来代替另一只晶闸管。所以把图 1-28 中的 VT_3 和 VT_4 换成二极管 VD_3 和 VD_4，就形成了单相桥式半控整流电路，如图 1-30 所示。

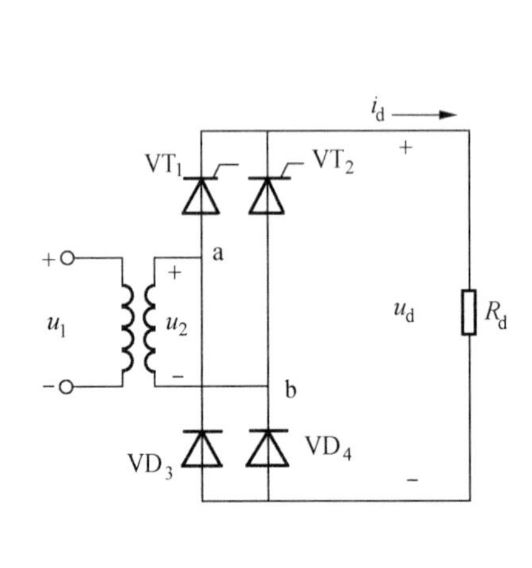

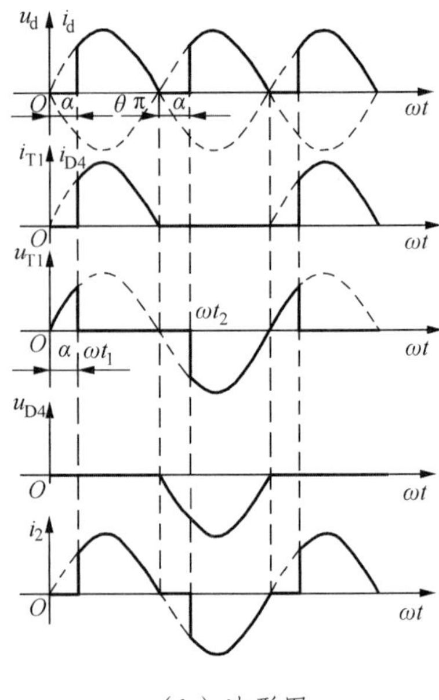

（a）电路图　　（b）波形图

图 1-30　单相桥式半控整流电路带电阻性负载

1. 电阻性负载

单相桥式半控整流电路带电阻性负载时的电路如图 1-29 所示。工作情况同桥式全控整流电路相似，两只晶闸管仍是共阴极连接，即使同时触发两只管子，也只能是阳极电位高的晶闸管导通。而两只二极管是共阳极连接，总是阴极电位低的二极管导通，因此，在电源 u_2 正半周，一定是 VD_4 正偏，在 u_2 负半周，一定是 VD_3 正偏。所以，在电源正半周时，触发晶闸管 VT_1 导通，二极管 VD_4 正偏导通，电流由电源 a 端经 VT_1 和负载 R_d 及 VD_4，回电源 b 端，若忽略两管的正向导通压降，则负载上得到的直流输出电压就是电源电压 u_2，即 $u_d=u_2$。在电源负半周时，触发 VT_2 导通，电流由电源 b 端经 VT_2 和负载 R_d 及 VD_3，回电源 a 端，输出电压 $u_d=-u_2$，只不过在负载上的方向没变。在负载上得到的输出波形与全控桥带电阻性负载时是一样的。

单相全控桥式整流电路带电阻性负载电路参数的计算：

① 输出电压平均值的计算公式

$$U_d = 0.9U_2\frac{1+\cos\alpha}{2} \tag{1-31}$$

α 的移相范围是 0°～180°。

② 负载电流平均值的计算公式

$$I_d=\frac{U_d}{R_d}=0.9\frac{U_2}{R_d}\cdot\frac{1+\cos\alpha}{2} \tag{1-32}$$

③ 流过一只晶闸管和整流二极管的电流的平均值和有效值的计算公式

$$I_{dT}=I_{dD}=\frac{1}{2}I_d \tag{1-33}$$

$$I_T=\frac{1}{\sqrt{2}}I \tag{1-34}$$

④ 晶闸管可能承受的最大电压为

$$U_{TM}=\sqrt{2}U_2$$

2. 电感性负载

单相桥式半控整流电路带电感性负载时的电路如图 1-31 所示。在交流电源的正半周区间

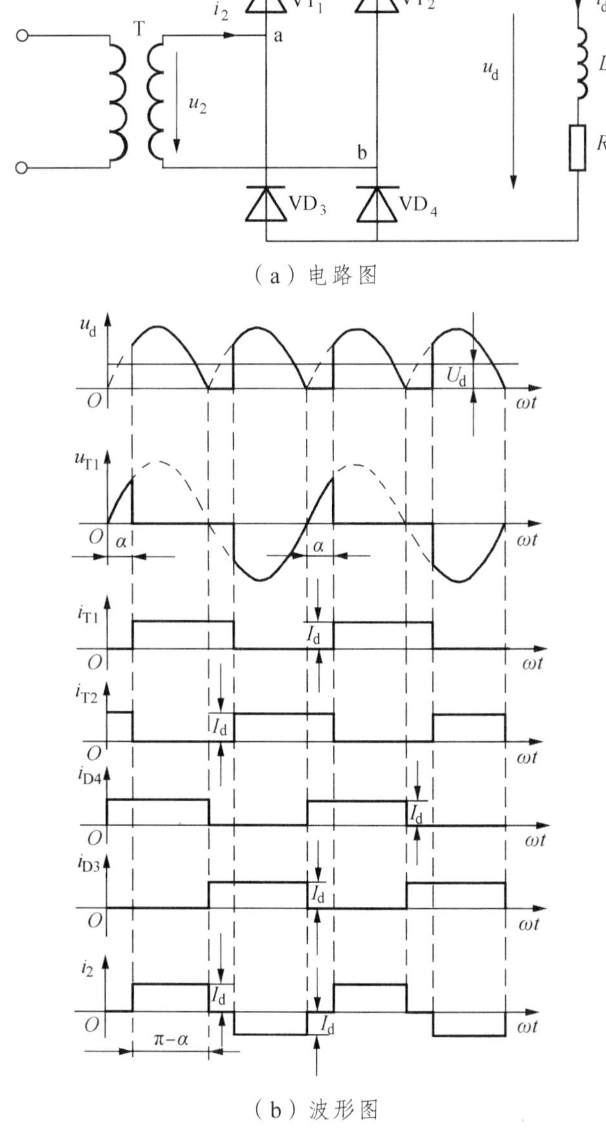

图 1-31　单相桥式半控整流电路带电感性负载

内，二极管 VD_4 处于正偏状态，在相当于控制角 α 的时刻给晶闸管加脉冲，则电源由 a 端经 VT_1 和 VD_4 向负载供电，负载上得到的电压 $u_d = u_2$，方向为上正下负。至电源 u_2 过零变负时，由于电感自感电动势的作用，会使晶闸管继续导通，但此时二极管 VD_3 的阴极电位变的比 VD_4 的要低，所以电流由 VD_4 换流到了 VD_3。此时，负载电流经 VT_1、R_d 和 VD_3 续流，而没有经过交流电源，因此，负载上得到的电压为 VT_1 和 VD_3 的正向压降，接近为零，这就是单相桥式半控整流电路的自然续流现象。在 u_2 负半周，相同 α 角处，触发管子 VT_2，由于 VT_2 的阳极电位高于 VT_1 的阳极电位，所以，VT_1 换流给了 VT_2，电源经 VT_2 和 VT_3 向负载供电，直流输出电压也为电源电压，方向上正下负。同样，当 u_2 由负变正时，又改为 VT_2 和 VT_4 续流，输出又为零。

这个电路输出电压的波形与带电阻性负载时一样。但直流输出电流的波形由于电感的平波作用而变为一条直线。

由以上分析可知单相桥式半控整流电路带大电感负载时的工作特点是：晶闸管在触发时刻换流，二极管则在电源过零时刻换流；电路本身就具有自然续流作用，负载电流可以在电路内部换流，所以，即使没有续流二极管，输出也没有负电压，但突然关断触发电路或突然把控制角 α 增大到 180° 时，电路会发生失控现象。失控后，即使去掉触发电路，电路也会出现正在导通的晶闸管一直导通，而两只二极管轮流导通的情况，虽然 u_d 仍会有输出，但波形是单相半波不可控的整流波形，这就是所谓的失控现象。为解决失控现象，单相桥式半控整流电路带电感性负载时，仍需在负载两端并联续流二极管 VD。这样，当电源电压过零变负时，负载电流经续流二极管续流，使直流输出接近于零，迫使原导通的晶闸管关断。加了续流二极管后的电路及波形如图 1-32 所示。

加了续流二极管后，单相桥式全控整流电路带电感性负载电路参数的计算如下：

① 输出电压平均值的计算公式

$$U_d = 0.9U_2\frac{1+\cos\alpha}{2} \tag{1-35}$$

α 的移相范围是 0° ~ 180°。

② 负载电流平均值的计算公式

$$I_d = \frac{U_d}{R_d} = 0.9\frac{U_2}{R_d}\cdot\frac{1+\cos\alpha}{2} \tag{1-36}$$

③ 流过一只晶闸管和整流二极管的电流的平均值和有效值的计算公式

$$I_{dT} = I_{dD} = \frac{\pi-\alpha}{2\pi}I_d \tag{1-37}$$

$$I_T = I_D = \sqrt{\frac{\pi-\alpha}{2\pi}}I_d \tag{1-38}$$

④ 流过续流二极管的电流的平均值和有效值的计算公式

$$I_{dDR} = \frac{2\alpha}{2\pi}I_d = \frac{\alpha}{\pi}I_d \tag{1-39}$$

$$I_{DR} = \sqrt{\frac{\alpha}{\pi}}I_d \tag{1-40}$$

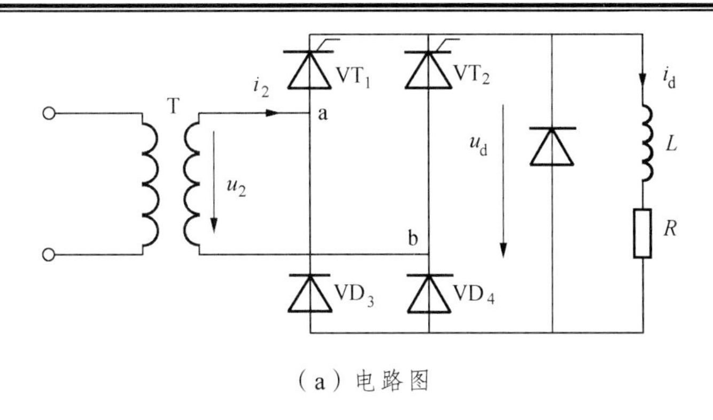

（a）电路图

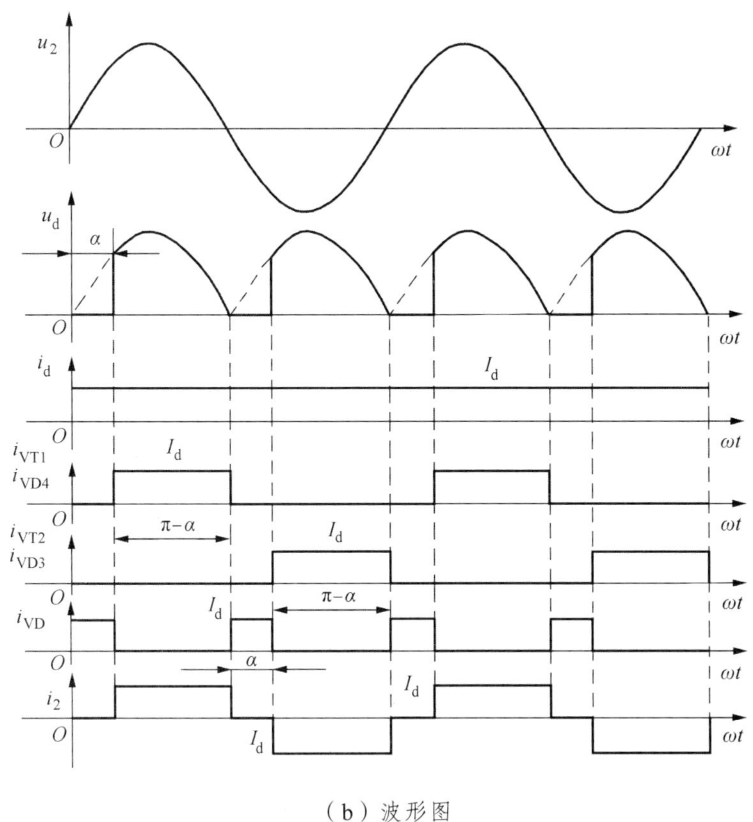

（b）波形图

图 1-32　单相桥式半控整流电路带电感性负载加续流二极管

⑤ 晶闸管可能承受的最大电压为

$$U_{TM} = \sqrt{2}U_2$$

1.5　单相有源逆变电路

整流与有源逆变的根本区别就表现在两者能量传送的方向不同。一个相控整流电路，只要满足一定条件，也可工作于有源逆变状态，这种装置称为变流装置或变流器。

1.5.1 两电源间的能量传递

如图 1-33 所示，我们来分析一下两个电源间的功率传递问题。

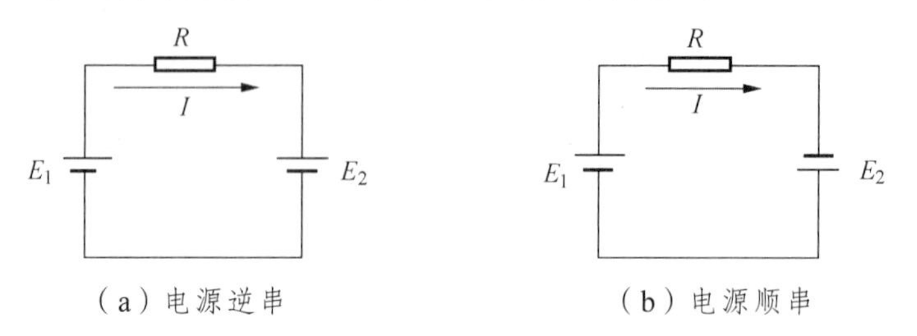

（a）电源逆串 （b）电源顺串

图 1-33 两个直流电源间的功率传递

图 1-33（a）为两个电源同极性连接，称为电源逆串。当 $E_1 > E_2$ 时，电流 I 从 E_1 正极流出，流入 E_2 正极，为顺时针方向，其大小为

$$I = \frac{E_1 - E_2}{R} \tag{1-41}$$

在这种连接情况下，电源 E_1 输出功率 $P_1 = E_1 I$，电源 E_2 则吸收功率 $P_2 = E_2 I$，电阻 R 上消耗的功率为 $P_R = P_1 - P_2 = RI^2$，P_R 为两电源功率之差。

图 1-33（b）为两电源反极性连接，称为电源顺串。此时电流仍为顺时针方向，大小为

$$I = \frac{E_1 + E_2}{R} \tag{1-42}$$

此时电源 E_1 与 E_2 均输出功率，电阻上消耗的功率为两电源功率之和：$P_R = P_1 + P_2$。若回路电阻很小，则 I 很大，这种情况相当于两个电源间短路。

通过上述分析，我们知道：

（1）无论电源是顺串还是逆串，只要电流从电源正极端流出，该电源就输出功率；若电流从电源正极端流入，该电源就吸收功率。

（2）两个电源逆串连接时，回路电流从电动势高的电源正极流向电动势低的电源正极。如果回路电阻很小，即使两电源电动势之差不大，也可产生足够大的回路电流，使两电源间交换很大的功率。

（3）两个电源顺串时，相当于两电源电动势相加后再通过 R 短路，若回路电阻 R 很小，回路电流就会非常大，这种情况在实际应用中应当避免。

1.5.2 有源逆变的工作原理

在上述两电源回路中，若用晶闸管变流装置的输出电压代替 E_1，用直流电机的反电动势代替 E_2，就成了晶闸管变流装置与直流电机负载之间进行能量交换的问题，如图 1-34 所示。

图 1-34（a）中有两组单相桥式变流装置，均可通过开关 S 与直流电动机负载相连。将开关拨向位置 1，且让 I 组晶闸管的控制角 $\alpha_1 < 90°$，则电路工作在整流状态，输出电压 U_{dI} 上正下负，波形如图 1-34（b）所示。此时，电动机作电动运行，电动机的反电动势 E 上正下负，并且通过调整 α 角使 $|U_{dI}| > |E|$，则交流电压通过 I 组晶闸管输出功率，电动机吸收功率。负载中电流 I_d 值为

$$I_{\mathrm{d}}=\frac{U_{\mathrm{dI}}-E}{R} \tag{1-43}$$

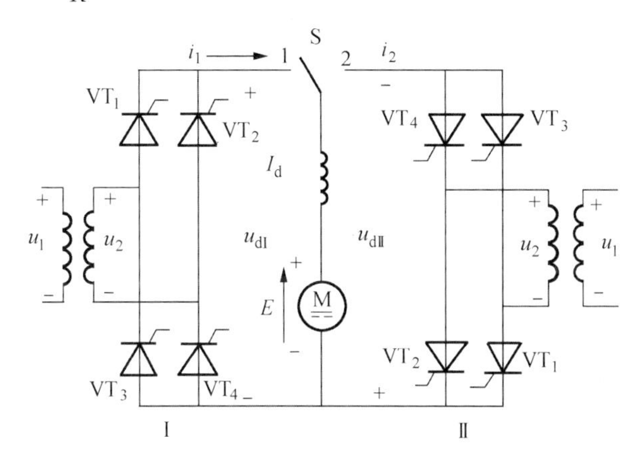

（a）电路图

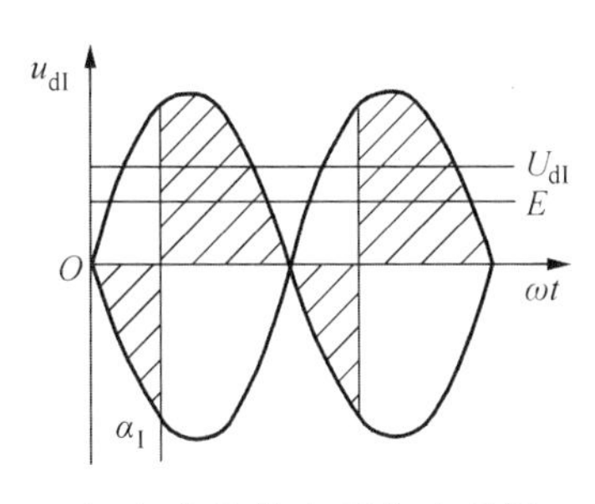

（b）整流状态下的波形图

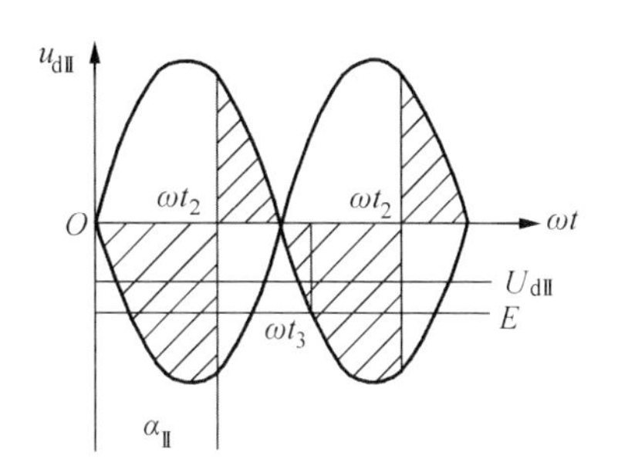

（c）逆变状态下的波形图

图 1-34　单相桥式变流电路整流与逆变原理

将开关 S 快速拨向位置 2。由于机械惯性，电动机转速不变，则电动机的反电动势 E 不变，且极性仍为上正下负。此时，若仍按控制角 $\alpha_{\mathrm{II}}<90°$ 触发Ⅱ组晶闸管，则输出电压 U_{dII} 为上负下正，与 E 形成两电源顺串连接。这种情况与图 1-33（b）所示相同，相当于短路事故，因此不允许出现。

当开关 S 拨向位置 2 时，又同时触发脉冲控制角调整到 $\alpha_{\mathrm{II}}>90°$，则Ⅱ组晶闸管输出电压 U_{dII} 将为上负下正，波形如图 1-34（c）所示。假设由于惯性原因电动机转速不变，反电动势不变，并且调整 α 角使 $|U_{\mathrm{dII}}|<|E|$，则晶闸管在 E 与 u_2 的作用下导通，负载中电流为

$$I_{\mathrm{d}}=\frac{E-U_{\mathrm{dII}}}{R} \tag{1-44}$$

这种情况下，电动机输出功率，运行于发电制动状态，Ⅱ组晶闸管吸收功率并将功率送回交流电网。这种情况就是有源逆变。

由以上分析及输出电压波形可以看出，逆变时的输出电压控制有的与整流时相同，计算公式仍为

$$U_{\mathrm{d}}=0.9U_2\cos\alpha \tag{1-45}$$

因为此时控制角 α 大于 90°，使得计算出来的结果小于零，为了计算方便，我们令

$\beta = 180^\circ - \alpha$，称 β 为逆变角，则

$$U_d = 0.9U_2 \cos\alpha = 0.9U_2 \cos(180^\circ - \beta) = -0.9U_2 \cos\beta \tag{1-46}$$

综上所述，实现有源逆变必须满足下列条件：

（1）变流装置的直流侧必须外接电压极性与晶闸管导通方向一致的直流电源，且其值稍大于变流装置直流侧的平均电压。

（2）变流装置必须工作在 $\beta < 90^\circ$（即 $\alpha > 90^\circ$）区间，使其输出直流电压极性与整流状态时相反，才能将直流功率逆变为交流功率送至交流电网。

上述两条必须同时具备才能实现有源逆变。为了保持逆变电流连续，逆变电路中都要串接大电感。

要指出的是，半控桥或接有续流二极管的电路，因它们不可能输出负电压，也不允许直流侧接上直流输出反极性的直流电动势，所以这种电路不能实现有源逆变。

为了防止逆变失败，应当合理选择晶闸管的参数，对其触发电路的可靠性、元件的质量以及过电流保护性能等都有比整流电路更高的要求。逆变角的最小值也应严格限制，不可过小。

逆变时允许的最小逆变角 β_{min} 应考虑几个因素：不得小于换向重叠角 γ，考虑晶闸管本身关断时所对应的电角度，考虑一个安全裕量等，这样最小逆变角 β_{min} 的取值一般为

$$\beta_{min} \geqslant 30^\circ \sim 35^\circ$$

为防止 β 小于 β_{min}，有时要在触发电路中设置保护电路，使减小 β 时，不能进入 $\beta < \beta_{min}$ 的区域。此外还可在电路中加上安全脉冲产生装置，安全脉冲位置就设在 β_{min} 处，一旦工作脉冲就移入 β_{min} 处，安全脉冲保证在 β_{min} 处触发晶闸管。

任务二　SS_{6B} 型机车牵引传动系统

【学习目标】

（1）熟练描述电力机车交-直型机车主电路的结构、主电路的器件；能够熟练分析主电路工作原理及基本控制方式。

（2）能够描述直流牵引电机的构造，能够熟练分析直流牵引电机的工作原理、直流电机的调速方式、直流机车的能耗制动、再生制动的方法。

（3）能够分析直流机车的牵引特性。

（4）能熟练分析韶山系列直流机车牵引传动主电路的电气原理。

（5）能正确分析单相无源逆变、有源逆变的原理及其应用。

（6）能正确利用相关仪器、设备对直流机车牵引传动系统进行维护、简单调试及常见故障分析与检修。

【任务导入】

韶山系列电力机车的电传动系统是按通用化、标准化、系列化原则设计的交-直传动电力机车，由主电路、辅助电路和控制电路组成。

本任务主要介绍 SS_6 型电力机车牵引传动系统的主电路，使学生掌握直流机车牵引传动系统的结构及主电路工作原理及基本控制原理。

1.6 SS_{6B} 型机车主牵引传动系统概述

1. 传动形式

采用交-直传动方式，驱动为串励式脉流牵引电动机，调速特性控制较简单。

2. 牵引电动机供电方式

采用转向架独立供电方式，即一个转向架上有 3 台牵引电机并联，由一台主整流器供电。全车两个 3 轴转向架，具有 2 台独立的无级调压相控主整流器。此方式使电路、控制和结构比较简单，在运用上有一定的灵活性，当 1 台主整流器故障时，可切除 1 台转向架 3 台电机，机车保留 1/2 牵引能力，实现机车故障运行；前后 2 个转向架可进行各架轴重转移电气补偿，即对前转向架减荷后转向架增荷，以充分利用黏着，发挥最大牵引能力；实现以转向架供电为基础的电气系统单元化供电系统，装置简单。

3. 整流调压电路方式

机车主电路采用了标准化、模块化结构，整流电路为大功率晶闸管和二极管组成的不等分三段半控整流桥。牵引电机励磁回路设有分流电抗器，以改善牵引电机在磁场削弱工况时的动态换向性能。主电路中设有功率因数补偿装置，以提高机车的功率因数，并可减少谐波干扰电流，改善了电网的供电品质。

SS_6B 型电力机车主电路采用不等分三段半控桥整流调压电路，即一段专 $1/2U_o$ 桥，二、三段号 $1/4U_o$ 桥的电路结构。

4. 电制动方式

机车电制动采用加馈电阻制动，每节车 6 台牵引电机主极绕组串联，由 1 台励磁桥式半控整流器供电。每个转向架上的 3 台牵引电机电枢与各自的制动电阻串联后，并联在一起，再与相应的主整流器构成串联回路。与常规电阻制动相比，加馈电阻制动的特点，是在低速区通过主整流器加馈注入制动电流的方法维持电制动力，可将最大制动力调速范围延伸至 10 km/h，能较方便地实现恒制动力控制，简化了主电路和控制电路。

5. 测量系统

机车全部采用霍尔传感器检测直流电流与直流电压信号。其优点：一是实现直读仪表、过载保护及反馈控制三位合一，并可提高系统的控制精度；二是主电路强电系统与控制电路弱电系统实现电隔离，以保证机车设备安全和乘务员人身安全；三是使司机台仪表接线插座化，便于保养和维修。

网压 25 kV 测量使用 25 000 V/100 V 交流电压互感器，能直接测量接触网供电电压。

6. 保护系统

采用双接地继电器保护，每一台转向架电气供电回路单元各接一台主接地继电器，以利于查找和处理接地故障。

7. 辅助电路

机车辅助电路采用双台旋转式劈相机供电系统，以提高辅助系统的可靠性和三相电源电流、电压的对称性。辅助电路主要由交流 380 V 回路和交流 220 V 回路组成，对各回路中的不同负载，分别设有不同类型和等级的自动开关进行保护，电路简单，性能稳定可靠。

1.7 直流牵引电动机的结构与工作原理

1.7.1 直流牵引电动机技术参数

牵引电动机是电力机车的重要部件之一，它安装在转向架上，通过传动装置与轮对相连。机车在牵引状态运行时，牵引电动机将电能转换成机械能，通过轮对与钢轨产生牵引力，并通过轮对驱动机车运行。当机车在电制动状态下运行时，牵引电动机转换成发电机将机械能转成电能，通过轮对与钢轨产生制动力。

牵引电动机的工作条件十分恶劣，主要表现在以下几方面：

（1）工作环境恶劣。牵引电动机悬挂在转向架上，经受着灰尘、雨雪的侵蚀和不断变化的环境温度，并承受着来自轮轨间的冲击和振动。

（2）负载变化频繁。牵引电动机要按机车运行的需要，不断改变工况：机车起动、爬坡时，电机在大电流下工作；机车高速牵引运行时，磁场削弱过深；机车下坡或阻力减小时，电机转速会超过额定值。所有这些都会使电机换向恶化。牵引电动机又在脉动电流下工作，韶山 7E 型电力机车的脉动系数为 0.28 ~ 0.33。与直流牵引电动机相比，脉流牵引电动机发热更严重，换向更困难。

（3）空间限制。牵引电动机位于两轮对之间，其轴向、径向尺寸都受限制。又需要单位体积的输出功率大，所以要求电机结构紧凑和采用高性能绝缘材料及导磁材料。

（4）动力作用大。牵引电动机承受着来自机车轮轨动力作用产生的冲击、振动。韶山 7E 型电力机车所用的牵引电动机为带有补偿绕组的六极他复励 ZD120A 型脉流牵引电动机。

主要技术参数：

额定功率（小时制）	850 kW	（持续制）	800 kW
额定电压（持续制）	910 V	最高电压	1 030 V
额定电流　（持续制）	940 A		
最大工作电流	1 320 A		
最小恒功电流	830 A		
额定转速（持续制）	995 r/min		
最高恒功转速	1 665 r/min		
最高转速	1 840 r/min		

供电方式	三段桥相控整流脉流供电
励磁方式	他复励、无级削弱
串励绕组固定分路系数	0.87
最大励磁率	$\beta_{max} = 0.953$
最小励磁率	$\beta_{min} = 0.478$
绝缘等级	H/H
通风方式	强迫外通风
悬挂方式	架承式全悬挂
传动方式	单边直齿，轮对空心轴六连杆传动

1.7.2　直流牵引电动机结构

ZD120A 型牵引电动机的结构如图 1-35 所示，图 1-36、图 1-37 分别为定子与转子实物图。牵引电动机主要由定子、转子、电刷装置等部分组成。定子是磁场的重要通路并支撑电机。它由主极、换向极、机座、补偿绕组、端盖、轴承等组成。通常，把产生磁场的部分做成静止的，称为定子；把产生感应电势或电磁转矩的部分做成旋转的，称为转子（又叫电枢）。转子是产生感应电势和电磁转矩以实现能量转换的部件，它由电枢铁心、电枢绕组、换向器

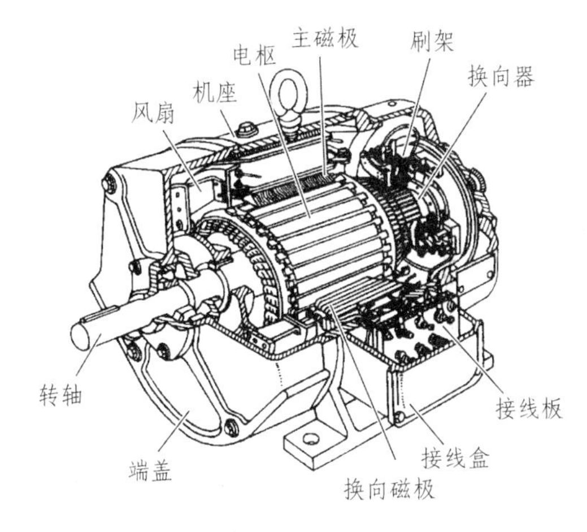

图 1-35　直流电动机结构示意图

图 1-36　直流牵引电动机转子外形图

图 1-37　直流牵引电动机定子外形图

和转轴等组成。电刷装置一是电枢与外电路连接的部件，通过它使电流输入电枢或从电枢输出，二是与换向器配合实现电流换向。电刷装置由电刷、刷握、刷杆、刷杆座和汇流排等组成。ZD120A 型牵引电动机采用架承式全悬挂，电机两端均悬挂在转向架的构架上。

机座既是安装电机所有部件的外壳，又是联系各磁极导磁的磁轭，ZD120A 型牵引电动机采用全叠片无机壳机座。机座导磁部分采用 1 mm 冷轧钢板冲制成 12 边形，在叠制后的定子两端放置铸钢前后压圈。

1. 定 子

主磁极：主磁极的作用是产生主磁通。主磁极由铁心和励磁绕组组成。主极铁心与定子磁轭冲制成一体，铁心冲片极靴部分有 8 个向心半闭口补偿槽（2 个小槽、6 个大槽），用以安装补偿绕组。并在极尖处局部削角，以减小横轴电枢反应。主极线圈由他励线圈和串励线圈组成。

换向极：换向磁极又叫附加磁极，用于改善直流电机的换向，位于相邻主磁极间的几何中心线上，其几何尺寸明显比主磁极小。换向磁极由铁心和套在铁心上的换向极绕组组成，如图 1-38 所示。为改善脉流换向性能，换向极铁心采用叠片结构。换向极绕组由 7.1 mm × 28 mmTBR 铜母线扁绕而成，共 6 匝。换向极绕组匝数不多，与电枢绕组串联。换向极的极数一般与主磁极的极数相同。换向极与电枢之间的气隙可以调整。

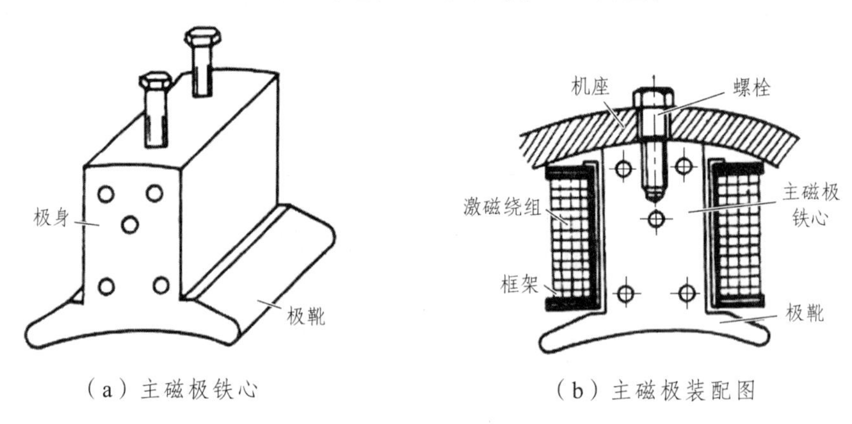

（a）主磁极铁心　　（b）主磁极装配图

图 1-38　直流电机主磁极

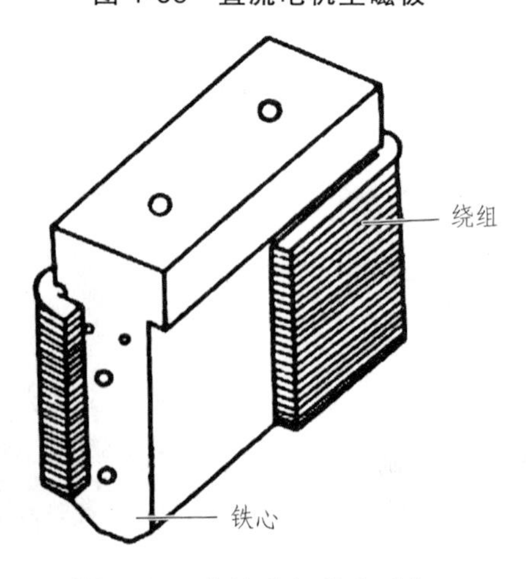

图 1-39　直流电机换向磁极

补偿绕组：补偿绕组放置在主极极靴的补偿槽内，与电枢绕组、换向极绕组串联，用来消除电枢反应对主极气隙磁通的畸变影响，使换向器片间电压分布均匀，改善换向（见图 1-39）。

2. 转 子

转子（电枢）主要由电枢铁心、电枢绕组、换向器、转轴等组成。电枢铁心的作用是通过主磁通和安放电枢绕组。电枢绕组的作用是产生感应电动势，并在主磁场的作用下，产生电磁转矩，使电机实现能量的转换。换向器的作用是与电刷配合将外部的直流电流变成电动机内部的交变电流，以产生恒定方向的转矩。换向器由换向片组成。前后端盖用来安装轴承和支承整个转子的重量。转轴用来传递转矩。风扇降低电动机在运行中的温升。

电枢铁心：电枢铁心的作用是构成电机磁路和安放电枢绕组。通过电枢铁心的磁通是交变的，为减少磁滞和涡流损耗，电枢铁心常用 0.35 mm 或 0.5 mm 厚冲有齿和槽的硅钢片叠压而成，为加强散热能力，在铁心的轴向留有通风孔，较大容量的电机沿轴向将铁心分成长 4 ~ 10 cm 的若干段，相邻段间留有 8 ~ 10 mm 的径向通风沟。

电枢绕组：电枢绕组的作用是产生感应电动势和电磁转矩，从而实现机电能量的转换。

换向器：换向器又叫整流子。对于发电机，它将电枢元件中的交流电变为电刷间的直流电输出，对于电动机，它将电刷间的直流电变为电枢元件中的交流电输入。换向器的结构如图 1-40 所示。换向器由换向片组合而成，是直流电机的关键部件，也是最薄弱的部分。

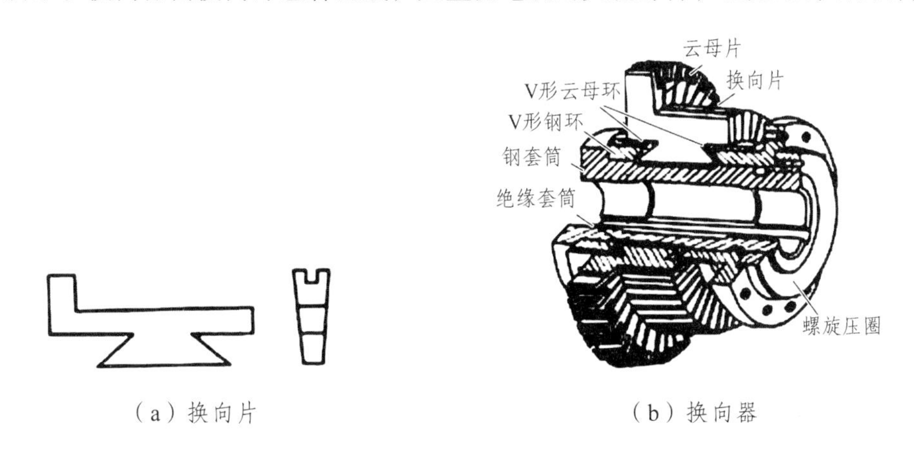

（a）换向片　　（b）换向器

图 1-40 换向器结构

换向片采用导电性能好、硬度大、耐磨性能好的紫铜或铜合金制成。换向片的底部做成燕尾形状，各换向片拼成圆筒形套入钢套筒上，相邻换向片间垫以 0.6 ~ 1.2 mm 厚的云母片作为绝缘，换向片下部的燕尾嵌在两端的 V 形钢环内，换向片与 V 形钢环之间用 V 形云母片绝缘，最后用螺旋压圈压紧。换向器固定在转轴的一端。

电刷装置：电刷装置的作用是使转动部分的电枢绕组与外电路连通，将直流电压、电流引出或引入电枢绕组。电刷装置由电刷、刷握、刷杆、刷杆座和汇流条等零件组成，如图 1-41 所示。电刷一般采用石墨和铜粉压制焙烧而成，它放置在刷握中，由弹簧将其压在换向器的表面上，刷握固定在与刷杆座相连的刷杆上，每个刷杆装有若干个刷握和相同数目的电刷，并把这些电刷并联形成电刷组，电刷组的个数一般与主磁极的个数相同。

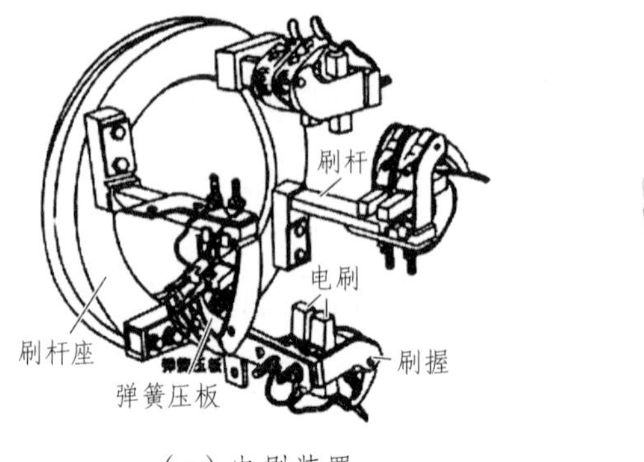

（a）电刷装置

（b）实物图

图 1-41　电刷装置

1.7.3　直流牵引电动机工作原理

1. 工作原理

直流电动机是根据通电导体在磁场中会受到磁场力的作用这一基本原理制成的，其工作原理如图 1-42 所示。在励磁绕组中通入直流电后，在磁极上产生了恒定磁场。

通过电刷将外加给电枢绕组的极性不变的直流电压变换成电枢绕组中的交变电流，从而得到一种在相同磁极下的导体内的电流方向不变的结果，得到一个稳定的旋转力矩。在电枢绕组中的电流是交变的，电流方向发生改变的过程，称为换向。

恒定的电磁转矩，同发电机一样，电枢上不止安放一个元件，而是安放若干个元件和换向片。

由直流电机的工作原理可以看出，直流发电机是将机械能转变成电能，电动机是将电能转变成机械能，因此说直流电机具有可逆性。

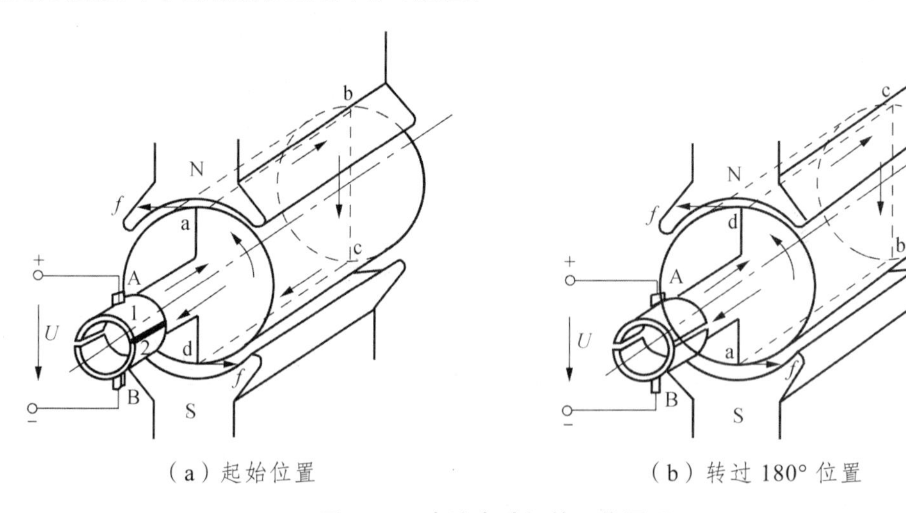

（a）起始位置　　（b）转过 180° 位置

图 1-42　直流电动机的工作原理

2. 直流电动机励磁方式

电机主磁极产生的磁场叫主磁场。一般在小容量电机中可采用永久磁铁作为主磁极，绝大多数的直流电机是用电磁铁来建立主磁场的。主磁极上励磁绕组获得电源的方式叫作励磁方式。直流电机的励磁方式分为他励和自励两大类，其中，自励又分为并励、串励和复励三种形式。

在主磁极的励磁绕组内通入直流电，产生直流电机主磁通，这个电流称为励磁电流。如果励磁电流由独立的直流电源供给，这种励磁电机称为他励直流电机。励磁电流由电机自身供给，这种励磁电机称为自励直流电机。

根据主磁极绕组与电枢绕组连接方式的不同，直流电动机分为他励电动机、并励电动机、串励电动机、复励电动机。励磁绕组与电枢绕组的不同联结方式如图 1-43 所示。

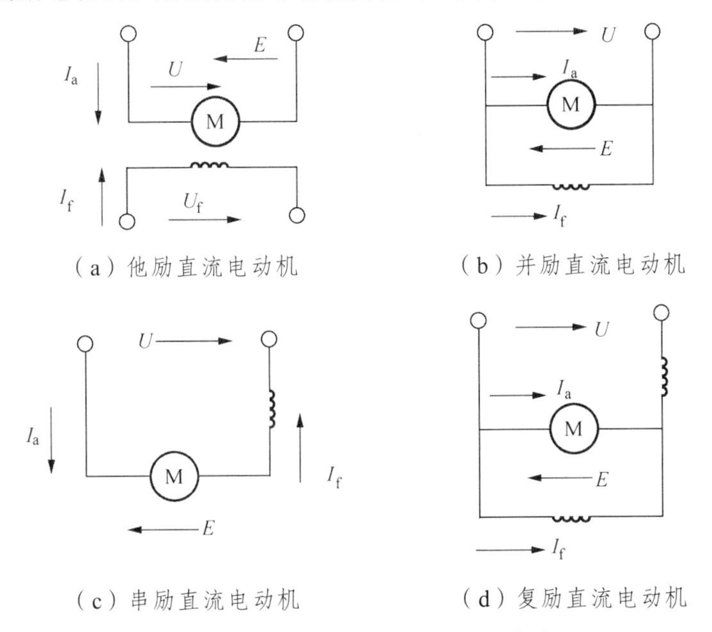

图 1-43　直流电动机的励磁方式

3. 直流电动机的基本电磁关系

1）电枢电势

直流电机的电枢电势是指正、负电刷间的电势。直流电机稳定运行时，电枢两端外加电压为U，电枢电流为I_a，电枢绕组旋转时，在主磁通的作用下产生电动势E_a，方向与电源电压方向相反，因此E_a称为直流电动机的反电动势。

当电刷放置在主磁极轴线上，电枢导体总数为 N，电枢支路数为 $2a$ 时，直流电机的电枢电势为

$$E_a = C_e \Phi n \tag{1-47}$$

式中　E_a——电枢电势，V；

C_e——由电机结构决定的电势常数，$C_e = \dfrac{PN}{60a}$。

2）直流电机的电磁转矩

电机运行时，电枢绕组有电流流过，载流导体在磁场中将受到电磁力的作用，该电磁力

对转轴产生的转矩叫作电磁转矩，用 T_{em} 表示。电枢绕组在磁场中所受电磁力的方向由左手定则来确定。在发电机中，电磁转矩的方向与电枢转向相反，对电枢起制动作用；在电动机中，电磁转矩的方向与电枢转向相同，对电枢起推动作用。直流电机的电磁转矩与转向如图 1-44 所示。直流电机的电磁转矩使得电机实现机电能量的转换。

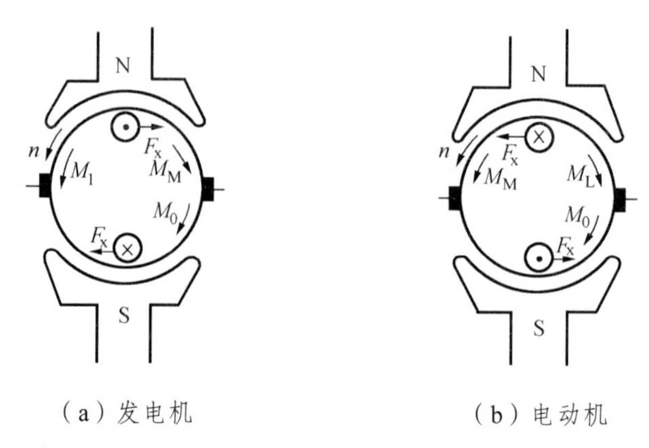

（a）发电机　　（b）电动机

图 1-44　直流电机的电磁转矩与转向

3）电磁转矩

$$T_{em}=\frac{PN}{2a\pi}\Phi I_a=C_T\Phi I_a \tag{1-48}$$

式中　T_{em}——电磁转矩，N · m；

I_a——电枢电流，A；

C_T——由电机结构决定的转矩常数

$$C_T=\frac{PN}{2a\pi} \tag{1-49}$$

式（1-48）表明，电磁转矩的大小取决于电枢电流和每极磁通的大小。当电枢电流 I_a 恒定时，电磁转矩 T_{em} 和每极磁通 Φ 成正比；当每极磁通 Φ 值恒定时，电磁转矩 T_{em} 和电枢电流 I_a 成正比。

4）直流电动机的电动势平衡方程

直流电动机运行时，电枢两端接入电源电压 U，若电枢绕组的电流 I_a 的方向以及主磁极的极性如图 1-45 所示，由左手定则可知电动机产生的电磁转矩 T_{em} 将驱动电枢以转速 n 旋转，旋转的电枢绕组又将切割主磁极产生感应电动势 E_a，可由右手定则决定电动势 E_a 与电枢电流 I_a 的方向是相反的。各物理量的方向按图 1-46 所示，可得电枢回路的电动势方程式为

$$U=E_a+I_aR_a \tag{1-50}$$

式中，R_a 为电枢回路的总电阻，包括电枢绕组、换向器、补偿绕组的电阻，以及电刷与换向器间的接触电阻等。

对于并励电动机的电枢电流，

$$I_a=I-I_f \tag{1-51}$$

式中，I 为输入电动机的电流；I_f 为励磁电流，$I_f = U/R_f$，其中，R_f 是励磁回路的电阻。

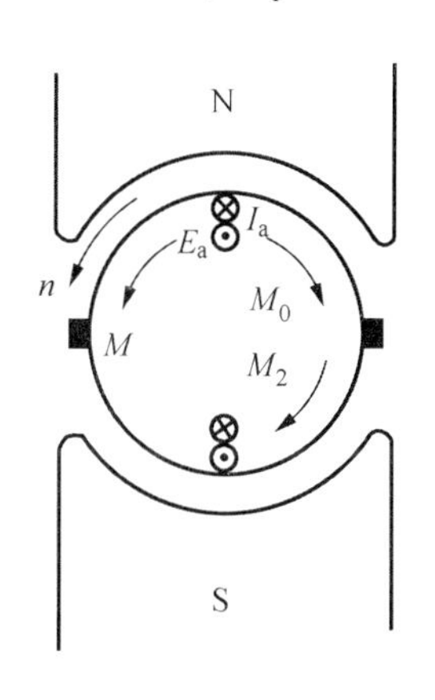

图 1-45　电动机作用原理

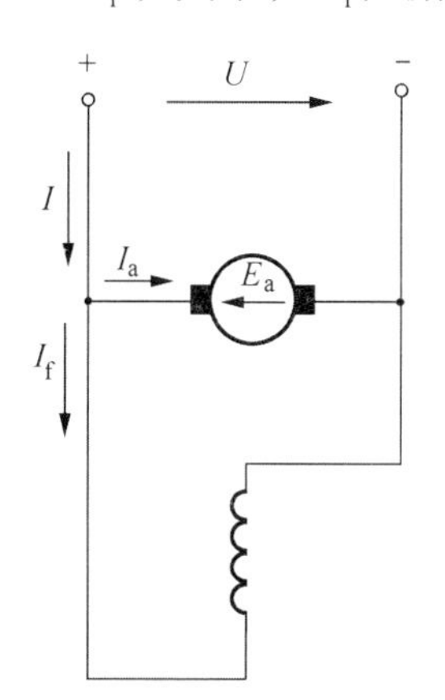

图 1-46　电动势和电流方向

由于电动势 E_a 与电枢电流 I_a 方向相反，故称 E_a 为“反电动势”，反电动势 E_a 的计算公式与发电机相同。

式（1-50）表明，加在电动机的电源电压 U 是用来克服反电动势 E_a 及电枢回路的总电阻压降 I_aR_a 的。可见 $U > E_a$，电源电压 U 决定了电枢电流 I_a 的方向。

直流电动机的电磁转矩与功率的关系为

$$T_{em} = 9\ 550\frac{P}{n} \tag{1-52}$$

4. 直流电动机机械特性

电动机处于稳定运行状态时，电动机的电磁转矩 T_{em} 与转速 n 的关系曲线称为电动机的机械特性。当负载转矩变化时，电动机的输出转矩也应随之变化，并在另一转速下稳定运行，因此电动机的转速与转矩关系，体现了电动机与拖动的负载能否匹配。

1）并励电动机（他励电动机）机械特性

由公式 $n = \dfrac{U_N - I_aR_a}{C_e\Phi_N}$，$T_{em} = C_T\Phi I_a$，得电动机的机械特性曲线方程

$$n = \frac{U}{C_e\Phi} - \frac{R}{C_eC_T\Phi^2}T_{em} = n_0 - \beta T_{em} \tag{1-53}$$

其中，$n_0 = \dfrac{U}{C_e\Phi}$ 为理想空载转速；$\beta = \dfrac{R}{C_eC_T\Phi^2}$ 为机械特性斜率。

当电动机 $U = U_N$，$\Phi = \Phi_N$，$R = R_a$ 时的机械特性称为固有机械特性，如图 1-47 中的曲线 1。由于电动机的内阻 R_a 很小，故并励电动机的机械特性是一条微向下垂的直线，基本上是“硬”特性。

人为的改变电动机的参数或电枢电压而得到的机械特性称人为机械特性，当电枢人为串接电阻 R_a' 后的机械特性曲线如图 1-47 所示，串入电阻越大，曲线下垂得越厉害，机械特性变“软”了。

改变他励电动机电枢电压时的人为机械特性曲线如图 1-48 所示，电枢电压下降时，理想窗框转速 n_0 也下降了。

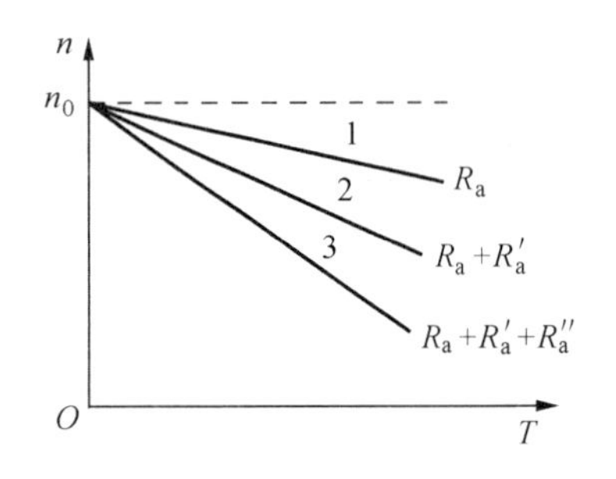

图 1-47　他励电动机固有机械特性与串入电阻时人为机械特性

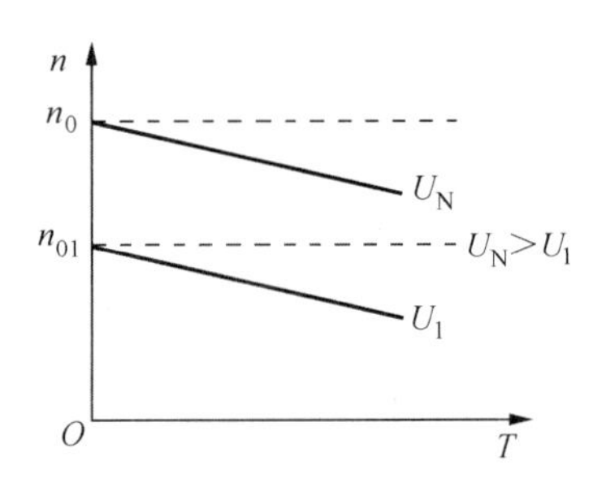

图 1-48　他励电动机改变电枢电压时人为机械特性

2）串励电动机的机械特性

当串励电动机磁路不饱和时，其转矩-转速特性方程为

$$n = C_1\frac{U}{\sqrt{T}} - C_2(R_a + R_f) \tag{1-54}$$

其中，C_1、C_2 为系数。

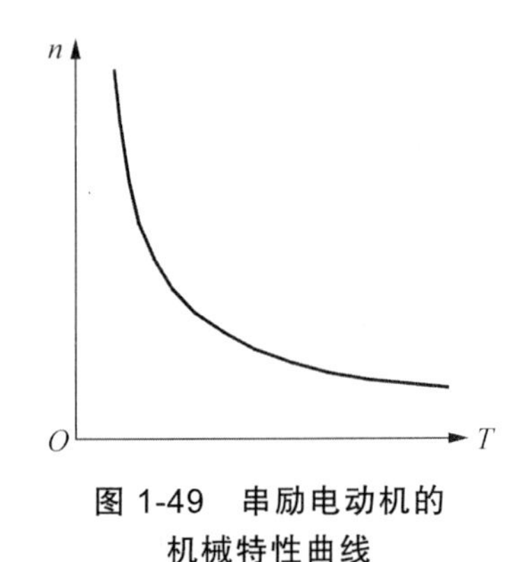

图 1-49　串励电动机的机械特性曲线

串励电动机磁路不饱和时的转矩-转速特性曲线如图 1-49 所示，转速随转矩增加而显著下降，机械特性很“软”，机械曲线方程为

$$n = \frac{U - I_a(R_a + R_f)}{C_e\Phi} \tag{1-55}$$

1.8　SS_{6B} 型电力机车牵引传动系统结构与工作原理

1.8.1　网侧 25 kV 高压电路

网侧高压电路如图 1-50 所示。主要设备有受电弓 1AP 和 2AP、空气断路器 4QF、避雷器 5F、高压电压互感器 6TV、高压电流互感器 7TA、主变压器 8TM 的高压（原边）绕组 AX、电度表检测电流用的 9TA、PFC 功率因数补偿用的电流互感器 109TA。

低压部分有自动开关 102QA、网压表 103PV、104PV 电度表 105PJ、PFC 功率因数补偿用同步变压器 100TV，以及接地回流装置 110E、120E、130E、140E、150E 和 160E。这些电器设备所组成的电路主要用于检测机车网压和提供电度表用的电压信号及 PFC 功率因数补偿用同步信号。与传统的机车相比，该电路具有如下特点：

（1）在 25 kV 网侧电路中，加设了新型金属氧化物避雷器 5F，以取代传统的放电间隙，作为电压和雷击保护。

（2）在受电弓与主断路器之间，设置有网侧电压互感器（25 kV/100 V），便于司机在司机壁内掌握受电弓的升降状况和网压的情况。

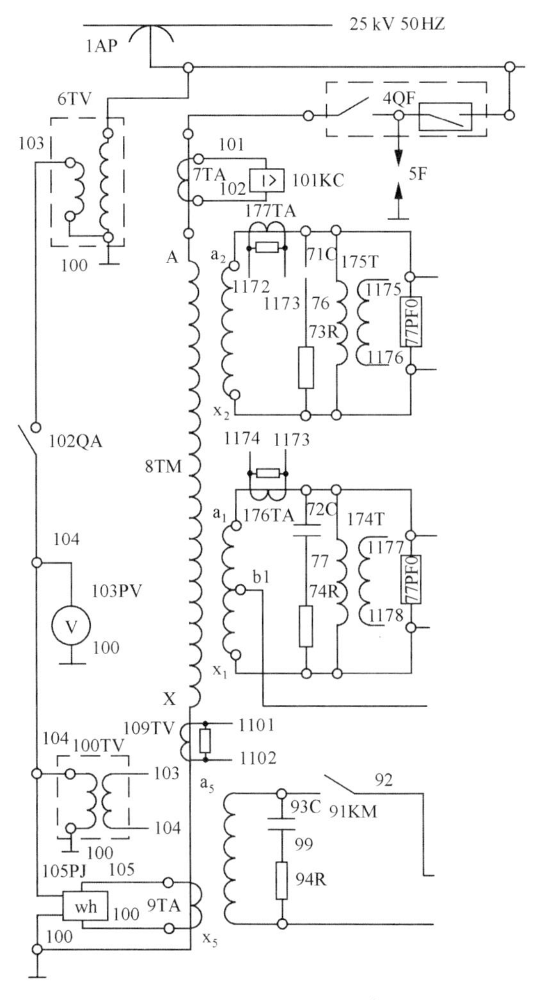

图 1-50　网侧 25 kV 电路

（3）为提高机车的可靠性，实现机车的简洁化、通用化设计，采用了传统的 TSG3 型受电弓、TDZlA 型空气断路器和 TBYl 型网侧高压电压互感器。

（4）增设有 PFC 控制用电压、电流互感器。

（5）接地回流系统采用主变压器高压绕组 X 端经电缆、接地回流装置到车轮、钢轨。与车体、电气设备保护性接地分开，提高了机车可靠性。

1.8.2　整流调压电路

SS_6 型电力机车采用的是直流脉流电动机，其转速与电枢绕组两端的电压成正比，SS_6 型电力机车采用三段整流桥进行调压调速。半控为实现转向架独立控制方式，每台机车采用两套独立的整流调压电路，分别向相应的转向架供电。图 1-51 为 SS_{6B} 型电力机车一个转向架供电的不等分三段半控整流桥主电路图。图 1-52 是输出电压的波形。

由牵引绕组 $a_1b_1x_1$ 和 a_2x_2 供电给主整流器 70 V，组成前转向架供电单元；由牵引绕组 $a_3b_3x_3$ 和 a_4x_4 供电给主整流器 80 V，组成后转向架供电单元。

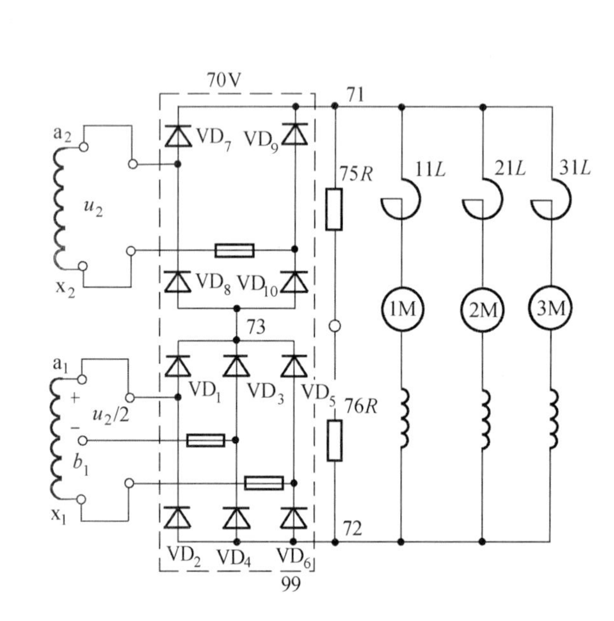

图 1-51 转向架单元整流调压电路

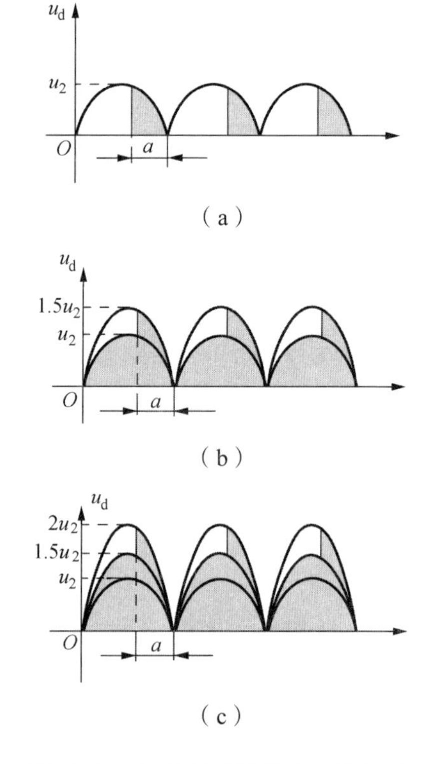

图 1-52 三段桥整流输出电压波形

整流电路由 3 个单相半控桥构成：第一个是由 VD_7、VD_8、VD_9 和 VD_{10} 构成；第二个是由 VD_1、VD_2、VD_3 和 VD_4 构成；第三个是由 VD_1、VD_2、VD_5 和 VD_6 构成。这 3 个单相半控桥在触发电路的作用下，分别进行三段整流输出。

不等分三段整流调压电路通过其整流调压电路顺序触发晶闸管 VD_9 和 VD_{10}、VD_3 和 VD_4、VD_5 和 VD_6 则可得到最大输出电压为 $1/2U_d$、$3/4U_d$、U_d。其中各段绕组电压为：$U_{a_2x_2}=U_{a_1x_1}=2U_{a1b1}=2U_{b1x1}=695.5\ (\text{V})$。

不等分三段整流桥的工作顺序如下：

第一段：首先投入四臂桥，即触发 VD_9 和 VD_{10}，投入 a_2x_2 绕组，将控制角 α 从 180° 向 0° 调节，VD_9、VD_{10} 顺序移相，则输出电压从零开始增加，输出电压波形如图 1-52（a）所示。输出电压为 $U_d=0.9U_2\cos\alpha$，当第一段桥满开放时，输出电压 $U_{d1}=0.9U_2$，即 $U_d/2$（U_d 为总整流电压）。在电压正半周时，电流路径为 a_2→VD_7→71 号导线→平波电抗器→电机→72 号导线→VD_2→VD_1→VD_{10}→x_2→a_2；当电压处于负半周时，电流路径为 x_2→VD_9→71 号导线→平波电抗器→电机→72 号导线→VD_2→VD_1→VD_8→a_2→x_2。

第二段：当 VD_9 和 VD_{10} 满开放后，六臂桥投入。此时维持 VD_9 和 VD_{10} 满开放，触发 VD_3 和 VD_4，绕组 a_1b_1 投入。此时第二段桥（VD_1、VD_2、VD_3、VD_4）开放，从 180° 向 0° 调节 VD_3、VD_4 的触发角 α，则输出电压与第一段桥满开放的输出电压叠加在一起，波形如图 1-52（b）所示。当第二段桥满开放时，输出电压为

$$U_{d2}=0.9U_2+0.9\left(\frac{U_2}{2}\right)=1.35U_2\text{，即}3/4U_d$$

当 VD_3、VD_4 顺序移相，整流电压在 $(1/2\sim3/4)U_d$ 之间调节。

电源处于正半周时，电流路径为 $a_2\to VD_7\to$71 号导线→平波电抗器→电机→72 号导线 $\to VD_4\to b_1\to a_1\to VD_1\to VD_{10}\to x_2\to a_2$；当电源处于负半周时，电流路径为 $x_2\to VD_9\to$71 号导线→平波电抗器→电机→72 号导线 $\to VD_2\to a_1\to b_1\to VD_3\to VD_8\to a_2\to x_2$。

第三段：当 VD_3 和 VD_4 满开放后，VD_3、VD_4、VD_9 和 VD_{10} 维持满开放，并触发 VD_5 和 VD_6，此时第三段桥（VD_5、VD_6、VD_3、VD_4）开放，输出电压与前两段输出电压叠加，输出波形如图 1-52（c）所示。当第三段桥满开放时，输出电压为

$$U_{d2}=0.9U_2+0.9\left(\frac{U_2}{2}\right)+0.9\left(\frac{U_2}{2}\right)=1.8U_2$$

此时整流电压相当于 U_d。

当 VD_5 和 VD_6 顺序移相，整流电压在 $(3/4\sim1)U_d$ 之间调节。

当电源处于正半周时，电流路径为 $a_2\to VD_7\to$71 号导线→平波电抗器→电机→72 号导线 $\to VD_6\to x_1\to a_1\to VD_1\to VD_{10}\to x_2\to a_2$；当电源处于负半周时，电流路径为 $x_2\to VD_9\to$71 号导线→平波电抗器→电机→72 号导线 $\to VD_2\to a_1\to x_1\to VD_5\to VD_8\to a_2\to x_2$。

在整流器的输出端还分别并联了电阻 75*R* 和 76*R*，并联电阻的作用有两个：一是机车高压空载做限压试验时，作整流器的负载，起续流作用；二是正常运行时，能够吸收部分过电压。

1.8.3　牵引供电电路

机车的牵引供电电路，即机车主电路的直流电路部分，其电路如图 1-53 所示。

机车牵引供电电路，采用转向架独立供电方式。第一转向架的 3 台牵引电机 1M、2M、3M 并联，由主整流器 70 V 供电；第二转向架的 3 台牵引电机 4M、5M、6M 并联，由主整流器 80 V 供电。两组供电电路完全相同且完全独立。

牵引电机支路的电流路径基本相同，现以第一牵引电机支路为例加以说明：其电流路径为正极母线 71→平波电抗器 11*L*→线路接触器 12KM→电流传感器 111SC→电机电枢→位置转换开关的“牵”→“制”鼓 107QPR1→位置转换开关的“前”→“后”鼓 107QPV1→主极磁场绕组→107QPV1→牵引电机隔离开关 19QS→107QPR1→负极母线 72。

与主极绕组并联的有固定分路电阻 14*R*、Ⅰ级磁场削弱电阻 15*R* 和接触器 17KM、Ⅱ级磁场削弱电阻 16*R* 和接触器 18KM。14*R* 与主极绕组并联后，实现机车的固定磁场削弱，其磁场削弱系数为 0.96。通过接触器 17KM 的闭合，投入 15*R*，实现机车的Ⅰ级磁场削弱，其磁场削弱系数为 0.70。通过接触器 18KM 的闭合，投入 16*R*，实现机车的Ⅱ级磁场削弱，其磁场削弱系数为 0.55。当 17KM 和 18KM 同时闭合时，15*R* 和 16*R* 同时投入，实现机车的Ⅲ级磁场削弱，其磁场削弱系数为 0.45。为了改善机车运行时牵引电机的脉流换向性能，特设置分流电抗器 113*L*（123*L*、133*L*、143*L*、153*L*、163*L*）。磁场削弱电阻电路与分流电抗器串联后，再与主极绕组并联。

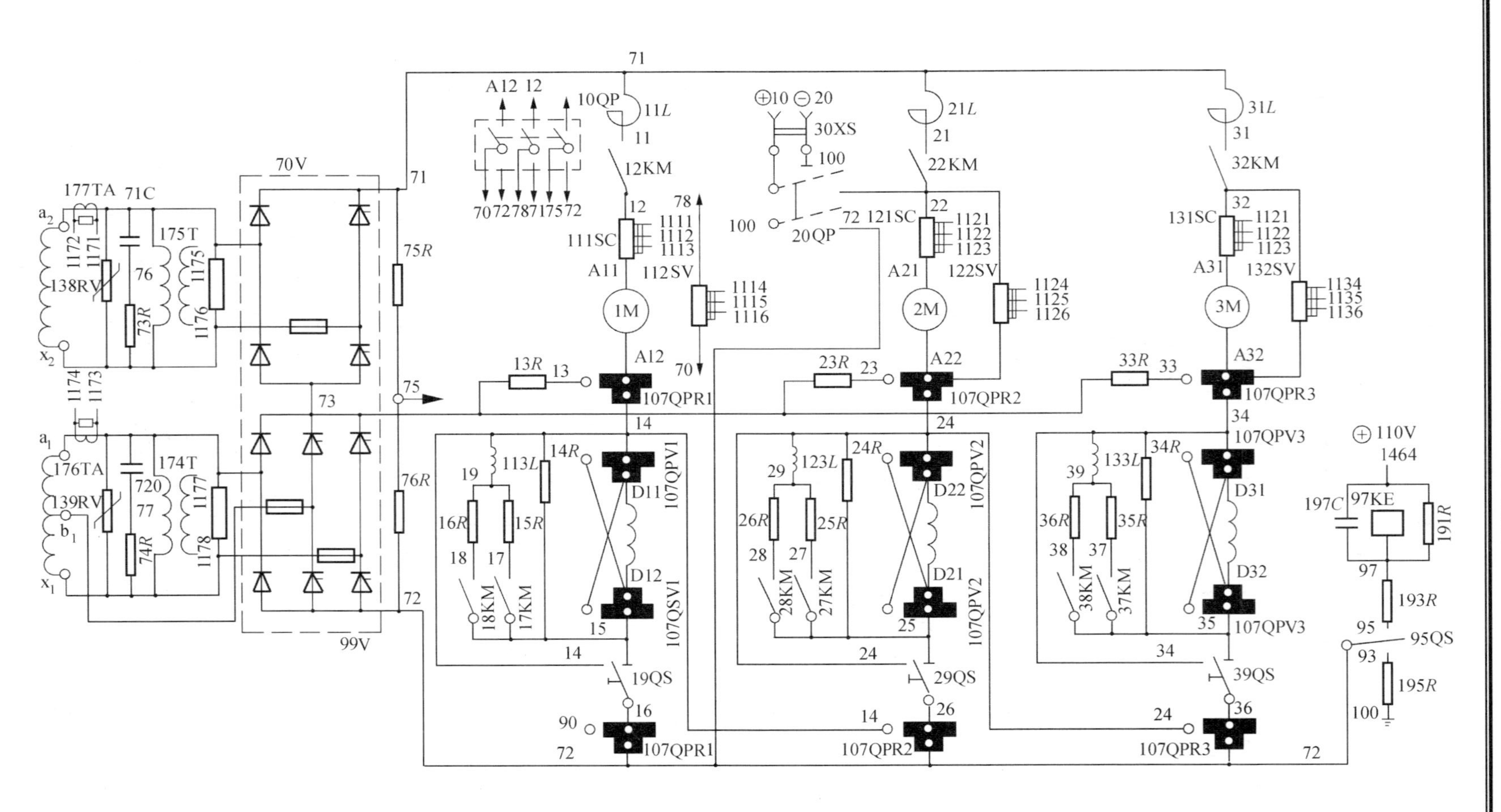

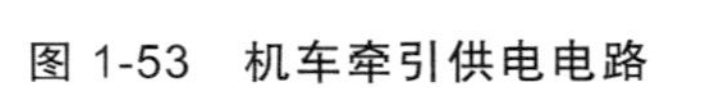

图 1-53 机车牵引供电电路

由于三轴转向架第一台牵引电机与第二、第三台牵引电机的布置方向一致，其相对旋转方向相同。以第一转向架前进方向为例，从 1M、2M、3M 电机非换向器端看去，电枢旋转方向应为顺时针方向；第一转向架与第二转向架反向布置，因此第二转向架 4M、5M、6M 电机为反时针方向。由此，各牵引电机的电枢与主极绕组的相对接线方式是：

1M：A11A12——D11D12　　2M：A21A22——D21D22

3M：A31A32——D31D32　　4M：A41A42——D42D41

5M：A51A52——D52D51　　6M：A61A62——D62D61

上述接线方式为机车向前方向时的状况。当机车向后时，主极绕组反向接线。

牵引电机故障隔离开关 19QS、29QS、39QS、49QS、59QS 和 69QS 均为单刀双投开关，有上、下两个位置，上为运行位，下为故障位。当有一台牵引电机故障时，将相应牵引电机故障隔离开关置故障位，其相应常开联锁接点打开相应线路接触器，该电机支路与供电电路隔离，不投入工作。若为牵引电机接地故障，可以采取将刀开关置于中间位，使电机支路一头靠线路接触器打开，另一头靠隔离刀开关打开，使牵引电机与主电路完全隔离，否则仍会引起接地继电器动作。

库用开关 20QP 和 50QP 为双刀双投开关。在正常运行位时，其主刀与主电路隔离，其相接点接通受电弓升弓电空阀，方可升弓；在库用位时，其主刀将库用插座 30XS 或 40XS 电源分别与 2M 电机或 5M 电机的电枢正极引线 22 或 52 及总负极 72 或 82 连接，其辅助接点断开受电弓升弓电空阀的电源线，使其在库用位时不能升弓。只要 20QP 或 50QP 之一在库用位，即可在库内动车。同时，通过相应的联锁接点可分别接通 12KM、22KM 和 32KM、42KM 或 52KM 和 62KM，从而使 1M、3M 或 4M、6M 通电，以便于工厂出厂试验或机务段出库试电机转向、出入库及轮对旋轮。

空载试验转换开关 10QP 和 60QP 为三刀双投开关。当机车处于正常运行时，10QP 和 60QP 将 1 位和 6 位电压传感器 112SV 和 162SV 分别与 1M 和 6M 的电枢相连，其相应辅助接点接通 12KM、22KM、32KM、42KM、52KM 和 62KM 的电空阀；当机车处于空载试验位时，10QP 和 60QP 将 112SV 和 162SV 分别与主整流器 70V 和 80V 的输出端相连，同时短接 76*R* 和 86*R*，其相应辅助接点断开线路接触器 12KM、22KM、32KM、42KM、52KM 和 62KM 的电空阀电源线，使 10QP 或 60QP 置于试验位时电机与整流器脱开，确保空载试验时的安全性。

每一台牵引电机设有一台直流电流传感器和一台直流电压传感器，其作用除了提供电子控制的电机电流与电压反馈信号外，还通过电子柜，作为司机台电流表与电压表显示的信号的检测。直流电压传感器设置在电枢两端，它有两个优点：一是在牵引与制动时，从司机台均能看到牵引电机电压；二是 3 台并联的牵引电机之一空转时，电枢电压的反应较快。

另外，电机的过流信号由直流电流传感器经电子柜发出，进行卸载或跳主断。牵引电机过流保护整定值为 1 300(1+5%) A 。

1.8.4　加馈电阻制动电路

SS_6B 型电力机车采用了加馈电阻制动电路，主要优点是能够获得较好的制动特性，特别是低速制动特性。图 1-54 为机车加馈制动工况时的电路图。

加馈电阻制动又称为“补足”电阻制动；它是在常规电阻制动的基础上发展的一种能耗制动技术。根据理论分析可知，机车轮周制动力为

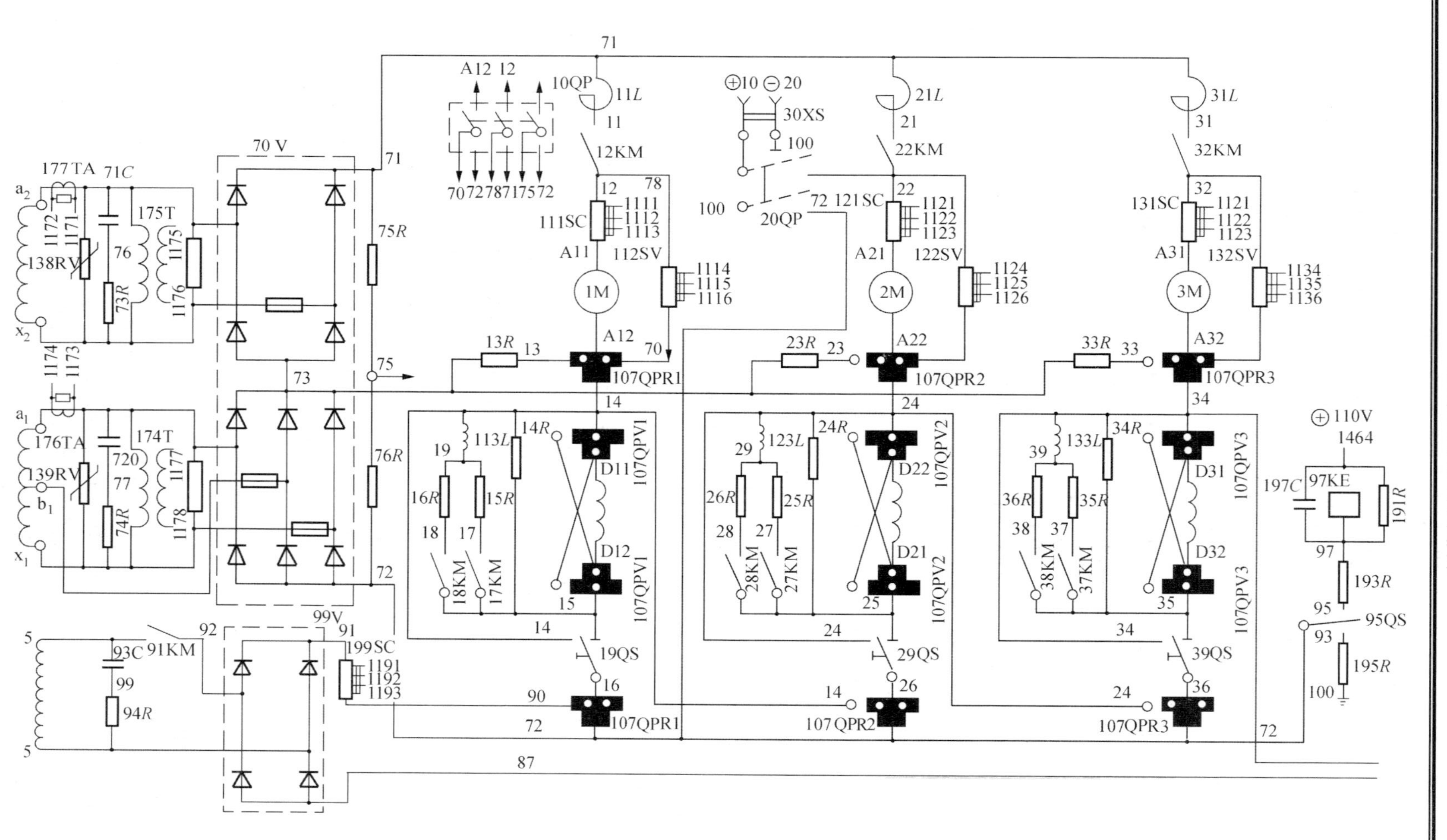

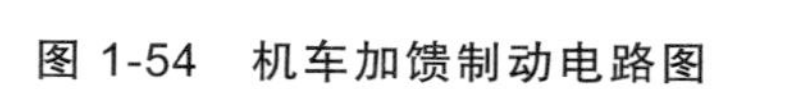

图 1-54 机车加馈制动电路图

$$B = C\Phi I_z \tag{1-56}$$

式中　C——机车结构常数；

Φ——电机主极磁通，Wb；

I_z——电机电枢电流，A。

在常规的电阻制动中，当电机主励磁最大且恒定后，电枢电流（制动电流）I_z 随着机车速度的减小而减小。因此，机车轮轴制动力也随着机车速度的变化而变化。为了克服机车轮轴制动力在机车低速区域减小的状况，加馈电阻制动是从电网中吸收电能，通过主相控整流器向电机电枢补足 I_z 并保持恒定，以此机车在低速区域获得理想的轮轴最大恒定制动力。

机车处于加馈电阻制动时，位置转换开关已转换到制动位，牵引电机电枢与主极绕组脱离并与制动电阻串联，且同一转向架的 3 台电机电枢支路并联之后，与主整流器串联构成回路。每台机车 6 台电机的主极绕组串联连接，经励磁接触器、励磁整流器（99 V）构成回路，由主变压器励磁绕组供电。

现以 1M 电机为例，分析电路电流的路径：

（1）当机车速度高于 33 km/h 时，机车处于纯电阻制动状态。其电流路径为 71 母线→11L 平波电抗器→12KM 线路接触器→111SC 电流传感器→1M 电机电枢→107QPR1 位置转换开关“牵”→“制”鼓→13R 制动电阻→73 母线→VD_8→VD_7→71 母线。

（2）当机车速度低于 33 km/h 时，机车处于加馈电阻制动状态。当电源处于正半周时，其电流路径为 a_2→VD_7→71 母线→11L 平波电抗器→12KM 线路接触器→111SC 电流传感器→1M 电机电枢→107QPR1 位置转换开关“牵”→“制”鼓→13R 制动电阻→73 母线→VD_{10}→x_2→a_2；当电源处于负半周时，其电流路径为 x_2→VD_9→71 母线→11L 平波电抗器→12KM 线路接触器→111SC 电流传感器→1M 电机电枢→107QPS1 位置转移开关“牵”→“制”鼓→13R 制动电阻→73 母线→VD_8→a_2→x_2。

电阻制动时，主变压器的励磁绕组 a_5→x_5 经励磁接触器 91KM 向励磁整流器 99 V 供电，并与 6 台牵引电机主极绕组串联，且励磁电流方向与牵引时相反，由下往上。从励磁整流输出端开始，其电流路径为 91 母线→199SC 电流传感器→90 母线→107QPRl 位置转换开“牵”→“制”鼓→19QS→107QPV1→D12→D11→107QPVl→14 母线；→107QPR2→29QS→107QFV2→D22→D21→107QPV2→24 母线；→107QPR3→39QS→107QFV3→D32→D31→107QPV3→34 母线；→108QPR6→69QS→108QPV6→D61→D62→108QPV6→64 母线；→108QPR5→59QS→108QPV5→D51→D52→108QPV5→54 母线；→108QPR4→49QS→108QPV4→D41→D42→44 母线→92KM 励磁接触器→82 母线。

第一转向架牵引电机 1M、2M、3M 的电枢，制动电阻及主整流器 70 V 组成第一转向架主接地保护系统，由主接地继电器 97KE 担负保护功能。第二转向架牵引电机 4M、5M、6M 的电枢，制动电阻，主整流器 80 V 及励磁整流器 99 V，负极母线 82 为主整流器 80 V 与励磁整流器 99 V 的公共点，组成第二转向架主接地保护系统，由主接地继电器 98KE 担负保护功能。由此形成两个独立的接地保护电路系统。

制动工况时，当 1 台牵引电机或制动电阻故障后，应将相应隔离开关置故障位，而线路接触器打开，电枢回路被甩开，主极绕组被短路无电流但有电位。

为了能在静止状况下检查加馈制动系统是否正常，机车在静止时，系统仍能给出 50 A 的加馈制动电流（此时励磁电流达到最大值 930 A）。机车在此加馈制动电流的作用下，将有向后动车的趋势，这一点应引起高度重视，以利机车安全。

1.8.5 PFC 电路

SS_{6B} 型电力机车的主要电路设置有 4 组完全相同的 PFC 装置。PFC 电路结构见图 1-55。

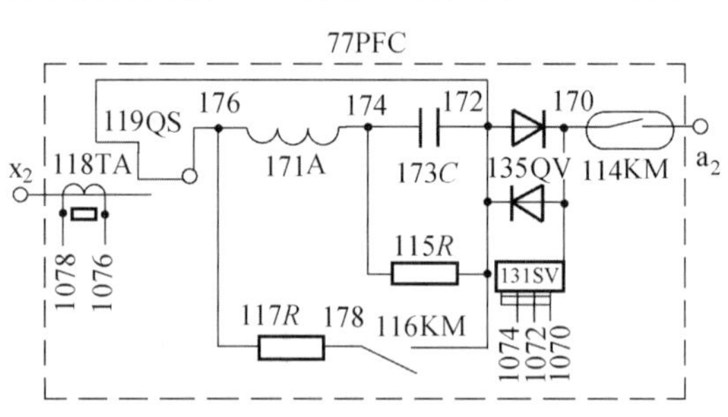

图 1-55 PFC 装置电路图

该装置是通过滤波电容器和滤波电抗器组成的串联谐振电路，用来吸收机车的三次谐波流，以提高机车的功率因数。它主要由真空接触器（电磁式）、开关晶闸管、滤波电容器、滤波电抗器和故障隔离开关及放电电阻等电器组成。

机车采用的电磁式真空接触器具有接通、分断能力大，电气和机械寿命长等优点。在电路中，采用该真空接触器的作用和目的主要有两点：一是当晶闸管开关被击穿时，利用其分断能力大的优势起保护电路的作用；二是采用该真空接触器之后，可简化机车的控制系统和机车的结构设计。

在 PFC 电路中设有故障隔离开关，在 PFC 电路出现接地时作隔离处理用。当故障隔离开关处于故障位时，一方面使 PFC 电路与机车主变压器的牵引绕组完全隔离；另一方面，通过辅助联锁控制真空接触器主触头分断，同时，其主闸刀还将对电容器进行放电。

为确保人身安全，在每组 PFC 电路中的滤波电容器和滤波电抗器上并联了一个电阻（800 n），当司机取出司机钥匙时，滤波电容器上的电压能够快速放电。该电阻的投入是靠放电继电器（116KM、126KM、156KM 和 166KM）来实现的。

1.8.6 保护电路

SS_{6B} 型电力机车主电路的保护包括：短路、过流、过电压及主接地保护等四个方面。

1. 短路保护

当网侧出现短路时，通过网侧电流互感器 7TA 一原边过流继电器 101KC，使主断路器 4QF 动作，实现保护，整定值为 320 A。

当次边出现短路时，经次边电流互感器 176TA、177TA、186TA 及 187TA→电子柜过流保护环节→使主断路器 4QF 动作，实现保护，整定值为 3 000 A（1 ± 5%）。

硅元件击穿短路保护，取消传统电路在整流器每一个晶闸管上串联的快速熔断器，采用每一整流桥交流侧低电位的输入端串联一个快速熔断器来实现。这有两个显著优点：一是快速实现硅元件击穿短路保护；二是能有效保护同一桥臂其他未击穿短路硅元件。

2. 过流保护

考虑到牵引工况和制动工况时，牵引电机的工况不同，牵引电机的整定值和保护方式设置也不同。

在牵引工况时，牵引电机的过流保护是通过直流电流传感器 111SC、121SC、131SC、141SC、151SC 和 161SC→电子柜→主断路器来实现的，其整定值为 1 300 A（1 ± 5%）。

在制动工况时，牵引电机的过流保护是通过直流电流传感器 111SC、121SC、131SC、141SC、151SC 和 161SC→电子柜→励磁过流中间继电器 559KA→励磁接触器 91KM 来实现的，整定值为 1 000 A（1 ± 5%）。此外，还设有励磁绕组的过流保护，它是通过直流电流传感 199SC→电子柜→励磁过流中间继电器 559KA→励磁接触器 91KM 来实现的。整定值 1 150 A（1 ± 5%）。

3. 过电压保护

机车的过电压包括大气过电压、操作过电压、整流器换向过电压和调节过电压等。大气过电压保护主要采用两种方式：一是在网侧设置新型金属氧化物避雷器 5F；二是在主变压器的各次边绕组上设置 *RC* 过电压吸收装置和牵引绕组上的非线性电阻 138RV、139RV、148RV、149RV。牵引绕组上的 *RC* 吸收装置由 71*C* 与 73*R*、72*C* 与 74*R*、81*C* 与 83*R*、82*C* 与 84*R* 构成，励磁绕组上的 *RC* 吸收装置由 93*C* 与 94*R* 构成；辅助绕组上的 *RC* 吸收装置由 255*C* 与 260*R* 构成。

当机车主断路器 4QF 打开或接通主变压器空载电流时，机车将产生操作过电压，通过网侧闭雷器 5F 和牵引绕组上的 *RC* 吸收装置和非线性电阻能够对此操作过电压进行抑制。

机车的主整流器 70 V 和 80 V、励磁整流器 99 V 的每一晶闸管及二极管上均并联有 *RC* 吸收器，以抑制整流器的换向过电压。

另外，牵引电机的电压由主整流器进行限压控制，其限制值为 1 020 V（1 ± 5%）。

4. 接地保护

牵引工况下，每“转向架供电单元”设一套接地保护系统，接地继电器动作之后，通过其联路器动作，实现保护。

制动工况下，具有两套独立回路，励磁回路属于第二回路。为消除“死区”，回路各电势均为相加关系。为此，励磁电流方向与牵引时相反，改为由下而上，故障电枢电势方向亦相反，改为上正下负。当制动工况发生接地故障时，接地继电器动作，通过其联锁使主断路器动作，实现保护。

第一转向架供电单元的接地保护系统由接地继电器 97KE、限流电阻 193*R*、接地电阻 195*R*、隔离开关 95QS、电阻 191*R* 和电容 197*C* 组成；第二转向架供电单元的接地保护系统由继电器 98KE、限流电阻 194*R*、接地电阻 196*R*、隔离开关 96QS、电阻 192*R* 和电容 198*C* 组成。其中，191*R* 与 197*C*、192*R* 与 198*C* 是为了抑止 97KE 或 98KE 动作线圈两端因接地故障引起的尖峰过电压而设置的。95QS 和 96QS 的作用在于当接地故障不能排除，并确认是一个接地点情况下，又仍需维持机车故障运行时，通过将其置故障位，使接地保护系统与主电路隔离、接地继电器不再动作而由主断路器保护。此时，195*R* 或 196*R* 使主电路呈高阻接地状态，限制接地电流经 195*R* 或 196*R* 至“地”。

任务三　三相整流电路

【学习目标】

（1）能熟练分析三相半波、三相桥式整流电路的工作原理。
（2）能对三相整流电路各物理量进行计算。
（3）能熟练分析锯齿波触发电路的工作原理。
（4）熟悉触发电路与主电路电压同步的基本概念。
（5）了解三相整流电路的应用。

【任务导入】

感应加热电源是一种利用电力电子器件将工频电流变成频率可调的高频或者中频电流的电源。中频电源装置是一种利用晶闸管元件把三相工频电流变换成某一频率的中频电流的装置，广泛应用金属热处理领域。图 1-56 是中频感应加热装置的内部实物图。本任务主要介绍三相整流电路的结构、类型、基本工作原理及其应用。

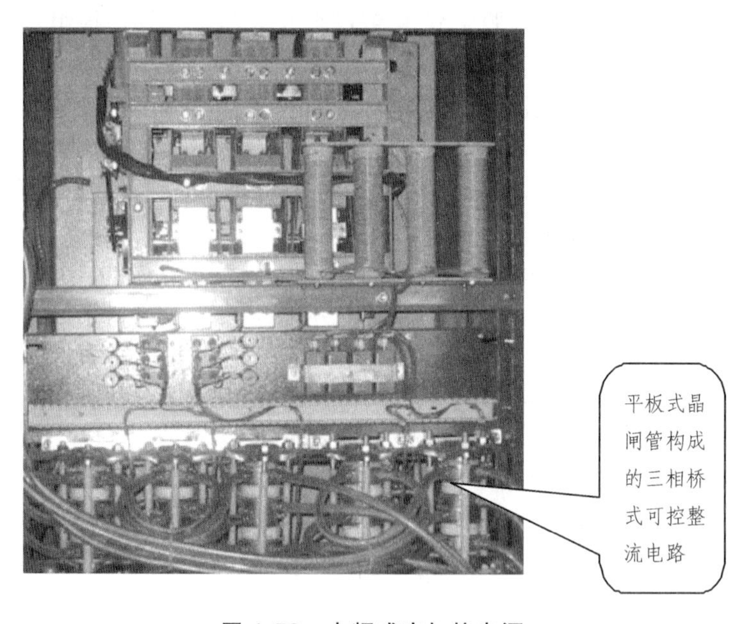

图 1-56　中频感应加热电源

1.9　感应加热电源概述

1.9.1　感应加热的基本原理

1831 年，英国物理学家法拉第发现了电磁感应现象，并且提出了相应的理论解释。其内容为：当电路围绕的区域内存在交变的磁场时，电路两端就会感应出电动势，如果电路闭合就会产生感应电流。电流的热效应可用来加热。

其基本原理是将工件放入感应器（线圈）内，如图 1-57 所示。当感应器中通入一定频率的交变电流时，周围即产生交变磁场。交变磁场的电磁感应作用使工件内产生封闭的感应电流——涡流。感应电流在工件截面上的分布很不均匀，工件表层电流密度很高，向内逐渐减小，这种现象称为集肤效应。工件表层高密度电流的电能转变为热能，使表层的温度升高，即实现表面加热。电流频率越高，工件表层与内部的电流密度差越大，加热层越薄。在加热层温度超过钢的临界点温度后迅速冷却，即可实现表面淬火。

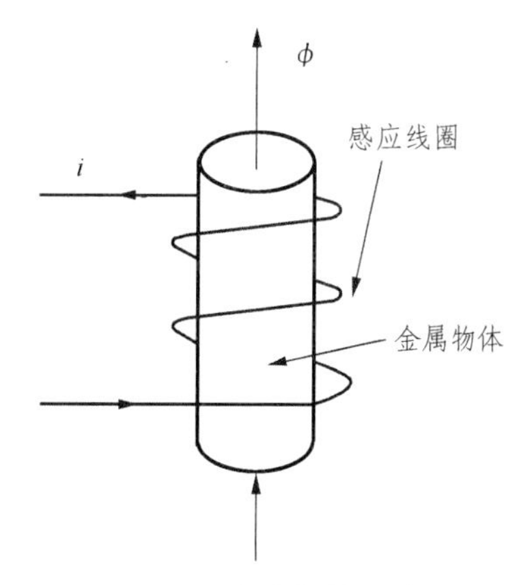

图 1-57　感应加热示意图

平常在 50 Hz 的交流电流下，这种感应电流不是很大，所产生的热量使钢管温度略有升高，不足以使钢管加热到热加工所需温度（常为 1 200 °C 左右）。增大电流和提高频率都可以增加发热效果，钢管温度就会升高。控制感应线圈内电流的大小和频率，可以将钢管加热到所需温度进行各种热加工。所以感应电源通常需要输出高频大电流。

1.9.2　感应加热的优点

（1）非接触式加热，热源和受热物件可以不直接接触。

（2）加热效率高，速度快，可以减小表面氧化现象。

（3）容易控制温度，提高加工精度。

（4）可实现局部加热。

（5）可实现自动化控制。

（6）可减小占地，热辐射，噪声和灰尘。

1.9.3　感应加热的分类

感应加热的分类：根据交变电流的频率高低，可将感应加热热处理分为超高频、高频、超音频、中频、工频 5 类。

（1）超高频感应加热热处理所用的电流频率高达 27 MHz，加热层极薄，仅约 0.15 mm，可用于圆盘锯等形状复杂工件的薄层表面淬火。

（2）高频感应加热热处理所用的电流频率通常为 200 ~ 300 kHz，加热层深度为 0.5 ~ 2 mm，可用于齿轮、气缸套、凸轮、轴等零件的表面淬火。

（3）超音频感应加热热处理所用的电流频率一般为 20 ~ 30 kHz，用超音频感应电流对小模数齿轮加热，加热层大致沿齿廓分布，淬火后使用性能较好。

（4）中频感应加热热处理所用的电流频率一般为 2.5 ~ 10 kHz，加热层深度为 2 ~ 8 mm，多用于大模数齿轮、直径较大的轴类和冷轧辊等工件的表面淬火。

（5）工频感应加热热处理所用的电流频率为 50 ~ 60 Hz，加热层深度为 10 ~ 15 mm，可用于大型工件的表面淬火。

1.9.4 感应加热电源的用途

感应加热的最大特点是将工件直接加热，工人劳动条件好、工件加热速度快、温度容易控制等，因此应用非常广泛。主要用于淬火、透热、熔炼、各种热处理等方面。

1. 淬 火

淬火热处理工艺在机械工业和国防工业中得到了广泛的应用。它是将工件加热到一定温度后再快速冷却下来，以此增加工件的硬度和耐磨性。

2. 透 热

在加热过程中使整个工件的内部和表面温度大致相等，叫作透热。透热主要用在锻造弯管等加工前的加热等。在钢管待弯部分套上感应圈，通入中频电流后，在套有感应圈的钢管上的带形区域内被中频电流加热，经过一定时间，温度升高到塑性状态，便可以进行弯制了。

3. 熔 炼

中频电源在熔炼中的应用最早，图 1-58 为中频感应熔炼炉，线圈用铜管绕成，里面通水冷却。线圈中通过中频交流电流就可以使炉中的炉料加热、熔化，并将液态金属再加热到所需温度。

图 1-58 中频感应熔炼

1—感应线圈；2—金属炉料

4. 钎 焊

钎焊是将钎焊料加热到融化温度而使两个或几个零件连接在一起，通常的锡焊和铜焊都是钎焊。主要应用于机械加工、采矿、钻探、木材加工等行业使用的硬质合金车刀、洗刀、刨刀、铰刀、锯片、锯齿的焊接，及金刚石锯片、刀具、磨具钻具、刃具的焊接。其他金属材料的复合焊接，如眼镜部件、铜部件、不锈钢锅。

1.9.5 中频感应加热电源的组成

目前，应用较多的中频感应加热电源主要由可控或不可控整流电路、滤波器、逆变器和一些控制保护电路组成。工作时，三相工频（50 Hz）交流电经整流器整成脉动直流，经过滤波器变成平滑的直流电送到逆变器。逆变器把直流电转变成频率较高的交流电流送给负载。中频感应加热电源电气原理图如图 1-59（a）所示。

1.9.6 高频感应加热电源的组成

如图 1-59（b）所示，高频感应加热电源同样由整流电路、预充电电路、滤波储能电路、逆变电路以及负载匹配电路组成。R_1 为预充电电阻，C_1 为滤波电容，C_2 为谐振电容，T_1 ~ T_4 为功率开关器件 IGBT，T 为高频变压器，C_3 与 T 一起构成负载匹配电路。

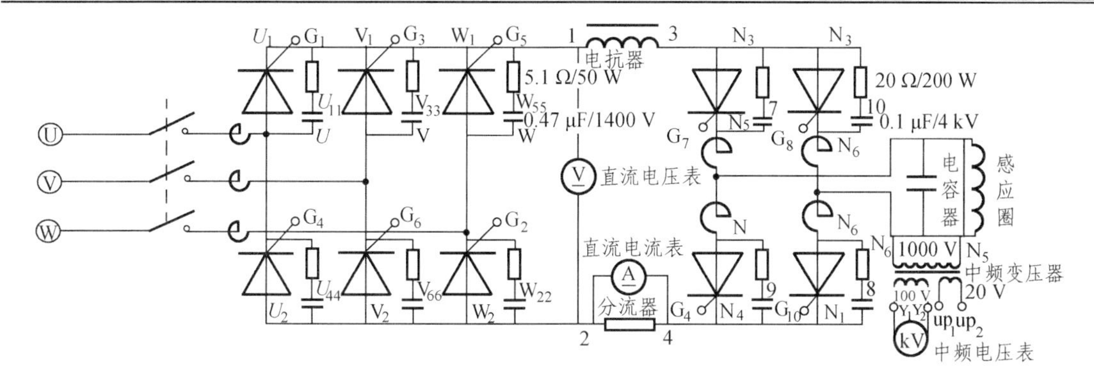

（a）中频感应加热电源电气原理图

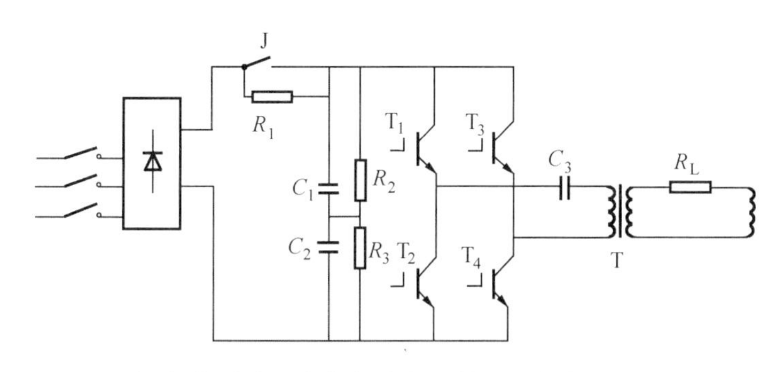

（b）串联谐振式高频感应加热电源电气原理图

图 1-59　感应加热电源电气原理图

1.10　三相半波可控整流电路

1.10.1　三相半波不可控整流电路

图 1-60（a）是由二极管组成的不可控整流电路。此电路可由三相变压器供电，也可直接接到三相四线制的交流电源上。变压器二次侧相电压有效值为 U_2，线电压为 U_{2L}。其接法是三个整流管的阳极分别接到变压器二次侧的三相电源上，而三个阴极接在一起，接到负载的一端，负载的另一端接到整流变压器的中线，形成回路。此种接法称为共阴极接法。

图 1-60（b）中示出了三相交流电 u_U、u_V 和 u_W 波形图，u_d 是输出电压的波形，u_{VD} 是二极管承受的电压的波形。由于整流二极管导通的唯一条件就是阳极电位高于阴极电位，而三只二极管又是共阴极连接的，且阳极所接的三相电源的相电压是不断变化的，所以哪一相的二极管导通就要看其阳极所接的相电压 u_U、u_V 和 u_W 中哪一相的瞬时值最高，则与该相相连的二极管就会导通。其余两只二极管就会因承受反向电压而关断。例如，在图 1-60（b）中，$\omega t_1 \sim \omega t_2$ 区间，U 相的瞬时电压值 u_U 最高，因此与 U 相相连的二极管 VD_1 优先导通，所以与 V 相、W 相相连的二极管 VD_2 和 VD_3 则分别承受反向线电压 u_{VU}、u_{WU} 关断。若忽略二极管的导通压降，此时，输出电压 u_d 就等于 U 相的电源电压 u_U。同理，当 ωt_2 时刻以后，由于 V 相的电压 u_V 开始高于 U 相的电压 u_U 而变为最高，因此，电流就要由 VD_1 换流给 VD_2，VD_1 和 VD_3 又会承受反向线电压而处于阻断状态，输出电压 $u_d = u_V$。同样在 ωt_3 以后，因 W 相电压 u_W 最高，所以

VD_3导通，VD_1和VD_2受反压而关断，输出电压$u_d = u_W$。以后又重复上述过程。

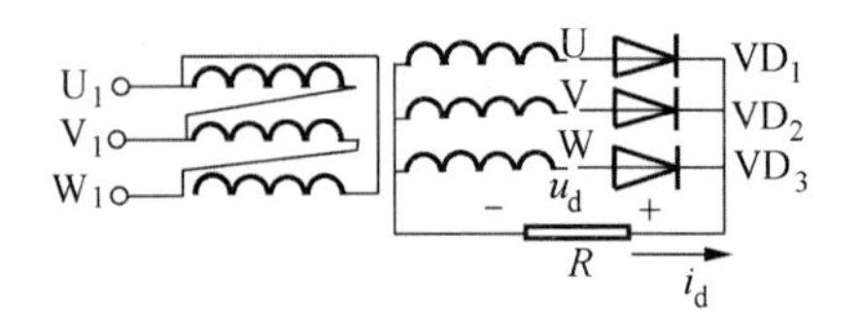

（a）

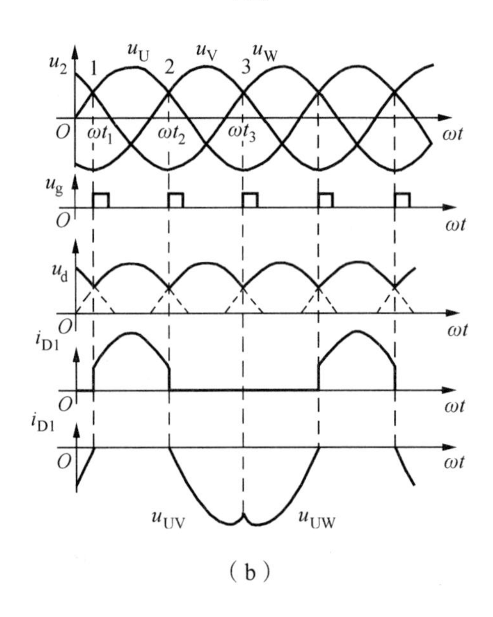

（b）

图 1-60　三相半波不可控整流电路及波形

可以看出，三相半波不可控整流电路中三个极管轮流导通，导通角均为120°，输出电压u_d是脉动的三相交流相电压波形的正向包络线，负载电流波形的形状与u_d相同。

其输出直流电压的平均值U_d为

$$U_d = \frac{3}{2\pi}\int_{\pi/6}^{5\pi/6}\sqrt{2}U_2\sin\omega t\mathrm{d}\omega t = \frac{3\sqrt{6}}{2\pi}U_2 = 1.17U_2 \tag{1-57}$$

整流二极管承受的电压的波形如图1-60（b）所示。以VD_1为例。在$\omega t_1 \sim \omega t_2$区间，由于$VD_1$导通，所以$u_{VD1}$为零；在$\omega t_2 \sim \omega t_3$区间，$VD_2$导通，则$VD_1$承受反向电压$u_{UV}$，即$u_{VD1} = u_{UV}$；在$\omega t_3 \sim \omega t_4$区间，$VD_3$导通，则$VD_1$承受反向电压$u_{UW}$，即$u_{VD1} = u_{UW}$。从图中还可看出，整流二极管承受的最大的反向电压就是三相电压的峰值，即

$$U_{DM} = \sqrt{6}U_2$$

从图1-60（b）中还可看到，1、2、3这三个点分别是二极管VD_1、VD_2和VD_3的导通起始点，即每经过其中一点，电流就会自动从前一相换流至后一相，这种换相是利用三相电源电压的变化自然进行的，因此把1、2、3点称为自然换相点。

1.10.2　三相半波可控整流电路

三相半波可控整流电路有两种接线方式，分别为共阴极、共阳极接法。由于共阴极接法触发脉冲有共用线，使用调试方便，所以三相半波共阴极接法常被采用。

1. 电路结构

将图 1-60（a）中三个二极管换成晶闸管就组成了共阴极接法的三相半波可控整流电路，如图 1-61（a）所示。电路中，整流变压器的一次侧采用三角形连接，防止三次谐波进入电网。二次侧采用星形连接，可以引出中性线。三个晶闸管的阴极短接在一起，阳极分别接到三相电源。

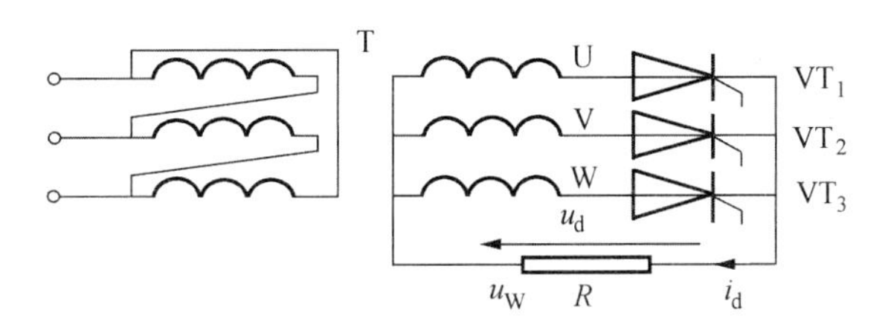

（a）电路图

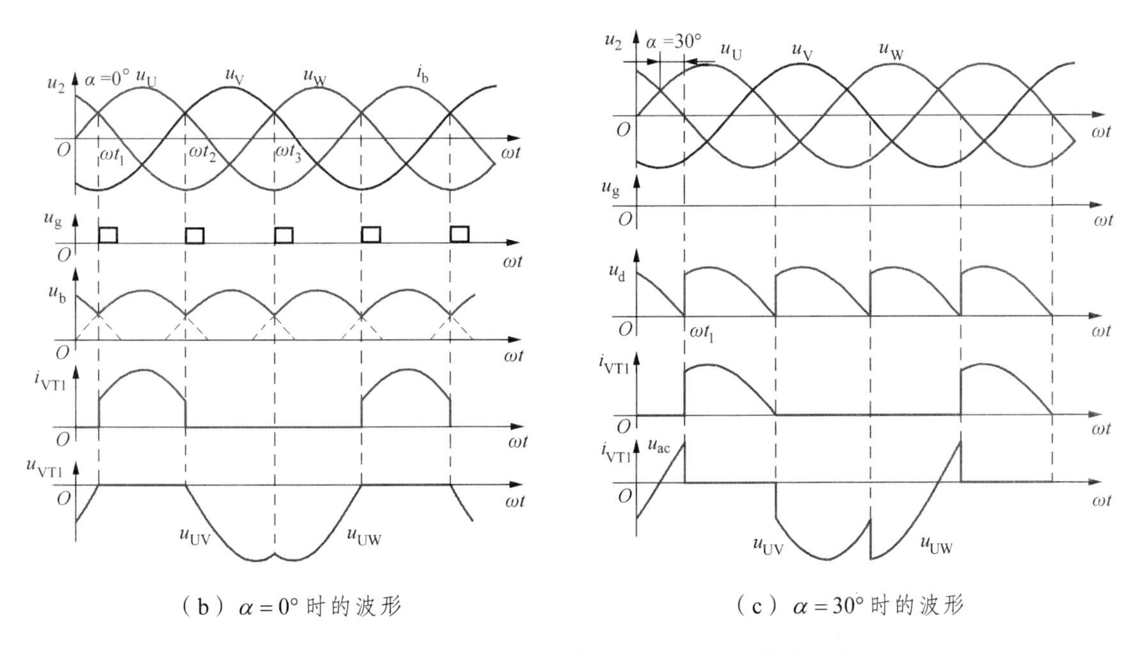

（b）$\alpha=0°$ 时的波形　　（c）$\alpha=30°$ 时的波形

图 1-61　三相半波可控整流电路 $0°\leqslant\alpha\leqslant30°$ 电路及波形

2. 电路工作原理

1）$0°\leqslant\alpha\leqslant30°$

$\alpha=0°$ 时，三个晶闸管相当于三个整流二极管，负载两端的电流电压波形如图 1-61 所示。晶闸管两端的电压波形，由 3 段组成：第 1 段，VT_1 导通期间，为一管压降，可近似为 $u_{VT1}=0$，第 2 段，在 VT_1 关断后，VT_2 导通期间，$u_{VT1}=u_U-u_V=u_{UV}$，为一段线电压，第 3 段，在 VT_3 导通期间，$u_{T1}=u_U-u_W=u_{UW}$，为另一段线电压，如果增大控制角 α，将脉冲后移，整流电路的工作情况相应地发生变化，假设电路已在工作，W 相所接的晶闸管 VT_3 导通，经过自然换相点“1”时，由于 U 相所接晶闸管 VT_1 的触发脉冲尚未送到，VT_1 无法导通。于是 VT_3 仍承受正向电压继续导通，直到过 U 相自然换相点“1”点 30° 时，晶闸管 VT_1 被触发导通，输出直流电压由 W 相换到 U 相。图 1-61（c）所示为 $\alpha=30°$ 时的输出电压和电流波形以及晶闸管两端电压波形。

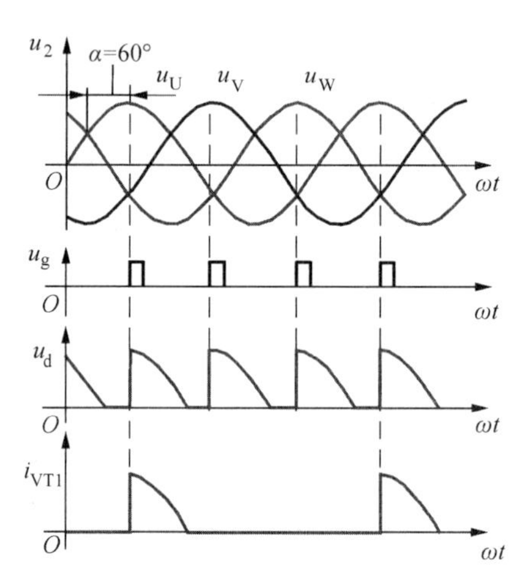

图 1-62 三相半波可控整流电路 $\alpha=60°$ 的波形

2）$30°<\alpha<150°$

当触发角 $\alpha\geqslant60°$ 时，此时的电压和电流波形断续，各个晶闸管的导通角小于 120°。$\alpha=60°$ 的波形如图 1-62 所示。

3. 基本的物理量计算

1）整流输出电压的平均值计算

当 $0°\leqslant\alpha\leqslant30°$ 时，此时电流波形连续，通过分析可得到

$$U_d=\frac{1}{\frac{2\pi}{3}}\int_{\frac{\pi}{6}+\alpha}^{\frac{5\pi}{6}+\alpha}\sqrt{2}U_2\sin\omega t\mathrm{d}(\omega t)=\frac{3\sqrt{6}}{2\pi}U_2\cos\alpha=1.17U_2\cos\alpha \tag{1-58}$$

当 $30°\leqslant\alpha\leqslant150°$ 时，此时电流波形断续，通过分析可得到

$$\begin{aligned}U_d&=\frac{1}{\frac{2\pi}{3}}\int_{\frac{\pi}{6}+\alpha}^{\pi}\sqrt{2}U_2\sin\omega t\mathrm{d}(\omega t)\\&=\frac{3\sqrt{2}}{2\pi}U_2\left[1+\cos\left(\frac{\pi}{6}+\alpha\right)\right]\\&=0.675u_2\left[1+\cos\left(\frac{\pi}{6}+\alpha\right)\right]\end{aligned} \tag{1-59}$$

2）直流输出平均电流

对于电阻性负载，电流与电压波形是一致的，数量关系为

$$I_d=U_d/R_d$$

3）晶闸管承受的电压和控制角的移相范围

由前面的波形分析可以知道，晶闸管承受的最大反向电压为变压器二次侧线电压的峰值。电流断续时，晶闸管承受的是电源的相电压，所以晶闸管承受的最大正向电压为相电压的峰值，即

$$U_{RM}=\sqrt{2}\times\sqrt{3}U_2=\sqrt{6}U_2=2.45U_2 \tag{1-60}$$

$$U_{\mathrm{FM}}=\sqrt{2}U_2$$

由前面的波形分析还可以知道，当触发脉冲后移到 $\alpha=150°$ 时，此时正好为电源相电压的过零点，后面晶闸管不在承受正向电压，也就是说，晶闸管无法导通。因此，三相半波可控整流电路在电阻性负载时，控制角的移相范围是 $0°\sim150°$。

1.11　三相桥式全控整流电路

1.11.1　电阻性负载

1. 电路组成

三相桥式全控整流电路实质上是一组共阴极半波可控整流电路与共阳极半波可控整流电路的串联，在上一节的内容中，共阴极半波可控整流电路实际上只利用电源变压器的正半周期，共阳极半波可控整流电路只利用电源变压器的负半周期，如果两种电路的负载电流一样大小，可以利用同一电源变压器。即两种电路串联便可以得到三相桥式全控整流电路，电路的组成如图 1-63 所示。

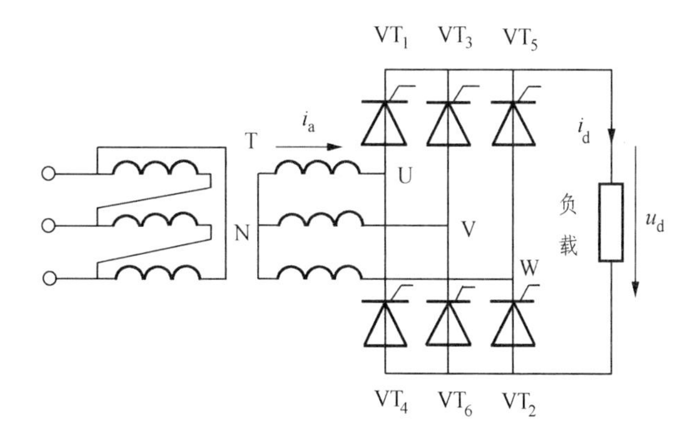

图 1-63　三相桥式全控整流电路原理图

2. 工作原理

下面以电阻性负载为例对工作原理进行分析，当 $\alpha=0°$ 时：在共阴极组的自然换相点分别触发 VT_1、VT_3、VT_5 晶闸管，共阳极组的自然换相点分别触发 VT_2、VT_4、VT_6 晶闸管，两组的自然换相点对应相差 60°，电路各自在本组内换流，即 $VT_1 \to VT_3 \to VT_5 \to VT_1$，$VT_2 \to VT_4 \to VT_6 \to VT_2$，每个管子轮流导通 120°。由于中性线断开，要使电流流通，负载端有输出电压，必须在共阴极和共阳极组中各有一个晶闸管同时导通。

$\omega t_1\sim\omega t_2$ 期间，U 相电压最高，V 相电压最低，在触发脉冲作用下，VT_6、VT_1 管同时导通，电流从 U 相流出，经 VT_1、负载、VT_6 流回 V 相，负载上得到 U、V 相线电压 u_{uv}。从 ωt_2 开始，U 相电压仍保持电位最高，VT_1 继续导通，但 W 相电压开始比 V 相更低，此时触发脉冲触发 VT_2 导通，迫使 VT_6 承受反压而关断，负载电流从 VT_6 中换到 VT_2，以此类推在负载两端的波形如图 1-64 所示。

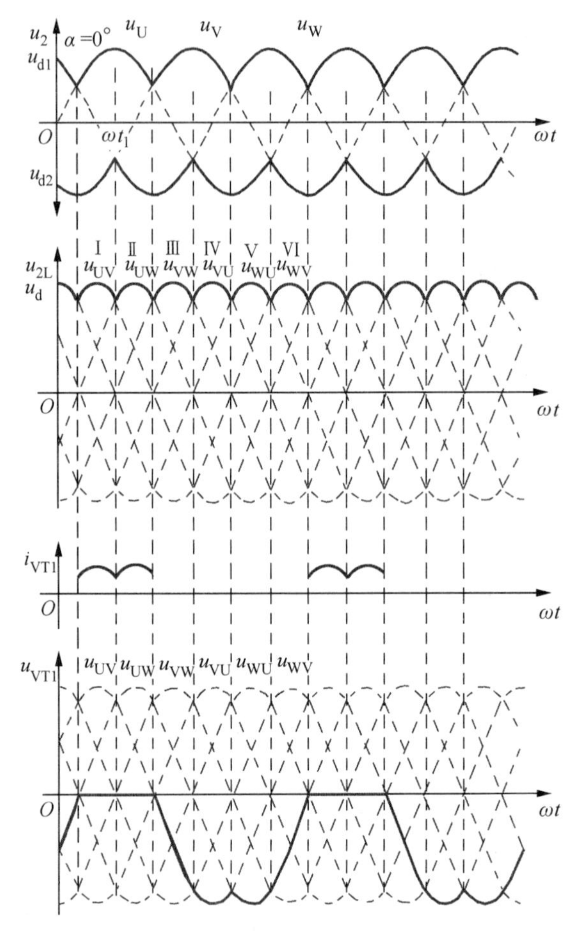

图 1-64 三相全控桥 $\alpha=0°$ 时的波形

导通晶闸管及负载电压如表 1-6 所示。

表 1-6 晶闸管导通情况及负载电压

导通期间	$\omega t_1 \sim \omega t_2$	$\omega t_2 \sim \omega t_3$	$\omega t_3 \sim \omega t_4$	$\omega t_4 \sim \omega t_5$	$\omega t_5 \sim \omega t_6$	$\omega t_6 \sim \omega t_7$
导通 VT	VT_1，VT_6	VT_1，VT_2	VT_3，VT_2	VT_3，VT_4	VT_5，VT_4	VT_5，VT_6
共阴电压	U 相	U 相	V 相	V 相	W 相	W 相
共阳电压	V 相	W 相	W 相	U 相	U 相	V 相
负载电压	UV 线电压 u_{UV}	UW 线电压 u_{UW}	VW 线电压 u_{VW}	VU 线电压 u_{VU}	WU 线电压 u_{WU}	WV 线电压 u_{WV}

3. 三相桥式全控整流电路的特点

（1）必须有两个晶闸管同时导通才可能形成供电回路，其中共阴极组和共阳极组各一个，且不能为同一相的器件。

（2）对触发脉冲的要求：

按 VT_1—VT_2—VT_3—VT_4—VT_5—VT_6 的顺序，相位依次差 60°，共阴极组 VT_1、VT_3、VT_5 的脉冲依次差 120°，共阳极组 VT_4、VT_6、VT_2 也依次差 120°。同一相的上下两个晶闸管，即 VT_1 与 VT_4、VT_3 与 VT_6、VT_5 与 VT_2，脉冲相差 180°。

触发脉冲要有足够的宽度，通常采用单宽脉冲触发或采用双窄脉冲。但实际应用中，为了减少脉冲变压器的铁心损耗，大多采用双窄脉冲。

4. 不同控制角时的波形分析

（1）$\alpha=30°$ 时的工作情况（见图 1-65）。

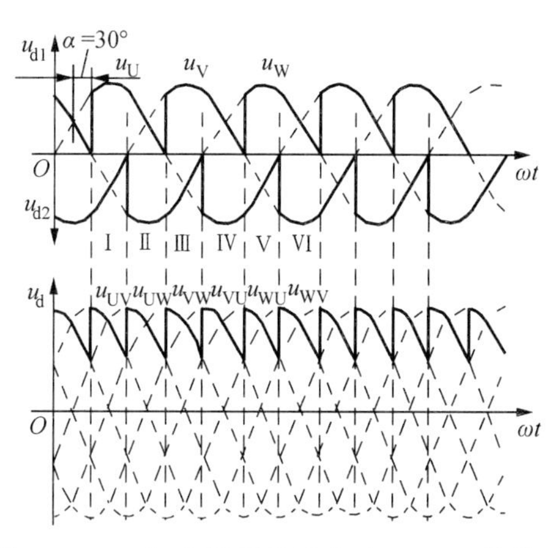

图 1-65 三相全控桥整流电路 $\alpha=30°$ 的波形

这种情况与 $\alpha=0°$ 时的区别在于：晶闸管起始导通时刻推迟了 30°，组成 u_d 的每一段线电压因此推迟 30°，从 ωt_1 开始把一周期等分为 6 段，u_d 波形仍由 6 段线电压构成，每一段导通晶闸管的编号仍符合表 1-6 的规律。变压器二次侧电流 i_a 的波形特点：在 VT_1 处于通态的 120° 期间，i_a 为正，i_a 波形的形状与同时段的 u_d 波形相同；在 VT_4 处于通态的 120°期间，i_a 波形的形状也与同时段的 u_d 波形相同，但为负值。

（2）$\alpha=60°$ 时的工作情况（见图 1-66）。

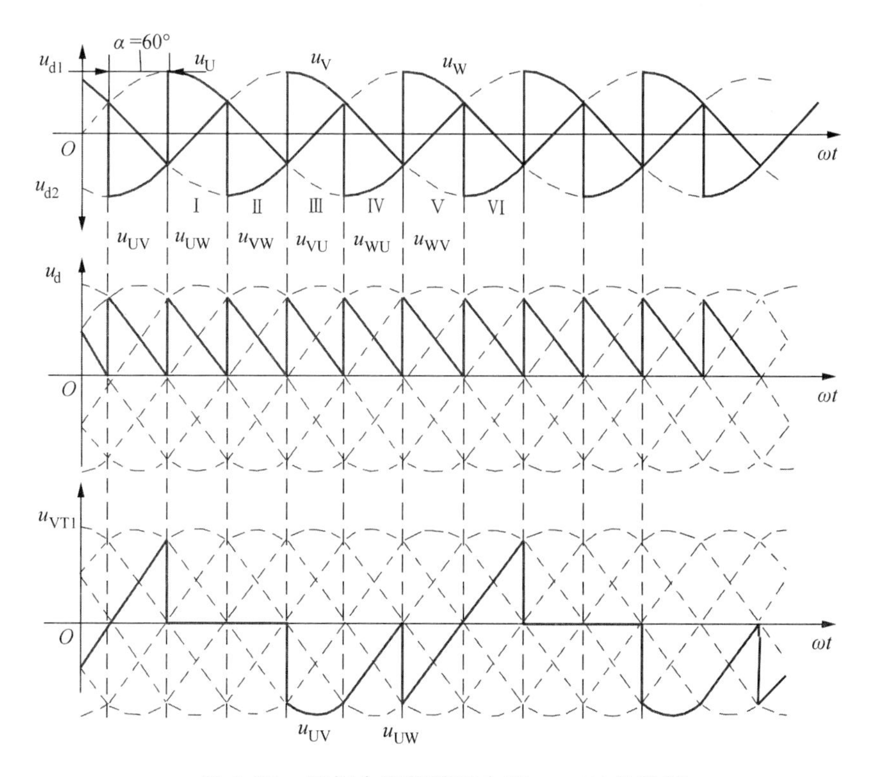

图 1-66 三相全控桥整流电路 $\alpha=60°$ 的波形

此时 u_d 的波形中每段线电压的波形继续后移，u_d 平均值继续降低。$\alpha=60°$ 时，u_d 出现为零的点，这种情况即为输出电压 u_d 为连续和断续的分界点。

（3）$\alpha=90°$ 时的工作情况（见图 1-67）。

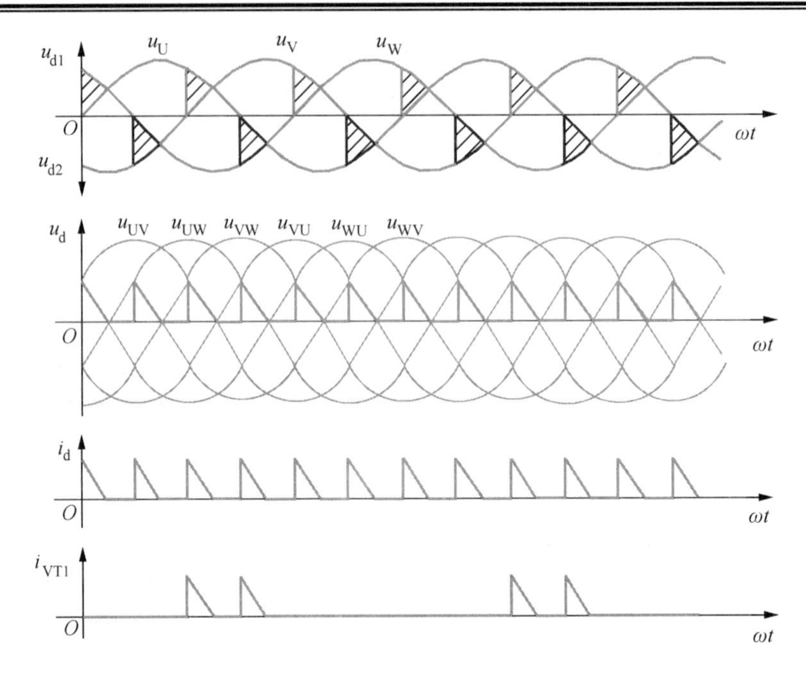

图 1-67 三相全控桥整流电路 $\alpha = 90°$ 的波形

此时 u_d 的波形中每段线电压的波形继续后移，u_d 平均值继续降低。$\alpha = 90°$ 时，u_d 波形断续，每个晶闸管的导通角小于 120°。

通过以上分析，可以得出以下结论：

（1）当 $\alpha \leqslant 60°$ 时，u_d 波形均连续，对于电阻负载，i_d 波形与 u_d 波形形状一样，也连续。

（2）当 $\alpha > 60°$ 时，u_d 波形每 60° 中有一段为零，u_d 波形不能出现负值，带电阻负载时三相桥式全控整流电路 α 角的移相范围为 0° ~ 120°。

1.11.2 电感性负载

电路工作原理：

（1）$\alpha \leqslant 60°$ 时，u_d 波形连续，工作情况与带电阻负载时十分相似，各晶闸管的通断情况、输出整流电压 u_d 的波形、晶闸管承受的电压波形等都一样。

两种负载时的区别在于：由于负载不同，同样的整流输出电压加到负载上，得到的负载电流 i_d 波形不同。阻感负载时，由于电感的作用，使得负载电流波形变得平直，当电感足够大的时候，负载电流的波形可近似为一条水平线。$\alpha = 0°$ 和 $\alpha = 30°$ 波形如图 1-68 和图 1-69 所示。

（2）$\alpha > 60°$ 时，阻感负载时的工作情况与电阻负载时不同，电阻负载时 u_d 波形不会出现负的部分，而阻感负载时，由于电感 L 的作用，u_d 波形会出现负的部分。$\alpha = 90°$ 时的波形如图 1-70 所示。可见，带阻感负载时，三相桥式全控整流电路的 α 角移相范围为 0° ~ 90°。

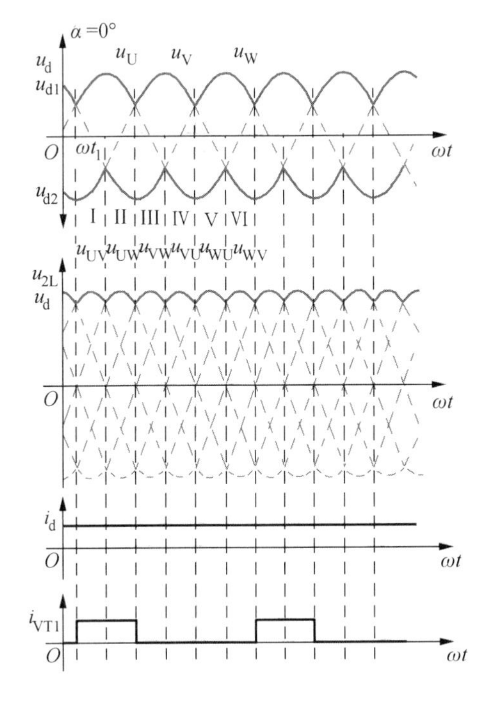

图 1-68　三相桥式全控整流电路阻感负载 $\alpha = 0°$ 的波形

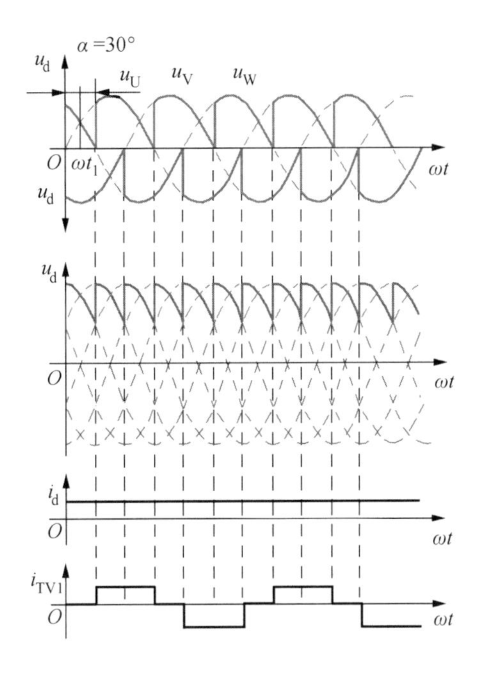

图 1-69　三相桥式全控整流电路阻感负载 $\alpha = 30°$ 的波形

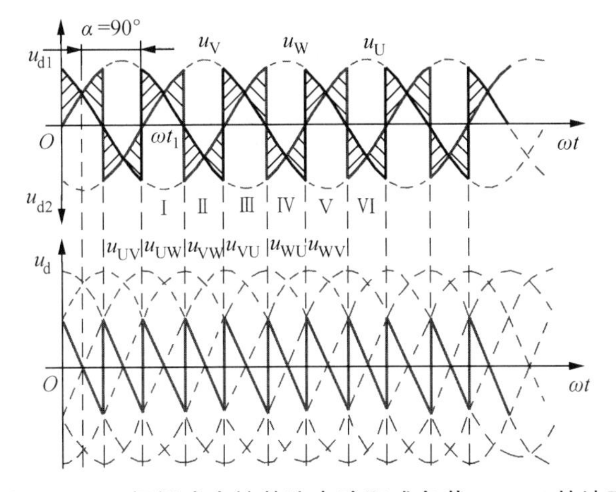

图 1-70　三相桥式全控整流电路阻感负载 $\alpha = 90°$ 的波形

1.11.3　基本物理量的计算

1. 整流电路输出直流平均电压

（1）整流输出电压连续时（即带阻感负载时，或带电阻负载 $\alpha \leqslant 60°$ 时）的平均值为

$$U_{\mathrm{d}} = \frac{1}{\pi/3}\int_{\frac{\pi}{3}+\alpha}^{\frac{2\pi}{3}+\alpha}\sqrt{6}U_2\sin\omega t\mathrm{d}(\omega t) = 2.34U_2\cos\alpha \tag{1-61}$$

（2）带电阻负载且 $\alpha > 60°$ 时，整流电压平均值为

$$U_d = \frac{3}{\pi}\int_{\frac{\pi}{3}+\alpha}^{\pi}\sqrt{6}U_2 \sin\omega t \mathrm{d}(\omega t) = 2.34U_2\left[1+\cos\left(\frac{\pi}{3}+\alpha\right)\right] \quad (1\text{-}62)$$

2. 输出电流平均值

$$I_d = U_d / R \quad (1\text{-}63)$$

当整流变压器采用星形接法，带阻感负载时，变压器二次侧电流波形如图 1-69 所示，为正负半周各宽 120°、前沿相差 180° 的矩形波，其有效值为

$$I_2 = \sqrt{\frac{1}{2\pi}\left(I_d^2 \times \frac{2}{3}\pi + (-I_d)^2 \times \frac{2}{3}\pi\right)} = \sqrt{\frac{2\pi}{3}}I_d = 0.816I_d \quad (1\text{-}64)$$

晶闸管电压、电流等的定量分析与三相半波时一致。

1.12 锯齿波同步触发电路

整流电路的触发电路有很多种，要根据具体的整流电路和应用场合选择不同的触发电路。实际中，大多数情况选用锯齿波同步触发电路和集成触发器。

锯齿波同步触发电路由锯齿波形成、同步移相、脉冲形成放大、双脉冲、脉冲封锁和强触发环节等组成，可触发 200 A 的晶闸管。由于同步电压采用锯齿波，不接受电网波动与波形畸变的影响，移相范围宽，在大中容量中得到广泛应用。

锯齿波同步触发电路原理如图 1-71 所示，下面分环节介绍。

1.12.1 锯齿波形成和同步移相控制环节

1. 锯齿波形成

V_1、V_9、R_3、R_4 组成的恒流源电路对 C_2 充电形成锯齿波电压，当 V_2 截止时，恒流源电流 I_{c1} 对 C_2 恒流充电，电容两端电压为

$$u_{c2} = \frac{I_{c1}}{C_2}t$$

$$I_{c1} = U_{v9} / (R_3 + R_{p2})$$

因此，调节电位器 R_{p2} 即可调节锯齿波斜率。

当 V_2 导通时，由于 R_4 阻值很小，C_2 迅速放电。所以只要 V_2 管周期性导通关断，电容 C_2 两端就能得到线性很好的锯齿波电压。

U_{b4} 为合成电压（锯齿波电压为基础，再叠加 U_b、U_c），通过调节 U_c 来调节 α 。

2. 同步环节

同步环节由同步变压器 TS 和 V_2 管等元件组成。由前面的分析可知，脉冲产生的时刻是由 V_4 导通时刻决定（锯齿波和 U_b、U_c 之和达到 0.7 V 时）。由此可见，若锯齿波的频率与主

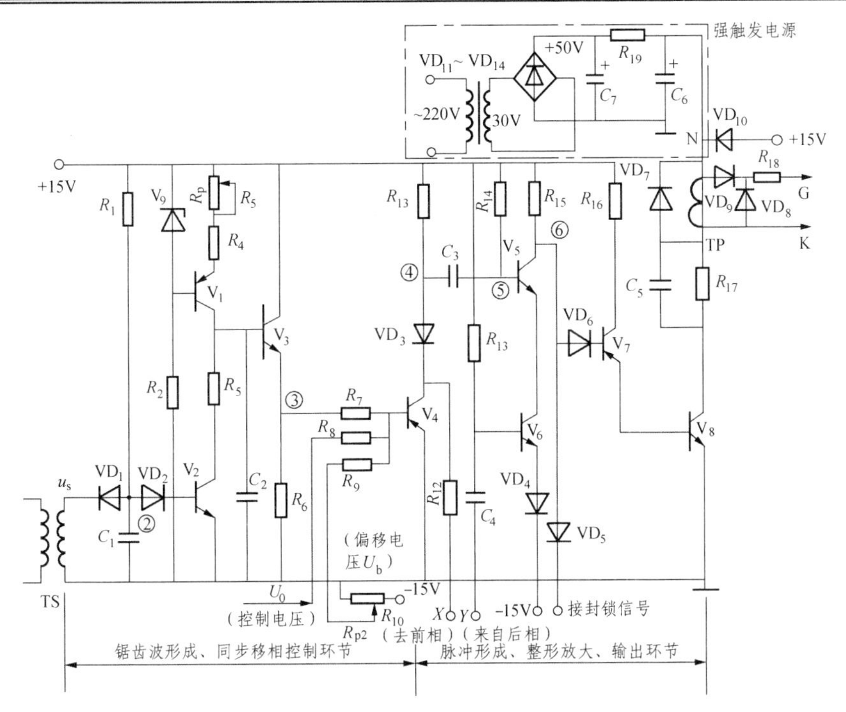

图 1-71　锯齿波同步触发电路原理图

R_1、R_6—10 kΩ；R_2、R_4—4.7 kΩ；R_5—200 Ω；R_7—3.3 Ω；R_{13}、R_{14}—30 kΩ；R_8—12 kΩ；R_9—6.2 kΩ；R_{12}—1 kΩ；R_{15}—6.2 kΩ、R_{16}—200 Ω；R_{17}—30 Ω；R_{18}—20 Ω；R_{19}—300 Ω；R_3、R_{10}—1.5 kΩ；C_7—2 000 μF；C_1、C_2、C_3、C_4—0.1 μF；C_5—0.47 μF；V_1—3OC1D；V_2—V_7—3DC12B；V_8—3DA1B；V_9—2CW12；VD_1—VD_9—2CP12；VD_{10}—VD_{14}—2CZ11A

电路电源频率同步即能使触发脉冲与主电路电源同步，锯齿波是由 V_2 管来控制的，V_2 管由导通变截止期间产生锯齿波，V_2 管截止的持续时间就是锯齿波的脉宽，V_2 管的开关频率就是锯齿波的频率。在这里，同步变压器 TS 和主电路整流变压器接在同一电源上，用 TS 次级电压来控制 V_2 的导通和截止，从而保证了触发电路发出的脉冲与主电路电源同步。

工作时，把负偏移电压 U_b 调整到某值固定后，改变控制电压 U_c，就能改变 u_{b4} 波形与时间横轴的交点，就改变了 V_4 转为导通的时刻，即改变了触发脉冲产生的时刻，达到移相的目的。

电路中增加负偏移电压 U_b 的目的是为了调整 $U_c = 0$ 时触发脉冲的初始位置。

1.12.2　脉冲形成、整形和放大输出环节

（1）当 $u_{b4} < 0.7$ V，V_4 管截止，V_5、V_6 导通，使 V_7、V_8 截止，无脉冲输出。

电源经 R_{13}、R_{14} 向 V_5、V_6 供给足够的基极电流，使 V_5、V_6 饱和导通，V_5 集电极⑥点电位为 −13.7 V（二极管正向压降以 0.7 V、晶体管饱和压降以 0.3 V 计算），V_7、V_8 截止，无触发脉冲输出。④点电位：15 V，⑤点电位：−13.3 V。

另外：+15 V→R_{11}→C_3→V_5→V_6→−15 V 对 C_3 充电，极性左正右负，大小 28.3 V。

（2）当 $u_{b4} \geqslant 0.7$ V 时，V_4 导通，有脉冲输出。

④点电位立即从 +15 V 下跳到 1 V，C_3 两端电压不能突变，⑤点电位降至 −27.3 V，V_5 截止，V_7、V_8 经 R_{15}、VD_6 供给基极电流饱和导通，输出脉冲，⑥点电位为 −13.7 V 突变至

2.1 V（VD_6、V_7、V_8压降之和）。

另外：C_3经 + 15 V→R_{14}→VD_3→V_4放电和反充电，⑤点电位上升，当⑤点电位从 − 27.3 V上升到 − 13.3 V时，V_5、V_6又导通，⑥点电位由2.1 V突降至 − 13.7 V，于是，V_7、V_8截止，输出脉冲终止。

由此可见，脉冲产生时刻由V_4导通瞬间确定，脉冲宽度由V_5、V_6持续截止的时间确定。所以脉宽由C_3反充电时间常数（$\tau = C_3R_{14}$）来决定。

1.12.3 强触发环节

晶闸管采用强触发可缩短开通时间，提高管子承受电流上升率的能力，有利于改善串并联元件的动态均压与均流，增加触发的可靠性。因此大中容量系统的触发电路都带有强触发环节。

图1-71中右上角强触发环节由单相桥式整流获得近50 V直流电压作电源，在V_8导通前，50 V电源经R_{19}对C_6充电，N点电位为50 V。当V_8导通时，C_6经脉冲变压器一次侧、R_{17}与V_8迅速放电，由于放电回路电阻很小，N点电位迅速下降，当N点电位下降到14.3 V时，VD_{10}导通，脉冲变压器改由 + 15 V稳压电源供电。各点波形如图1-72所示。

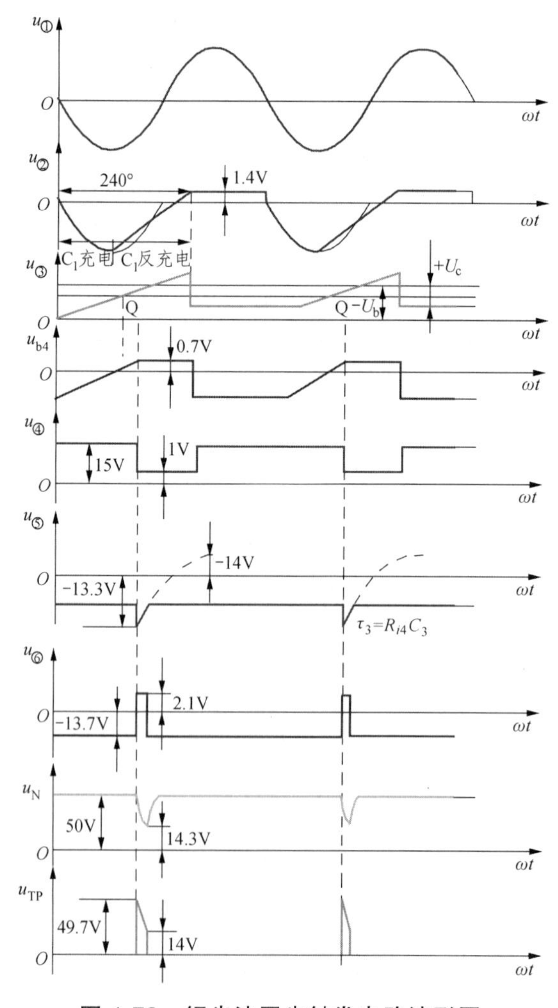

图1-72 锯齿波同步触发电路波形图

1.12.4　双脉冲形成环节

生双脉冲有两种方法：内双脉冲和外双脉冲。

锯齿波触发电路为内双脉冲。晶体管 V_5、V_6构成一个“或”门电路，不论哪一个截止，都会使⑥点电位上升到 2.1 V，触发电路输出脉冲。V_5基极端由本相同步移相环节送来的负脉冲信号使 V_5截止，送出第一个窄脉冲，接着有滞后 60° 的后相触发电路在产生其本相第一个脉冲的同时，由 V_4管的集电极经 R_{12}的 X 端送到本相的 Y 端，经电容 C_4微分产生负脉冲送到 V_6基极，使 V_6截止，于是本相的 V_6又导通一次，输出滞后 60° 的第二个脉冲。

对于三相全控桥电路，三相电源 U、V、W 为正相序时，六只晶闸管的触发顺序为 $VT_1 \rightarrow VT_2 \rightarrow VT_3 \rightarrow VT_4 \rightarrow VT_5 \rightarrow VT_6$，彼此间隔 60°。为了得到双脉冲，触发电路板的 X、Y 可按图 1-73 所示方式连接。

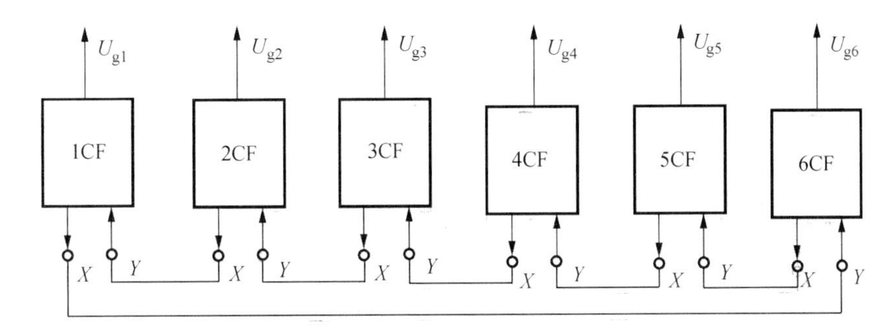

图 1-73　触发电路实现双脉冲连接的示意图

拓展任务　技能训练

实验一　单结晶体管触发电路和单相半波可控整流电路调试

【实验目的】

（1）熟悉单结晶体管触发电路的工作原理及电路中各元件的作用，观察电路图中各点电压波形。

（2）掌握单结晶体管触发电路的调试步骤和方法。

（3）学会对单相半波可控整流电路带电阻负载及阻感负载时的工作情况进行分析。

（4）了解续流二极管的作用。

（5）熟悉双踪示波器的使用方法。

【实验设备】

DJK01 电源控制屏　1 块

DJK03 晶闸管触发电路　1 块

DJK06 给定负载吸收电路　　1 块
双臂滑线电阻器　　1 个
双踪示波器　　1 台
万用表　　1 块

【实验线路及原理】

单结晶体管触发电路工作原理：

由同步器副边输出 60 V 的交流同步电压，经 VD_1 半波整流，再由稳压管 V_1、V_2 进行削波，从而得到梯形波电压，其过零点与电源电压的过零点同步，梯形波通过 R_6 及等效可变电阻向电容 C_2 充电，当充电电压达到单结晶体管的峰值电压 U_P 时，单结晶体管 V_6 导通，电容通过脉冲变压器原边放电，脉冲变压器副边输出脉冲。同时由于放电时间常数很小，C_2 两端的电压很快下降到单结晶体管的谷点电压 U_V，使 V_6 关断，C_2 再次充电，周而复始，在电容 C_2 两端呈现锯齿波形，在脉冲变压器副边输出尖脉冲。在一个梯形波周期内，V_6 可能导通、关断多次，但对晶闸管的触发只有第一次输出脉冲起作用。电容 C_2 的充电时间常数由等效电阻等决定，调节 R_{P1} 可实现脉冲的移相控制。

电位器 R_{P1} 已装在面板上，同步信号已在内部接好，所有的测试信号都在面板上引出（见图 1-74）。

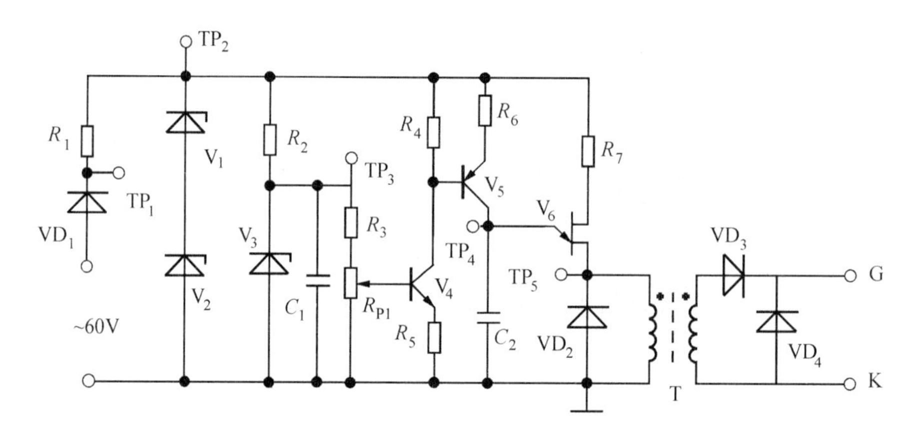

图 1-74　单结晶体管触发电路原理图

【实验内容及步骤】

1. 单结晶体管触发电路的调试

打开 DJK03 低压电源开关，用示波器观察单结晶体管触发电路中整流输出梯形波电压、锯齿波电压及单结晶体管触发电路输出电压等波形。调节移相可变电位器 R_{P1}，观察锯齿波的周期变化及输出脉冲波形的移相范围能否在 20° ~ 180° 内？

2. 单结晶体管触发电路各点波形的记录

将单结晶体管触发电路的各点波形记录下来，并与理论波形进行比较。

3. 单相半波可控整流电路接电阻性负载

触发电路调试正常后，按图 1-75 接线，负载为双臂滑线电阻（串联接法）。合上电源，用示波器观察负载电压 U_d、晶闸管 VT 两端电压 U_{VT} 的波形，调节电位器 R_{P1}，观察并记录 $\alpha=30°$、60°、90°、120°、150°、180°时的 U_d、U_{VT} 波形，并测定直流输出电压 U_d 和电源电压 U_2，记录于下表中。

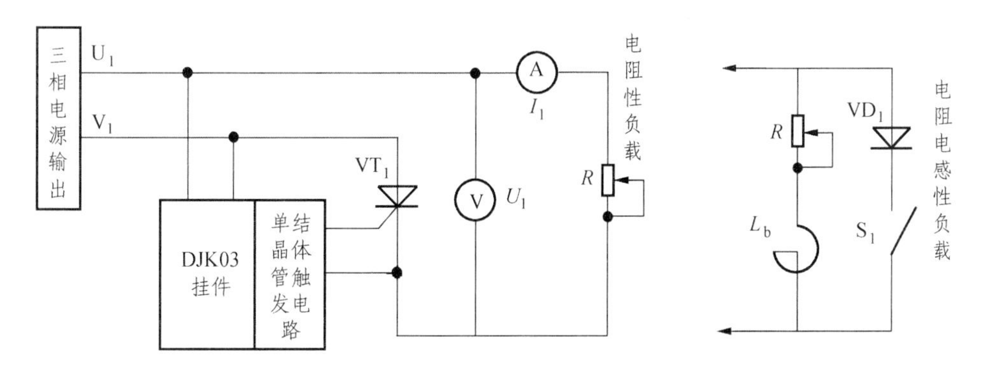

图 1-75　单相半波可控整流电路实验原理图

α	30°	60°	90°	120°	150°	180°
U_2						
U_d（记录值）						
U_d（计算值）						
U_d / U_2						

4. 单相半波可控整流电路接电阻电感性负载

将负载改接成电阻电感性负载（由滑线电阻器与平波电抗器串联而成）。不接续流二极管 VD，在不同阻抗角（改变 R_d 的电阻值）的情况下，观察并记录 $\alpha=30°$、60°、90°、120°、150°、180° 时 U_d、U_{VT} 的波形，并测定直流输出电压 U_d 和电源电压 U_2，记录于下表中。

α	30°	60°	90°	120°	150°	180°
U_2						
U_d（记录值）						
U_d（计算值）						
U_d/U_2						

接入续流二极管 VD，重复上述实验，观察续流二极管的作用，并测定直流输出电压 U_d 和电源电压 U_2，记录于下表中。

α	30°	60°	90°	120°	150°	180°
U_2						
U_d（记录值）						
U_d（计算值）						
U_d / U_2						

【实验注意事项】

当第 4 点、第 5 点（图 1-74 中 TP_4，TP_5）没有波形时，调节 R_{P1}，波形就会出现；注意观察波形随 R_{P1} 变化的规律。

【实验报告】

（1）画出单结晶体管触发电路各点的电压波形。
（2）画出 $\alpha = 90°$ 时，电阻性负载和阻感性负载的 U_d、U_T 波形。
（3）画出电阻性负载时 $U_d / U_2 = f(\alpha)$ 的实验曲线，并与计算值 U_d 的对应曲线相比较。
（4）分析实验中出现的现象。

实验二　单相桥式全控整流及有源逆变电路调试

【实验目的】

（1）加深对单相桥式全控整流及逆变电路工作原理的理解。
（2）研究单相桥式变流电路由整流切换到逆变的全过程，掌握实现有源逆变的条件。
（3）掌握产生逆变颠覆的原因及预防方法。

【实验设备】

DJK01 电源控制屏	1 块
DJK03 晶闸管触发电路	1 块
DJK10 变压器实验挂件	1 件
双踪示波器	1 台
万用表	1 块
双臂滑线电阻器	1 个

【实验线路及原理】

线路原理如图 1-76 所示，将 DJK10 整流电路作为逆变桥的直流电源，逆变变压器采用 DJK10 组件挂箱，回路中接入平波电抗器 L_d（700 mH）及限流电阻 R。有关实现有源逆变的必要条件等内容可参见教材的有关内容。触发电路采用 DJK03 组件挂箱上的锯齿波同步移相触发电路。

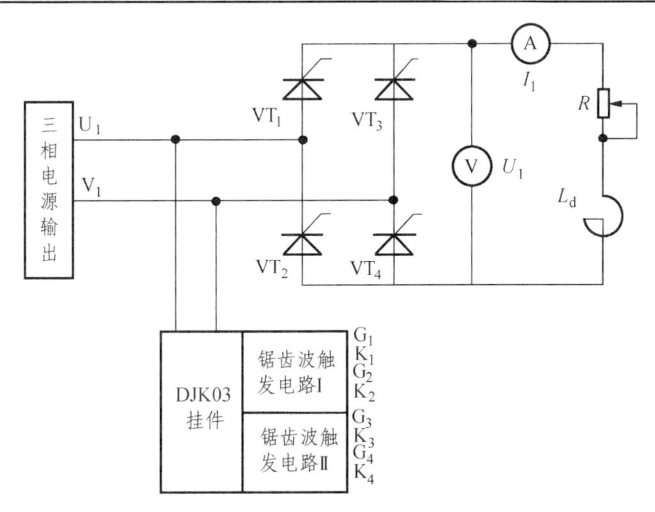

图 1-76　单相桥式全控整流电路实验线路图

【实验内容及步骤】

1. 触发电路的调试

将 DJK01 电源控制屏的电源选择开关打到“直流调速”侧使输出线电压为 220 V，用两根导线将 220 V 交流电压接到 DJK03 的“外接 220 V”端，按下“启动”按钮，打开 DJK03 电源开关，用示波器观察锯齿波同步触发电路各观察孔的电压波形。

将控制电压 U_{ct} 调至零，观察同步电压信号和“6”点 U_6 的波形，调节偏移电压 U_b，使 $\alpha=150°$。

2. 单相桥式全控整流

按图 1-76 接线，将滑动变阻器放在最大阻值处，按下“启动”按钮，增加 U_{ct}，用示波器观察、记录 $\alpha=0°$、30°、60°、90°、120° 的整流电压 U_d 和晶闸管两端的电压波形，并记录电源电压 U_2 和负载电压 U_d 的数值于下表中。

α	30°	60°	90°
U_2			
U_d（记录值）			
U_d（计算值）			

计算公式：$U_d=0.9U_{2\cos\alpha}$。

3. 单相桥式有源逆变电路实验

按图 1-77 接线，将滑动变阻器放在最大阻值处，按下“启动”按钮，增加 U_{ct}，用示波器观察、记录 $\alpha=0°$、30°、60°、90° 的逆变电压 U_d 和晶闸管两端的电压波形，并记录电源电压 U_2 和负载电压 U_d 的数值于下表中。

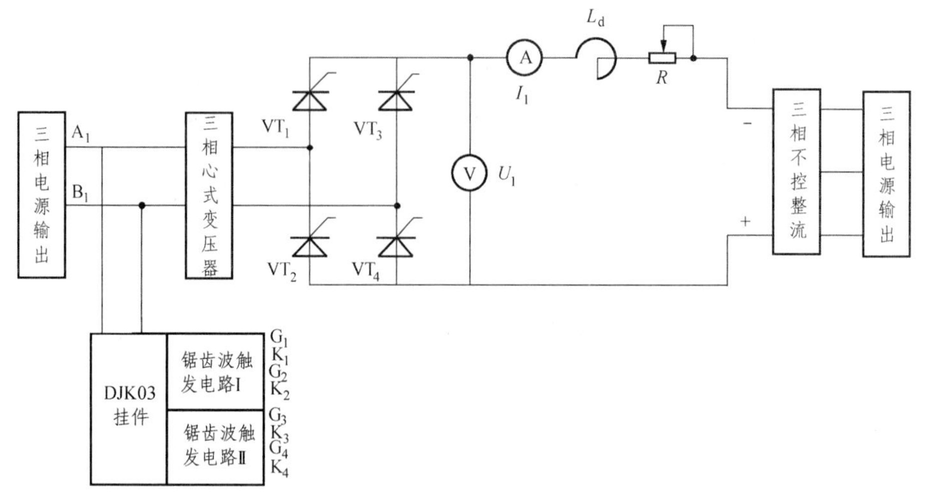

图 1-77 单相桥式有源逆变电路实验原理

α	30°	60°	90°
U_2			
U_d（记录值）			
U_d（计算值）			

4. 逆变颠覆现象的观察

调节 U_{ct}，使 $\alpha=150°$，观察 U_d 波形，突然关断触发脉冲，用示波器观察逆变颠覆现象，记录逆变颠覆的 U_d 波形。

【实验注意事项】

（1）三相心式变压器接成 Yy0，注意相序，不要接错。

（2）电压表是双极性的，晶闸管的阳极接电压表的正极，阴极接电压表的负极，当整流时指针正偏，逆变时指针反偏。

【实验报告】

（1）画出 $\alpha=0°$、30°、60°、90°、120° 的整流电压 U_d 和晶闸管两端的电压波形。

（2）分析逆变颠覆的原因及逆变颠覆后产生的后果。

（3）写出本实验的心得体会。

实验三　三相半波可控整流电路调试

【实验目的】

了解三相半波可控整流电路的工作原理，研究可控整流电路带电阻负载和阻感负载时的工作情况。

【实验设备】

DJK01 电源控制屏	1 块
DJK02 三相变流桥路	1 块
DJK06 给定、负载及吸收电路	1 块
双臂滑线电阻器	1 个
双踪示波器	1 台
万用表	1 块

【实验线路及原理】

按图 1-78 接线。

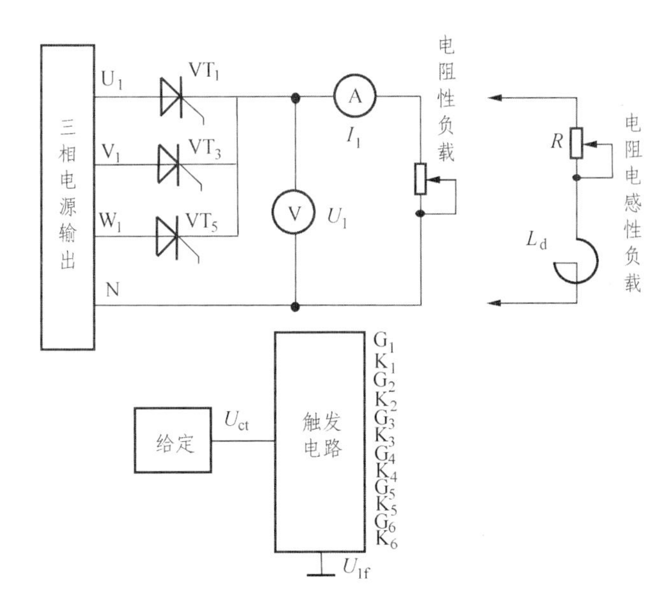

图 1-78　三相半波可控整流电路实验原理图

【实验内容及步骤】

（1）将 DJK01“电源控制屏”上“调速电源选择开关”拨至“直流调速”侧。

（2）打开 DJK02 电源开关，拨动“触发脉冲指示”开关至“窄”处。

（3）将 DJK06 上的“给定”输出直接与 DJK02 上的偏移控制电压 U_{ct} 相接，将 DJK02 面板上的 U_{1f} 端接地，将“正桥触发脉冲”的六个开关拨至“通”，适当增加给定的正输出，观察正桥 $VT_1 \sim VT_6$ 晶闸管门极和阴极之间的触发脉冲是否正常。

（4）按图 1-78 接线，接成电阻性负载，将滑线变阻器放在最大阻值处，按下“启动”按钮，增加 U_{ct}，用示波器观察、记录 $\alpha = 30°$、60°、90°、120°、150° 的整流电压 U_d 和晶闸管两端的电压波形，并记录电源电压 U_2 和负载电压 U_d 的数值于下表中。

α	30°	60°	90°
U_2			
U_d（记录值）			
U_d（计算值）			
U_d/U_2			

（5）按图 1-78 接线，接成阻感性负载，将滑线变阻器放在最大阻值处，按下“启动”按钮，增加 U_{ct}，用示波器观察、记录 $\alpha = 30°$、60°、90°、120° 的整流电压 U_d、电流 I_d 和晶闸管两端的电压波形，并记录电源电压 U_2 和负载电压 U_d 的数值于下表中。

α	30°	60°	90°
U_2			
U_d（记录值）			
U_d（计算值）			
U_d/U_2			

【实验注意事项】

整流电路与三相电源连接时，一定要注意相序。

【实验报告】

（1）绘出 $\alpha = 90°$ 时，整流电路供给电阻性负载、阻感性负载时的电压、电流波形，并进行分析讨论。

（2）写出本实验的心得体会。

实验四　三相桥式全控整流及有源逆变电路调试

【实验目的】

（1）加深对三相桥式全控整流电路工作原理的理解。

（2）了解 KC 系列集成触发器的调整方法和各点的波形。

【实验设备】

DJK01 电源控制屏	1 块
DJK02 三相变流桥路	1 块
DJK06 给定、负载及吸收电路	1 块
DJK10 变压器实验挂件	1 件
双臂滑线电阻器	1 个

双踪示波器	1 台
万用表	1 块

【实验线路及原理】

实验线路如图 1-79、图 1-80 所示，其原理可参见《牵引传动系统维护与调试》教材相关的内容。

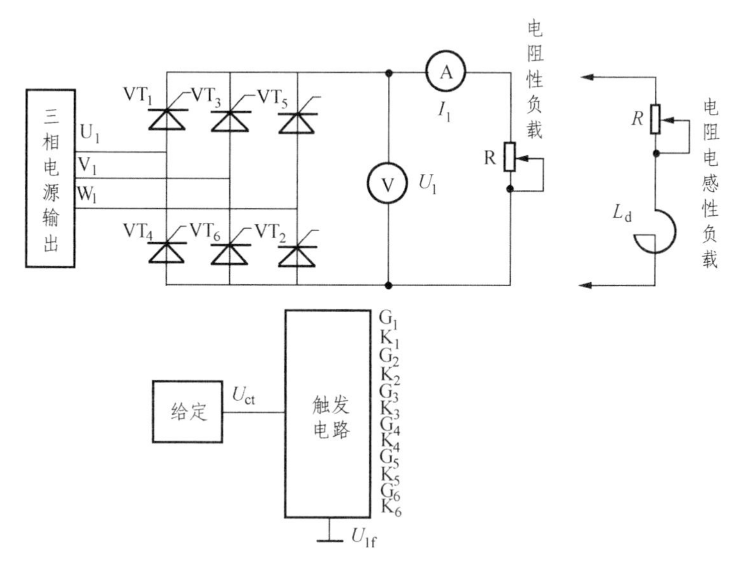

图 1-79　三相桥式整流电路实验原理图

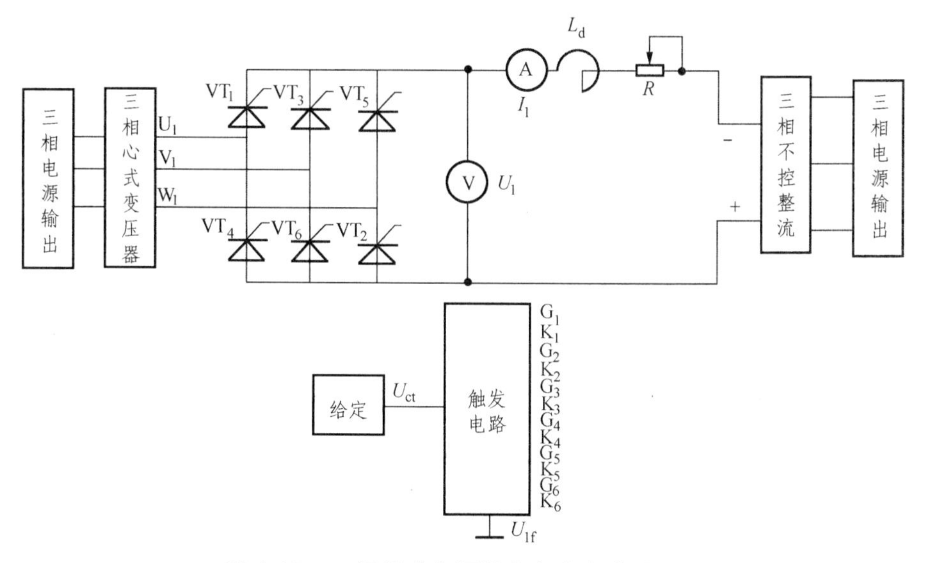

图 1-80　三相桥式有源逆变电路实验原理图

【实验内容及步骤】

（1）将 DJK01“电源控制屏”上“调速电源选择开关”拨至“直流调速”侧；

（2）打开 DJK02 电源开关，拨动“触发脉冲指示”开关至“窄”处；

（3）将 DJK06 上的“给定”输出直接与 DJK02 上的偏移控制电压 U_{ct} 相接，将 DJK02 面板上的 U_{1f} 端接地，将“正桥触发脉冲”的六个开关拨至“通”，适当增加给定的正输出，观察正桥 $VT_1 \sim VT_6$ 晶闸管门极和阴极之间的触发脉冲是否正常；

（4）三相桥式全控整流电路按图 1-79 接线，将 DJK06 上的“给定”输出调到零，使滑线变阻器放在最大阻值处，按下“启动”按钮，调节给定电位器，增加移相电压，使 α 角在 $30° \sim 150°$ 内调节；同时，根据需要不断调整负载电阻 R，使得负载电流 I_d 保持在 0.6 A 左右。用示波器观察并记录 $\alpha = 30°$、$60°$、$90°$ 时的整流电压 U_d 和晶闸管两端电压 U_{VT} 的波形，并记录相应的 U_d 数值于下表中。

α	30°	60°	90°
U_2			
U_d（记录值）			
U_d（计算值）			
U_d / U_2			

计算公式：
$$U_d = 2.34U_2 \cos\alpha \quad （0° \sim 60°）$$
$$U_d = 2.34U_2\left[1+\cos\left(\alpha+\frac{\pi}{3}\right)\right] \quad （60° \sim 120°）$$

（5）三相桥式有源逆变电路按图 1-80 接线，将 DJK06 上的“给定”输出调到零，使滑线变阻器放在最大阻值处，按下“启动”按钮，调节给定电位器，增加移相电压，使 β 角在 $30° \sim 90°$ 内调节，同时，根据需要不断调整负载电阻 R，使得负载电流 I_d 保持在 0.6 A 左右，用示波器观察并记录 $\beta = 30°$、$60°$、$90°$ 时的整流电压 U_d 和晶闸管两端电压 U_{VT} 的波形，并记录相应 U_d 的数值于下表中。

α	30°	60°	90°
U_2			
U_d（记录值）			
U_d（计算值）			
U_d / U_2			

计算公式：
$$U_d = 2.34U_2 \cos(180° - \beta)$$

【实验注意事项】

电压表是双极性的，晶闸管的阳极接电压表的正极，阴极接电压表的负极，当整流时指针正偏，逆变时指针反偏。

【实验报告】

（1）画出电路的移相特性 $U_d = f(\alpha)$。

（2）画出触发电路的传输特性 $\alpha = f(U_{ct})$。

（3）画出 $\alpha = 30°$、$60°$、$90°$、$120°$、$150°$ 时的整流电压 U_d 和晶闸管两端电压 U_{VT} 的波形。

思考与练习

1. 晶闸管导通的条件是什么？导通后流过晶闸管的电流由什么决定？晶闸管的关断条件是什么？如何实现？晶闸管导通与阻断时其两端电压各为多少？

2. 画出图 1-81 所示电路电阻 R_d 上的电压波形。

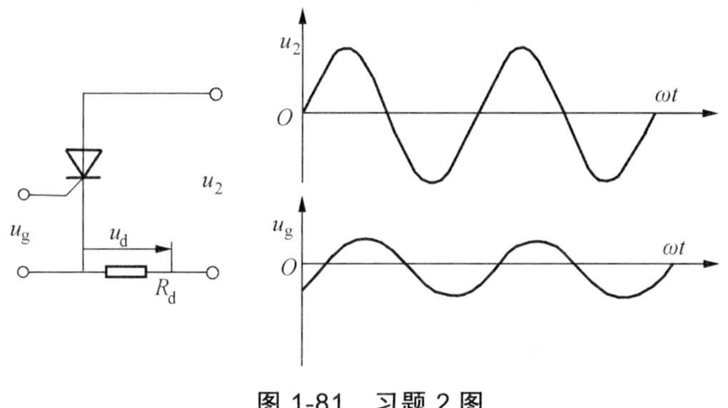

图 1-81　习题 2 图

3. 说明晶闸管型号 KP100-8E 代表的意义。

4. 型号为 KP100-3、维持电流 $I_H = 3$ mA 的晶闸管，使用在图 1-82 所示的三个电路中是否合理？为什么（不考虑电压、电流裕量）？

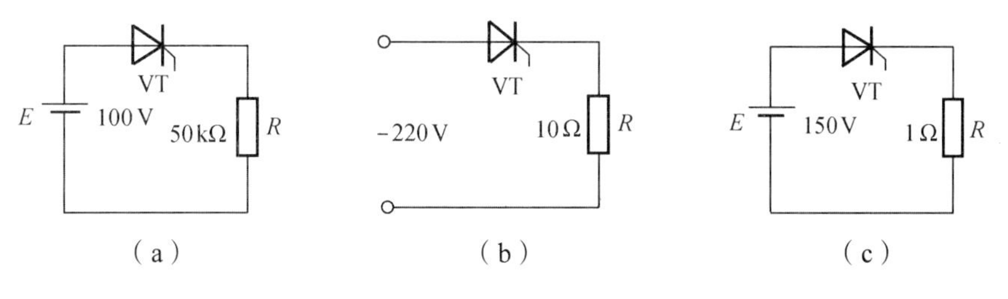

图 1-82　习题 4 图

5. 某晶闸管元件测得 $U_{DRM} = 840$ V，$U_{RRM} = 980$ V，试确定此晶闸管的额定电压是多少？

6. 某电阻性负载要求 0 ~ 24 V 直流电压，最大负载电流 $I_d = 30$ A，如用 220 V 交流直接供电与用变压器降压到 60 V 供电，都采用单相半波整流电路，是否都能满足要求？试比较两种供电方案所选晶闸管的导通角、额定电压、额定电流值以及电源与变压器二次侧的功率因数和对电源的容量的要求有何不同，两种方案哪种更合理（考虑 2 倍裕量）？

7. 有一单相半波可控整流电路，带电阻性负载 $R_d = 10\ \Omega$，交流电源直接从 220 V 电网获得，试求：

（1）输出电压平均值 U_d 的调节范围。

（2）计算晶闸管电压与电流并选择晶闸管。

8. 图 1-83 是中小型发电机采用的单相半波晶闸管自激励磁电路，L 为励磁电感，发电机满载时相电压为 220 V，要求励磁电压为 40 V，励磁绕组内阻为 2 Ω，电感为 0.1 H，试求满足励磁要求时，晶闸管的导通角及流过晶闸管与续流二极管的电流的平均值和有效值。

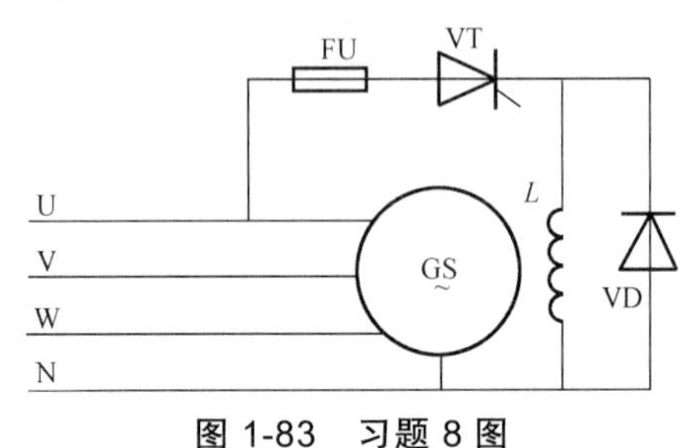

图 1-83 习题 8 图

9. 单相半波整流电路，如门极不加触发脉冲；晶闸管内部短路；晶闸管内部断开，试分析上述 3 种情况下晶闸管两端电压和负载两端电压的波形。

10. 单结晶体管触发电路中，削波稳压管两端并接一只大电容，可控整流电路能工作吗？为什么？

11. 单结晶体管张弛振荡电路是根据单结晶体管的什么特性组成工作的？振荡频率的高低与什么因素有关？

12. 用分压比为 0.6 的单结晶体管组成振荡电路，若 $U_{bb}=20$ V，则峰点电压 U_P 为多少？如果管子的 b_1 脚虚焊，电容两端的电压为多少？如果是 b_2 脚虚焊（b_1 脚正常），电容两端电压又为多少？

13. 简述直流传动系统的优点与缺点。

14. 直流电动机有哪些调速方式？SS_6B 型机车采用哪种方式对直流牵引电机实行调速？

15. 分析机车三段整流桥的工作过程。

16. 分析 SS_{6B} 型机车的加馈电阻制动与常规的电阻制动有哪些异同？

17. 感应加热的基本原理是什么？加热效果与电源频率的大小有什么关系？

18. 中频感应加热炉的直流电源的获得为什么要用可控整流电路？

19. 试简述平波电抗器的作用。

20. 中频感应加热与普通的加热装置比较有哪些优点？中频感应加热能否用来加热绝缘材料构成的工件？

21. 三相半波可控整流电路，如果三只晶闸管共用一套触发电路，如图 1-84 所示，每隔 120° 同时给三只晶闸管送出脉冲，电路能否正常工作？此时电路带电阻性负载时的移相范围是多少？

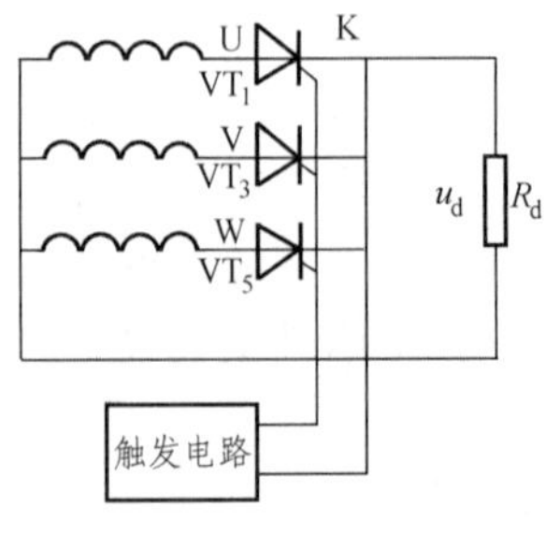

图 1-84 习题 21 图

22. 三相半波可控整流电路带电阻性负载时，如果触发脉冲出现在自然换相点之前 15° 处，试分析当触发脉冲宽度分别为 10° 和 20° 时电路能否正常工作？并画出输出电压波形。

23. 如题图 1-85 所示，熔断器 FU 能否用普通的熔断器？R、C 吸收回路的作用？电阻 R 的作用？大小怎样选择？

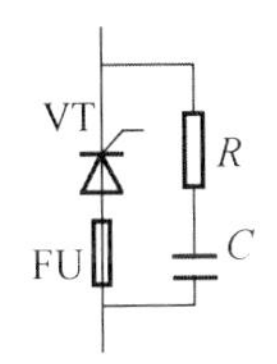

图 1-85　习题 23 图

24. 图 1-86 为三相全控桥整流电路，试分析在控制角 $\alpha=60°$ 时发生如下故障输出电压 U_d 的波形。

（1）熔断器 FU_1 熔断。

（2）熔断器 FU_4 熔断。

（3）熔断器 FU_4、FU_5 熔断。

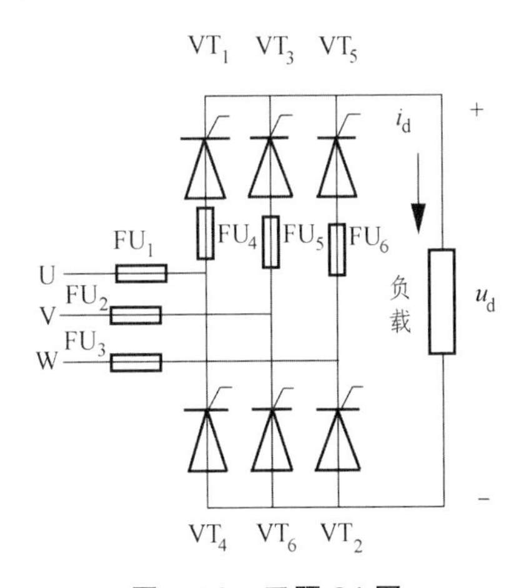

图 1-86　习题 24 图

25. 三相半波可控整流电路带电阻性负载，VT_1 管无触发脉冲，试画出 $\alpha=15°$、$\alpha=60°$ 两种情况下的输出电压和 VT_2 两端电压的波形。

26. 图 1-87 为两相零式可控整流电路，直接由三相交流电源供电。

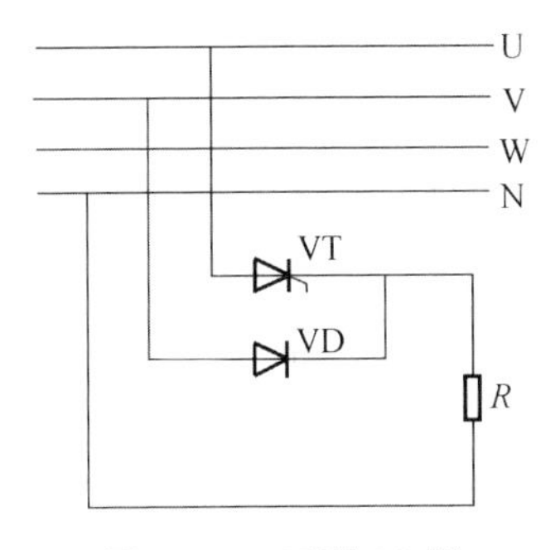

图 1-87　习题 26 图

（1）画出控制角 $\alpha=0°$、$\alpha=60°$ 时输出电压的波形。

（2）控制角 α 的移相范围多大？

（3）$U_{dmax}=?$，$U_{dmin}=?$

（4）推导 U_d 的计算公式。

27. 三相全控桥式整流电路，$L_d=0.2$ H，$R_d=4\ \Omega$，要求 U_d 在 0 ~ 220 V 变化，试求：

（1）不考虑控制角裕量，整流变压器二次线电压是多少？

（2）计算晶闸管电压、电流值，如果电压、电流裕量取 2 倍，选择晶闸管型号。

（3）变压器二次电流有效值。

（4）计算整流变压器二次容量。

（5）$\alpha=0°$ 时，电路功率因数。

（6）当触发脉冲距对应二次侧相电压波形原点为何处时，U_d 为零？

28. 三相半波可控整流电路，负载为大电感负载，如果 U 相晶闸管脉冲丢失，试画出 $\alpha=0°$ 时输出电压的波形。

29. 触发电路中设置的控制电压 U_c 与偏移电压 U_b 各起什么作用？在使用中如何调整？

30. 锯齿波同步触发电路由哪些基本环节组成？锯齿波的底宽由什么参数决定？输出脉宽如何调整？输出脉冲的移相范围与哪些参数有关？

项目二　直流城轨车辆牵引变流与传动系统

【项目描述】

城轨车辆采用直流制供电，牵引变电所内设有整流装置，它将三相交流电变成直流电后，再送到接触网或者第三轨。因此，城轨车辆可直接从接触网上取得直流电供给直流串励牵引电动机使用，简化了机车上的设备。直流制的缺点是接触网的电压低，一般为 1 500 V 或 750 V，接触导线要求很粗，要消耗大量的有色金属，加大了建设投资。

直流串励牵引电动机，由于具有适合牵引需要的“牛马”特性、启动性能好、调速范围宽、过载能力强、功率利用充分、控制简单等优点，因此多年来一直作为各种车辆的主要牵引动力。应用大功率可关断晶闸管（GTO）等元件构成的斩波调速系统，进一步改善了直流传动城市轨道交通车辆的运行性能，在中国早期的地铁车辆上基本上都采用这种传动方式，如上海地铁一号线、北京地铁一号线等地铁线路的部分车型上就采用了直流牵引传动方式。

本项目主要介绍城轨车辆直流牵引传动系统。任务一介绍了 DC-DC 直流斩波电路的结构与工作原理，任务二介绍了城轨车辆直流牵引传动系统的总体结构、各组成部分的功能、主电路的工作原理，并以上海地铁一号线为例进行了实例分析。

【学习目标】

（1）熟悉电力晶体管、可关断晶闸管的结构，熟练掌握其工作原理、检测方法及触发电路。

（2）熟练掌握直流斩波电路的工作原理。

（3）熟练掌握城轨车辆直-直型调速主电路工作原理及基本控制方式。

（4）掌握城轨车辆直流牵引供电系统的结构及电气原理。

（5）能熟练分析城轨车辆的直流牵引传动系统主电路的电气原理。

（6）能熟练使用相关仪器、设备对城轨车辆直流牵引传动系统进行维护、简单调试及常见故障分析与检修。

【项目导入】

早期的城轨车辆，由于交流变频调速技术的不成熟，大多采用直流牵引传动。图 2-1 是城轨车辆直流牵引传动系统示意图。采用直流 750 V 与 1 500 V 供电制式，第三轨或者接触网受流，第三轨一般采用 750 V 供电，接触网采用 750 V 与 1 500 V 供电。电源引入城轨车辆后，经过滤波、电阻调速、斩波调速（包括斩波调阻、斩波调压）得到大小可调的直流供给直流牵引电动机，从而控制直流牵引电动机的转速，实现对城轨车辆速度的控制与调速。

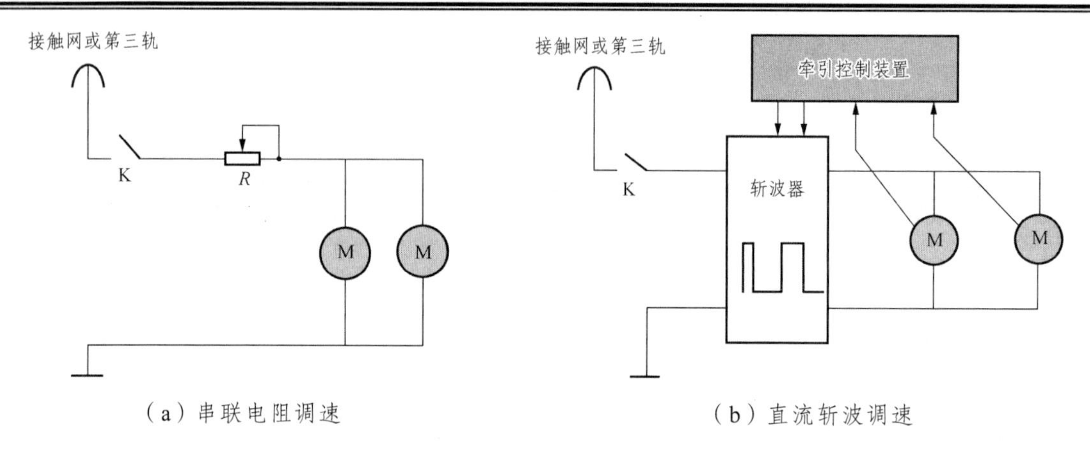

（a）串联电阻调速　　（b）直流斩波调速

图 2-1　城轨直流牵引传动系统示意图

任务一　DC-DC 直流斩波电路

【学习目标】

（1）了解常用直流斩波电路的类型及其应用。
（2）能熟练掌握直流斩波电路的工作原理，能对各物理量进行计算。
（3）掌握 PWM 的基本概念及常用 PWM 芯片的应用。
（4）能使用万用表对 GTO 和 GTR 进行检测，并能判别好坏。
（5）掌握 GTO、GTR 的结构、工作原理、特性。
（6）掌握 GTO、GTR 驱动及保护电路的工作原理。
（7）了解全控型器件在直流斩波电路中的应用。

【任务导入】

DC-DC 变换电路就是将直流电压变换成固定的或可调的直流电压。DC-DC 变换电路广泛应用于开关电源、无轨电车、地铁列车、蓄电池供电的机车车辆的无级变速，以及 20 世纪 80 年代兴起的电动汽车的调速及控制。本任务主要介绍 DC-DC 直流斩波电路的结构、类型、工作原理及其应用以及斩波电路中常用的电力电子器件。

本任务主要介绍全控型器件 GTO 与 GTR 的结构、工作原理、特性以及其应用。

2.1　GTO 的结构及工作原理

直流牵引传动系统中，可关断晶闸管 GTO、大功率晶体管 GTR 是常用的开关器件。

2.1.1　GTO 的结构

GTO 是 SCR 的一种派生器件。GTO 具有 SCR 的全部优点，耐压高、电流大、耐浪涌能力强，造价便宜；为全控型器件，工作频率高，控制功率小，线路简单，使用方便。

图 2-2 是 GTO 的外观与内部结构。GTO 的内部结构与晶闸管（SCR）一样，也是 PNPN 四层结构。但是 GTO 与 SCR 不同的是，GTO 采用多元集成结构，每个 GTO 器件由数十个甚至是数百个小 GTO 元并联形成。这些小的 GTO 元的阴极和门极在内部并联在一起，且每个 GTO 元的门极与阴极的距离很短，从而有效减少了横向电阻。由于 GTO 的这种特殊的多元结构，使得其开通和关断过程与 SCR 不同，当门极给足够大的负电压信号时，GTO 可以被关断，故称为可关断晶闸管。

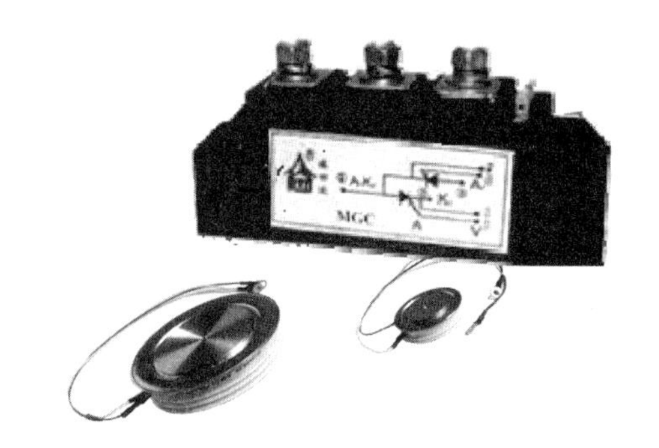

（a）GTO 模块外形

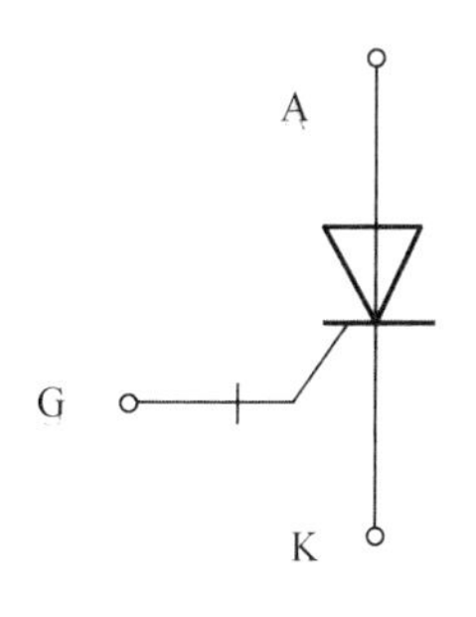

（b）GTO 符号

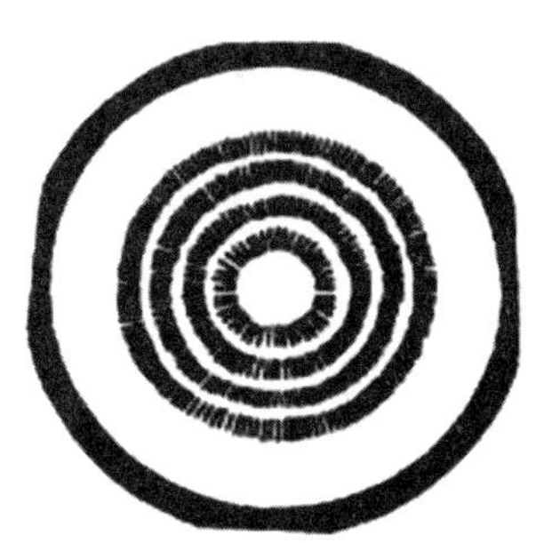

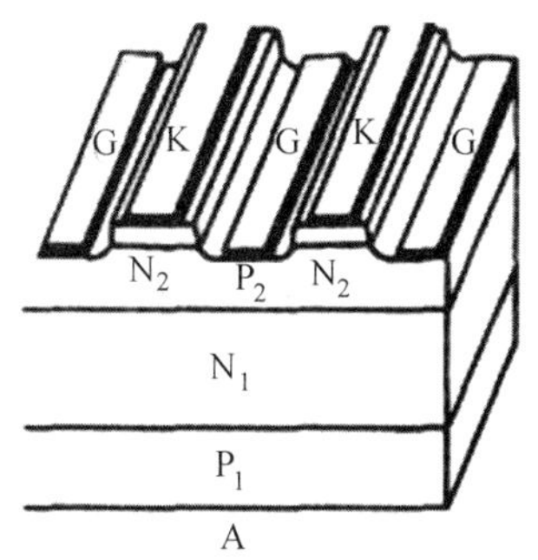

（c）GTO 的内部结构

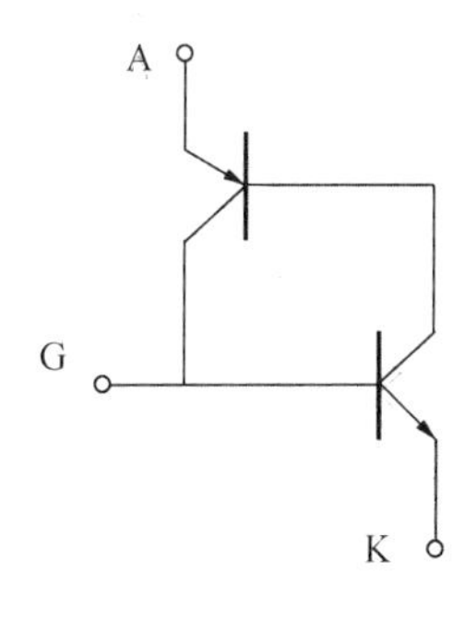

（d）等效电路

图 2-2　GTO 的结构及等效电路

2.1.2　GTO 的工作原理

1．GTO 的开通原理

GTO 的内部等效电路如图 2-2（c）所示，和晶闸管 SCR 的内部等效电路相同，由 PNP 和 NPN 两个晶体管互联，内部正反馈连接。其开通过程与 SCR 一样，由正反馈控制过程来实现，GTO 开通等效电路如图 2-3 所示，有：

$$I_G\uparrow\rightarrow I_{C2}\uparrow\rightarrow I_A\uparrow\rightarrow I_{C1}\uparrow$$

当阳极电流 I_A 大于擎住电流以后，即使触发电流撤离，GTO 也可以保持导通，如果 GTO 触发以后，阳极电流还未达到擎住电流，触发信号就消失，则开关管会重新截止。

由于 GTO 的多元集成结构，各 GTO 元特性存在差异，开通过程中个别 GTO 元的损坏，将引起整个 GTO 的损坏。要求 GTO 制作工艺严格，GTO 元特性一致性好。驱动电路正向门极触发电流脉冲上升沿越陡，GTO 元阳极电流滞后时间越短。触发脉冲前沿陡峭，可加速 GTO 元阳极导电面积扩展，缩短开通时间。

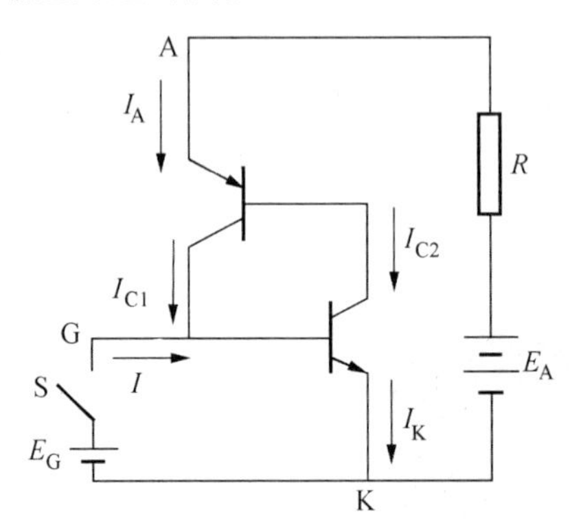

图 2-3 GTO 开通等效电路

2. GTO 的关断原理

由于 GTO 和 SCR 在内部结构上的不同，在其门极加负电压信号时，可以使 GTO 关断，这就是可关断晶闸管 GTO 名称的来源。GTO 关断等效电路如图 2-4 所示。其关断过程分为三个阶段：存储时间阶段 t_s，下降阶段 t_f，尾部阶段 t_t。

（1）存储时间阶段（ t_s ）。

用门极负脉冲电压抽出 P_2 基区的存储电荷的阶段。

（2）下降阶段（ t_f ）。

I_G 变化到最大值 $-I_{GM}$ 时，$P_1N_1P_2$ 晶体管退出饱和，$N_1P_2N_2$ 晶体管恢复控制能力，α_1、α_2 不断减小，内部正反馈停止，关断条件是 $\alpha_1+\alpha_2<1$。该时间段内，阳极电流开始下降，电压上升，关断损耗较大。尤其在感性负载条件下，阳极电压、电流可能同时出现最大值，此时关断损耗尤为突出。

（3）尾部阶段（ t_t ）。

此时，V_{AK} 上升，如果 dV/dt 较大，可能有位移电流通过 P_2N_1 结，引起等效晶体管的正反馈过程，严重时会造成 GTO 再次导通，轻则出现 I_A 的增大过程。

如果能使门极驱动负脉冲电压幅值缓慢衰减，门极保持适当负电压，可缩短尾部时间。

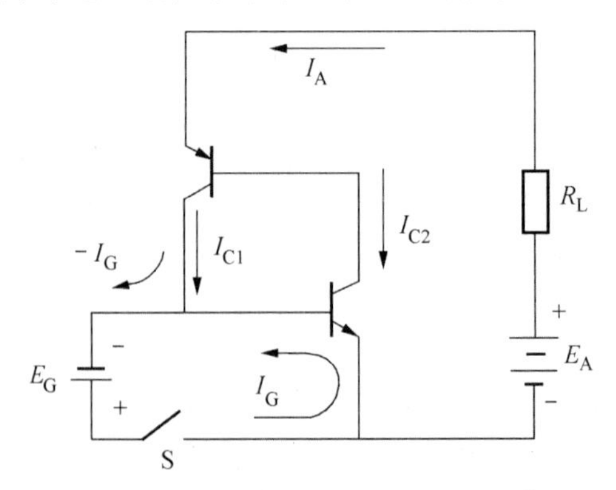

图 2-4 GTO 关断等效电路

2.1.3 GTO 的特性与参数

1. 静态特性

1）GTO 的阳极伏安特性

GTO 的阳极与阴极之间电压与阳极电流 I_A 之间的关系，称为阳极伏安特性。GTO 阳极伏安特性曲线如图 2-5 所示，其阳极伏安特性与晶闸管 SCR 的阳极伏安特性十分相似。当门极电流 I_G 等于零时，如正向电压大于 V_{DRM} 时，管子正向硬开通。GTO 硬开通极易造成管子的损坏，电路设计时要避免对 GTO 造成硬开通。如反向电压大于 V_{RRM} 时，GTO 被反向击穿，这样也会造成 GTO 的损坏。

门极状态对阳极耐压值的影响如图 2-6 所示，当门极加门极电流后，阳极的正向转折电压下降。

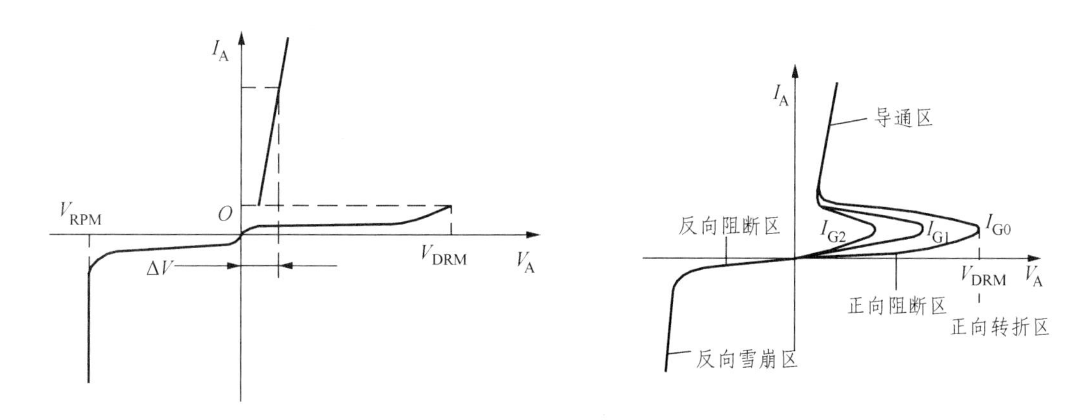

图 2-5 GTO 阳极伏安特性

图 2-6 GTO 门极状态对阳极耐压的影响

结温对 GTO 的阳极耐压值的影响如图 2-7 所示，在低温时，结温对 GTO 的阳极耐压值基本没有影响，当结温超过 120 °C 时，随着结温的增加，GTO 的阳极耐压值急剧下降。

2）GTO 的通态压降特性

GTO 的通态压降特性如图 2-8 所示，GTO 通态压降越小，通态损耗越小。

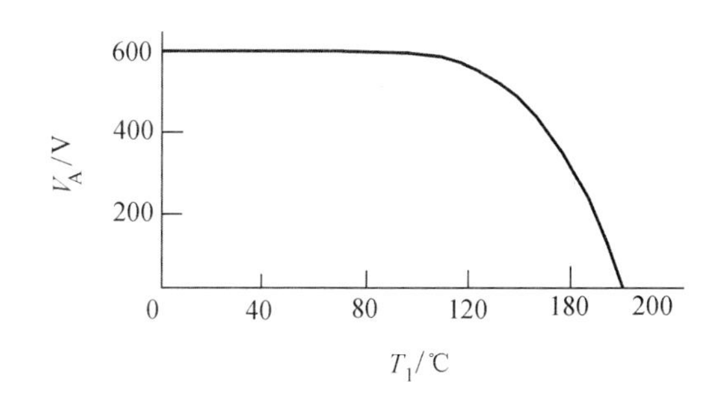

图 2-7 GTO 阳极耐压值与结温的关系

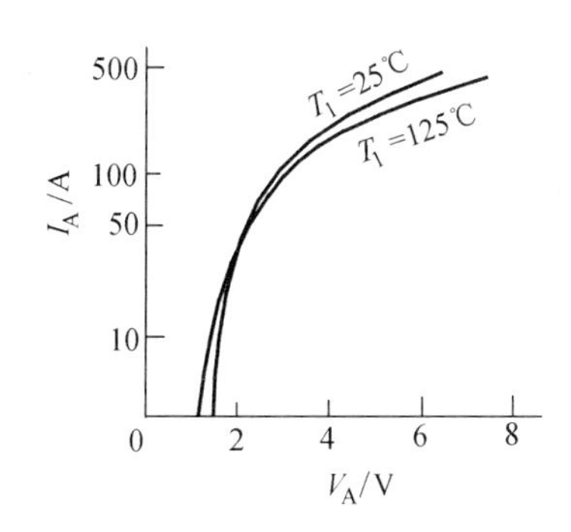

图 2-8 GTO 通态压降特性

2. 动态特性

1）开通特性

GTO 的开通特性如图 2-9 所示，开通时间 $t_{on}=t_d+t_r$，t_d 为延迟时间，t_r 为上升时间，开通时间的长短由元件特性、门极电流上升率 di_G/dt 及门极脉冲幅值的大小决定。

上升时间内，阳极电流上升，GTO 两极间电压下降，开通能量损耗较大。当阳极电压一定时，开通损耗随阳极电流增大而增大。

2）关断特性

GTO 的关断特性如图 2-10 所示，GTO 的关断过程分为三个阶段：存储时间阶段 t_s，下降阶段 t_f，尾部阶段 t_t。

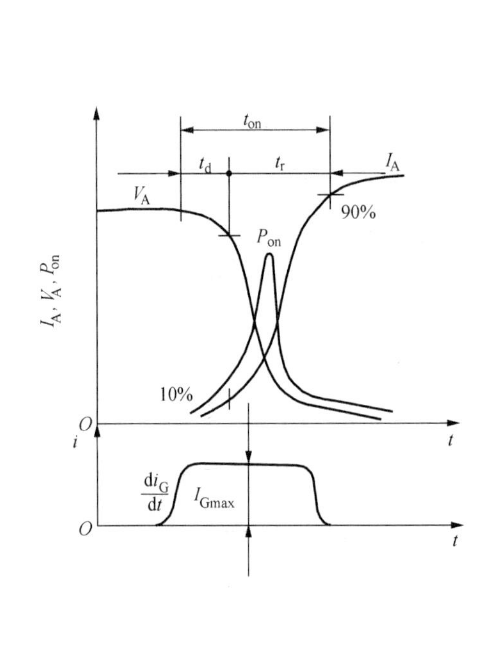

图 2-9 GTO 的开通特性

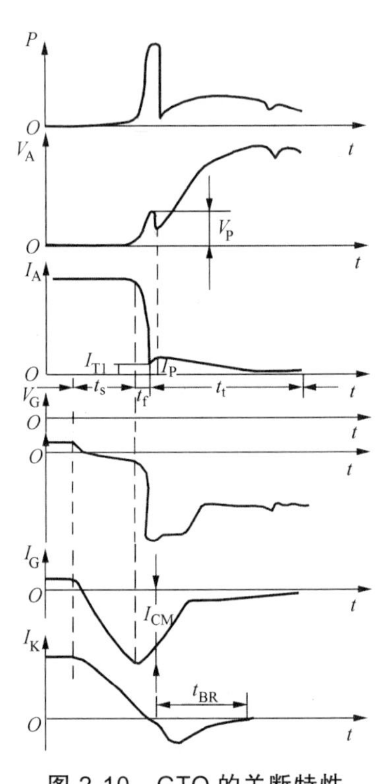

图 2-10 GTO 的关断特性

（1）存储时间 t_s 内，GTO 导通区不断被压缩，但总电流 I_A 几乎不变。

（2）下降时间 t_f 对应阳极电流迅速下降，阳极电压不断上升和门极反电压开始建立的过程，此时 GTO 中心结开始退出饱和，继续从门极抽出载流子。关断损耗最大，瞬时功率与尖峰电压 V_P 有关，过大的瞬时功耗会使 GTO 出现二次击穿现象。使用中应尽量减小缓冲电路的杂散电感，选择电感小的二极管和电容等元件。

（3）尾部时间 t_t 是指从阳极电流降到极小值开始，到最终达到维持电流的时间，这段时间内仍有残存的载流子被抽出，但阳极电压已建立，因此容易由于过高的重加电压 dV/dt 使 GTO 关断失效。应设计合适的缓冲电路。一般，尾部时间会随存储时间内过大的门极反向电流上升率 dI_G/dt 的增大而延长。

（4）门极负电流的最大值随阳极可关断电流的增大而增大。门极负电流的增长速度与门极所加的负电压及门极参数有关。

如果门极电路中有较大的电感，会使门极-阴极结进入雪崩状态，阴极产生反向电流，雪崩时间t_{BR}。应用中，防止雪崩电流过大损坏门极-阴极，或不使门极-阴极产生雪崩现象，保证门极反向电压不超过门极雪崩电压V_{GR}。门极信号线要使用双绞线。

2.1.4 GTO 的主要参数

1. 最大可关断阳极电流I_{ATO}

$$I_{ATO}=\frac{\alpha_2}{(\alpha_1+\alpha_2)-1}I_{GM}$$

GTO 阳极电流受温度和电流的双重影响，温度高、电流大时，$\alpha_1+\alpha_2$略大于 1 的条件可能被破坏，使器件饱和深度加深，导致门极关断失效。I_{ATO}还和工作频率、所加电压、阳极电压上升率 dV/dt、门极负电流的波形和电路参数的变化有关。

2. 关断增益β_{off}

影响I_{ATO}的因素都会影响β_{off}；一般当门极负电流上升率一定时，关断增益随可关断阳极电流的增加而增加；当可关断阳极电流一定时，关断增益随门极负电流上升率的增加而减小。

3. 阳极尖峰电压U_P

U_P是在下降时间末尾出现的极值电压，随阳极关断电流线性增加，过高会导致 GTO 失效。U_P的产生是由缓冲电路中的引线电感、二极管正向恢复电压和电容中的电感造成的，减小U_P应尽量缩短缓冲电路的引线，采用快恢复二极管和无感电容。

4. dV/dt 和 di/dt

（1）阳极电压的上升率 dV/dt。

静态 dV/dt 指 GTO 阻断时所能承受的最大电压上升率，过高会使 GTO 结电容流过较大的位移电流，使α增大，引发误导通。结温和阳极电压越高，GTO 承受静态 dV/dt 的能力越低；门极反偏电压越高，静态 dV/dt 的能力越高。

动态 dV/dt 也称重加 dV/dt，是 GTO 在关断过程中阳极电压的上升率。重加 dV/dt 会使瞬时关断损耗增大，也会导致 GTO 损坏。

（2）阳极电流上升率 di/dt。

GTO 开通时，di/dt 过大会导致阴极区电流局部集中或使开通损耗增大，引起局部过热，而损坏 GTO。

5. 浪涌电流及I^2t值

与 SCR 类似，浪涌电流是指使结温不超过额定结温时的不重复最大通态过载电流；一般为通态峰值电流的 6 倍。浪涌电流会引起器件性能的变差。

I^2t值表示在持续时间不满 10 ms 的区域内衡量正向非重复电流的能力，是选定快速熔断器的依据。

6. 断态不重复峰值电压

当器件阳极电压超过此值时，则不需要门极触发即可转折导通，断态不重复峰值电压随转折次数的增大而下降。一般只有其中个别几个 GTO 元首先转折，阳极电流集中，局部电流过高而损坏。

7. 维持电流

GTO 的维持电流指阳极电流减小到开始出现 GTO 元不能再维持导通时的数值。因为若 GTO 在阳极电流纹波较大的情况下工作时，当电流瞬时值到达最低时，因 GTO 元间电流分布不均匀，以及维持电流值的差异，其中部分 GTO 元因电流小于其维持电流值而截止，则在阳极电流回复到较高值时，已截止的 GTO 元不能再导电，于是导电的 GTO 元的电流密度增大，出现不正常工作状态。

8. 擎住电流

GTO 经门极触发后，阳极电流上升到保持所有 GTO 元导通的最低值即擎住电流值。擎住电流最大的 GTO 元影响最大。当门极电流脉冲宽度不足时，门极脉冲电流下降沿越陡，GTO 的擎住电流值越大。

9. 开通时间和关断时间

开通时间 t_{on} 为滞后时间 t_d 和上升时间 t_r 之和，关断时间 t_{off} 为存储时间 t_s 与下降时间 t_f 之和。

2.1.5 GTO 的驱动电路

GTO 的触发导通过程与普通晶闸管相似，但影响它关断的因素却很多，GTO 的门极关断技术是其正常工作的基础。

理想的门极驱动信号（电流、电压）波形如图 2-11 所示，其中实线为电流波形，虚线为电压波形。

触发 GTO 导通时，门极电流脉冲应前沿陡、宽度大、幅度高、后沿缓。这是因为上升陡峭的门极电流脉冲可以使所有的 GTO 几乎同时导通，而脉冲后沿太陡容易产生振荡。

门极关断电流脉冲的波形前沿要陡、宽度足够、幅度较高、后沿平缓。这是因为门极关断脉冲前沿陡可缩短关断时间，而后沿坡度太陡则可能产生正向门极电流，使 GTO 导通。

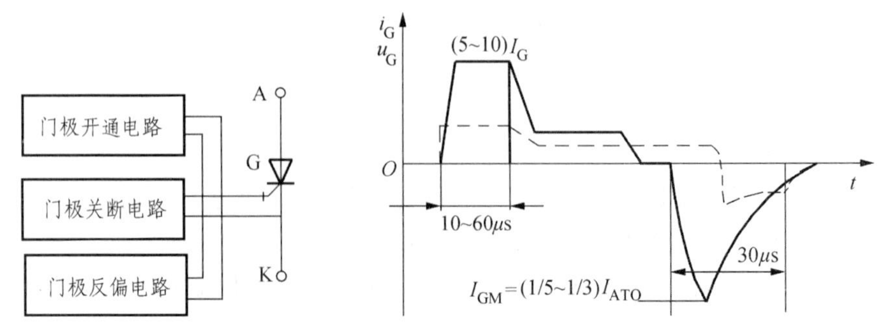

图 2-11 GTO 门极驱动信号波形

GTO 门极驱动电路包括开通电路、关断电路和反偏电路。图 2-12 为一双电源供电的门极驱动电路。该电路由门极导通电路、门极关断电路和门极反偏电路组成。该电路可用于三相 GTO 的逆变电路。

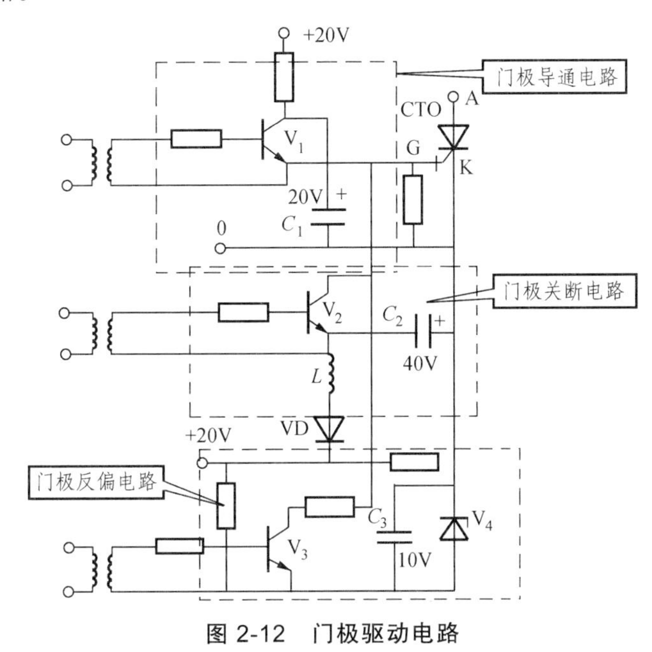

图 2-12　门极驱动电路

（1）门极导通电路。在无导通信号时，晶体管 V_1 未导通，电容 C_1 被充电到电源电压，约为 20 V。当有导通信号时，V_1 导通，产生门极电流。已充电的电容 C_1 可加快 V_1 的导通，从而增加门极导通电流前沿的陡度。此时，电容 C_2 被充电。

（2）门极关断电路。当有关断信号时，晶体管 V_2 导通，C_2 经 GTO 的阴极、门极、V_2 放电，形成峰值 90 V、前沿陡度大、宽度大的门极关断电流。

（3）门极反偏电路。电容 C_3 由 – 20 V 电源充电、稳压管 V_4 钳位，其两端得到上正下负、数值为 10 V 的电压。当晶体管 V_3 导通时，此电压作为反偏电压加在 GTO 的门极上。

2.2　大功率晶体管 GTR 的结构和工作原理

2.2.1　GTR 的基本结构

通常把集电极最大允许耗散功率在 1 W 以上，或最大集电极电流在 1 A 以上的三极管称为大功率晶体管，其结构和工作原理都和小功率晶体管非常相似。由三层半导体、两个 PN 结组成，有 PNP 和 NPN 两种结构，其电流由两种载流子（电子和空穴）的运动形成，所以称为双极型晶体管。

图 2-13（a）是 NPN 型功率晶体管的内部结构，电气图形符号如图 2-13（b）所示。大多数 GTR 是用三重扩散法制成的，或者是在集电极高掺杂的 N^+ 硅衬底上用外延生长法生长一层 N 漂移层，然后在上面扩散 P 基区，接着扩散掺杂的 N^+ 发射区。

大功率晶体管通常采用共发射极接法，图 2-13（c）给出了共发射极接法时的功率晶体管内部主要载流子流动的示意图。图中，1 为从基极注入的越过正向偏置发射结的空穴，2

为与电子复合的空穴，3 为因热骚动产生的载流子构成的集电结漏电流，4 为越过集电极电流的电子，5 为发射极电子流在基极中因复合而失去的电子。

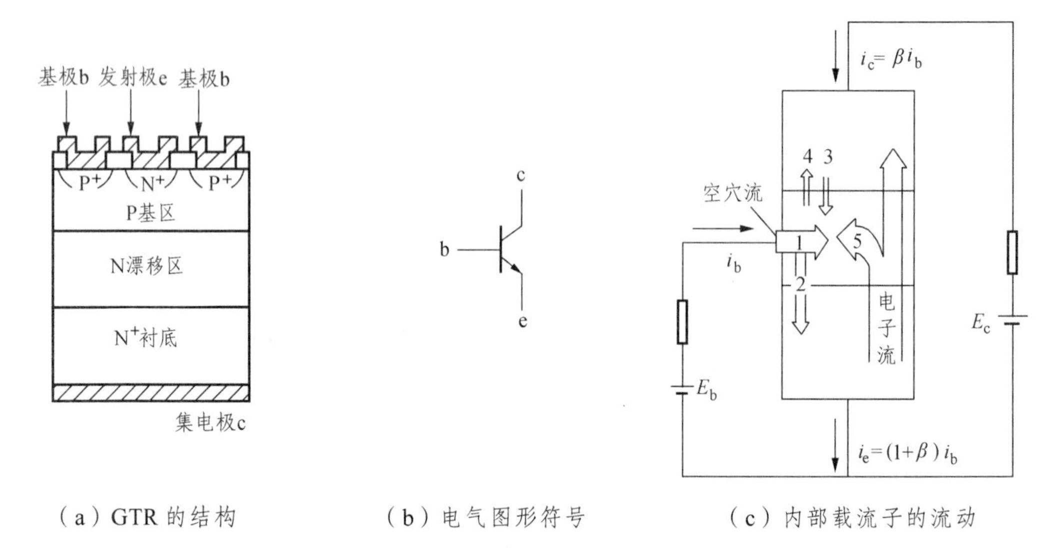

（a）GTR 的结构　　（b）电气图形符号　　（c）内部载流子的流动

图 2-13　GTR 的结构、电气图形符号和内部载流子流动

一些常见大功率晶体三极管的外形如图 2-14 所示。从图可以看出，大功率晶体三极管的外形除体积比较大外，其外壳上都有安装孔或安装螺钉，便于将三极管安装在外加的散热器上。因为对大功率三极管来讲，单靠外壳散热是远远不够的。例如，50 W 的硅低频大功率晶体三极管，如果不加散热器工作，其最大允许耗散功率仅为 2 ~ 3 W。

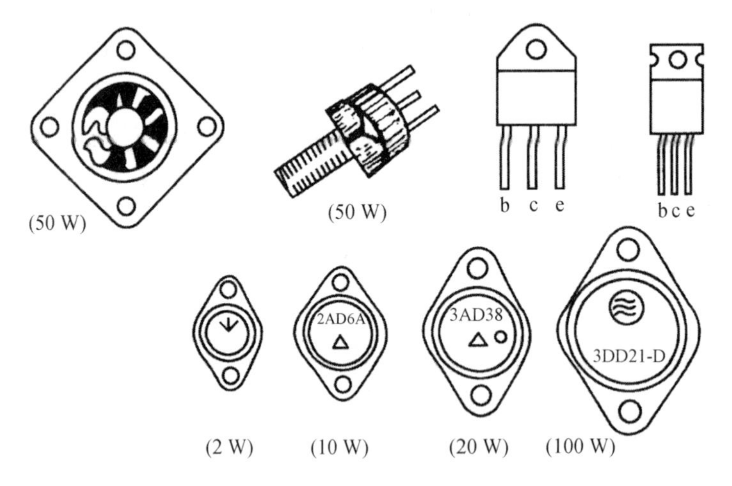

图 2-14　常见大功率三极管外形

2.2.2　GTR 的工作原理

在电力电子技术中，GTR 主要工作在开关状态。晶体管通常连接成共发射极电路，NPN 型 GTR 通常工作在正偏（$I_b>0$）大电流导通状态；反偏（$I_b<0$）截止高电压状态。因此，给 GTR 的基极施加幅度足够大的脉冲驱动信号，它将工作于导通和截止的开关工作状态。

2.2.3　GTR 的特性

1. 静态特性

共发射极接法时，GTR 的典型输出特性如图 2-15 所示，可分为 3 个工作区：

截止区：在截止区内，$I_b \leqslant 0$，$U_{be} \leqslant 0$，$U_{bc} < 0$，集电极只有漏电流流过。

放大区：$I_b > 0$，$U_{be} > 0$，$U_{bc} < 0$，$I_c = \beta I_b$。

饱和区：$I_b > \frac{I_{cs}}{\beta}$，$U_{be} > 0$，$U_{bc} > 0$。$I_{cs}$是集电极饱和电流，其值由外电路决定。

两个 PN 结都具有正向偏置饱和的特征。饱和时集电极、发射极间的管压降U_{ces}很小，相当于开关接通，这时尽管电流很大，但损耗并不大。GTR 刚进入饱和时为临界饱和，如I_b继续增加，则为过饱和。用作开关时，应工作在深度饱和状态，这有利于降低U_{ces}和减小导通时的损耗。

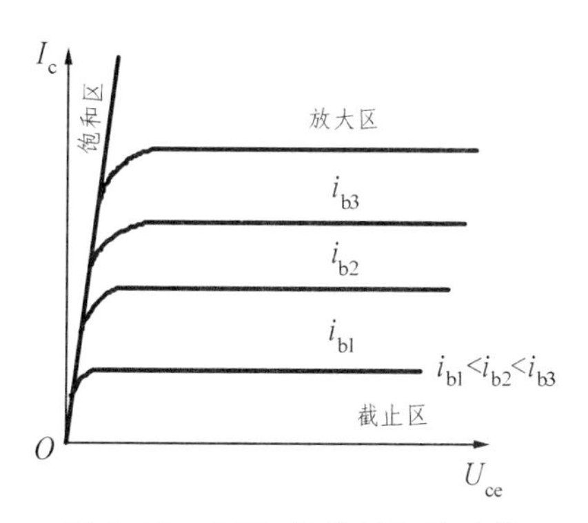

图 2-15　GTR 共发射极接法的输出特性

2. 动态特性

动态特性描述 GTR 开关过程的瞬态性能，又称开关特性。GTR 在实际应用中，通常工作在频繁开关状态。为正确、有效地使用 GTR，应了解其开关特性。图 2-16 表明了 GTR 开关特性的基极、集电极电流的波形。

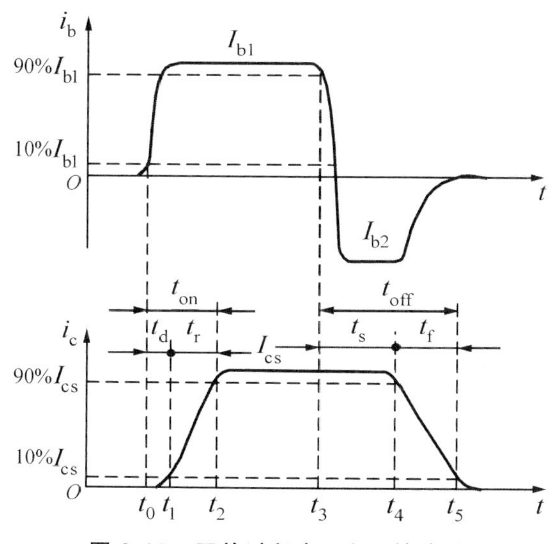

图 2-16　开关过程中 i_b 和 i_c 的波形

整个工作过程分为开通过程、导通状态、关断过程、阻断状态 4 个不同的阶段。图中开通时间t_{on}对应着 GTR 由截止到饱和的开通过程，关断时间t_{off}对应着 GTR 饱和到截止的关断过程。

GTR 的开通过程是从t_0时刻起注入基极驱动电流，这时并不能立刻产生集电极电流，过一小段时间后，集电极电流开始上升，逐渐增至饱和电流值 I_{cs}。把 i_c 达到 10% I_{cs} 的时刻定为 t_1，达到 90% I_{cs} 的时刻定为 t_2，则把 t_0 到 t_1 的这段时间称为延迟时间，用 t_d 表示；把 t_1 到 t_2 的这段时间称为上升时间，用 t_r 表示。

要关断 GTR，通常给基极加一个负的电流脉冲。但集电极电流并不能立即减小，而要经过一段时间才能开始减小，再逐渐降为零。把 i_b 降为稳态值 I_{b1} 的 90% 的时刻定为 t_3，i_c 下降到 90% I_{cs} 的时刻定为 t_4，下降到 10% I_{cs} 的时刻定为 t_5，则把 t_3 到 t_4 的这段时间称为储存时间，用 t_s 表示，把 t_4 到 t_5 的这段时间称为下降时间，用 t_f 表示。

延迟时间 t_d 和上升时间 t_r 之和是 GTR 从关断到导通所需要的时间，称为开通时间，以 t_{on} 表示，则 $t_{on}=t_d+t_r$。

储存时间 t_s 和下降时间 t_f 之和是 GTR 从导通到关断所需要的时间，称为关断时间，以 t_{off} 表示，则 $t_{off}=t_s+t_f$。

GTR 在关断时漏电流很小，导通时饱和压降很小。因此，GTR 在导通和关断状态下的损耗都很小，但在关断和导通的转换过程中，电流和电压都较大，所以开关过程中损耗也较大。当开关频率较高时，开关损耗是总损耗的主要部分。因此，缩短开通和关断时间对降低损耗，提高效率和运行可靠性很有意义。

2.2.4 GTR 的基本参数

这里主要讲述 GTR 的极限参数，即最高工作电压、最大工作电流、最大耗散功率和最高工作结温等。

1. 最高工作电压

GTR 上所施加的电压超过规定值时，就会发生击穿。击穿电压不仅和晶体管本身特性有关，还与外电路接法有关。

BU_{cbo}：发射极开路时，集电极和基极间的反向击穿电压。

BU_{ceo}：基极开路时，集电极和发射极之间的击穿电压。

BU_{cer}：实际电路中，GTR 的发射极和基极之间常接有电阻 R，这时用 BU_{cer} 表示集电极和发射极之间的击穿电压。

BU_{ces}：当 R 为 0，即发射极和基极短路，用 BU_{ces} 表示其击穿电压。

BU_{cex}：发射结反向偏置时，集电极和发射极之间的击穿电压。其中 $BU_{cbo}>BU_{cex}>BU_{ces}>BU_{cer}>BU_{ceo}$，实际使用时，为确保安全，最高工作电压要比 BU_{ceo} 低得多。

2. 集电极最大允许电流 I_{cM}

流过 GTR 的电流过大，会使 GTR 参数劣化，性能将变得不稳定，尤其是发射极的集边效应可能导致 GTR 的损坏。因此，必须规定集电极最大允许电流值。通常规定共发射极电流放大系数下降到规定值的 1/2 ~ 1/3 时，所对应的电流 I_c 为集电极最大允许电流，用 I_{cM} 表示。实际使用时还要留有较大的安全余量，一般只能用到 I_{cM} 值的一半或稍多些。

3. 集电极最大耗散功率 P_{cM}

集电极最大耗散功率是在最高工作温度下允许的耗散功率，用 P_{cM} 表示。它是表示 GTR 容量的重要标志。晶体管功耗的大小主要由集电极工作电压和工作电流的乘积来决定，它将转化为热能使晶体管升温，晶体管会因温度过高而损坏。实际使用时，集电极允许耗散功率和散热条件与工作环境温度有关。所以在使用中应特别注意不能使 I_c 过大，散热条件要好。

4. 最高工作结温 T_{JM}

GTR 正常工作允许的最高结温，以 T_{JM} 表示。GTR 结温过高时，会导致热击穿而烧坏。

2.2.5 GTR 的二次击穿现象与安全工作区

二次击穿是大功率晶体管损坏的主要原因，是影响晶体管变流装置可靠性的一个重要因素。

一次击穿：GTR 的一次击穿是指集电结反偏时，集电极电压升高至击穿电压时，空间电荷区发生载流子雪崩倍增，I_c 迅速增大，集电极电流骤然上升的现象。特点是：击穿发生时，虽然集电极电流急剧增大，但集电结电压基本不变。在发生一次击穿时，如果有外接电阻限制电流的进一步增加，一般不会使 GTR 的性能变坏。

二次击穿：一次击穿发生时，如果继续增高外接电压，I_c 将继续增大，当达到某个临界点时，U_{ce} 会突然降低至一个小值，同时导致 I_c 急剧上升，这种现象称为二次击穿；二次击穿的持续时间很短，一般在纳秒至微秒范围，常常立即导致器件的永久损坏，必须避免。

开始发生二次击穿的电压（U_{SB}）和电流（I_{SB}）称为二次击穿的临界电压和临界电流，其乘积为 P_{SB}，称为二次击穿的临界功率。

通常认为，在出现负阻效应时，电流会急剧向发射区的局部地方集中，这时就会出现局部温度升高，引起局部区域电流密度更加增大的恶性循环反应，直至烧毁硅材料。把不同情况下发生二次击穿的临界点连接起来就是二次击穿临界线，如图 2-17 所示。P_{SB} 越大，二次击穿越不容易发生。

最高电压 U_{ceM}、集电极最大电流 I_{cM}、最大耗散功率 P_{cM}、二次击穿临界线 P_{SB} 限定了 GTR 的安全工作区。

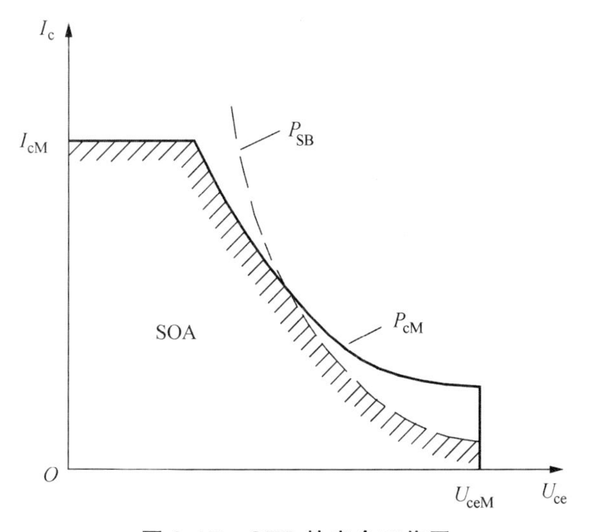

图 2-17　GTR 的安全工作区

2.2.6 GTR 的驱动与保护电路

1. GTR 基极驱动电路

1）对基极驱动电路的要求

由于 GTR 主电路电压较高，控制电路电压较低，所以应实现主电路与控制电路间的电隔离。

如图 2-18 所示，在使 GTR 导通时，基极正向驱动电流应有足够陡的前沿，并有一定幅度的强制电流，以加速开通过程，减小开通损耗；在使 GTR 关断时，应向基极提供足够大的反向基极电流以加快关断速度，减小关断损耗。

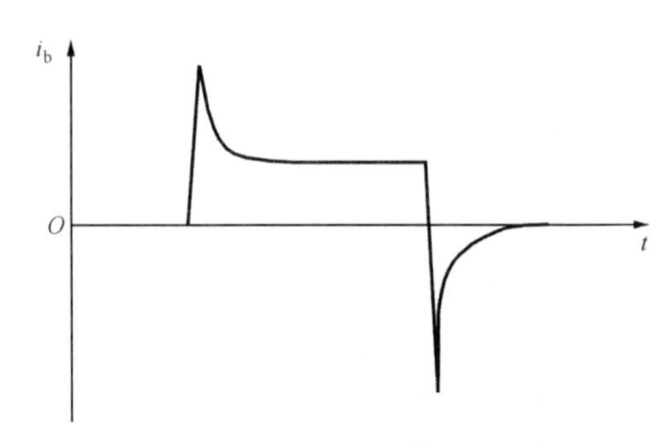

图 2-18 GTR 基极驱动电流波形

GTR 导通期间，在任何负载下，基极电流都应使 GTR 处在临界饱和状态，这样既可降低导通饱和压降，又可缩短关断时间。

GTR 基极驱动电路应有较强的抗干扰能力，并有一定的保护功能。

2）基极驱动电路

图 2-19 是一个简单实用的 GTR 驱动电路。该电路采用正、负双电源供电。当输入信号为高电平时，三极管 V_1、V_2 和 V_3 导通，而 V_4 截止，这时 V_5 就导通。二极管 VD_3 可以保证 GTR 导通时工作在临界饱和状态。流过二极管 VD_3 的电流随 GTR 的临界饱和程度而改变，自动调节基极电流。当输入低电平时，V_1、V_2、V_3 截止，而 V_4 导通，这就给 GTR 的基极一个负电流，使 GTR 截止。在 V_4 导通期间，GTR 的基极-发射极一直处于负偏置状态，这就避免了反向电流的通过，从而防止同一桥臂另一个 GTR 导通产生过电流。

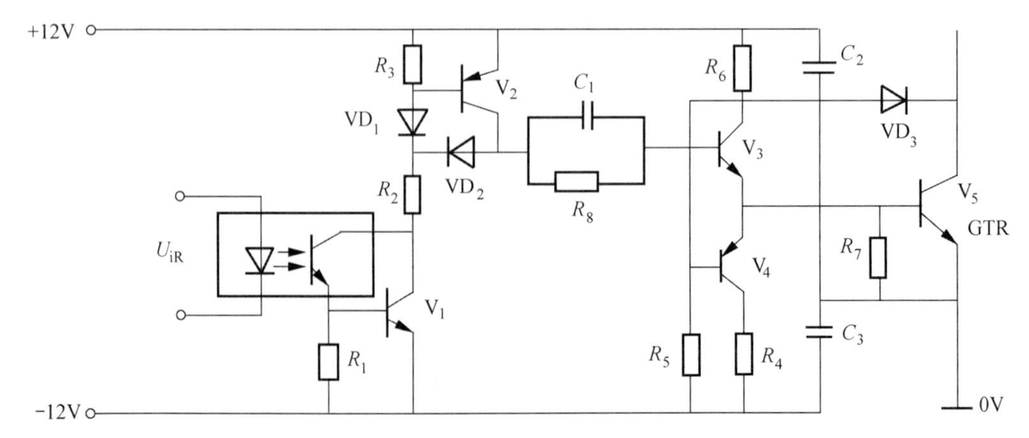

图 2-19 实用的 GTR 驱动电路

2. GTR 的保护电路

为了使 GTR 在厂家规定的安全工作区内可靠的工作，必须对其采取必要的保护措施。对 GTR 的保护来说相对比较复杂，因为它的开关频率较高，采用快熔保护是无效的。一般采用缓冲电路，主要有 *RC* 缓冲电路、充放电型 *R-C*-VD 缓冲电路和阻止放电型 *R-C*-VD 缓冲电路三种形式，如图 2-20 所示。

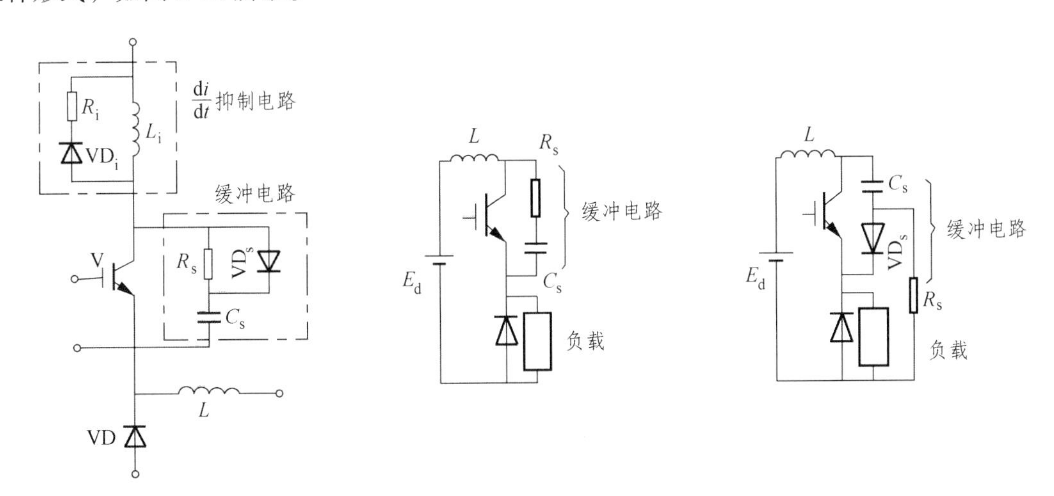

（a）充放电型 *R-C*-VD 缓冲电路　　（b）*RC* 缓冲电路　　（c）阻止放电型 *R-C*-VD 缓冲电路

图 2-20　GTR 的缓冲电路

RC 缓冲电路比较简单，对关断时集电极-发射极间电压的上升有抑制作用。这种电路只适用于小容量的 GTR（电流 10 A 以下）。

充放电型 *R-C*-VD 缓冲电路增加了缓冲二极管 VD_2，可以用于大容量的 GTR。但它的损耗（在缓冲电路的电阻上产生的）较大，不适合用于高频开关电路。

阻止放电型 *R-C*-VD 缓冲电路，较常用于大容量 GTR 和高频开关电路的缓冲器。其最大的优点是缓冲产生的损耗小。

为了使 GTR 正常可靠地工作，除采用缓冲电路之外，还应设计最佳驱动电路，并使 GTR 工作于准饱和状态。另外，采用电流检测环节，在故障时封锁 GTR 的控制脉冲，使其及时关断，保证 GTR 电控装置安全可靠地工作；在 GTR 电控系统中设置过压、欠压和过热保护单元，以保证安全可靠地工作。

2.3　直流斩波器的基本工作原理

最基本的直流斩波电路如图 2-21（a）所示，负载为纯电阻 *R*。当开关 S 闭合时，负载电压 $u_o = E$，并持续 t_{on} 时间；当开关 S 断开时，负载上电压 $u_o = 0\ V$，并持续 t_{off} 时间。则 $T = t_{on} + t_{off}$ 为斩波电路的工作周期，斩波器的输出电压波形如图 2-21（b）所示。若定义斩波器的占空比 $k = \frac{t_{on}}{T}$，则由波形图可得输出电压的平均值为

$$U_o = \frac{t_{on}}{t_{on} + t_{off}} E = kE \tag{2-1}$$

只要调节 k，即可调节负载的平均电压。

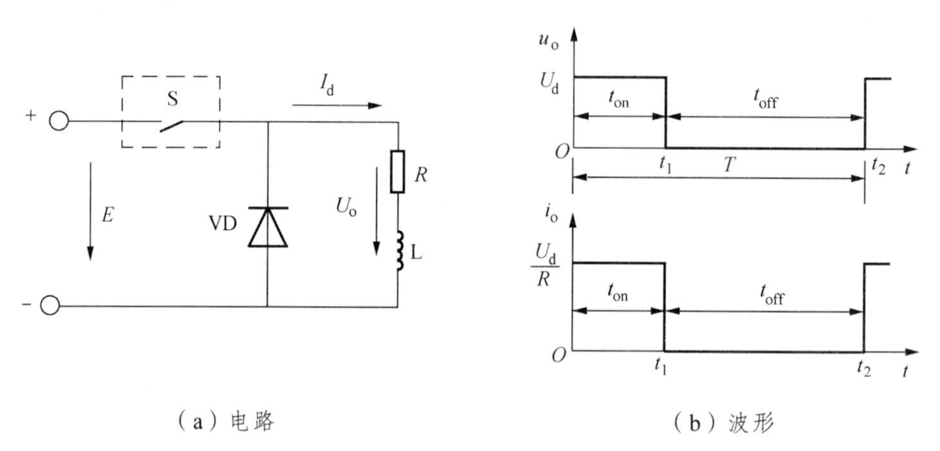

（a）电路　　（b）波形

图 2-21　基本斩波电路及接电阻性负载时波形

2.4　常用 DC-DC 变换电路

常见的 DC-DC 变换电路有非隔离型电路、隔离型电路和软开关电路。

2.4.1　非隔离型电路

非隔离型电路即各种直流斩波电路，根据电路形式的不同可以分为降压型电路、升压型电路、升降压电路、库克式斩波电路和全桥式斩波电路。其中，降压式和升压式斩波电路是基本形式，升降压式和库克式是它们的组合，而全桥式则属于降压式类型。下面重点介绍斩波电路的工作原理、升压及降压斩波电路。

1. 降压斩波电路

1）电路的结构

降压斩波电路是一种输出电压的平均值低于输入直流电压的电路。它主要用于直流稳压电源和直流电机的调速。降压斩波电路的原理图及工作波形如图 2-22 所示。图中，E 为固定电压的直流电源，V 为大功率晶体管，也可以是功率场效应晶体管或者 IGBT。L、R、电动机为负载，为在 V 关断时给负载中的电感电流提供通道，还设置了续流二极管 VD。

2）电路的工作原理

$t=0$ 时刻，驱动 V 导通，电源 E 向负载供电，忽略 V 的导通压降，负载电压 $U_o = E$，负载电流按指数规律上升。

$t=t_1$ 时刻，撤去 V 的驱动使其关断，因感性负载电流不能突变，负载电流通过续流二极管 VD 续流，忽略 VD 导通压降，负载电压 $U_o = 0$ V，负载电流按指数规律下降。为使负载电流连续且脉动小，一般需串联较大的电感 L，L 也称为平波电感。

$t=t_2$时刻，再次驱动 V 导通，重复上述工作过程。

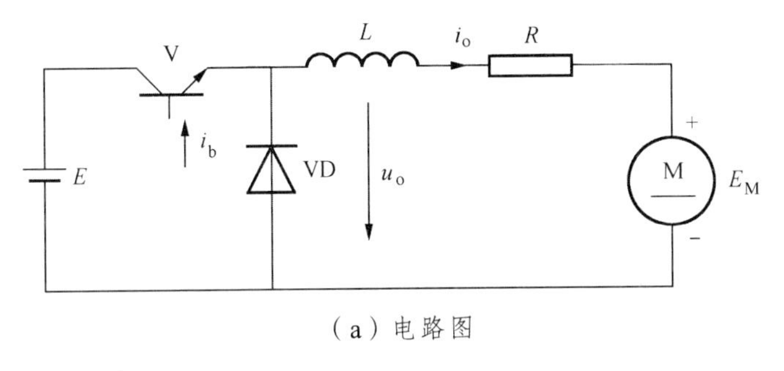

（a）电路图

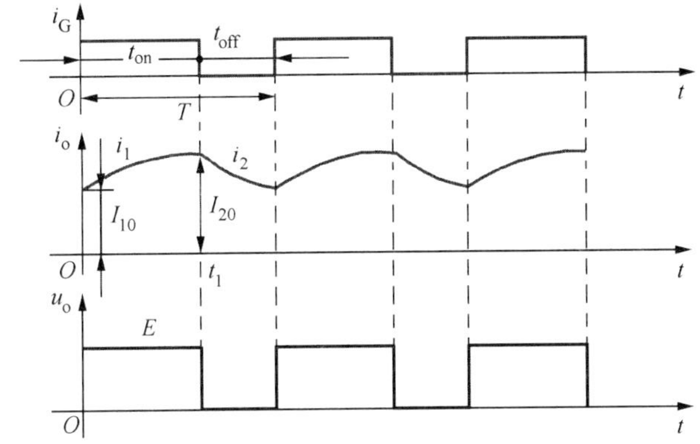

（b）电流连续时的波形

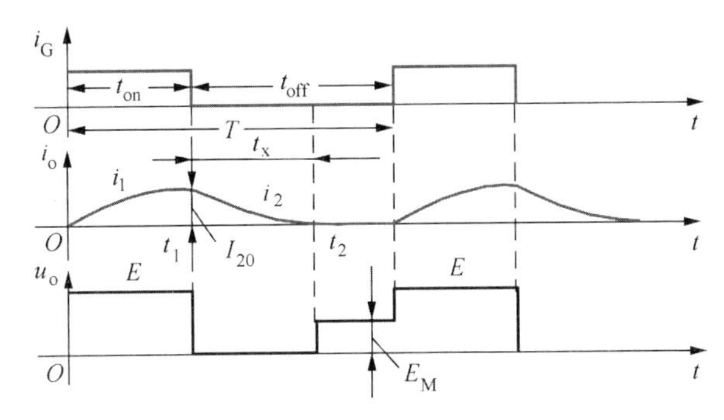

（c）电流断续时的波形

图 2-22　降压斩波电路的原理图及工作波形

由前面的分析知，这个电路输出电压的平均值为

$$U_o=\frac{t_{on}}{t_{on}+t_{off}}E=\frac{t_{on}}{T}E=kE \tag{2-2}$$

由于式中 $k<1$，所以 $U_o<E$，即斩波器输出电压平均值小于输入电压，故称为降压斩波电路。而负载平均电流为

$$I_o=\frac{U_o}{R} \tag{2-3}$$

当平波电感 L 较小时，在 V 关断后，未到 t_2 时刻，负载电流已下降到零，负载电流发生断

续。负载电流断续时，其波形如图 2-22（c）所示。由图可见，负载电流断续期间，负载电压 $u_o = E_M$。因此，负载电流断续时，负载平均电压 U_o 升高，带直流电动机负载时，特性变软，这是我们所不希望的。所以在选择平波电感 L 时，要确保电流断续点不在电动机的正常工作区域。

2. 升压斩波电路

1）电路的结构

升压斩波电路的输出电压总是高于输入电压。升压式斩波电路与降压式斩波电路最大的不同点是：斩波控制开关 V 与负载呈并联形式连接，储能电感与负载呈串联形式连接。升压斩波电路的原理图及工作波形如图 2-23 所示。

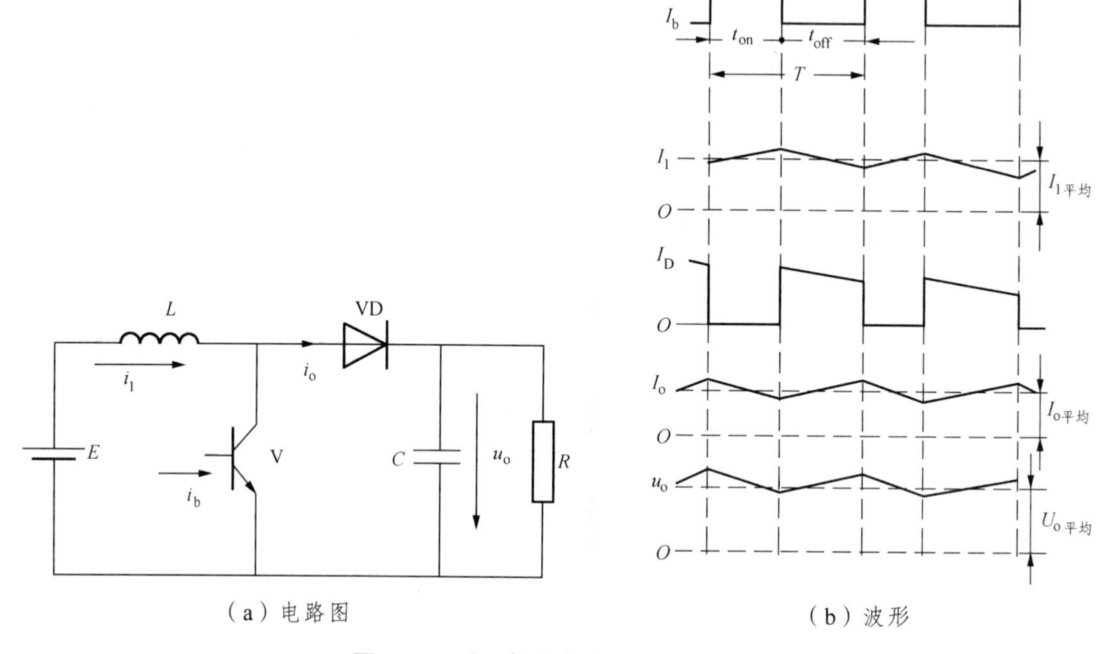

（a）电路图 （b）波形

图 2-23 升压斩波电路及其工作波形

2）电路的工作原理

假设 L 和 C 值很大。V 处于通态时，电源 E 向电感 L 充电，电流恒定为 I_1，电容 C 向负载 R 供电，输出电压 U_o 恒定。V 处于断态时，电源 E 和电感 L 同时向电容 C 充电，并向负载提供能量。

设 V 通态的时间为 t_{on}，此阶段 L 上积蓄的能量为 EI_1t_{on}，设 V 断态的时间为 T_{off}，则此期间电感 L 释放能量为 $(U_o - E)I_1t_{off}$。

稳态时，一个周期 T 中 L 积蓄能量与释放能量相等，即

$$EI_1t_{on} = (U_o - E)I_1t_{off}$$

化简得

$$U_o = \frac{t_{on} + t_{off}}{t_{on}}E = \frac{T}{t_{off}}E = \frac{1}{1-k}E \tag{2-4}$$

式（2-4）中的 $t/t_{\text{off}} \geqslant 1$，输出电压高于电源电压，故称该电路为升压斩波电路。式中 t/t_{off} 表示升压比，调节其大小，即可改变输出电压 U_{o} 的大小。

电压升高的原因：电感 L 储能起电压泵升的作用，电容 C 可将输出电压保持住。

3）升压斩波电路的应用

（1）用于直流电动机传动，再生制动时把电能回馈给直流电源。

（2）用作单相功率因数校正（PFC）电路。

（3）用于其他交-直流电源中。

图 2-24（b）中，当 V 处于通态时，设电动机电枢电流为 i_1，得

$$L\frac{\mathrm{d}i_1}{\mathrm{d}t}+Ri_1=E_{\mathrm{M}} \tag{2-5}$$

当 V 处于断态时，设电动机电枢电流为 i_2，得下式

$$L\frac{\mathrm{d}i_2}{\mathrm{d}t}+Ri_2=E_{\mathrm{M}}-E \tag{2-6}$$

当电流连续时，考虑到初始条件，近似 L 无穷大时电枢电流的平均值为 I_{o}，即

$$I_{\text{o}}=(m-\beta)\frac{E}{R}=\frac{E_{\mathrm{M}}-\beta E}{R} \tag{2-7}$$

式（2-7）表明，以电动机一侧为基准看，可将直流电源电压看作是被降低到了 βE。

图 2-24（c），电流断续时，当 $t=0$ 时刻，$i_1=I_{10}=0$，令式（2-5）中 $I_{10}=0$，即可求出 I_{20}，进而可得到 i_2 的表达式。

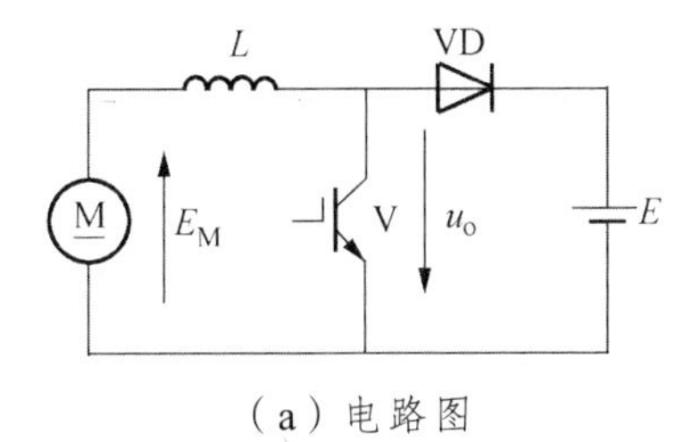

（a）电路图

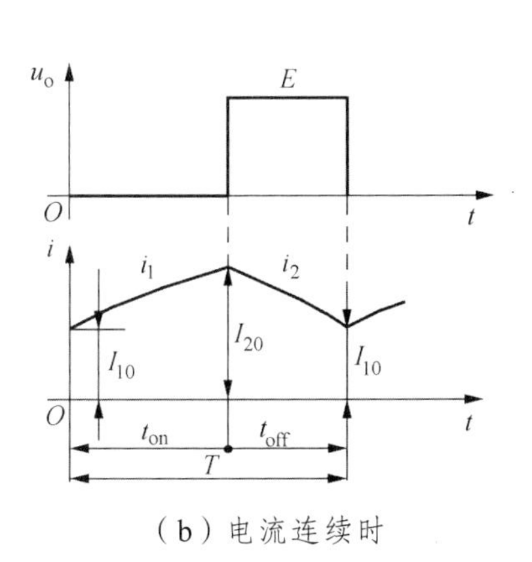

（b）电流连续时

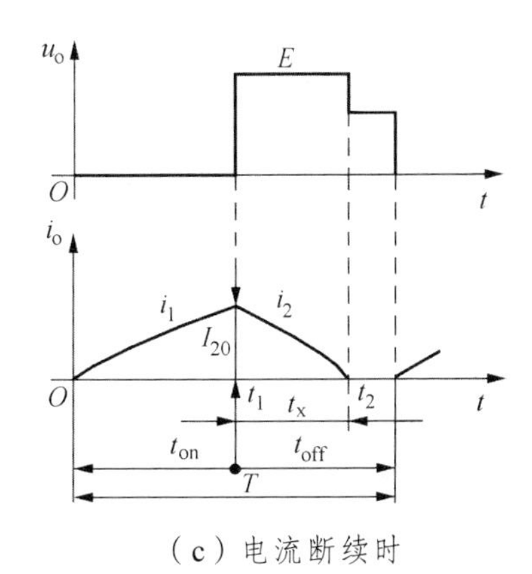

（c）电流断续时

图 2-24 用直流电动机回馈能量的升压斩波电路及其波形

另外，当$t=t_2$时，$i_2=0$，可求得i_2持续的时间t_x，即

$$t_x=\tau\ln\frac{1-me^{-\frac{t_{on}}{\tau}}}{1-m} \tag{2-8}$$

由$t_x<t_{off}$得到

$$m<\frac{1-e^{-\beta\rho}}{1-e^{-\rho}}$$

这就是电流断续的条件。

3. 升降压斩波电路

1）电路的结构

升降压斩波电路可以得到高于或低于输入电压的输出电压。电路原理图如图 2-25 所示，该电路的结构特征是储能电感与负载并联，续流二极管 VD 反向串联接在储能电感与负载之间。电路分析前可先假设电路中电感 L 很大，使电感电流 i_L 和电容电压及负载电压 u_o 基本稳定。

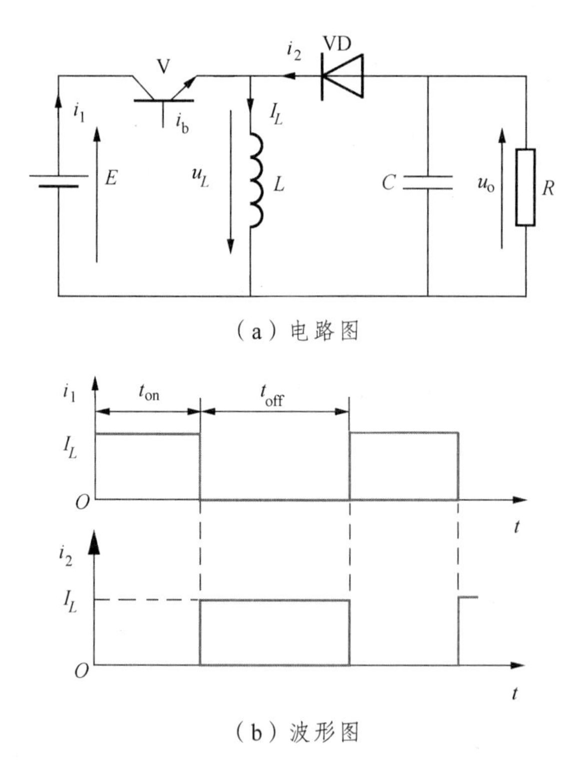

（a）电路图

（b）波形图

图 2-25 升降压斩波电路及其工作波形

2）电路的工作原理

电路的基本工作原理是：V 通时，电源 E 经 V 向 L 供电使其储能，此时二极管 VD 反偏，流过 V 的电流为 i_1。由于 VD 反偏截止，电容 C 向负载 R 提供能量并维持输出电压基本稳定，负载 R 及电容 C 上的电压极性为上负下正，与电源极性相反。

V 断时，电感 L 极性变反，VD 正偏导通，L 中储存的能量通过 VD 向负载释放，电流为 i_2，同时电容 C 被充电储能。负载电压极性为上负下正，与电源电压极性相反，该电路也称作反极性斩波电路。

稳态时，一个周期 T 内电感 L 两端电压 u_L 对时间的积分为零，即

$$\int_0^T u_L \mathrm{d}t = 0$$

当 V 处于通态期间，$u_L = E$；而当 V 处于断态期间，$u_L = -u_o$。于是有

$$Et_{on} = u_o t_{off}$$

所以输出电压为

$$U_o = \frac{t_{on}}{t_{off}}E = \frac{T_{on}}{T - T_{on}}E = \frac{k}{1-k}E \tag{2-9}$$

式（2-9）中，若改变占空比 k，则输出电压既可高于电源电压，也可能低于电源电压。由此可知，当 $0<k<1/2$ 时，斩波器输出电压低于直流电源输入，此时为降压斩波器；当 $1/2<k<1$ 时，斩波器输出电压高于直流电源输入，此时为升压斩波器。故称作升降压斩波电路，也称之为 Buck-Boost 变换器。

2.4.2　隔离型电路

隔离型电路有很多种，下面介绍几种常用的类型。

1. 正激电路

正激电路包含多种不同结构，典型的单开关正激电路及其工作波形如图 2-26 所示。

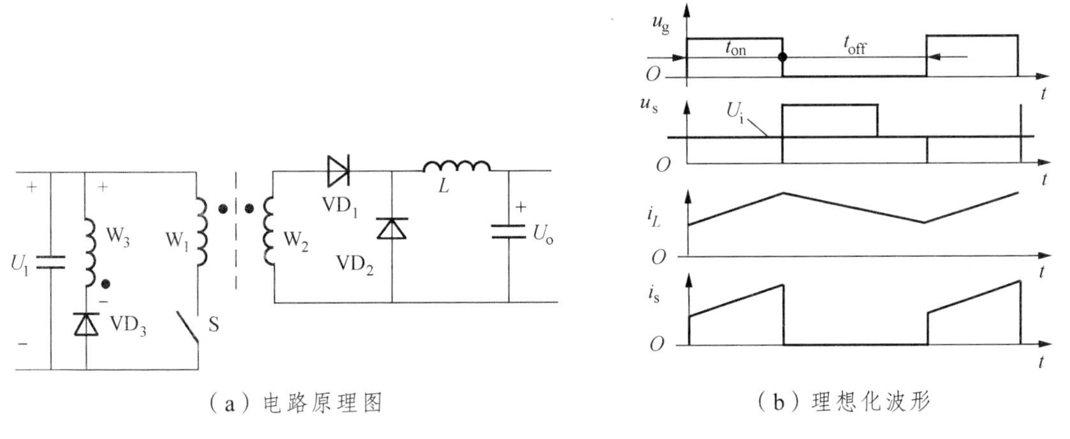

（a）电路原理图　　（b）理想化波形

图 2-26　正激电路原理图及理想化波形

电路的简单工作过程：开关 S 开通后，变压器绕组 W_1 两端的电压为上正下负，与其耦合的绕组 W_2 两端的电压也是上正下负。因此 VD_1 处于通态，VD_2 为断态，电感上的电流逐渐增长；S 关断后，电感 L 通过 VD_2 续流，VD_1 关断，L 的电流逐渐下降。S 关断后变压器的励磁电流经绕组 W_3 和 VD_3 流回电源，所以 S 关断后承受的电压为

$$u_s = \left(1+\frac{N_1}{N_3}\right)U_i \tag{2-10}$$

式中 N_1——变压器绕组 W_1 的匝数；

N_3——变压器绕组 W_3 的匝数。

变压器中各物理量的变化过程如图 2-26（b）所示。

在正激电路中，变压器的绕组 W_3 和二极管 VD_3 组成复位电路。开关 S 关断后，变压器励磁电流通过 W_3 绕组和 VD_3 流回电源，并逐渐线性的下降为零。从 S 关断到 W_3 绕组的电流下降到零所需的时间 $T_{rst}=\frac{N_3}{N_1}t_{on}$。S 处于断态的时间必须大于 T_{rst}，以保证 S 下次开通前励磁电流能够降为零，使变压器磁心可靠复位。

在输出滤波电感电流连续的情况下，即 S 开通时电感 L 的电流不为零，输出电压与输入电压的比为 $\frac{U_o}{U_i}=\frac{N_2}{N_1}\cdot\frac{t_{on}}{T}$。

如果输出电感电路电流不连续，输出电压 U_o 将高于上式的计算值，并随负载减小而升高，在负载为零的极限情况下，$U_o=\frac{N_2}{N_1}U_i$。

2. 半桥电路

半桥电路的原理及工作波形如图 2-27 所示。在半桥电路中，变压器一次绕组两端分别连接在电容 C_1、C_2 的中点和开关 S_1、S_2 的中点。电容 C_1、C_2 的中点电压为 $U_i/2$。S_1 与 S_2 交替导通，使变压器一次侧形成幅值为 $U_i/2$ 的交流电压。改变开关的占空比，就可改变二次整流电压 U_d 的平均值，也就改变了输出电压 U_o。

S_1 导通时，二极管 VD_1 处于通态；S_2 导通时，二极管 VD_2 处于通态；当两个开关都关断时，变压器绕组 W_1 中的电流为零。根据变压器的磁动势平衡方程，绕组 W_2 和 W_3 中的电流大小相等、方向相反，所以 VD_1 和 VD_2 都处于通态，各分担一半的电流。S_1 或 S_2 导通时，电感上的电流逐渐上升；两个开关都关断时，电感上的电流逐渐下降。S_1 和 S_2 断态时承受的峰值电压均为 U_i。

由于电容的隔直作用，半桥电路对由于两个开关导通时间不对称而造成的变压器一次电压的直流分量有自动平衡作用，因此不容易发生变压器的偏磁和直流磁饱和。

为了避免上下两开关在换流的过程中发生短暂的同时导通现象而造成短路损坏开关器件，每个开关各自的占空比不能超过 50%，并应留有裕量。

当滤波电感 L 的电流连续时，有 $\frac{U_o}{U_i}=\frac{N_2}{N_1}\cdot\frac{t_{on}}{T}$。

如果输出电感电流不连续，输出电压 U_o 将高于式中的计算值，并随负载的减小而升高。在负载电流为零的极限情况下，$U_o=\frac{N_2}{N_1}\cdot\frac{U_i}{2}$。

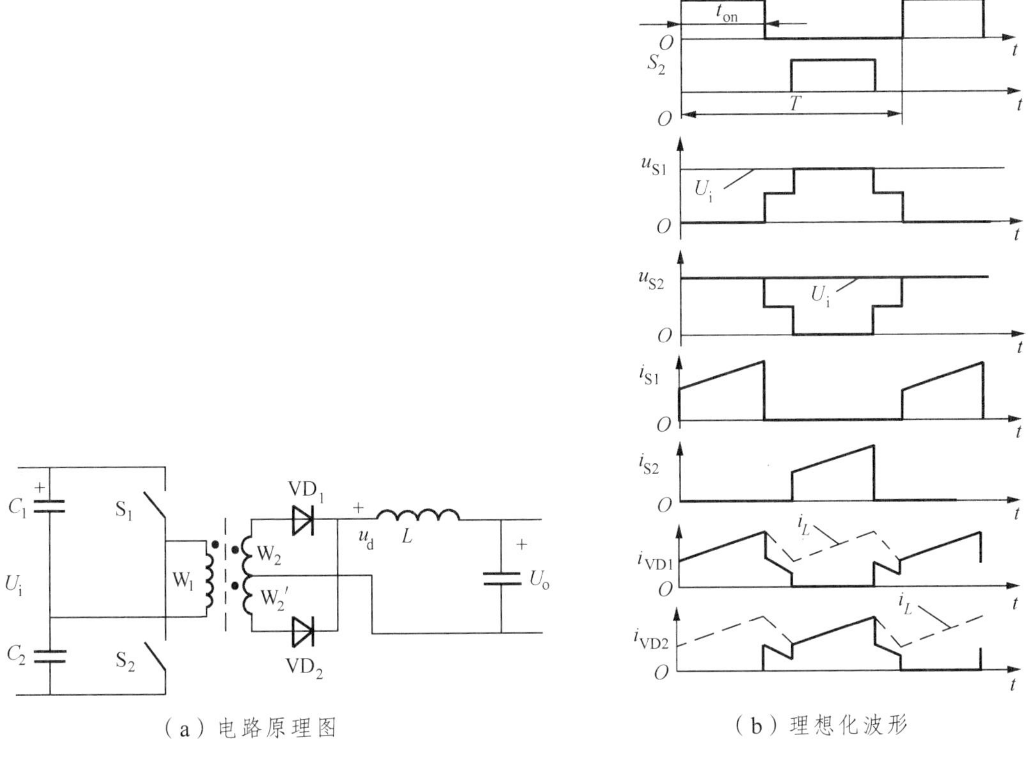

（a）电路原理图　（b）理想化波形

图 2-27　半桥电路原理图及理想化工作波形

3. 推挽电路

推挽电路的原理及工作波形如图 2-28 所示。推挽电路中两个开关 S_1 和 S_2 交替导通，在绕组 W_1 和 W_2 两端分别形成相位相反的交流电压。S_1 导通时，二极管 VD_1 处于通态，S_2 导通时，二极管 VD_2 处于通态，当两个开关都关断时，VD_1 和 VD_2 都处于通态，各分担一半的电流。S_1 或 S_2 导通时电感 L 的电流逐渐上升，两个开关都关断时，电感 L 的电流逐渐下降。S_1 和 S_2 断态时承受的峰值电压均为 2 倍的 U_i。

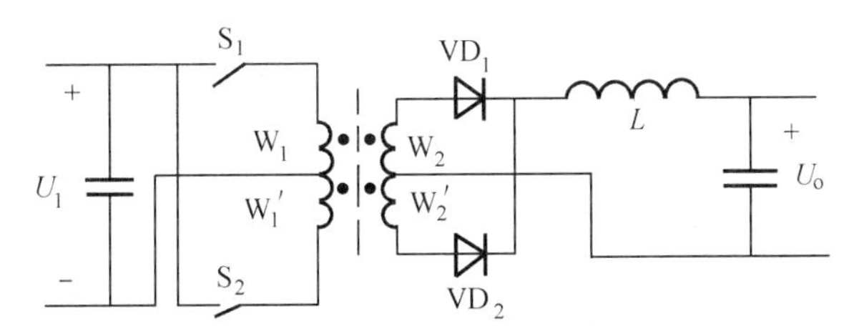

图 2-28　推挽电路原理图

如果 S_1 和 S_2 同时导通，就相当于变压器一次绕组短路，因此应避免两个开关同时导通，每个开关各自的占空比不能超过 50%，还要留有死区。

当滤波电感 L 的电流连续时，有 $\frac{U_o}{U_i}=\frac{N_2}{N_1}\cdot\frac{2t_{on}}{T}$。

如果输出电感电流不连续，输出电压 U_o 将高于式中的计算值，并随负载的减小而升高，在负载电流为零的极限情况下，$U_o = \frac{N_2}{N_1} U_i$。

2.5 开关状态控制电路

2.5.1 开关状态控制方式

开关电源中，开关器件开关状态的控制方式主要有占空比控制和幅度控制两大类。

1. 占空比控制方式

占空比控制又包括脉冲宽度控制和脉冲频率控制两大类。

1）脉冲宽度控制

脉冲宽度控制是指开关工作频率（即开关周期 T）固定的情况下直接通过改变导通时间（t_{on}）来控制输出电压 U_o 大小的一种方式。因为改变开关导通时间 t_{on} 就是改变开关控制电压 U_c 的脉冲宽度，因此又称脉冲宽度调制（简称为 PWM 控制）。

PWM 控制方式的优点是，因为采用了固定的开关频率，因此，设计滤波电路时就简单方便；其缺点是，受功率开关管最小导通时间的限制，对输出电压不能作宽范围的调节，此外，为防止空载时输出电压升高，输出端一般要接假负载（预负载）。

目前，集成开关电源大多采用 PWM 控制方式。

2）脉冲频率控制

脉冲频率控制是指开关控制电压 U_c 的脉冲宽度（即 t_{on}）不变的情况下，通过改变开关工作频率（改变单位时间的脉冲数，即改变 T）而达到控制输出电压 U_o 大小的一种方式，又称脉冲频率调制（PFM）控制。

2. 幅度控制方式（PAM）

PAM 即通过改变开关的输入电压 U_s 的幅值而控制输出电压 U_o 大小的控制方式，但要配以滑动调节器。

2.5.2 PWM 控制电路的基本构成和原理

图 2-29、图 2-30 分别是 PWM 控制电路的基本组成与波形。

可见，PWM 控制电路由以下几部分组成：① 基准电压稳压器，提供一个供输出电压进行比较的稳定电压和一个内部 IC 电路的电源；② 振荡器，为 PWM 比较器提供一个锯齿波和与该锯齿波同步的驱动脉冲控制电路的输出；③ 误差放大器，使电源输出电压与基准电压进行比较；④ 以正确的时序使输出开关管导通的脉冲倒相电路。

其基本工作过程如下：输出开关管在锯齿波的起始点被导通。由于锯齿波电压比误差放大器的输出电压低，所以 PWM 比较器的输出较高，因为同步信号已在斜坡电压的起始点使倒相电路工作，所以脉冲倒相电路将这个高电位输出使 V_1 导通，当斜坡电压比误差放大器的输出高时，PWM 比较器的输出电压下降，通过脉冲倒相电路使 V_1 截止，下一个斜坡周期则重复这个过程。

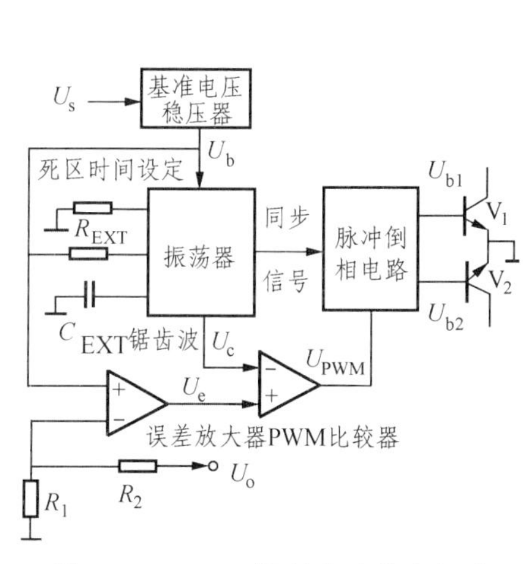

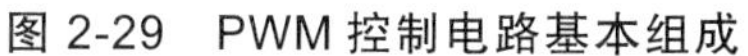
图 2-29　PWM 控制电路基本组成

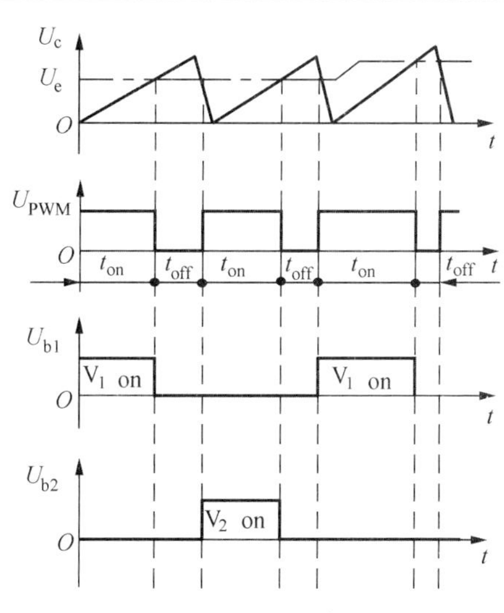

图 2-30　PWM 波形

2.5.3　PWM 控制器集成芯片介绍

SG3525 是电流控制型 PWM 控制器，所谓电流控制型脉宽调制器是按照接反馈电流来调节脉宽的。在脉宽比较器的输入端直接用流过输出电感线圈的信号与误差放大器输出信号进行比较，从而调节占空比使输出的电感峰值电流跟随误差电压的变化而变化。由于结构上有电压环和电流环双环系统，因此，无论开关电源的电压调整率、负载调整率和瞬态响应特性都有提高，是目前比较理想的新型控制器。

图 2-31 是 SG3525 引脚示意图，图 2-32 是 SG3525A 系列产品的内部原理图。

图 2-32 的右下角是 SG3527A 的输出级。除输出级以外，SG3527A 与 SG3525A 完全相同。SG3525A 的输出是正脉冲，而 SG3527A 的输出是负脉冲。

表 2-1 是 SG3525A 的引脚连接。

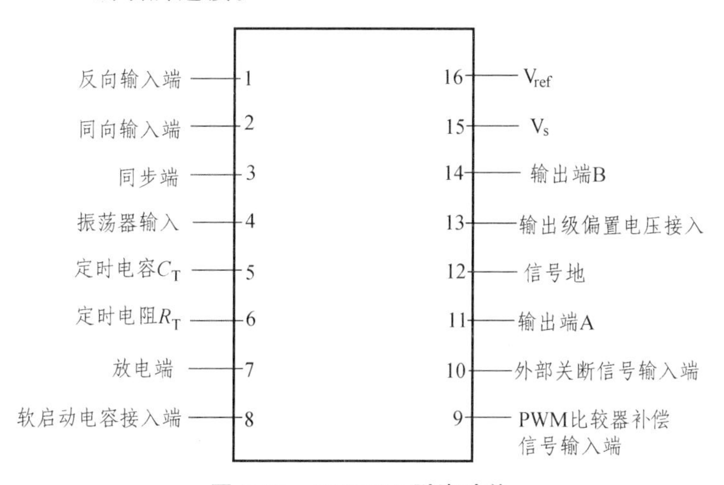

图 2-31　SG3525 引脚功能

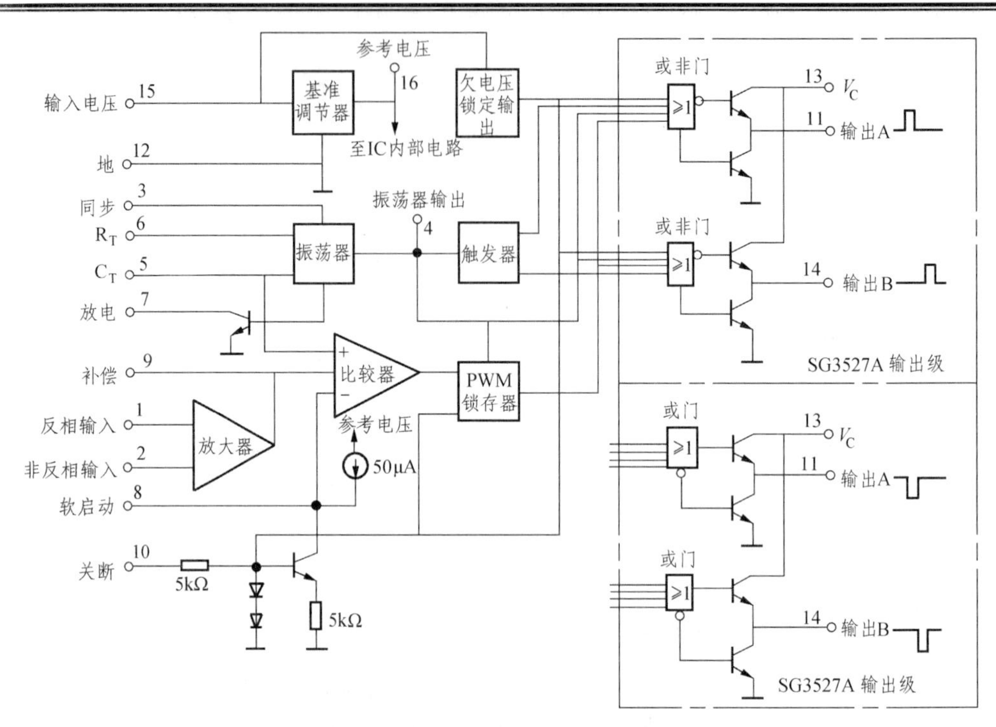

图 2-32 SG3525A 的内部原理图

表 2-1 SG3525A 的引脚连接

引脚号	功 能	引脚号	功 能
1	IN_-——误差放大器反向输入	9	COMP——频率补偿
2	IN_+——误差放大器同向输入	10	SD——关断控制
3	SYNC——同步	11	OUT_A——输出 A
4	OUT_{osc}——振荡器输出	12	GND——地
5	C_T——定时电容器	13	U_c——集电极电压
6	R_T——定时电阻	14	OUT_B——输出 B
7	DIS——放电	15	U_{cc}——输入电压
8	SS——软启动	16	V_{REF}——基准电压

各引脚具体功能如下:

(1)Inv.input(引脚 1):误差放大器反向输入端。在闭环系统中，该引脚接反馈信号。在开环系统中，该端与补偿信号输入端(引脚 9)相连，可构成跟随器。

(2)Noninv.input(引脚 2):误差放大器同向输入端。在闭环系统和开环系统中，该端接给定信号。根据需要，在该端与补偿信号输入端(引脚 9)之间接入不同类型的反馈网络，可以构成比例、比例积分和积分等类型的调节器。

(3)Sync(引脚 3):振荡器外接同步信号输入端。该端接外部同步脉冲信号可实现与外电路的同步。

(4)OSC.Output(引脚 4):振荡器输出端。

（5）C_T（引脚 5）：振荡器定时电容接入端。

（6）R_T（引脚 6）：振荡器定时电阻接入端。

（7）Discharge（引脚 7）：振荡器放电端。该端与引脚 5 之间外接一只放电电阻，构成放电回路。

（8）Soft-Start（引脚 8）：软启动电容接入端。该端通常接一只 5 μF 的软启动电容。

（9）Compensation（引脚 9）：PWM 比较器补偿信号输入端。在该端与引脚 2 之间接入不同类型的反馈网络，可以构成比例、比例积分和积分等类型调节器。

（10）Shutdown（引脚 10）：外部关断信号输入端。该端接高电平时控制器输出被禁止。该端可与保护电路相连，以实现故障保护。

（11）Output A（引脚 11）：输出端 A。引脚 11 和引脚 14 是两路互补输出端。

（12）Ground（引脚 12）：信号地。

（13）U_c（引脚 13）：输出级偏置电压接入端。

（14）Output B（引脚 14）：输出端 B。引脚 14 和引脚 11 是两路互补输出端。

（15）U_{cc}（引脚 15）：偏置电源接入端。

（16）V_{ref}（引脚 16）：基准电源输出端。该端可输出一温度稳定性极好的基准电压。

SG3525 内置了 5.1 V 精密基准电源，微调至 1.0%，在误差放大器共模输入电压范围内，无须外接分压电组。在 C_T 引脚和 Discharge 引脚之间加入一个电阻就可以实现对死区时间的调节功能。由于 SG3525 内部集成了软启动电路，因此只需要一个外接定时电容。

振荡器通过 7 端和 6 端分别对地接上一个电容 C_T 和电阻 R_T 后，在 C_T 上输出频率为 $f_{OSC}=\dfrac{1}{R_T C_T}$ 的锯齿波。比较器反向输入端输入直流控制电压 U_e；同相输入端输入锯齿波电压 U_{sa}。当改变直流控制电压大小时，比较器输出端电压 U_A 即为宽度可变的脉冲电压，送至两个或非门组成的逻辑电路。

SG3525 的软启动接入端（引脚 8）上通常接一个 5 μF 的软启动电容。上电过程中，由于电容两端的电压不能突变，因此与软启动电容接入端相连的 PWM 比较器反向输入端处于低电平，PWM 比较器输出高电平。此时，PWM 琐存器的输出也为高电平，该高电平通过两个或非门加到输出晶体管上，使之无法导通。只有软启动电容充电至其上的电压使引脚 8 处于高电平时，SG3525 才开始工作。由于实际中，基准电压通常是接在误差放大器的同相输入端上，而输出电压的采样电压则加在误差放大器的反相输入端上。当输出电压因输入电压的升高或负载的变化而升高时，误差放大器的输出将减小，这将导致 PWM 比较器输出为正的时间变长，PWM 琐存器输出高电平的时间也变长，因此输出晶体管的导通时间将最终变短，从而使输出电压回落到额定值，实现了稳态。

外接关断信号对输出级和软启动电路都起作用。当 Shutdown（引脚 10）上的信号为高电平时，PWM 琐存器将立即动作，禁止 SG3525 的输出，同时，软启动电容将开始放电。如果该高电平持续，软启动电容将充分放电，直到关断信号结束，才重新进入软启动过程。注意，Shutdown 引脚不能悬空，应通过接地电阻可靠接地，以防止外部干扰信号耦合而影响 SG3525 的正常工作。

欠电压锁定功能同样作用于输出级和软启动电路。如果输入电压过低，在 SG3525 的输出被关断的同时，软启动电容将开始放电。

2.5.4 SG3525A 的典型应用电路

（1）SG3525A 驱动 MOSFET 管的推挽式驱动电路。

SG3525A 驱动 MOSFET 管的推挽式驱动电路如图 2-33 所示。其输出幅度和电流能力都适合于驱动功率 MOSFET 管。SG3525A 的两个输出端交替输出驱动脉冲，控制两个 MOSFET 管交替导通。

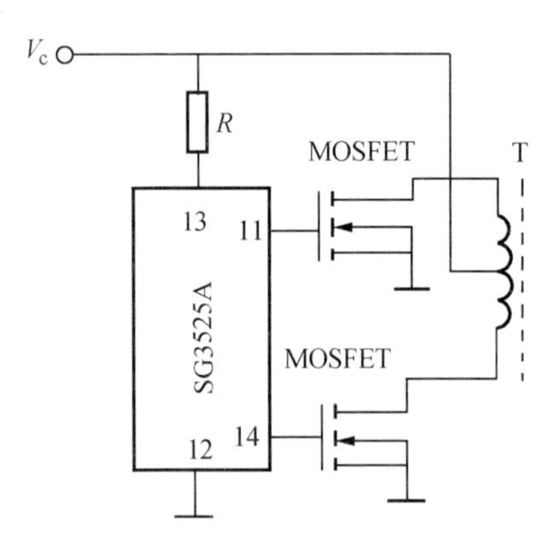

图 2-33 MOSFET 管的推挽式驱动电路

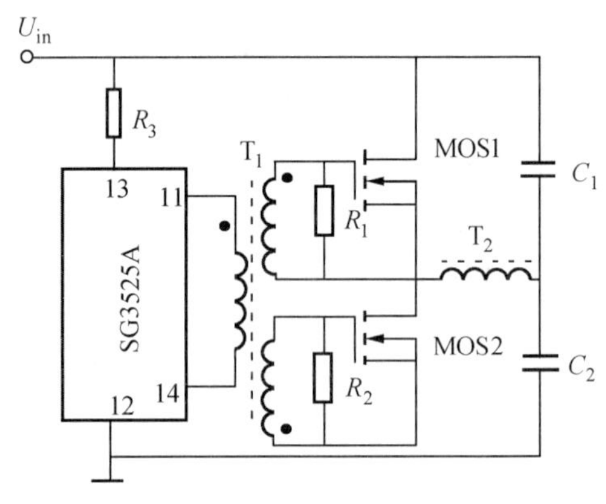

图 2-34 MOS 管的半桥驱动电路

（2）SG3525A 驱动 MOS 管的半桥式驱动电路。

SG3525A 驱动 MOS 管的半桥式驱动电路如图 2-34 所示。SG3525A 的两个输出端接脉冲变压器 T_1 的一次绕组，串入一个小电阻（10 Ω）是为了防止振荡。T_1 的两个二次绕组因同名端相反，以相位相反的两个信号驱动半桥上、下臂的两个 MOSFET。脉冲变压器 T_2 的副边接后续的整流滤波电路，便可得到平滑的直流输出。

任务二 城轨车辆直流牵引传动系统

【学习目标】

（1）能够熟练分析城轨车辆直-直型调速主电路的工作原理及基本控制方式。
（2）能够描述城轨车辆直流牵引供电系统的结构，正确分析其电气原理。
（3）能熟练分析典型城轨车辆的直流牵引传动系统主电路的电气原理。
（4）了解城轨车辆直流牵引传动系统的各组成部分及各部分的作用。
（5）能熟练对城轨车辆主要电器进行检测与维护。
（6）能正确使用相关仪器、设备对城轨车辆直流牵引传动系统进行维护、简单调试及常见故障分析与检修。

【任务导入】

我国城轨车辆电力传动系统的发展是走了一条从直流到交流，从变阻调速到斩波器调速，进而又发展到三相异步电动机的变频调速的道路。最早开通地铁的北京和上海早期使用的地铁车辆采用的都是直流传动系统。本任务主要介绍城轨直流牵引传动系统的组成，详细对直流传动系统主电路的结构与工作原理进行了分析。

2.6 城轨车辆直流牵引传动系统概述

如图 2-35 所示，城轨车辆直流传动系统主要由网侧高压电路、直流电机调速回路等组成，主要设备有受流器、断路器、直流牵引电机、传动齿轮箱、轮对和接地回流装置等。接触网或接触轨上的直流电经过车上的受流器引入车内，经断路器、网侧高压电路、直流牵引电机调速电路后，再经接地回流装置回到电源负极。牵引电机得电后，转子旋转，把电能转化为机械能，牵引电机的牵引转矩通过齿轮箱驱动轮对，实现对列车的牵引。

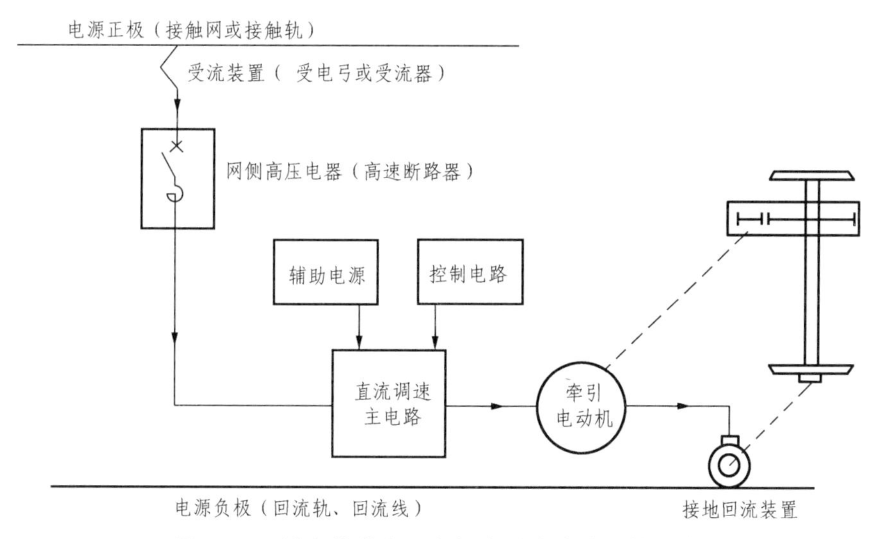

图 2-35　城市轨道交通车辆直流主传动结构组成

北京地铁主要采用 BJ-4 和 BJ-6 两种车型，它的每节车有两个轴转向架，全动轴，各由一台 76 kW 的牵引电动机驱动，在每一节车组的 4 台牵引电动机中，将两台固定的串联成一个机组，在牵引工况下，两个机组接成串联或并联，由串联到并联采取一次性桥路转换。制动时，两个机组交叉励磁，使之具有电的稳定性。

BJ-4 地铁车辆采用变阻控制器 LK 进行主回路中电阻的切换，以实现机车的调速；而 BJ-6 型地铁车辆则利用可控硅斩波器调阻调速，实现无级平滑调节，列车运行平稳性更好。

上海地铁一号线电动车组早期车辆也是采用直流传动，每个车组由 A、B、C 三节车组成。其中，A 车为带司机室的拖车，B、C 两节车辆皆为动车，拖车转向架不带电机，动车转向架每一动轴由一台全悬挂的直流牵引电动机通过传动比为 5.95 的传动齿轮驱动。牵引电动机为 CUS5668B 型直流串励电动机，在牵引工况下，其额定功率为 207 kW。

2.7 城轨车辆直流串励牵引电机

改变直流电机的端电压或励磁可以方便地调节转速，因而直流牵引电动机是早期应用最广泛的牵引电动机。特别是直流串励牵引电动机，由于具有适合牵引需要的“牛马”特性、起动性能好、调速范围宽、过载能力强、功率利用充分、控制简单等优点，因此多年来一直作为各种车辆的主要牵引动力。应用大功率可关断晶闸管（CTO）等元件构成斩波调速系统，进一步改善了直流传动城市轨道交通车辆的运行性能。

2.7.1 城轨车辆直流串励牵引电机的结构

直流牵引电机的基本结构如图 2-36 所示，其与普通电机的组成部件基本相同，分为定子和转子两部分。定子包含主磁极、换向极、补偿绕组和磁轭，转子部分由电枢、换向器、轴承装置等组成，具体组成部件如表 2-2 所示。

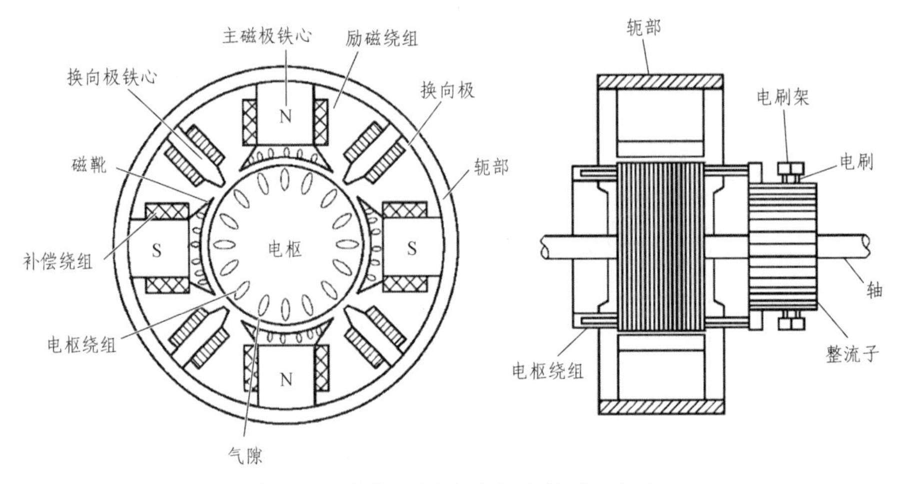

图 2-36 直流串励电动机结构（4 极）

表 2-2 串励牵引电动机的结构及部件作用

部位	主要组成部件			主要功能
	名称	部件组成	材料	
定子	主极	主极铁心	绝缘扁铜线	建立主磁场
		励磁绕组	漆包线或绝缘扁铜线	
	换向极	换向极铁心	热轧软钢板叠制	改善换向
		换向极绕组	绝缘扁铜线	
	补偿绕组		绝缘扁铜线	改善负载特性，改善换向
	（磁）轭部		铸钢或者绝缘扁铜线	提供磁路
转子	电枢	电枢铁心	硅钢片叠制	产生电磁转矩，实现机电能量转换
		电枢绕组	漆包线或绝缘扁铜线	
	换向器	换向片	含少量银的铜合金	提供电流、整流、换向
		云母片	绝缘云母层压板	
	轴		碳素钢	传递转矩

2.7.2 直流牵引电机与动车牵引特性分析

动车牵引力与电动机转矩、动车速度与电动机转速都是正比例关系，因而动车的牵引特

性曲线 $F=f(v)$ 与电动机的机械特性 $M=f(n)$ 趋势一致，只是坐标比例尺不同。动车运行时，必须具有机械和电气上的稳定性。

1. 机械稳定性

机械稳定性是指列车正常运行时，由于偶然的原因引起速度发生微量的变化后，动车本身能恢复到原有的稳定运行状态。

可以用列车速度获得增量 Δv 时，引起的反馈是负反馈还是正反馈来判断是否稳定，如图 2-37 所示。稳定的条件是要满足牵引特性曲线的斜率小于基本阻力曲线的斜率。

2. 电气稳定性

牵引电动机的电气稳定性是动车正常运行时，由于偶然的原因引起电流发生微量变化后，电动机本身能恢复到原有的电平衡状态；同样可以用电机电流获得增量 ΔI_d 时，引起的反馈是负反馈还是正反馈来判断是否稳定。

直流牵引电动机的动态电压平衡方程式为

$$U_d = E + I_d\sum R - L(dI_d/dt) = C_e\varphi n + I_d\sum R - L(dI_d/dt) \tag{2-11}$$

式中　U_d——牵引电动机的端电压，V；

E——牵引电动机的反电势，V；

L——牵引电动机的电感量，H。

如图 2-38 所示，牵引电动机稳态电压平衡方程 $f'(I_a)$ 曲线斜率为正值时，就具有电气稳定性。

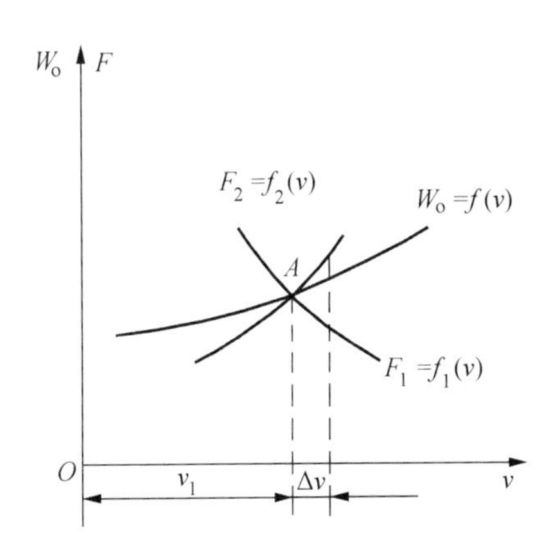

图 2-37　牵引特性机械稳定性分析

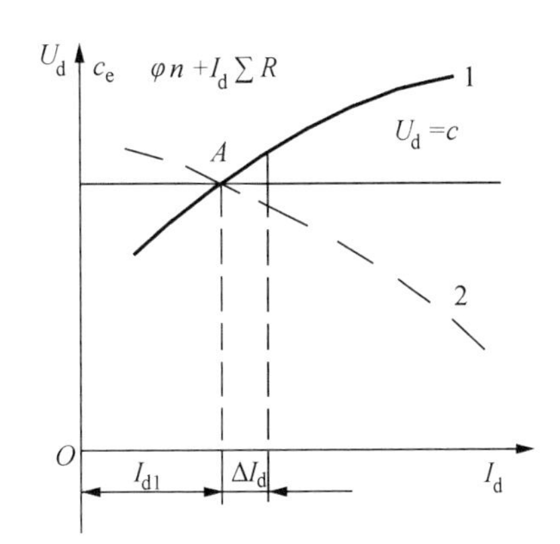

图 2-38　牵引特性电气稳定性分析

3. 牵引电动机之间的负载分配

如果两台电动机的特性完全相同，而它们各自的动轮直径不同时，两台电动机的转速将会产生某些差异。设一台的转速为 n_1，另一台的转速为 n_2，从图 2-39（a）和（b）的比较可以看出，串励电动机负载分配不均匀程度比他励电动机小。

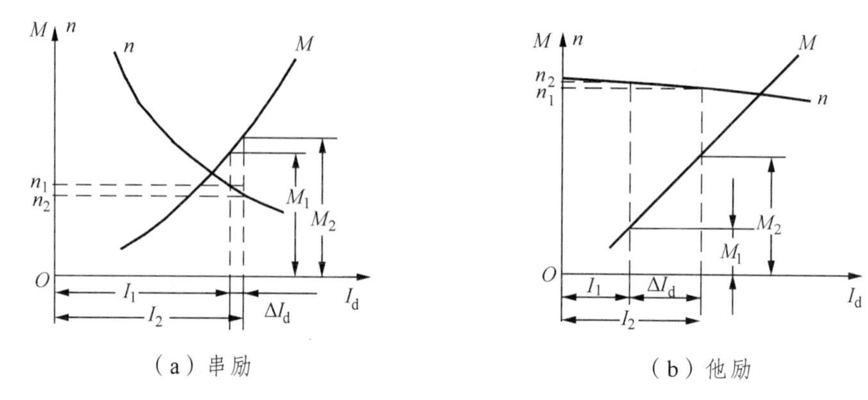

图 2-39　动轮直径有差异时的牵引电动机负载分配

当两台特性有差异的牵引电机装在同一动车上并联运行时，动车轮径完全相同，但是由于两台电机的特性曲线不同，其负载分配也不相同，如图 2-40 所示，串励电动机由于特性较软，在同一运行速度下的负载电流 I_1 和 I_2 的差值 ΔI_d 比较小。而特性差异程度相同的他励电动机，由于特性较硬，负载电流 I_1 和 I_2 的差值 ΔI_d 要比串励电动机大得多。由此可见串励电机负载分配不均匀程度比他励电动机小。

综合以上两种情况，可以知道，就牵引电动机间负载分配而言，串励方式优于他励。

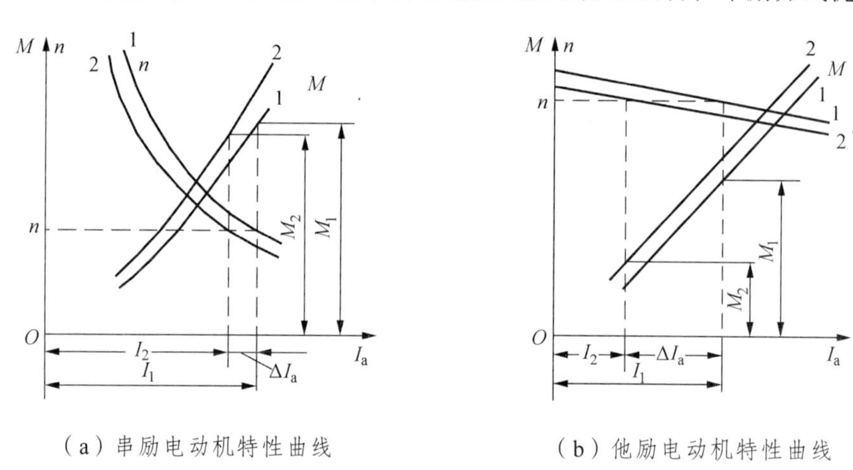

图 2-40　特性有差异的牵引电动机负载

4. 电压波动对牵引电动机工作的影响

接触网电压经常会发生波动，例如，当动车运行经过两个牵引变电所供电的交界处时，供电电压会发生突然变化，在动车速度还来不及变化时，就可能产生较大的电流冲击和牵引力冲击。图 2-41 表示串励、他励电动机在电压突然增加时产生的电流和牵引力（转矩）的变化。设电动机原来的端电压为 U_1，相应的转速特性曲线为 $n_1 = f_1(I_d)$，变化后的电压为 U_2，相应的转速特性曲线为 $n_2 = f_2(I_d)$。比较图 2-41（a）和（b），可以看出，当电网电压波动时，由于他励电动机具有硬特性，其电流冲击和牵引力冲击都比串励电动机大得多，将引起列车冲动并使牵引电动机工作条件恶化。

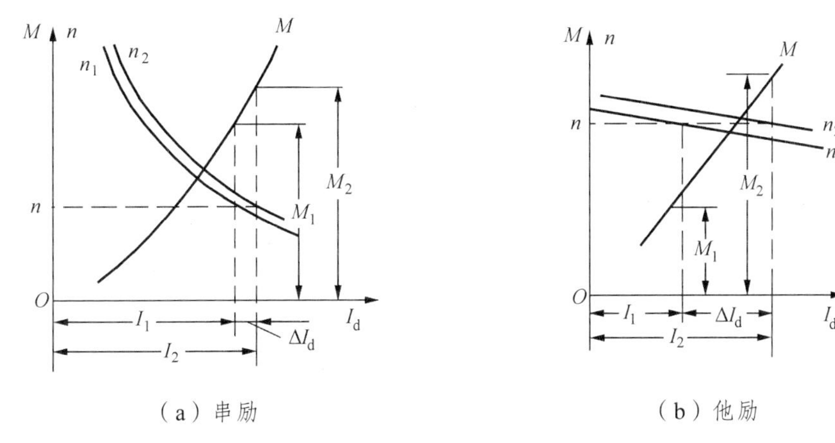

（a）串励　　（b）他励

图 2-41　电压波动时牵引电动机电流和牵引力的变化

另外，当电动机的外加电压发生突变时，由于他励电动机励磁电路内电流不变，电枢反电势不能及时增加，将使过渡过程开始阶段电枢电流冲击过大。而串励电动机的励磁绕组与电枢绕组串联，因而电流增长速度相同；虽有磁极铁心内涡流的影响，磁通增长速度稍慢于电枢电流的增长速度，但引起的电流冲击比他励电动机要小得多。

结论：电压波动对牵引电动机的影响而言，串励优于他励。

5. 功率的利用

图 2-42 所示为串励和他励电动机的机械特性 $M = f(n)$，变换比例后，也就是动车的牵引特性 $F = f(v)$。

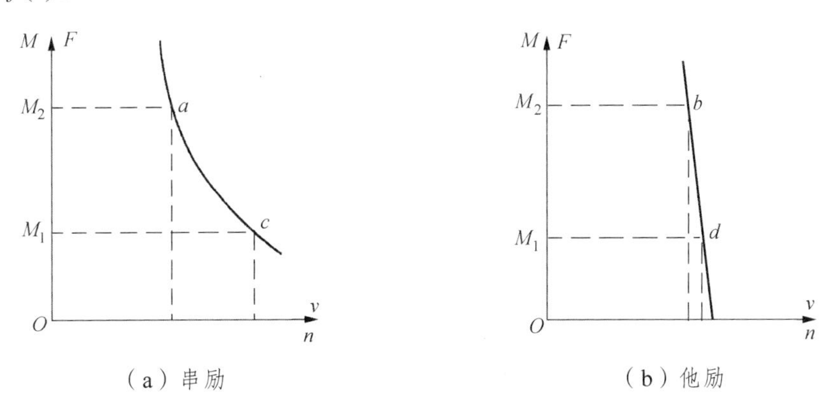

（a）串励　　（b）他励

图 2-42　牵引电动机机械特性和功率利用的关系

假设串励和他励牵引电动机具有相同的额定转矩和额定转速。当转矩自 M_1 变化到 M_2 时，串励电动机的工作点由 c 点变为 a 点。因为功率是转矩和转速即牵引力和速度的乘积，其功率变化可用 a 点横、纵坐标所围成的矩形面积与 c 点横、纵坐标所围成的矩形面积之差来表示。同理，他励电动机在转矩自 M_1 变化到 M_2 时，他励电动机的工作点由 d 点变为 b 点，其功率变化可用 d 点和 b 点横、纵坐标所围成的矩形面积之差来表示。两者相比，由于串励电动机具有软特性，转速随着转矩的增大而自动降低，所以串励电动机的功率变化比他励电动机要小，接近恒功率曲线，可以合理地利用与牵引功率有关的各种电器设备的容量。

6. 黏着重量的利用

具有硬特性的牵引电动机，产生空转的可能性较小。图 2-45 中的曲线 1 是最大黏着力曲线，曲线 2 是滑动摩擦力曲线，曲线 3 和 4、5 分别是他励电动机和串励电动机的机械特性曲线。假定电动机原来工作在最大黏着牵引力曲线上的 B 点，速度为 v_0。如果偶然因素使轮轨间的黏着条件受到破坏，黏着力曲线 1 下降到 1′ 的位置，摩擦力曲线 2 也相应降到 2′ 的位置。在 v_0 的速度下，电动机的牵引力超过了黏着限制，逐渐发生空转。电动机的转速将沿着特性曲线上升，转速上升到 A 点时，滑动摩擦力等于牵引力，滑动速度不再增加。从图 2-43（a）可以看出，他励电动机因具有硬特性，在空转过程中牵引力随转速的上升而迅速下降，很快地与滑动摩擦力相平衡，停止空转。当引起黏着破坏的原因消失时，它能较快地恢复到原来的工作状态。

串励电动机由于特性较软，如图 2-43（b）中曲线 4 所示，空转后的稳定滑动速度 v_4 高于他励电动机的稳定滑动速度 v_3。如果串励电动机的特性很软，如图 2-43（b）中曲线 5 所示，一旦黏着破坏，将产生更大的滑动速度形成空转，使车轮踏面磨损，牵引力下降。

根据以上分析，从黏着重量利用观点出发，他励电动机优于串励电动机。

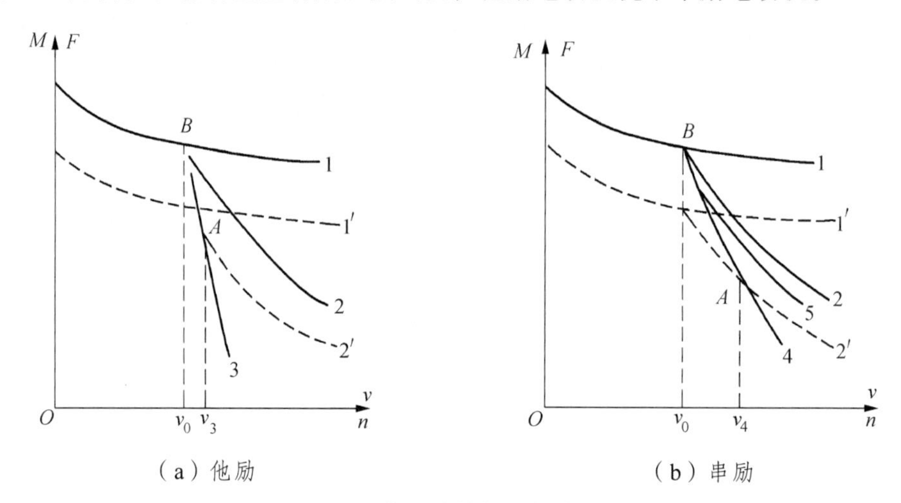

（a）他励　　（b）串励

图 2-43　电机特性与空转的关系

1—最大黏着力特性；2—滑动摩擦力特性；3，4，5—电动机机械特性

2.8　直流电机在城轨车辆中的应用

由于直流串励电动机在负载变化时，其受到的干扰比他励式电机小等优势（后面有具体的分析），而被广泛应用于城市轨道交通车辆中。

2.8.1　直流串励牵引电机的调速

直流电机的转速公式为

$$n=\frac{E_a}{C_e\Phi}=\frac{U-I_aR_a}{C_e\Phi} \tag{2-12}$$

可知，可通过改变牵引电动机的端电压 U_d 和改变牵引电动机的主极磁通 Φ 两种途径来调节电机的转速。

1. 改变牵引电动机的端电压 U_d

可通过以下方式来改变牵引电动机的端电压 U_d：

（1）改变牵引电动机的联接法，例如串并联的方式。由于联接的方式有限，所以可调的电压等级也有限，同时使电动机的连接复杂。

（2）调阻控制。分为凸轮调阻控制与斩波调阻控制两种方式。

在电动机回路串接电阻，通过凸轮或斩波方法调节电阻值实现调压。由于这种应用方法串联的电阻要消耗很多电能，现在已很少使用。图 2-44 为凸轮调阻控制原理图，图 2-45 为斩波调阻控制原理图。

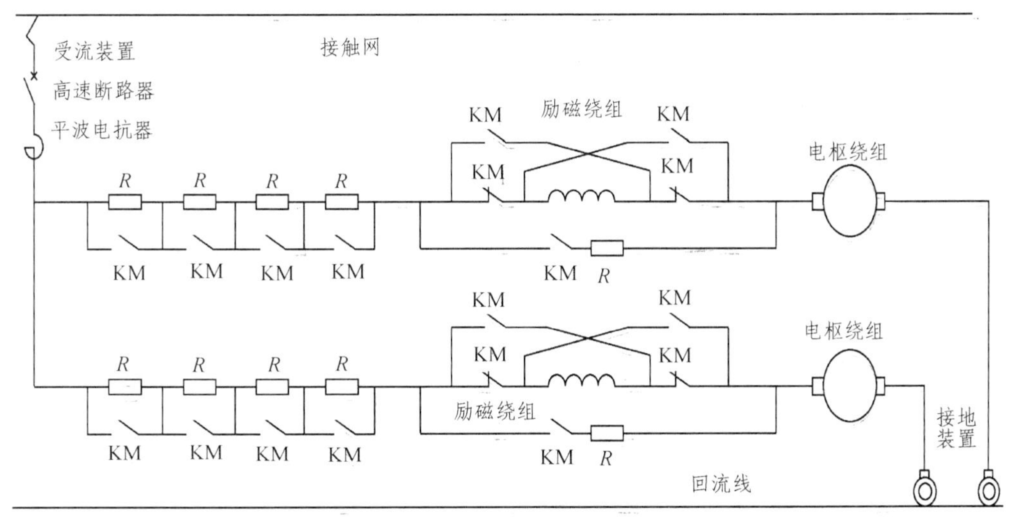

图 2-44 凸轮调阻控制

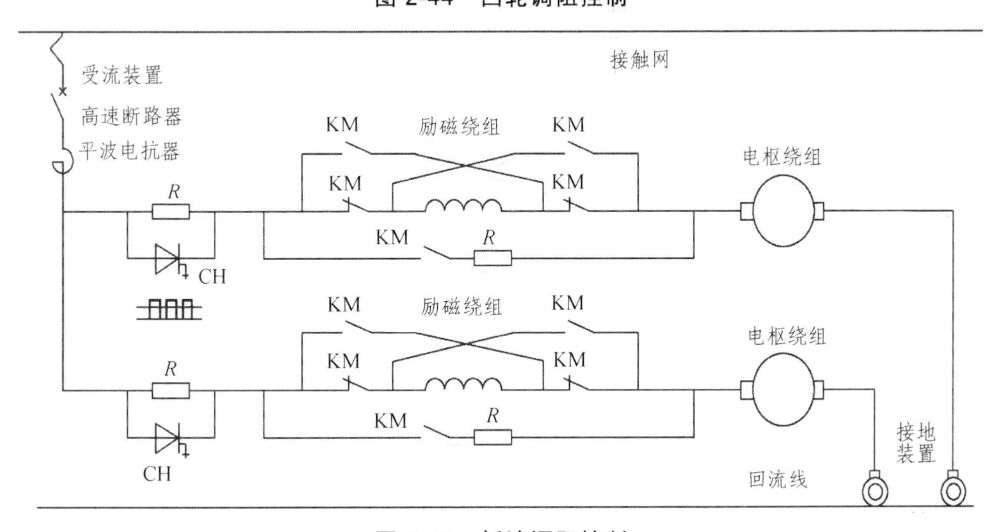

图 2-45 斩波调阻控制

图 2-44 中，通过转动凸轮，控制交流接触器主触点的通断，投入或者切除电阻 R，就可

以达到改变牵引电动机端电压的目的。由于电阻的切除或者投入都是有级的，所以端电压的变化也是有级变化，有电阻投入或者切除时，会导致电机的牵引力的冲击与波动。

图 2-45 中，将全控型电力电子器件组成的斩波器与电阻 R 串联在电机的电枢回路中，通过控制 CH 的导通时间，改变串入电枢回路的电阻，从而改变电动机的端电压。在一个周期内，电枢回路串联的平均电阻为 kR（k 为占空比，$k=\frac{t_{on}}{T}$），由于占空比可以连接平滑调节，所以可获得较宽范围的平滑变化的电阻，实现无级调节，减少牵引进级时的冲击。

（3）斩波调压控制。斩波调压控制是通过在电动机与电源之间串接斩波器，调节斩波器的导通比来改变电动机的端电压，其原理如图 2-46 所示，控制开关器件高速周期性的通断，在牵引电动机的两端可以得到一个脉冲序列电压，只要斩波开关的切换速度足够高，就可以认为电动机的转速由输出电压的平均值来决定，从而在调节占空比的时候，得到平滑连续的转速变化，实现无级调节。这是目前在城市轨道交通车辆中广泛使用的一种调节直流电动机端电压的方法。图 2-47 为直流牵引电动机的斩波调压电路。

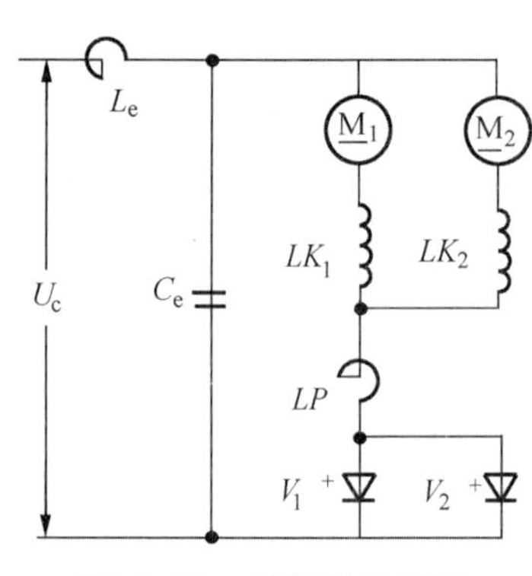

图 2-46 斩波调压原理

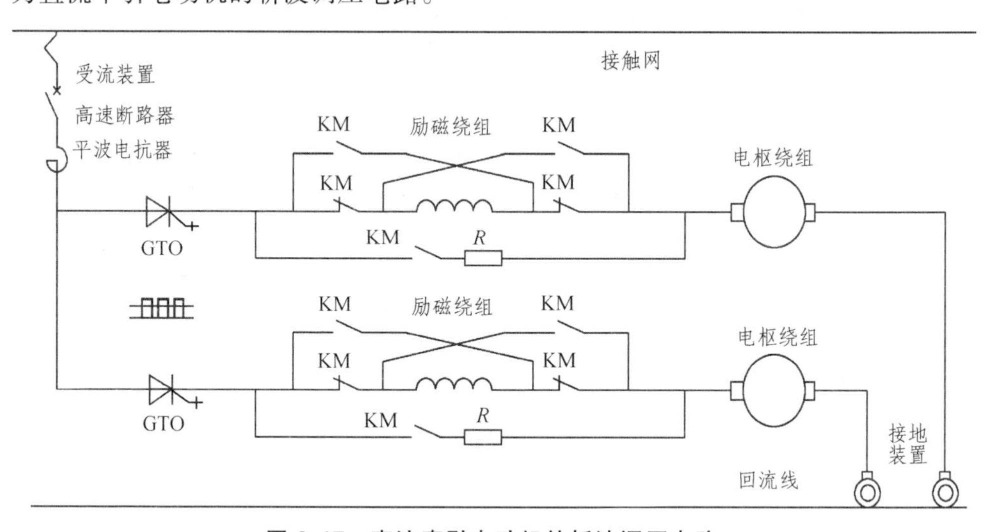

图 2-47 直流牵引电动机的斩波调压电路

2. 改变电动机的主极磁通 Φ

普遍采用主极绕组上并联分路电阻，使电流的一部分分流经分路电阻，从而减少励磁电流和主磁通，实现调速，电路如图 2-48 所示。

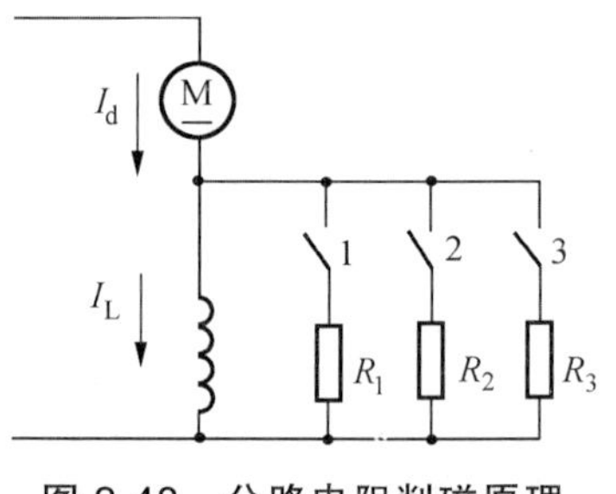

图 2-48 分路电阻削磁原理

直流串励电动机在恒电压下削弱磁场时，电动机的电流增加，动车的功率和牵引力也随之增加，所以普遍采用这种方法来提高动车的功率和速度。但是，削弱磁场的深度是有限制的，因为在高速度大电流时削弱磁场会导致电机换向困难，可能产生火花甚至环火。

电机在恒功率条件下削弱磁场，不能提高牵引力和功率，但是可使电机的恒功率范围扩大。

2.8.2　直流牵引电机的电气制动

直流电动机的制动有机械制动和电气制动两种方式。电气制动是指通过某种方法，让电动机的电磁转矩与电机的转向相反，从而形成制动转矩的一种方法。

电气制动时牵引电动机所产生的电能，如果利用电阻发热使之转化为热能散掉，称之为电阻制动或能耗制动。如果将电能重新反馈回电网中去加以利用，就称之为再生制动或回馈制动。

1. 电阻制动

直流串励牵引电动机在进行电阻制动时，按其接线方式不同可以分为两种。

（1）他励式电阻制动：把串励绕组改由另外电源供电，电枢绕组与制动电阻 R_z 相连接的方式叫他励式电阻制动，如图 2-49 所示。改变他励绕组的励磁电流和磁通，可以调节电机的制动电流和制动力。

（2）串励式电阻制动：牵引电动机励磁绕组反向与电枢串联，再接到制动电阻 R_z 上，电机仍保持串励形式，如图 2-50 所示。这种方式虽不需要有额外的磁场电源，但是需要改变 R_z 的大小来调节制动电流和制动力。

如图 2-51 所示，城市轨道交通车辆采用斩波器与制动电阻并联，通过改变斩波器的导通比来调节电阻。

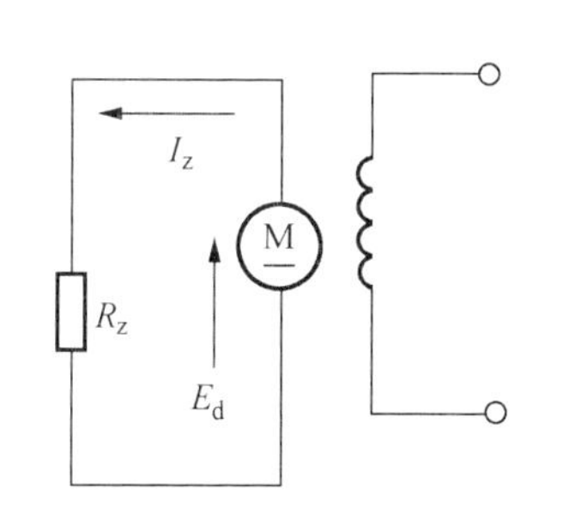

图 2-49　他励式电机电阻制动原理

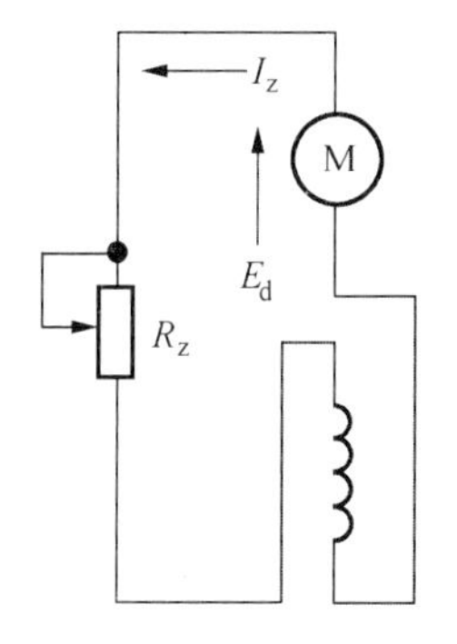

图 2-50　串励式电机电阻制动原理

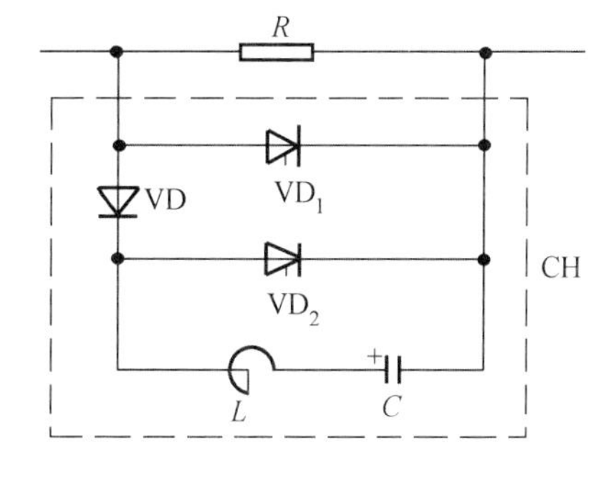

图 2-51　斩波调阻原理

2. 再生制动

再生制动时，牵引电动机处于发电机状态向电网回馈电能，如图 2-52 所示。采用 GTO 斩波装置，可以比较方便地实现再生制动。

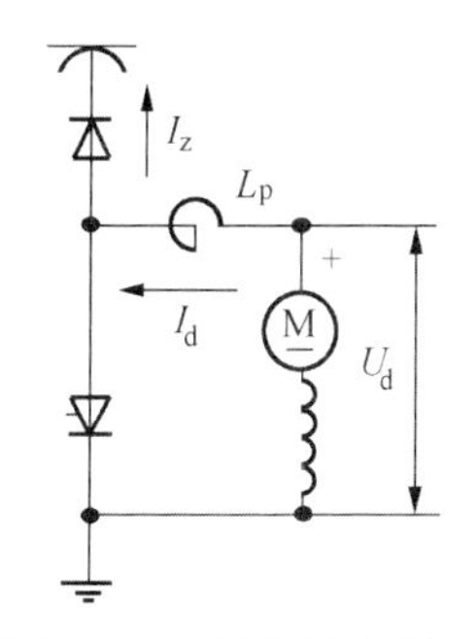

图 2-52　再生制动原理

2.9　上海地铁一号线电动车组的传动与控制

上海地铁一号线电动车组的主回路原理图如图 2-53 所示。图中 $1K_1 \sim 1K_{14}$ 为电空接触器（1 000 V、600 A），$1M_1 \sim 1M_4$ 为直流串励

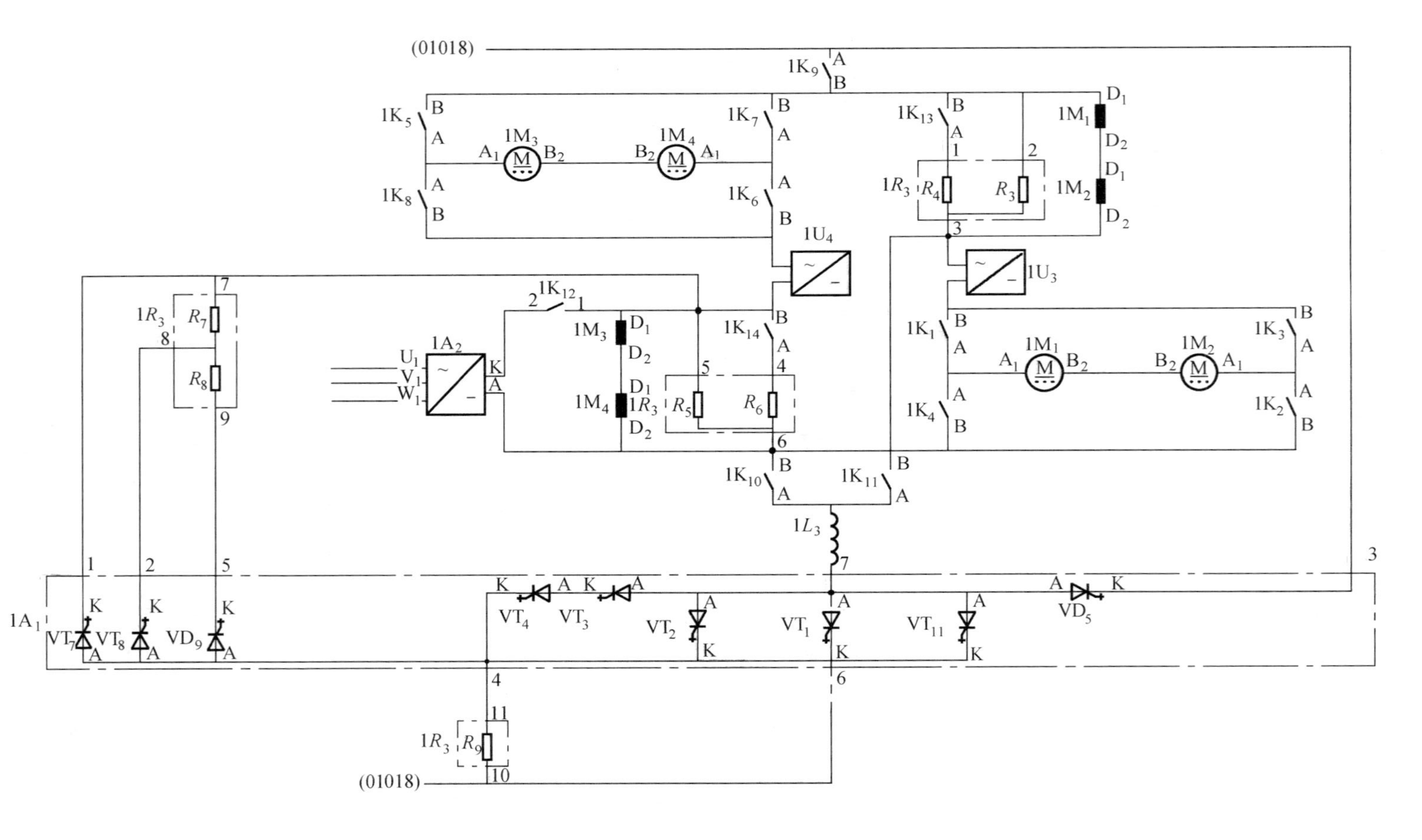

图 2-53　牵引传动主电路

$1K_1$～$1K_{14}$—接触器；$1U_3$～$1U_4$—电流互感器；$1M_1$～$1M_4$—牵引电动机；$1A_2$—预励磁装置；$1L_3$—平波电抗器；$1R_3/R_3$、R_6—磁削电阻；$1R_3/R_4$～R_5—固定岔路电阻；$1R_3/R_7$～R_9—制动电阻；$1A_1$—斩波器（VT_1～VT_2—GTO 主晶闸管；VT_3～VT_4—制动晶闸管；VT_7～VT_8—制动电阻调节晶闸管；VD_9—串联制动二极管；VD_5—续流二极管；VD_{11}—短路保护晶闸管）

牵引电动机（CUS5668B 型），$1M_1$（01-02）~ $1M_4$（01-02）为电动机的励磁绕组，R_3、R_4、R_5、R_6 为磁场削弱分流电阻，R_7、R_8 为电阻制动电阻，$1L_3$ 为平波电抗器，$1A_2$ 为电阻制动预励磁整流器，VT_1 ~ VT_4，VT_7、VT_8、VT_{11} 为可控硅。

2.9.1　牵引工况前进工况

在牵引工况下电空接触器 $1K_9$、$1K_5$、$1K_6$、$1K_{10}$、$1K_3$、$1K_4$ 闭合，电源电流自电网经滤波后经 $1K_9$ 的主触头进入，其电路是：

$1K_9$—$1K_5$ 主触头—牵引电动机 $1M_3$ 电枢—牵引电动机 $1M_4$ 电枢—$1K_6$ 主触头—$\begin{bmatrix} 1M_3、1M_4\text{电枢绕组} \\ \text{削磁电阻}R_5 \end{bmatrix}$—$1K_{10}$ 主触头—平波电抗器 $1L_3$—GTO 可控硅斩波器 VD_1—电源负端。

牵引电动机 $1M_1$、$1M_2$ 的主电路同理。

2.9.2　牵引工况后进工况

在后进工况下，电空接触器 $1K_7$、$1K_8$、$1K_9$、$1K_{10}$、$1K_1$、$1K_2$ 等闭合，电源自闭电网经过滤波后由 $1K_9$ 的主触头进入，其电路是：

$1K_9$ 主触头—$1K_7$ 主触头—牵引电动机 $1M_4$ 电枢—牵引电动机 $1M_3$ 电枢—$1K_8$ 主触头—$\begin{bmatrix} 1M_3、1M_4\text{电枢绕组} \\ \text{削磁电阻}R_5 \end{bmatrix}$—$1K_{10}$ 主触头—平波电抗器 $1L_3$—GTO 可控硅斩波器 VT_1—电源负端。

牵引电动机 $1M_1$、$1M_2$ 的主电路同理。

改变牵引电动机转动方向（即改变机车的运行方向）的方法有两种，即单独地改变电枢电流或励磁电流的方向，在上海地铁动车组上是采用单独改变电流方向的方法。

在制动过程中电动车组具有 3 种不同的制动工况，即电阻制动、再生制动和空气制动。在整个过程中的基本制动方式为电阻制动，其电路将在下面说明。

2.9.3　前进方向的电阻制动

当电动车组处于电阻制动时，主电路的牵引电空接触器 $1K_{10}$ 主触头断开，而电阻制动接触器主触头 $1K_{11}$ 闭合。两组电动机（$1M_3$、$1M_4$ 和 $1M_1$、$1M_2$）相互交叉励磁，其目的是为了求得电的稳定，即力求使此两组制动主回路中的电流均衡。这种交叉励磁电路具有他励（对每一组的电枢绕组而言）的形式和串励的特性。所以仍可按串励电动机的电阻制动分析。前进方向电阻制动的主电路如下：

$1M_3$—$1K_5$ 主触头—$\begin{bmatrix} 1M_1、1M_2\text{励磁绕组} \\ \text{削磁电阻}R_3 \end{bmatrix}$—电阻制动电空接触器 $1K_{11}$ 主触头—平波电抗器 $1L_3$—GTO 斩波器 VT_1—制动电阻 R_8、R_9—$1K_6$ 主触头—$1M_4$ 电枢—$1M_3$ 电枢。

另一组牵引电机构成的电阻制动主回路是：

$1M_1$ 电枢（A1）—$1K_1$ 主触头—$1K_{11}$ 主触头—平波电抗器 $1L_3$—GTO 可控硅斩波器 VT_1—二极管 VD_9—制动电阻 R_8、R_7—$\begin{bmatrix} 1M_3、1M_4\text{励磁绕组} \\ \text{削磁电阻}R_5 \end{bmatrix}$—$1K_2$ 主触头—$1M_2$ 电枢—$1M_1$ 电枢。

在电阻制动开始时，由于励磁电阻中的剩磁很小，且原来牵引工况下流过励磁绕组中电流方向与制动工况相反，即便原来有微小的剩磁也会被抵消为零。为了建立起制动时由牵引电动机改接为牵引发动机的端电压，故制动开始初期先由整流器 $1A_2$ 提供预先的励磁电流，当励磁绕组压降大于整流器 $1A_2$ 提供的直流电源压降时，$1A_2$ 停止工作。

2.9.4 再生制动

如前所述，再生制动是牵引电动机处于发电机工况且向电网反馈电能。当发电电压小于电网电压时方可施行再生制动，施行再生制动的步骤是当斩波器导通时，一部分电能以磁能的形式储存在平波电抗器 $1L_3$ 上，然后当斩波器关断时，发电机的电能和平波电抗器的磁能转变成电能，共同向电网反馈，其电路是：

（1）当 GTO 可控硅斩波器 VT_1 导通时。

电动机 $1M_3$ 与 $1M_4$ 回路：

$1M_4$、$1M_3$ 电枢—$1K_5$ 主触头—$\begin{bmatrix}1M_1\text{、}1M_2\text{励磁绕组}\\ \text{削磁电阻}R_3\end{bmatrix}$—$1K_{11}$ 主触头—平波电抗器 $1L_3$—GTO 可控硅斩波器 VT_1—可控硅 VD_8—电阻 R_7—$1K_6$ 主触头—$1M_4$、$1M_5$ 电枢。

电动机 $1M_1$ 与 $1M_2$ 回路：

$1M_2$、$1M_1$ 电枢—$1K_1$ 主触头—$1K_{11}$ 主触头—平板电抗器 $1L_3$—GTO 可控硅斩波器 VT_1—可控硅 VT_8—电阻 R_7—$\begin{bmatrix}1M_3\text{、}1M_4\text{励磁绕组}\\ \text{削磁电阻}R_5\end{bmatrix}$—$1K_2$ 主触头—$1M_2$、$1M_1$ 电枢。

（2）当 GTO 可控硅斩波器 VT_1 关断时。

改接为发电机的牵引电动机 $1M_1 \sim 1M_4$ 及平波电抗器 $1L_3$ 向电网的馈电电路：

$1M_4$、$1M_3$ 电枢—$1K_5$ 主触头—$\begin{bmatrix}1M_1\text{、}1M_2\text{励磁绕组}\\ \text{削磁电阻}R_3\end{bmatrix}$—$1K_{11}$ 主触头—削磁电阻 R_3—平波电抗器 $1L_3$—二极管 VD_5—电网—地（01018 线）—可控硅 VT_8—电阻 R_7—$1K_6$ 主触头—$1M_4$、$1M_3$ 电枢。

$1M_2$、$1M_1$ 电枢—$1K_1$ 主触头—$1L_{11}$ 主触头—平波电抗器 $1L_3$—二极管 VD_5—电网—地（01018 线）—可控硅 VT8—电阻 R_7—$\begin{bmatrix}1M_3\text{、}1M_4\text{励磁绕组}\\ \text{削磁电阻}R_5\end{bmatrix}$—$1K_2$ 主触头—$1M_2$、$1M_1$ 电枢。

2.9.5 主回路各种工况的控制

上海地铁电动车组采用了先进的 SIBAS16 计算机控制单元（亦称 TCU 牵引控制单元），司机控制的指令信号经计算机转变为执行驱动信号，自动根据所需的电路进行控制，例如在不同的工况，哪些接触器主触头应该闭合，哪些主触头应该断开，哪些可控硅应该导通，哪些可控硅应该关断；导通的导通角 α 应怎样变化，都由 SIBAS16 控制单元控制。

在牵引和制动工况下，对应司机控制器主手柄任意一个固定的位置，由 SIBAS16 控制作用面形成一个相应的恒流控制，例如将主手柄上推至最大位置，主回路中的电流 I_d 恒定在 302 A，这时牵引电动机的电磁转矩 M_d（转换成电动车组牵引力）就达到牵引工况下的最大值。如果此时外界阻力矩 $M_{\text{阻}} < M_d$，列车就会加速运行。在牵引工况运行过程中，为了配合 GTO 可控硅斩波器使主回路中电流增加，电动机从电网上吸取的功率加大而使动车组迅速加

速到规定的最高速度，SIBAS16控制牵引电动机自动地进行磁场削弱，即K_{13}、K_{14}主触头自动闭合，使电阻R_6与R_5、R_4与R_3并联。磁励绕组中的电流被更多的分流，牵引电动机$1M_1$~$1M_4$的反电势减小，电流增大，从电网上吸取的电能迅速增加，这就使电动车组的加速更快。另一方面励磁绕组中的电流减少，能够减轻励磁绕组的发热。

电阻R_3与R_5在电路中一直与励磁绕组并联，这样做是为了减小起动时的电磁转矩，以避免因起动电流过大而引起起动过程中电动车组的冲动。

当牵引电机由牵引工况转换为制动工况时，由于电枢电流的方向不变，剩磁方向不变，只有改变励磁电流的方向，才能实现电机由电动机工况转换为发电机工况，为此必须反向他励励磁，以便使电机建立发电机工况时的初始电压。预励磁电路$1A_2$并接在$1M_3$、$1M_4$的励磁绕组上，通过接触器$1K_{12}$为$1M_3$、$1M_4$提供励磁电压，2 s后$1K_{12}$断开，预励磁完成。

制动过程中，电阻制动与再生制动既可以单独控制又能够自动转换，优先采用再生制动。例如，在再生制动过程中，如果网压过高（高于1 800 V）或者线路上面没有其他车辆吸收电能时，在SIBAS16控制单元的作用下，自动地将再生制动工况转换为电阻制动工况。

在电阻制动工况下，当电动车组速度降低而为了配合GTO可控硅更好地对制动力进行控制时，则可以通过可控硅VD_8的闭合，将制动电阻$1R_3$中的R_8短路，使制动电流和制动力增大，从而扩大了低速下电阻制动的应用范围。当电动车组的速度继续降低而低于10 km/h时，由于SIBAS16控制单元发出指令，由电阻制动工况转变为空气制动工况。

电路中VD_1是一个GTO可控硅斩波器，它是由SIBAS16控制单元控制的由可关断可控硅组成的定频调宽斩波器，可控硅斩波器的关断频率（即周期）是固定的，而导通时间t_{on}是可调的，通过对斩波器导通角α的调节，从而获得对应某一手柄位的恒流控制。由于采用了SIBAS16（TCU）单元，对整个主电路的控制变得既可靠又简单了。

2.9.6 主要设备及参数

1. 牵引电机

上海地铁直流车采用的牵引电机为直流串励牵引电机，它具有启动转矩大、过载能力强、调速平滑、调速范围广和控制简单等特点。电机采用自通风形式，架承式悬挂，电机输出端与齿轮箱之间采用具有弹性的联轴器联接。换向器采用紧圈式塑料换向器，增加了电枢铁心的有效长度，提高了电机的转矩。牵引电机的主要技术参数见表2-3。

表2-3 直流牵引电机主要参数

型 号	CUS5668B	最大转速/（r/min）	3 140
工作制	持续制	绝缘等级	B
额定功率/kW	207	通风量	0.28
额定电压/V	750	磁场削弱系数	$\beta_0/\beta_{min}=93\%/50\%$
额定电流/A	305	齿轮传动比	5.95
额定转速/（r/min）	1 470		

2. 斩波器

上海地铁直流车上的斩波器采用门极可关断晶闸管（GTO）器件。GTO 与普通晶闸管的不同之处在于其导通和关断都可以通过门极触发来控制，不需要换流电路，大大简化了斩波器的电路结构。斩波器原理如图 2-53 中点画线框内的部分（$1A_1$）所示。启动牵引前期采用调频控制方式，当频率达到 400 Hz 以后转入脉宽调制。电制动时，门极可关断晶闸管 VT_1、VT_2 调节再生制动电流，晶闸管 VT_3，VT_4 调节电阻制动电流，VT_7、VT_8 和电阻 $R_7 \sim R_9$ 构成分级电阻制动调节电路，斩波器的主要技术参数见表 2-4，GTO 的主要技术参数见表 2-5。

表 2-4 斩波器主要技术参数

两相一重相位差	180°
工作频率/Hz	500
GTO 导通角	$0.05 < \alpha < 0.95$

表 2-5 GTO 主要技术参数

型 号	CSG2003-45A01	最大电流	2 000 A
触发电流	< 2.5 A	最大截止电压	4 500 V
最大反向电压	4 500 V	正向压降	< 3.5 V
电流增长率	400（A/μs）	最大冲击电流	13 kA（10 ms）
环境温度范围	− 40° ~ + 125°		

拓展任务 技能训练

实 验 直流斩波电路实验

【实验目的】

（1）熟悉直流斩波电路的工作原理。
（2）熟悉直流斩波电路的组成及其工作特点。
（3）了解 PWM 控制与驱动电路的原理及其常用的集成芯片。

【实验设备】

DJK01 电源控制屏 1 块
DJK09 单相调压与可调负载 1 块
DJK20 直流斩波电路 1 块

DK04 滑线变阻器	1 个
示波器	1 台
万用表	1 块

【实验线路及原理】

1. 主电路

降压斩波电路是一种输出电压的平均值低于输入直流电压的电路。它主要用于直流稳压电源和直流电机的调速。降压斩波电路的原理图及工作波形如图 2-54 所示。图中，U 为固定电压直流电源，VT 为晶体管开关（可以是大功率晶体管，也可以是功率场效应晶体管）。L、R 电动机为负载，为在 VT 关断时给负载中的电感电流提供通道，还设置了续流二极管 VD。

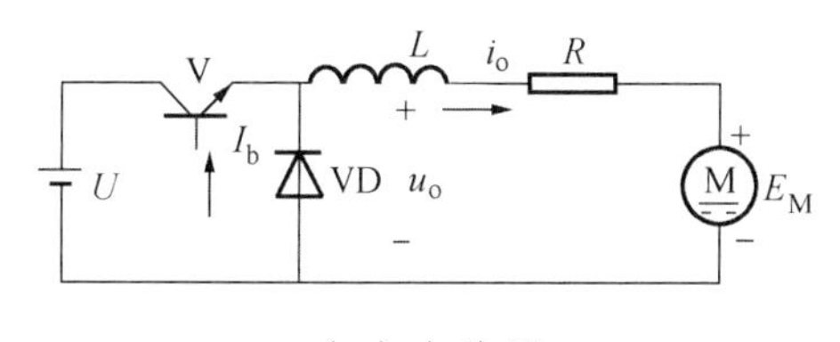

（a）电路图

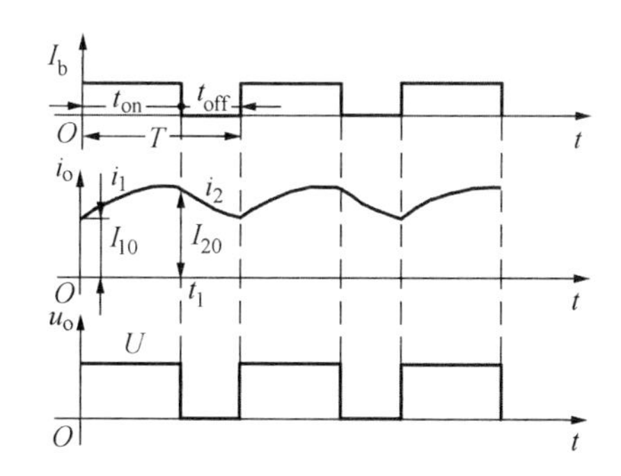

（b）电流连续时的波形

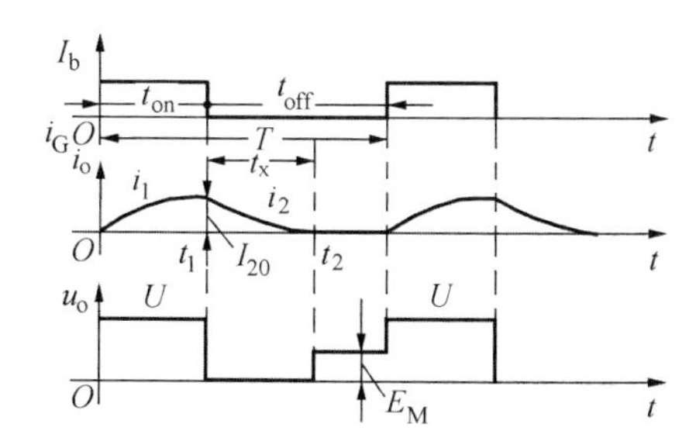

（c）电流断续时的波形

图 2-54 降压斩波电路的原理图及工作波形

2. 控制与驱动电路

本实验中 GTR 采用 SG3525 集成控制电路进行控制，电路原理图如图 2-55 所示。

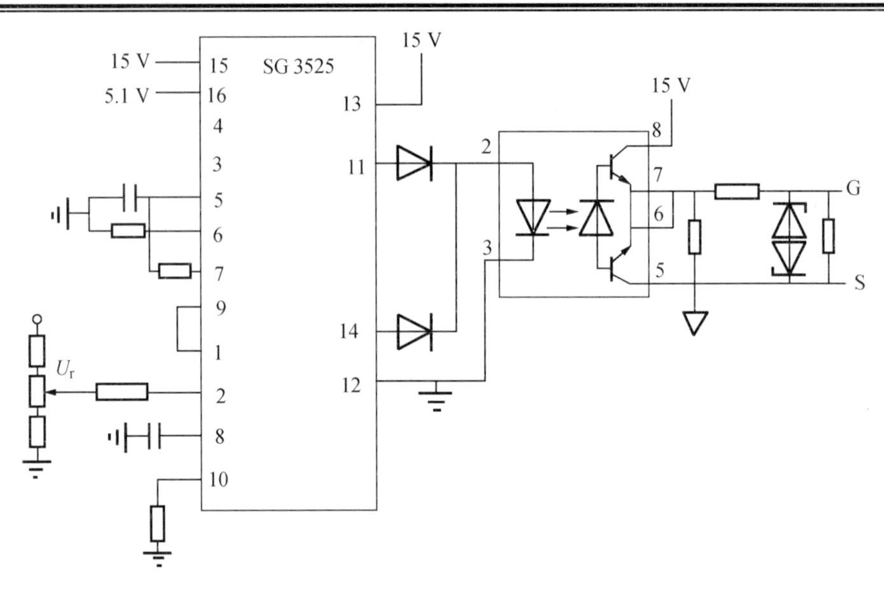

图 2-55 GTR 控制与驱动电路原理图

【实验实训内容及步骤】

1. 控制与驱动电路的测试

（1）启动实验装置电源，开启 DJK20 控制电路电源开关。

（2）调节 PWM 脉宽调节电位器 U_r，用双踪示波器分别观察 SG3525 的第 11 脚与第 14 脚的波形，观察输出 PWM 信号的变化情况。

2. 直流斩波器的测试

斩波电路的输入直流电压 U_i 由三相调压器输出的单相交流电经 DJK20 挂件上的单相桥式整流及电容滤波后得到。接通交流电源，观测 U_i 的波形，记录其平均值（注：本装置限定直流输出最大值为 50 V，输入交流电压的大小由调压器调节输出）。调节 PWM 脉宽调节电位器 U_r，观测在不同占空比（k）时，U_i、U_o 的没形，记录 U_i、U_o 和 k 的数值，并填入表 2-6 中，从而画出 $U_o = f(k)$ 的关系曲线。

表 2-6 控制电压与占空比对照表

U_r/V	1.4	1.6	1.8	2.0	2.2	2.4	2.5
11（A）占空比/%							
14（B）占空比/%							
PWM 占空比/%							

【实验注意事项】

（1）在主电路通电后，不能用示波器的两个探头同时观测主电路元件之间的波形，否则会造成短路。

（2）用示波器两探头同时观测两处波形时，要注意共地问题，否则会造成短路，在观测高压时应衰减10倍，在做直流斩波器测试实验时，最好使用一个探头。

【实验报告要求】

实验报告要写明以下内容：

实验名称、所用到的实验设备、实验原理线路图、实验记录（数据、波形、实验问题）、实验分析、总结实验结论、实验收获。

本实验应分析以下内容：

（1）整理各组实验数据，绘制各直流斩波电路的 U_i/U_o-k 曲线，并作比较与分析。

（2）讨论、分析实验中出现的各种现象。

（3）写出本实验的心得体会。

思考与练习

1. 填空题

（1）请在正确的空格内标出下面元件的简称：电力晶体管__________；功率场效应晶体管__________。

（2）为了减小变流电路的开、关损耗，通常让元件工作在软开关状态，软开关电路种类很多，但归纳起来可分为__________与__________两大类。

（3）电力场效应晶体管的图形符号是________；电力晶体管的图形符号是________。

（4）直流斩波电路在改变负载的直流电压时，常用的控制方式有__________、__________、__________三种。

（5）直流斩波电路按照输入电压与输出电压的高低变化来分类有__________斩波电路；__________斩波电路；__________斩波电路。

（6）功率开关管的损耗包括两方面，一方面是__________；另一方面________。

（7）大功率晶体管产生二次击穿的条件有________、________和________。

（8）开关型 DC/DC 变换电路的3个基本元件是__________、__________和________。

2. 选择题

（1）下列元器件中，________属于不控型，_______属于全控型，______属于半控型。

A. 普通晶闸管　　B. 整流二极管
C. 电力晶体管　　D. 电力场效应晶体管
E. 双向晶闸管　　F. 可关断晶闸管
G. 绝缘栅双极型晶体管

（2）下列器件中，_______最适合用在小功率、高开关频率的变换电路中。

A. GTR　　B. IGBT　　C. MOSFET　　D. GTO

（3）下列器件中，属于电流控制型器件的是______，属于电压控制型器件的是______。

A. 普通晶闸管　　B. 电力场效应晶体管
C. 电力晶体管　　D. 绝缘栅双极型晶体管

3. 分析与计算题

（1）根据图 2-56，简述升压斩波电路的基本工作原理。（图中：电感 L 与电容 C 足够大）

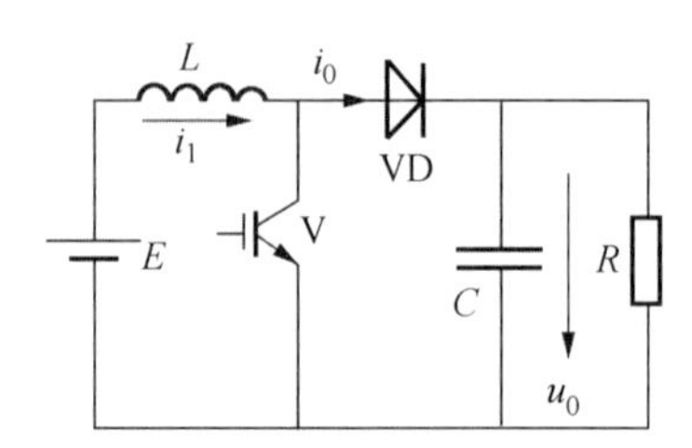

图 2-56 升压斩波电路原理图

（2）在图 2-23 所示升压斩波电路中，已知 $E = 50$ V，负载电阻 $R = 20\ \Omega$，L 值和 C 值极大，采用脉宽调制控制方式，当 $T = 40\ \mu s$，$t_{on} = 25\ \mu s$ 时，计算输出电压平均值 U_0，输出电流平均值 I_0。

（3）降压式斩波电路，输入电压为 27 V ± 10%，输出电压为 15 V，求占空比变化范围。

（4）升压式斩波电路，输入电压为 27 V ± 10%，输出电压为 45 V，输出功率为 750 W，效率为 95%，若等效电阻为 $R = 0.05\ \Omega$。

① 求最大占空比。

② 如果要求输出 60 V，是否可能？为什么？

（5）有一降压斩波电路，$U = 120$ V，负载电阻 $R = 6\ \Omega$，开关周期性通断，通 30 μs，断 20 μs，忽略开关导通压降，电感 L 足够大。试求：

① 负载电流及负载上的功率。

② 若要求负载电流在 4 A 时仍能维持，则电感 L 最小应取多大？

（6）试分析为什么城轨车辆一般采用串励电动机作为牵引电动机？串励电动机的“牛马”特性指的是什么？

（7）分析图 2-53 中牵引电机的牵引回路，电阻制动回路以及再生制动回路。要满足什么条件才能实施再生制动？

项目三　交流城轨车辆牵引变流与传动系统

【项目描述】

直流牵引传动具有调速性能好、控制简单等优点，调节直流电机端电压与励磁，就可以方便地调速。但是由于直流牵引电机防空转的性能较差，换向器与电刷结构存在一系列缺点，如等功率下电动机的体积与重量较大，换向困难，易产生环火与繁杂的维护，特别是高电压大功率时，换向变得困难，电位条件恶化，使得电动机的可靠性与稳定性降低。而交流电动机相对直流电机来说具有明显的优势：没有换向器、结构简单、成本低、工作可靠、寿命长、维修与运行费用低、防空转性能好等。近年来随着电力电子器件的迅速发展，调压调频逆变器已经成功地解决了交流电动机的调速问题。目前，城市轨道交通车辆普遍采用的是交流异步牵引电机。

项目三主要介绍城轨车辆交流牵引传动系统的结构与工作原理。任务一介绍电压型逆变电路的类型、结构与工作原理，任务二介绍城轨车辆牵引电机的结构、特性与工作原理。任务三介绍城轨车辆交流牵引传动系统主电路的结构、工作原理，并进行了实例分析。任务四主要介绍城轨车辆辅助供电系统的结构、类型与工作原理。任务五介绍了交流调压电路的工作原理。

【学习目标】

（1）掌握城轨车辆交流牵引传动系统的结构及主电路工作原理与基本控制原理。

（2）了解城轨车辆交流牵引传动系统的主要设备，掌握交流牵引电机的结构、工作原理。

（3）掌握城轨车辆直-交变频调速的工作原理与能耗制动、再生制动方法。

（4）掌握城轨车辆辅助供电系统的类型、供电方式及辅助逆变器的工作原理。

（5）培养学生利用相关仪器、设备对城轨车辆交流牵引传动系统维护、调试及常见故障分析与检修的能力。

（6）掌握城轨车辆牵引变流器检查维护的安全操作规范。

【项目导入】

城轨车辆电气系统由主牵引传动系统、辅助供电系统、牵引制动控制系统、车门控制系统四大系统组成，如图 3-1 所示。本项目主要介绍城轨车辆交流主牵引传动系统，如图 3-2 所示。

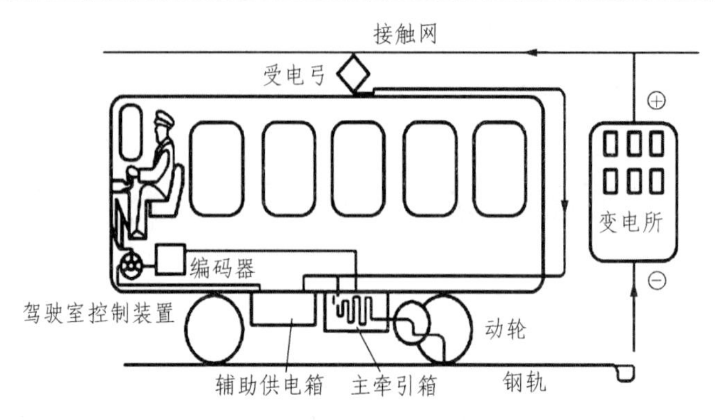

图 3-1 城轨车辆电气系统示意图

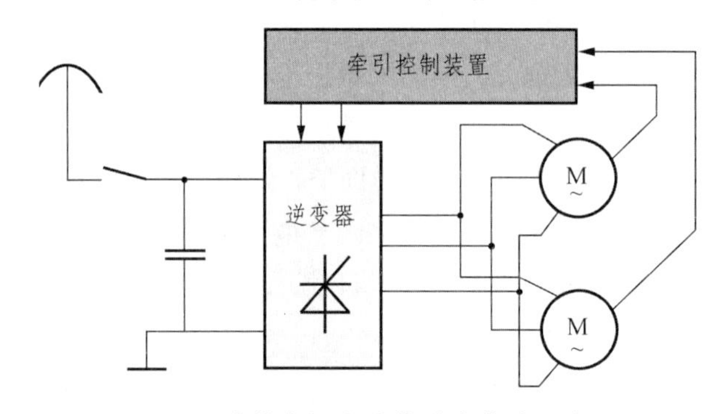

图 3-2 城轨车辆交流传动主电路示意图

城轨车辆采用 DC1 500 V 或 DC750 V 供电，经过滤波环节，然后经过逆变器逆变为变压变频（VVVF）的三相交流电，供给三相异步牵引电动机，对牵引电动机实现速度调节与功率调节。

电传动系统主电路一般是指一个车辆单元的牵引动力电路。由以下部分组成：受流器、牵引箱（PA）、牵引电机、制动电阻箱、电抗器、电气开关等。

任务一 电压型逆变电路

【学习目标】

（1）能使用万用表测试 MOSFET 管与 IGBT 的好坏。

（2）了解 MOSFET 管与 IGBT 的结构，掌握其工作原理、特性及在电力电子电路中的应用。

（3）掌握逆变的基本概念及换流方式。

（4）掌握电压型逆变电路的结构，熟练分析其工作原理。

（5）掌握 PWM 控制的基本工作原理。

【任务导入】

由于直流电动机本身结构上固有的缺点，限制了直流传动的进一步发展与应用。随着交流调速技术的成熟，调压调频技术已成功解决了交流牵引电机的调速问题。目前城轨车辆普遍采用交流牵引传动，而地铁一般采用 DC750 V 与 DC1 500 V 的供电方式，需要将直流电变换为变压变频的交流电，供给牵引电动机使用。本任务主要介绍电压型逆变器的结构与工作原理以及城轨车辆变流常用的电力电子器件。

3.1　功率场效应晶体管

前面我们介绍了晶闸管、可关断晶闸管以及电力晶体管这几种电力电子器件，它们都属于电流控制型器件。除了电流型控制器件，还有一类电压型控制器件，如功率场效应晶体管与绝缘门极晶体管。

功率场效应晶体管（Metal Oxide Semiconductor Field Effect Transistor，MOSFET）。具有开关速度快、损耗低、驱动电流小、无二次击穿现象等优点。它的缺点是电压还不能太高、电流容量也不能太大。所以目前只适用于小功率电力电子变流装置。

3.1.1　功率 MOSFET 的结构及工作原理

1. 结　构

功率场效应晶体管是压控型器件，其门极控制信号是电压。它的三个极分别是：栅极 G、源极 S、漏极 D。功率场效应晶体管有 N 沟道和 P 沟道两种。N 沟道中载流子是电子，P 沟道中载流子是空穴，都是多数载流子。其中，每一类又可分为增强型和耗尽型两种。耗尽型就是当栅源间电压 $U_{GS}=0$ 时存在导电沟道，漏极电流 $I_D \neq 0$；增强型就是当 $U_{GS}=0$ 时没有导电沟道，$I_D=0$，只有当 $U_{GS}>0$（N 沟道）或 $U_{GS}<0$（P 沟道）时才开始有 I_D。功率 MOSFET 绝大多数是 N 沟道增强型。这是因为电子的作用比空穴大得多。N 沟道和 P 沟道 MOSFET 的电气图形符号如图 3-3 所示。

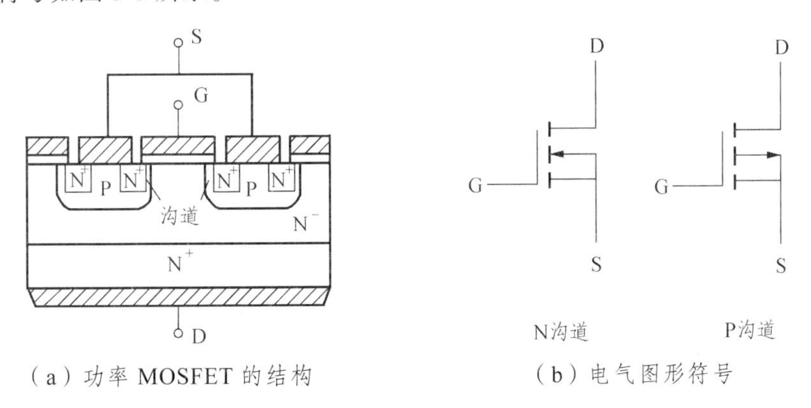

（a）功率 MOSFET 的结构　　（b）电气图形符号

图 3-3　功率 MOSFET 的结构和电气图形符号

功率场效应晶体管与小功率场效应晶体管原理基本相同，但是为了提高电流容量和耐压能力，在芯片结构上却有很大不同：电力场效应晶体管采用小单元集成结构来提高电流容量和耐压能力，并且采用垂直导电排列来提高耐压能力。

几种功率场效应晶体管的外形如图 3-4 所示。

2. 工作原理

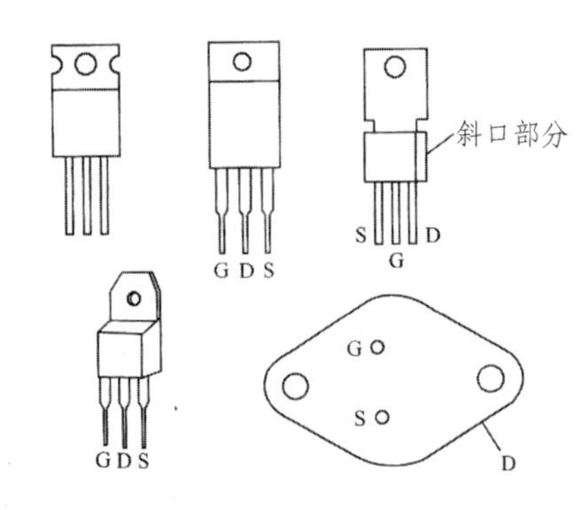

图 3-4　几种功率场效应晶体管的外形

当 D、S 加正电压（漏极为正，源极为负），U_{GS}=0 时，P 栅极和 N 漏区的 PN 结反偏，D、S 之间无电流通过；如果在 G、S 之间加一正电压 U_{GS}，由于栅极是绝缘的，所以不会有电流流过，但栅极的正电压会将其下面 P 区中的空穴推开，而将 P 区中的少数载流子电子吸引到栅极下面的 P 区表面。当 U_{GS} 大于某一电压 U_T 时，栅极下 P 区表面的电子浓度将超过空穴浓度，从而使 P 型半导体反型成 N 型半导体而成为反型层，该反型层形成 N 沟道而使 PN 结 J_1 消失，漏极和源极导电。电压 U_T 称开启电压或阀值电压，U_{GS} 超过 U_T 越多，导电能力越强，漏极电流越大。

3.1.2　功率 MOSFET 的特性

1. 转移特性

I_D 和 U_{GS} 的关系曲线反映了输入电压和输出电流的关系，称为 MOSFET 的转移特性。如图 3-5 所示。从图中可知，I_D 较大时，I_D 与 U_{GS} 的关系近似线性，曲线的斜率被定义为 MOSFET 的跨导，即 $G_{fs}=dI_D/dU_{GS}$。

MOSFET 是电压控制型器件，其输入阻抗极高，输入电流非常小。

2. 输出特性

图 3-6 是 MOSFET 的漏极伏安特性，即输出特性。从图中可以看出，MOSFET 有 3 个工作区：

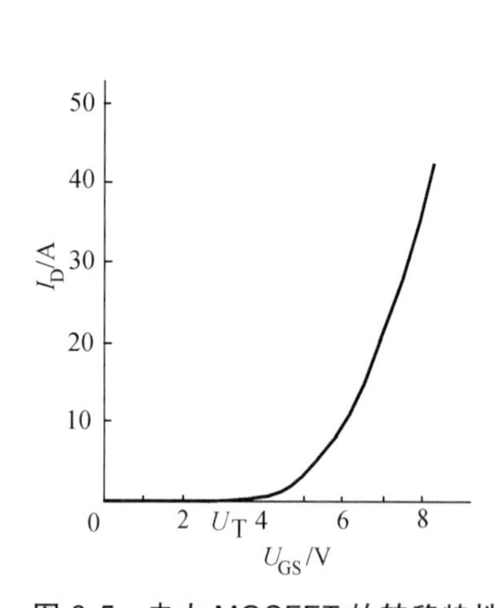

图 3-5　电力 MOSFET 的转移特性

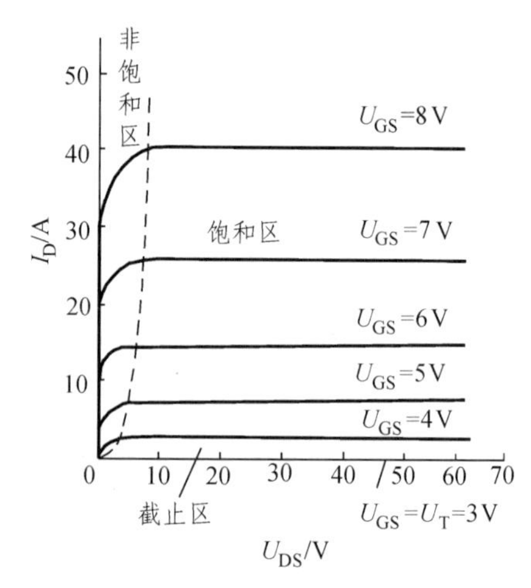

图 3-6　电力 MOSFET 的输出特性

截止区：$U_{GS}\leqslant U_T$，$I_D=0$，这和电力晶体管的截止区相对应。

饱和区：$U_{GS}>U_T$，$U_{DS}\geqslant U_{GS}-U_T$，当 U_{GS} 不变时，I_D 几乎不随 U_{DS} 的增加而增加，近似为一常数，故称饱和区。这里的饱和区并不和电力晶体管的饱和区对应，而对应于后者的放大区。当用作线性放大时，MOSFET 工作在该区。

非饱和区：$U_{GS}>U_T$，$U_{DS}<U_{GS}-U_T$，漏源电压U_{DS}和漏极电流I_D之比近似为常数。该区对应于电力晶体管的饱和区。当 MOSFET 作开关应用而导通时即工作在该区。

在制造功率 MOSFET 时，为提高跨导并减少导通电阻，在保证所需耐压的条件下，应尽量减小沟道长度。因此，每个 MOSFET 元都要做得很小，每个元能通过的电流也很小。为了能使器件通过较大的电流，每个器件由许多个 MOSFET 元组成。

3. 开关特性

MOSFET 的开关速度和其输入电容的充放电有很大关系。使用者虽然无法降低其输入电容C_{in}值，但可以降低栅极驱动回路信号源内阻R_s的值，从而减小栅极回路的充放电时间常数，加快开关速度。MOSFET 的工作频率可达 100 kHz 以上。

MOSFET 是场控型器件，在静态时几乎不需要输入电流。但是在开关过程中需要对输入电容充放电，仍需要一定的驱动功率。开关频率越高，所需要的驱动功率越大。

3.1.3　功率 MOSFET 的主要参数

（1）漏极电压U_{DS}。它是 MOSFET 的额定电压，选用时必须留有较大安全余量。

（2）漏极最大允许电流I_{DM}。它是 MOSFET 的额定电流，其大小主要受管子的温升限制。

（3）栅源电压U_{GS}。栅极与源极之间的绝缘层很薄，承受电压很低，一般不得超过 20 V，否则绝缘层可能被击穿而损坏，使用中应加以注意。

总之，为了安全可靠，在选用 MOSFET 时，对电压、电流的额定等级都应留有较大余量。

3.1.4　功率 MOSFET 的驱动与保护电路

1. 功率 MOSFET 的驱动

功率场效应晶体管对栅极驱动电路的要求主要有：触发脉冲必须具有足够快的上升和下降速度，脉冲前后沿要陡峭；开通时以低电阻对栅极电容充电，关断时为栅极电荷提供低电阻放电回路，以提高功率 MOSFET 的开关速度；为了使功率 MOSFET 可靠触发导通，栅极驱动电压应高于器件的开启电压，为了防止误导通，在功率 MOSFET 截止时最好能提供负的栅源电压；功率 MOSFET 开关时所需的驱动电流为栅极电容的充放电电流，为了使开关波形有足够的上升和下降陡度，驱动电流要大。

图 3-7 是功率 MOSFET 的一种驱动电路，它由隔离电路与放大电路两部分组成。隔离电路的作用是将控制电路和功率电路隔离开来；放大电路是将控制信号进行功率放大后驱动功率 MOSFET，推挽输出级的目的是进行功率放大和降低驱动源内阻，以减小功率 MOSFET 的开关时间和降低其开关损耗。

驱动电路的工作原理是：当无控制信号输入时（u_i="0"），放大器 A 输出低电平，V_3导通，输出负驱动电压，MOSFET 关断；当有控制信号输入时（u_i="1"），放大器 A 输出高电平，V_2导通，输出正驱动电压，MOSFET 导通。

实际应用中，功率 MOSFET 多采用集成驱动电路，如日本三菱公司专为 MOSFET 设计的专用集成驱动电路 M57918L，其输入电流幅值为 16 mA，输出最大脉冲电流为 + 2 A 和 − 3 A，输出驱动电压为 + 15 V 和 − 10 V。

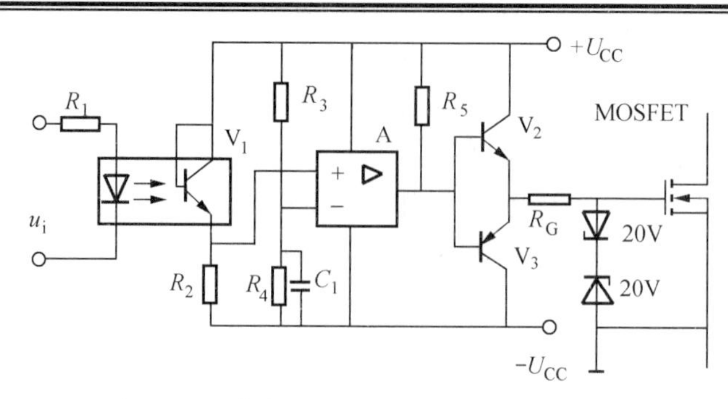

图 3-7 功率 MOSFET 的一种驱动电路

2. MOSFET 的保护电路

功率 MOSFET 的薄弱之处是栅极绝缘层易被击穿损坏。一般认为绝缘栅场效应管易受各种静电感应而击穿栅极绝缘层，实际上这种损坏的可能性还与器件的大小有关，管芯尺寸大，栅极输入电容也大，受静电电荷充电而使栅源间电压超过 ± 20 V 而击穿的可能性相对小些。此外，栅极输入电容可能经受多次静电电荷充电，电荷积累使栅极电压超过 ± 20 V 而击穿的可能性也是实际存在的。

MOSFET 的保护主要是栅源间的过电压保护。如果栅源间的阻抗过高，则漏源间电压的突变会通过极间电容耦合到栅极而产生相当高的 U_{GS} 电压，这一电压会引起栅极氧化层永久性损坏，如果是正方向的 U_{GS} 瞬态电压还会导致器件的误导通。为此要适当降低栅极驱动电压的阻抗，在栅源之间并接阻尼电阻或并接约 20 V 的稳压管。特别要防止栅极开路工作。

其次是漏源间的过电压保护。如果电路中有电感性负载，则当器件关断时，漏极电流的突变会产生比电源电压还高得多的漏极电压，导致器件的损坏。应采取稳压管钳位、二极管 *R-C* 钳位或 *RC* 抑制电路等保护措施。

3.2 绝缘门极晶体管

3.2.1 IGBT 的结构和基本工作原理

绝缘门极晶体管 IGBT（Insulated Gate Bipolar Transistor）也称绝缘栅极双极型晶体管，是一种新发展起来的复合型电力电子器件。由于它结合了 MOSFET 和 GTR 的特点，既具有输入阻抗高、速度快、热稳定性好和驱动电路简单的优点，又具有输入通态电压低，耐压高和承受电流大的优点，这些都使 IGBT 比 GTR 有更大的吸引力。在变频器驱动电机，中频和开关电源以及要求快速、低损耗的领域，IGBT 有着主导地位。

1. 基本结构

图 3-8（a）所示为一个 N 沟道增强型绝缘栅双极晶体管结构，N^+ 区称为源区，附于其上的电极称为源极（即发射极 E）。P^+ 区称为漏区。器件的控制区为栅区，附于其上的电极称为栅极（即门极 G）。沟道在紧靠栅区边界形成。在 C、E 两极之间的 P 型区（包括 P^+ 和 P^- 区）（沟道在该区域形成），称为亚沟道区（Subchannel region）。而在漏区另一侧的 P^+ 区称为漏注入区（Drain injector），它是 IGBT 特有的功能区，与漏区和亚沟道区一起形成 PNP 双极晶体

管，起发射极的作用，向漏极注入空穴，进行导电调制，以降低器件的通态电压。附于漏注入区上的电极称为漏极（即集电极 C）。其简化等值电路如图 3-8（b）所示。可见，IGBT 是以 GTR 为主导器件，MOSFET 为驱动器件的复合管，图中 R_N 为晶体管基区内的调制电阻。图 3-8（c）为 IGBT 的电气图形符号。

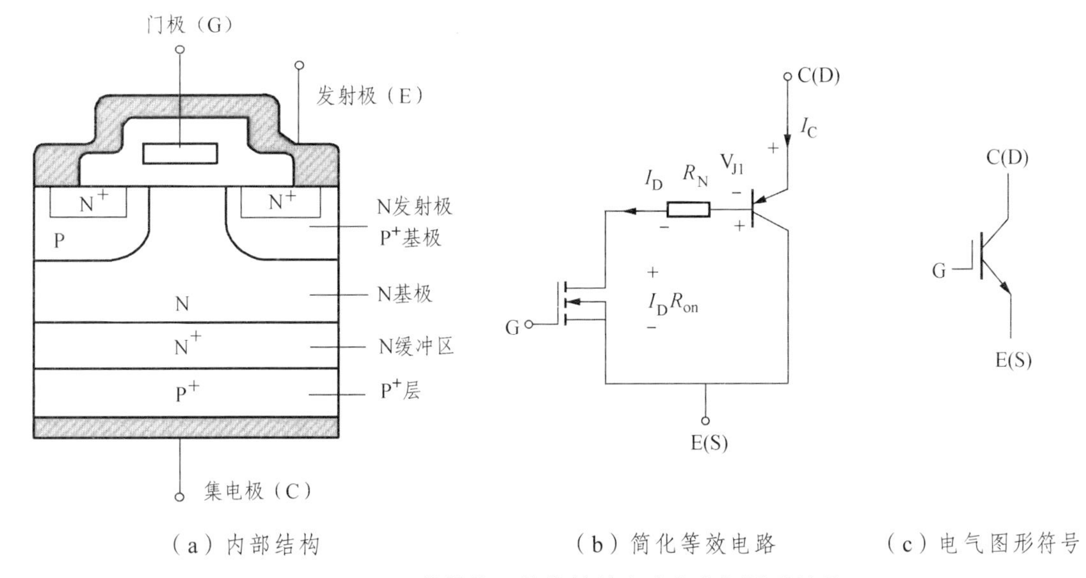

（a）内部结构　　（b）简化等效电路　　（c）电气图形符号

图 3-8　IGBT 的结构、简化等效电路和电气图形符号

2. 工作原理

IGBT 的驱动原理与电力 MOSFET 基本相同，它是一种压控型器件。其开通和关断是由栅极和发射极间的电压 U_{GE} 决定的，当 U_{GE} 为正且大于开启电压 $U_{GE(th)}$ 时，MOSFET 内形成沟道，并为晶体管提供基极电流使其导通。当栅极与发射极之间加反向电压或不加电压时，MOSFET 内的沟道消失，晶体管无基极电流，IGBT 关断。

当 $U_{CE}<0$ 时，J_3 的 PN 结处于反偏，IGBT 呈反向阻断状态。

当 $U_{CE}>0$ 时，分两种情况：

（1）若门极电压 $U_{GE}<U_T$（开启电压），沟道不能形成，IGBT 呈正向阻断状态。

（2）若门极电压 $U_{GE}>U_T$，门极下的沟道形成，从而使 IGBT 导通。此时，空穴从 P^+ 区注入 N 基区进行电导调制，减少 N 基区电阻 R_N 的值，使得 IGBT 也具有很低的通态压降。

上面介绍的 PNP 晶体管与 N 沟道 MOSFET 组合而成的 IGBT 称为 N 沟道 IGBT，记为 N-IGBT，其电气图形符号如图 3-8（c）所示。对应的还有 P 沟道 IGBT，记为 P-IGBT。实际应用中以 N 沟道 IGBT 为多，下面以 N 沟道 IGBT 为例进行介绍。

3. IGBT 的基本特性

1）静态特性

与功率 MOSFET 相似，IGBT 的转移特性和输出特性分别描述器件的控制能力和工作状态。图 3-8（a）为 IGBT 的转移特性，它描述的是集电极电流 I_C 与栅射电压 U_{GE} 之间的关系，与功率 MOSFET 的转移特性相似。开启电压 $U_{GE(th)}$ 是 IGBT 能实现电导调制而导通的最低栅射电压。$U_{GE(th)}$随温度升高而略有下降，温度升高1 °C，其值下降5 mV左右。在+25 °C时，$U_{GE(th)}$的值一般为2～6 V。

图3-9（b）为IGBT的输出特性，也称伏安特性，它描述的是以栅射电压为参考变量时，集电极电流I_C与集射极间电压U_{GE}之间的关系。此特性与GTR的输出特性相似，不同的是参考变量，IGBT为栅射电压U_{GE}，GTR为基极电流I_B。IGBT的输出特性也分为3个区域：正向阻断区、有源区和饱和区。这分别与GTR的截止区、放大区和饱和区相对应。此外，当$U_{CE}<0$，IGBT为反向阻断工作状态。在电力电子电路中，IGBT工作在开关状态，因而是在正向阻断区和饱和区之间来回转换。

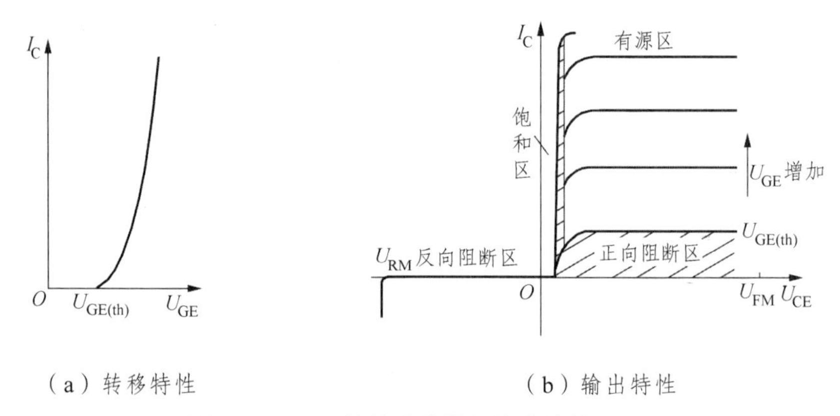

图3-9 IGBT的转移特性和输出特性

2）动态特性

动态特性是指IGBT在开关期间的特性。鉴于IGBT的等效电路，要控制这个器件，必须驱动功率MOSFET器件。这就是说，IGBT的驱动系统实际上应与功率MOSFET管的相同，而且复杂程度低于双极驱动系统。当通过栅极提供栅正偏压时，在功率MOSFET部分形成一个N沟道。如果这一电子流产生的电压处于0.7 V范围内，PN结则处于正向偏压控制状态，少数载流子注入N区，形成一个空穴双极流。

图3-10给出了IGBT开关过程的波形图。

IGBT的开通过程与功率MOSFET的开通过程很相似，这是因为IGBT在开通过程中大部分时间是作为MOSFET来运行的。导通时间是驱动电路的输出阻抗和施加的栅极电压的一个函数。从驱动电压u_{GE}的前沿上升至其幅度的10%的时刻起，到集电极电流I_C上升至其幅度的10%的时刻止，这段时间开通延迟时间$t_{d(on)}$。而I_C从10%I_{CM}上升至90%I_{CM}所需要的时间为电流上升时间t_r。同样，开通时间t_{on}为开通延迟时间$t_{d(on)}$与上升时间t_r之和。

IGBT关断时，从驱动电压u_{GE}的脉冲后沿下降到其幅值的90%的时刻起，到集电极电流下降至90%I_{CM}止，这段时间称为关断延迟时间$t_{d(off)}$。集电极电流从90%I_{CM}下降至10%I_{CM}的这段时间为电流下降时间，二者之和为关断时间t_{off}。

可以看出，IGBT中双极型PNP晶体管的存在，虽然带来了电导调制效应的好处，但也引入了少数载流子储存现象，因而IGBT的开关速度要低于功率MOSFET。

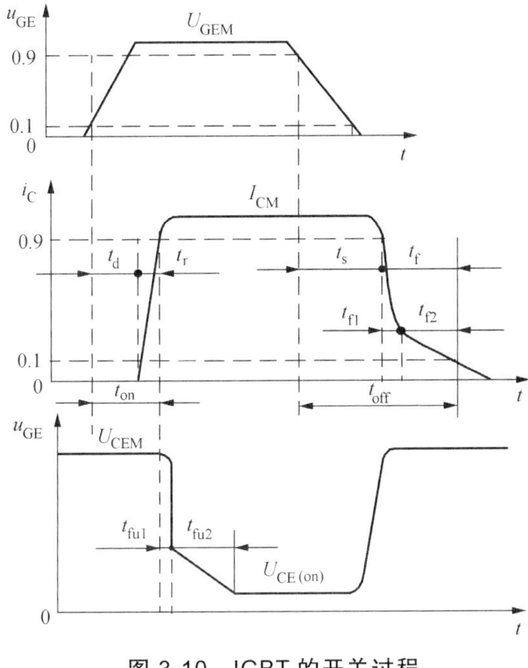

图 3-10　IGBT 的开关过程

4. 主要参数

（1）集电极-发射极额定电压 U_{CES}：这个电压值是厂家根据器件的雪崩击穿电压规定的，是栅极-发射极短路时 IGBT 能承受的耐压值，即 U_{CES} 值小于等于雪崩击穿电压。

（2）栅极-发射极额定电压 U_{GES}：IGBT 是电压控制器件，靠加到栅极的电压信号控制 IGBT 的导通和关断，而 U_{GES} 就是栅极控制信号的电压额定值。目前，IGBT 的 U_{GES} 值大部分为 + 20 V，使用中不能超过该值。

（3）额定集电极电流 I_C：该参数给出了 IGBT 在导通时能流过管子的持续最大电流。

3.2.2　IGBT 的驱动与保护电路

1. IGBT 对驱动电路的要求

（1）要求驱动电路为 IGBT 提供一定幅值的正反向栅极电压 U_{GE}。理论上 $U_{GE} > U_{GE(th)}$ 时 IGBT 即可开通。当 U_{GE} 太大时，可能引起栅极电压振荡，损坏栅极。正向 U_{GE} 越大，IGBT 器件 U_{GES} 越小，越有利于降低器件的通态损耗，但也会使 IGBT 承受短路电流的时间变短，并使续流二极管反向恢复过电压增大。因此正偏压要适当，一般不允许 U_{GE} 超过 20 V，驱动电路中的正偏压一般为 + 12 ~ + 15 V。关断 IGBT 时，必须为 IGBT 器件提供 − 5 ~ − I5 V 的反压，以便尽快抽取 IGBT 器件内部的存储电荷，缩短关断时间，提高 IGBT 的耐压和抗干扰能力。采用反偏压可减少关断损耗，提高 IGBT 工作的可靠性。

（2）IGBT 是电压驱动的，具有一个 2.5 ~ 5.0 V 的阀值电压，有一个容性输入阻抗，因此 IGBT 对栅极电荷非常敏感，故驱动电路必须很可靠，保证有一条低阻抗值的放电回路，即驱动电路与 IGBT 的连线要尽量短。

（3）用内阻小的驱动源对栅极电容充放电，以保证栅极控制电压 U_{CE} 有足够陡的前后沿，使 IGBT 的开关损耗尽量小。另外，IGBT 开通后，栅极驱动源应能提供足够的功率，使 IGBT 不退出饱和而损坏。

（4）要求在栅极回路中必须串联合适的栅极电阻 R_g，用以控制 U_{GE} 的前后沿陡度，进而控制 IGBT 器件的开关损耗。R_g 增大，U_{GE} 前后沿变缓，IGBT 开关过程延长，开关损耗增加。R_g 变小，U_{GE} 前后沿变陡，IGBT 开关过程缩短，开关损耗减小。IGBT 器件的开关损耗降低，同时集电极电流变化率增大。

（5）驱动电路应具有过压保护和 du/dt 保护能力。当发生短路或过流故障时，理想的驱动电路还应该具备完善的短路保护功能。

2. IGBT 元件驱动电路

1）光电耦合器驱动电路

由于光电耦合器构成的驱动电路具有线路简单、可靠性高、开关性能好等特点，在 IGBT 驱动电路设计中被广泛采用。由于驱动光电耦合器的型号很多，所以选用的余地也很大。用于 IGBT 驱动电路的驱动光电耦合器选用较多的主要有东芝的 TLP 系列、夏普的 PC 系列、惠普的 HCPI 系列等。以东芝 TLP 系列光电耦合器为例，驱动 IGBT 模块的光电耦合器主要采用的是 TLP250 和 TLP251 两个型号。对于小电流（15 A 左右）的模块，一般采用 TLP251。外围再辅以驱动电源和限流电阻等就构成了最简单的驱动电路。而对于中等电流（50 A 左右）的模块，一般采用 TLP250 型号。

2）IGBT 分立元件驱动电路

因为 IGBT 的输入特性几乎与 MOSFET 相同，所以用于 MOSFET 的驱动电路同样可以用于 IGBT。

在用于驱动电动机的逆变器电路中，为使 IGBT 能够稳定工作，要求 IGBT 的驱动电路采用正负偏压双电源的工作方式。为了使驱动电路与信号电路隔离，应采用抗噪声能力强，信号传输时间短的光耦合器件。基极和发射极的引线应尽量短，基极驱动电路的输入线应为绞合线，其具体电路如图 3-11 所示。

为抑制输入信号的振荡现象，在图 3-11（a）中的基极和发射极并联一阻尼网络。图 3-11（b）为采用光耦合器使信号电路与驱动电路进行隔离的电路。驱动电路的输出级采用互补电路的形式以降低驱动源的内阻，同时加速 IGBT 的关断过程。

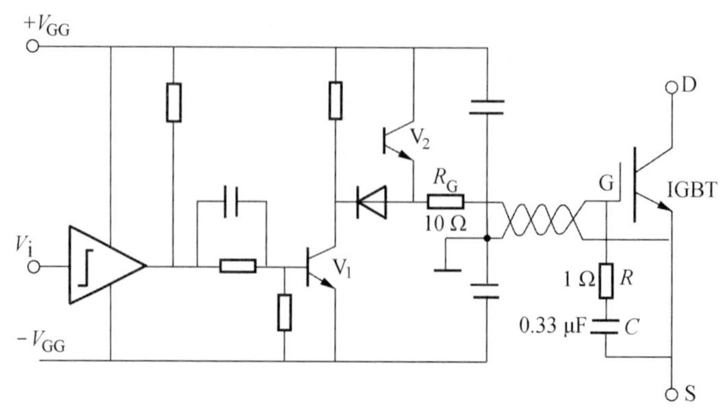

（a）阻尼滤波

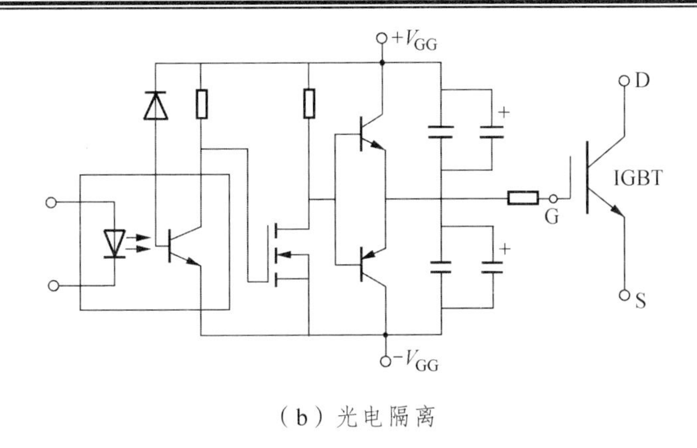

（b）光电隔离

图 3-11　IGBT 基极驱动电路

3）厚膜驱动电路

厚膜驱动电路是在阻容元件和半导体技术的基础上发展起来的一种混合集成电路。它是利用厚膜技术在陶瓷基片上制作模式元件和连接导线，将驱动电路的各元件集成在一块陶瓷基片上，使之成为一个整体部件。使用厚膜驱动电路给设计布线带来了很大的方便，可提高整机的可靠性和批量生产的一致性，同时也加强了技术的保密性。现在的厚膜驱动电路集成了很多保护电路和检测电路。

4）IGBT 集成化驱动电路

大多数 IGBT 生产厂家为了解决 IGBT 的可靠性问题，都生产与其配套的集成驱动电路。这些专用驱动电路抗干扰能力强，集成化程度高，速度快，保护功能完善，可实现 IGBT 的最优驱动。常用的有三菱公司的 M579 系列（如 M57962L 和 M57959L）和富士公司的 EXB 系列（如 EXB840、EXB841、EXB850 和 EXB851）。

目前，国内市场应用最多的 IGBT 驱动模块是富士公司开发的 EXB 系列，它包括标准型和高速型。EXB 系列驱动模块可以驱动全部的 IGBT 产品，特点是驱动模块内部装有 2 500 V 的高隔离电压的光耦合器，有过电流保护电路和过电流保护输出端子。另外，可以单电源供电。标准型的驱动电路信号延迟最大为 4 μs，高速型的驱动电路信号延迟最大为 1.5 μs（见图 3-12）。

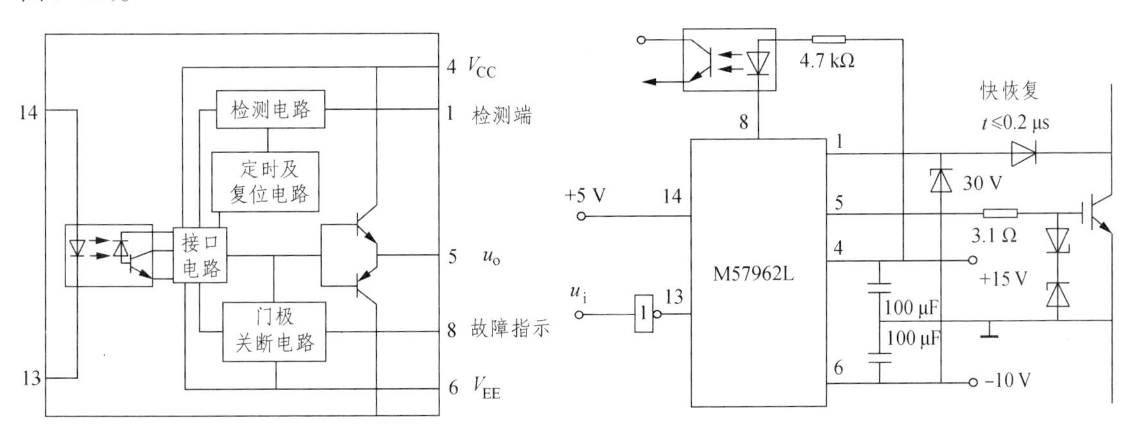

图 3-12　M57962L 型 IGBT 驱动器的原理和接线图

3. IGBT的保护电路

因为IGBT是由MOSFET和GTR复合而成的，所以IGBT的保护可按GTR、MOSFET保护电路来考虑，主要是栅源过电压保护、静电保护、采用*R*-*C*-VD缓冲电路等。另外，也应在IGBT电控系统中设置过压、欠压、过流和过热保护单元，以保证其安全可靠工作。应该指出，必须保证IGBT不发生擎住效应，具体做法是：实际中IGBT的最大电流不超过其额定电流。

1）缓冲电路

图3-13给出了几种用于IGBT桥臂的典型缓冲电路。其中，图3-13（a）是最简单的单电容电路，适用于50 A以下的小容量IGBT模块，由于电路无阻尼组件，易产生*LC*振荡，故应选择无感电容或串入阻尼电阻R_S；图3-13（b）是将*R*-*C*-VD缓冲电路用于双桥臂的IGBT模块上，适用于200 A以下的中等容量IGBT；在图3-13（c）中，将两个*R*-*C*-VD缓冲电路分别用在两个桥臂上，该电路将电容上过冲的能量部分送回电源，因此损耗较小，广泛应用于200 A以上的大容量IGBT。

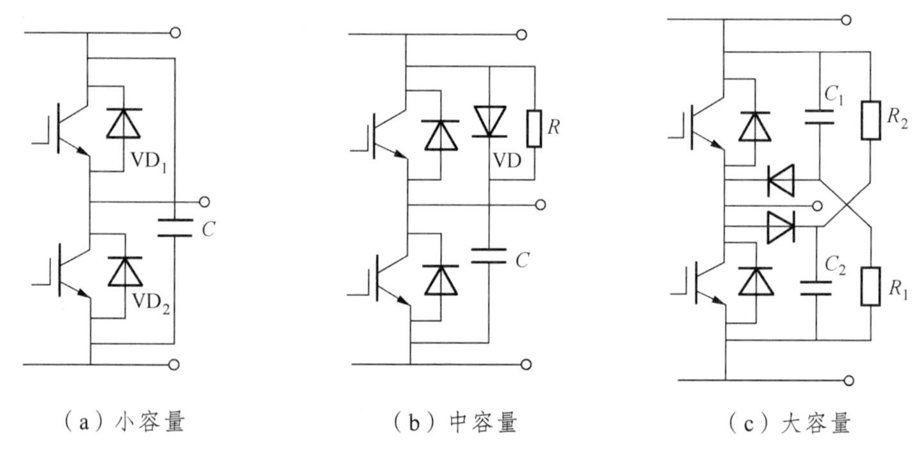

图3-13 IGBT桥臂的典型缓冲电路

2）IGBT的保护

过电流保护措施主要是检测出过电流信号后迅速切断栅极控制信号来关断IGBT。实际使用中，当出现负载电路接地、输出短路、桥臂某组件损坏、驱动电路故障等情况时，都可能使一桥臂的两个IGBT同时导通，使主电路短路，集电极电流过大，器件功耗增大。为此，就要求在检测到过电流后，通过控制电路产生负的栅极驱动信号来关断IGBT。尽管检测和切断过电流需要一定的时间延迟，但只要IGBT的额定参数选择合理，10 μs内的过电流一般不会使之损坏。

图3-14为采用集电极电压识别方法的过流保护电路。IGBT的集电极通态饱和压降U_{CES}与集电极电流I_C近似呈线性关系，I_C越大，U_{CES}越高，因此，可通过检测U_{CES}的大小来判断I_C的大小。图中，脉冲变压器的①、②端输入开通驱动脉冲，③、④端输入关断信号脉冲。IGBT正常导通时，U_{CE}低，C点电位低，VD导通并将M点电位钳位于低电平，晶体管V_2处于截止状态。若I_C出现过电流，则U_{CE}升高，C点电位升高，VD反向关断，M点电位便

随电容 C_M 充电电压上升，很快达到稳压管 V_1 阈值使 V_1 导通，进而使 V_2 导通，封锁栅极驱动信号，同时光耦合器 B 也发生过流信号。

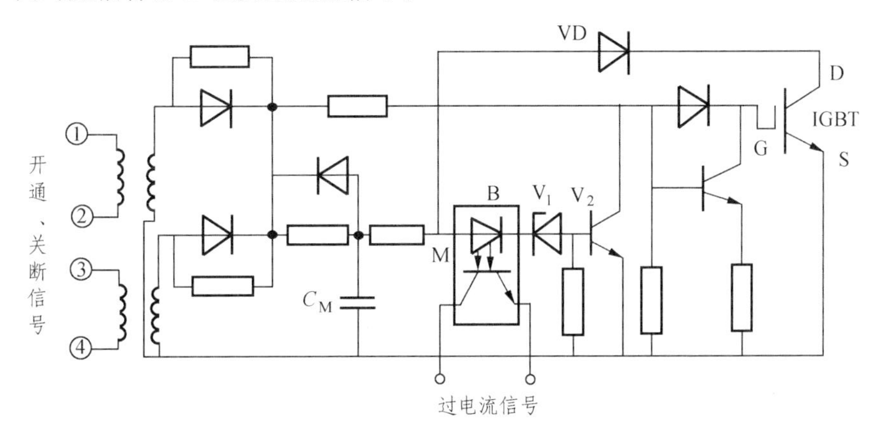

图 3-14　集电极电压识别方法的过流保护电路

为了避免 IGBT 过电流的时间超过允许的短路过电流时间，保护电路应当采用快速光耦合器等快速传送组件及电路。不过，切断很大的 IGBT 集电极过电流时，速度不能过快，否则会由于 di/dt 值过大，在主电路分布电感中产生过高的感应电动势，损坏 IGBT。为此，应当在允许的短路时间之内，采取低速切断措施将 IGBT 集电极电流切断。

3.3　逆变的基本概念和换流方式

3.3.1　逆变的基本概念

将直流电变换成交流电的电路称为逆变电路，根据交流电的用途可以分为有源逆变和无源逆变。有源逆变是把交流电回馈电网，无源逆变是把交流电供给不同频率需要的负载。无源逆变就是通常说到的变频。

3.3.2　逆变电路的换流方式

换流实质就是电流在由半导体器件组成的电路中不同桥臂之间的转移。常用的电力变流器的换流方式有以下几种：

1. 负载谐振换流

由负载谐振电路产生一个电压，在换流时关断已经导通的晶闸管，一般有串联和并联谐振逆变电路，或两者共同组成的串并联谐振逆变电路。在负载电流的相位超前于负载电压的场合，都可实现负载换流。

2. 强迫换流

附加换流电路，在换流时产生一个反向电压关断晶闸管。设置附加的换流电路，给欲关断的晶闸管强迫施加反压或反电流的换流方式称为强迫换流。

通常利用附加电容上所储存的能量来实现，因此也称为电容换流。由换流电路内电容直接提供换流电压的称为直接耦合式强迫换流。通过换流电路内的电容和电感的耦合来提供换流电压或换流电流的称为电感耦合式强迫换流。

图 3-15（a）中，当晶闸管 VT 处于通态时，预先给电容充电。当 S 合上，就可使 VT 被施加反压而关断，也叫电压换流。

图 3-15（b）中，先使晶闸管电流减为零，然后通过反并联二极管使其加上反向电压，也叫电流换流。

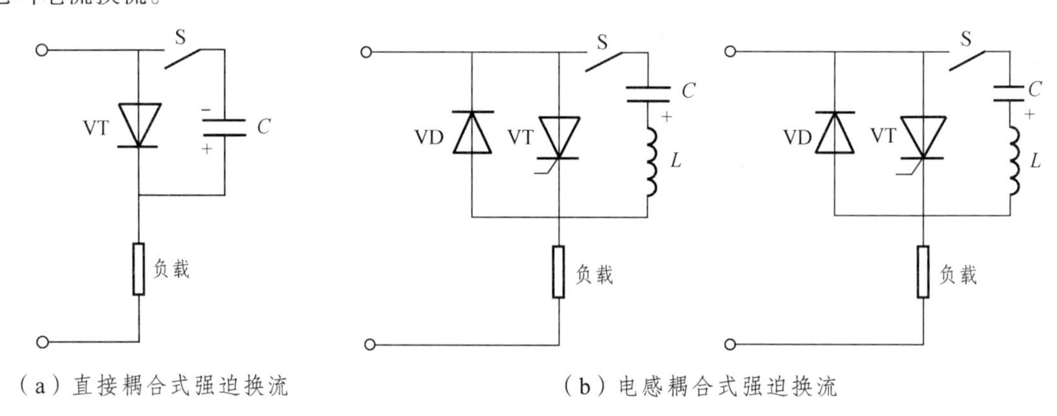

（a）直接耦合式强迫换流　　（b）电感耦合式强迫换流

图 3-15　强迫换流

3. 器件换流

利用全控型器件的自关断能力进行换流。在采用 IGBT、电力 MOSFET、GTO、GTR 等全控型器件的电路中的换流方式是器件换流。

4. 电网换流

将负的电网电压施加在欲关断的晶闸管上即可使其关断。不需要器件具有门极可关断能力，但不适用于没有交流电网的无源逆变电路。

以上几种换流方式的特点：

器件换流——适用于全控型器件。

其余三种方式——针对晶闸管。

器件换流和强迫换流——属于自换流。

电网换流和负载换流——属于外部换流。

当电流不是从一个支路向另一个支路转移，而是在支路内部终止流通而变为零，则称为熄灭。

3.3.3　逆变电路基本工作原理

逆变电路基本原理图和对应的波形图如图 3-16 所示。

（1）S_1、S_4 闭合，S_2、S_3 断开，输出 u_o 为正，反之，S_1、S_4 断开，S_2、S_3 闭合，输出 u_o 为负，这样就把直流电变换成交流电。

（2）改变两组开关的切换频率，可以改变输出交流电的频率。

（3）电阻性负载时，电流和电压的波形相同。电感性负载时，电流和电压的波形不相同，电流滞后电压一定的角度。

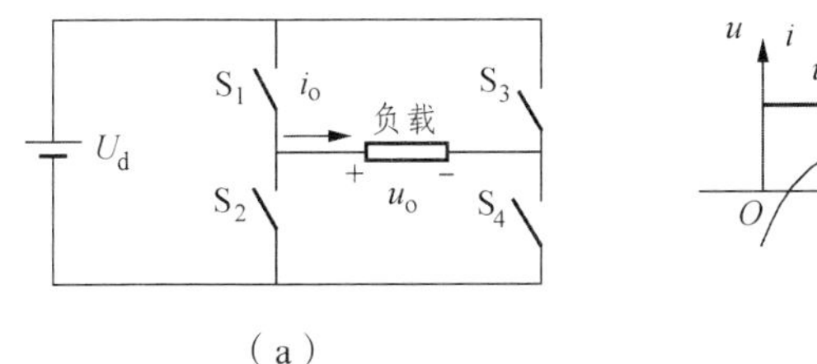

（a）

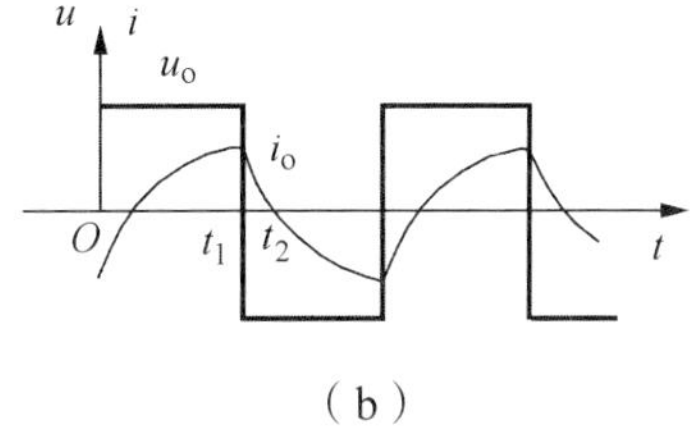

（b）

图 3-16　逆变电路原理示意图及波形

3.4　单相逆变电路

电路根据直流电源的性质不同，可以分为电流型、电压型逆变电路。

3.4.1　电压型逆变电路

直流侧并联大电容进行滤波的逆变电路，称为电压型逆变。由于直流侧并联大电容，直流电压基本无脉动。输出电压为矩形波，电流波形与负载有关。电感性负载时，需要提供无功。为了有无功通道，逆变桥臂需要反并联二极管。

1. 半桥电压型逆变电路

半桥电压型逆变电路共两个桥臂，见图 3-17。

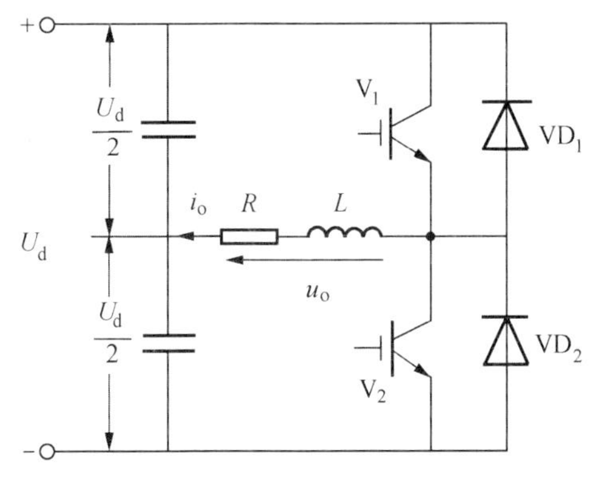

（a）半桥电压型电路

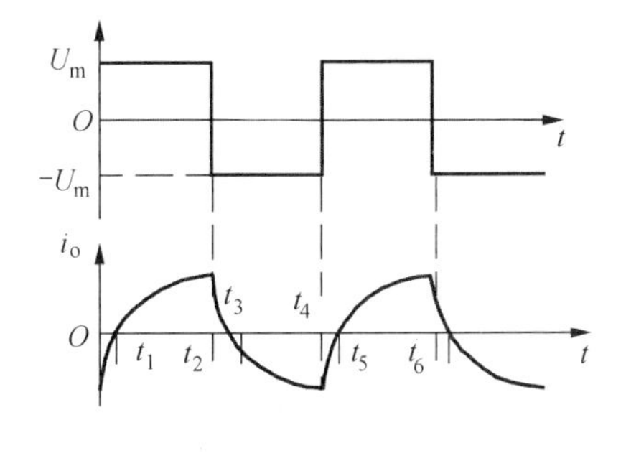

（b）半桥逆变波形

图 3-17　单相半桥电压型逆变电路及其工作波形

工作原理：V_1 和 V_2 栅极信号在一周期内各半周正偏、半周反偏，两者互补，输出电压 u_o 为矩形波，幅值为 $U_m = U_d/2$。

V_1 或 V_2 通时，i_o 和 u_o 同方向，直流侧向负载提供能量；VD_1 或 VD_2 通时，i_o 和 u_o 反向，电感中存储的能量向直流侧反馈。VD_1、VD_2 称为反馈二极管，它又起着使负载电流连续的作用，又称续流二极管。

半桥电压型逆变电路的优点：电路简单，使用器件少。

半桥电压型逆变电路的缺点：输出交流电压幅值为 $U_d/2$，且直流侧需两电容器串联，要控制两者电压均衡。

一般用于几千瓦以下的小功率逆变电源。

2. 全桥电压型逆变电路

全桥型逆变电路共四个桥臂，可看成两个半桥电路组合而成。两对桥臂交替导通 180°。输出电压和电流波形与半桥电路形状相同，幅值高出一倍。改变输出交流电压的有效值只能通过改变直流电压 U_d 来实现（见图 3-18）。

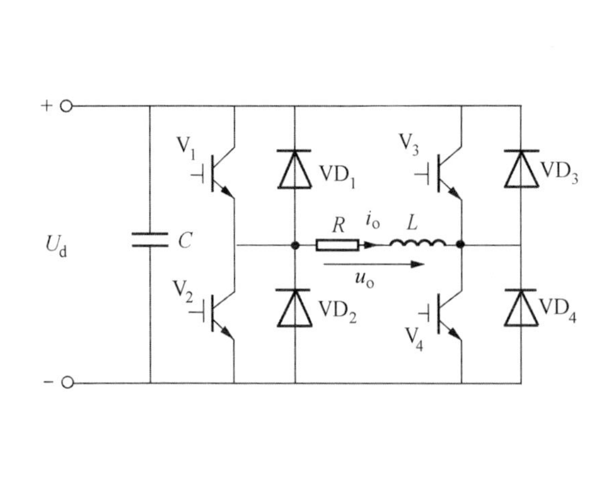

（a）全桥电压型电路

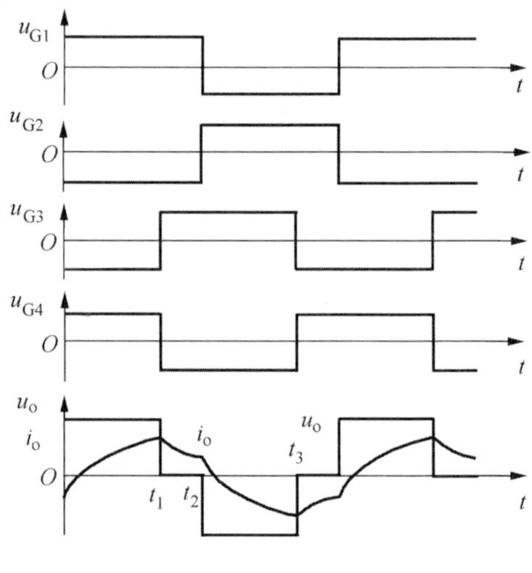

（b）全桥逆变波形

图 3-18 全桥电压型逆变电路与波形

3.4.2 电流型逆变电路

1. 电流型逆变电路的特点

单相电流型逆变电路的基本特点：

（1）直流侧串联大电感，直流电源电流基本无脉动。

（2）交流侧电容用于吸收换流时负载电感的能量。这种电路的换流方式一般有强迫换流和负载换流。

（3）输出电流为矩形波，电压波形与负载有关。

（4）直流侧电感起到缓冲无功能量的作用，晶闸管两端不需要反并联二极管（见图 3-19）。

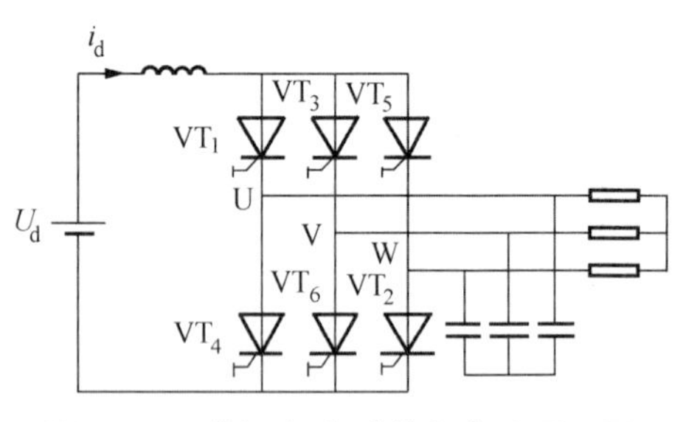

图 3-19 单相电流型逆变电路原理图

2. 单相电流型逆变电路的工作原理

1）电路结构

电路结构如图 3-20 所示。

桥臂串入 4 个电感器，用来限制晶闸管开通时的电流上升率 di/dt。

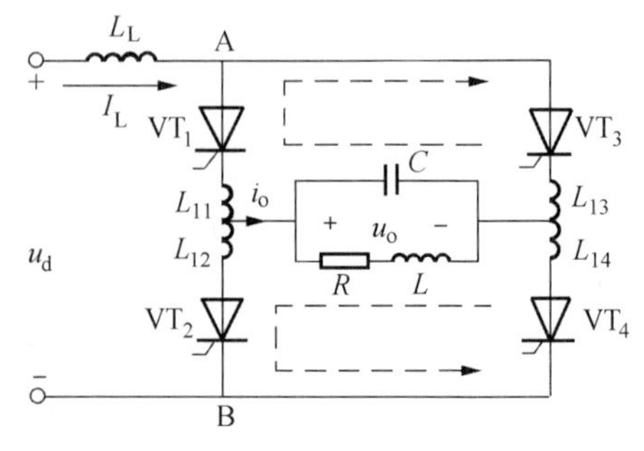

图 3-20 单相电流型逆变电路结构

$VT_1 \sim VT_4$以 1 000 ~ 5 000 Hz 的中频轮流导通，可以在负载上得到中频电流。

采用负载换流方式，要求负载电流要超前电压一定的角度。负载一般是电磁感应线圈，用来加热线圈的导电材料。等效为 R、C 串联电路。

并联电容 C，主要为了提高功率因数。同时，电容 C 和 R、L 可以构成并联谐振电路，因此，这种电路也叫并联谐振式逆变电路。

输出电流波形接近矩形波，含基波和各奇次谐波，且谐波幅值远小于基波。

2）工作原理

输出的电流波形接近矩形波，含有基波和高次谐波，且谐波的幅值小于基波的幅值。波形如图 3-21 所示。

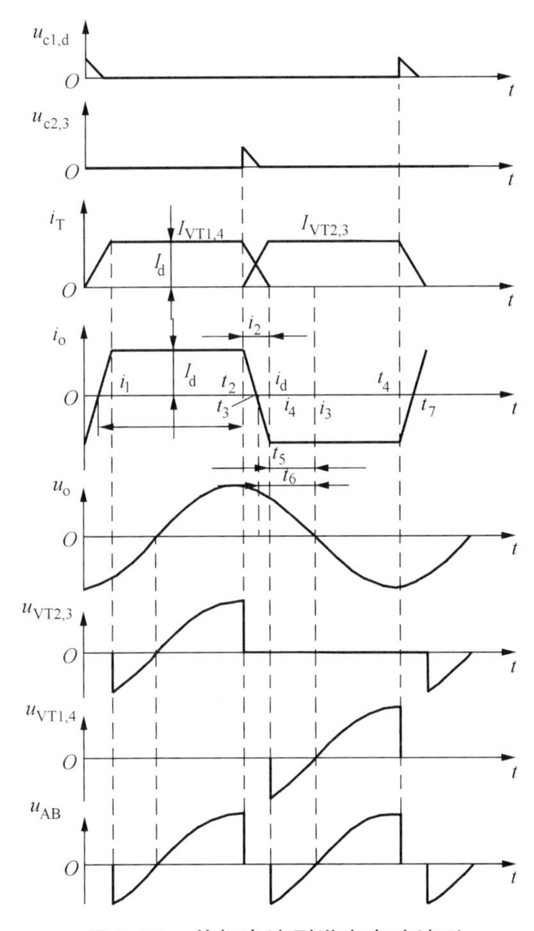

图 3-21　单相电流型逆变电路波形

基波频率接近负载谐振的频率，负载对基波呈高阻抗。对谐波呈低阻抗，谐波在负载的压降很小。因此，负载的电压波形接近于正弦波。一个周期中，有两个导通阶段和两个换流阶段。

$t_1 \sim t_2$阶段，VT_1、VT_4稳定导通阶段，$i_o = I_d$；t_2时刻以前在电容 C 建立左正右负的电压。

$t_2 \sim t_4$：t_2时刻触发 VT_2、VT_3，进入换流阶段。L_T使 VT_1、VT_4不能立即关断，电流有一个减小的过程。VT_2、VT_3的电流有一个增大的过程。

4 个晶闸管全部导通。负载电容电压经过两个并联的放电回路放电。L_{T1}—VT_1—VT_3—L_{T3}—C，另一条：L_{T2}—VT_2—VT_4—L_{T4}—C。

$t=t_4$ 时刻，VT_1、VT_4 的电流减小到零而关断，换流过程结束。$t_4\sim t_2$ 称为换流时间。t_3 时刻位于 $t_2\sim t_4$ 的中间位置。

为了可靠关断晶闸管，不导致逆变失败，晶闸管需要一段时间才能恢复阻断能力，换流结束以后，还要让 VT_1、VT_4 承受一段时间的反向电压。这个时间称为 $t_\beta=t_5-t_4$，t_β 应该大于晶闸管的关断时间 t_q。

为了保证可靠换流。应该在电压 u_o 过零前 $t_\delta=t_5-t_2$ 触发 VT_2、VT_3。t_δ 称为触发引前时间，$t_\delta=t_\beta+t_\gamma$，电流 i_o 超前电压 U_o 的时间为：$t_\varphi=t_\beta+0.5t_\gamma$。

3）基本数量分析

如果不计换流时间，输出电流的傅立叶展开式为

$$i_o=\frac{4I_\sigma}{\pi}\left(\sin\omega t+\frac{1}{3}\sin 3\omega t+\frac{1}{5}\sin 5\omega t+\cdots\right) \tag{3-1}$$

其中，基波电流的有效值为

$$I_{o1}=\frac{4I_\sigma}{\sqrt{2}\pi}=0.9I_\sigma \tag{3-2}$$

负载电压的有效值与直流输出电压的关系为

$$U_o=\frac{\pi U_d}{2\sqrt{2}\cos\varphi}=1.11\frac{U_d}{\cos\varphi} \tag{3-3}$$

3.5 三相逆变电路

3.5.1 三相电压型逆变电路

电压型三相逆变电路的工作原理如图 3-22 所示。

逆变器 $V_1\sim V_6$ 把直流电转变成频率可调的三相交流电，供三相异步电机使用。控制 $V_1\sim V_6$ 的逻辑导通顺序，使它们以某个频率导通，则会输出一个三相交流电源，使电机工作。为了对 $V_1\sim V_6$ 进行保护，给每个逆变器件分别并联了一个续流二极管，当电动机进入制动运行状态后，产生的电流可以经过续流二极管将电能消耗在能耗电阻 R_B 上。每个逆变器件两端还并联了 R-C-VD 缓冲保护回路，可以对器件开通与关断过程中产生的过电压进行缓冲与吸收。

如图 3-22（b）所示，每桥臂导电 180°，同一相上下两臂交替导电，各相开始导电的角度差 120°。任一瞬间有三个桥臂同时导通。每次换流都是在同一相上下两臂之间进行，也称为纵向换流。逆变后的三相线电压波形如图 3-22（c）所示。

工作过程分析（见图 3-23）：

（1）$T_1\sim T_2$ 时间内，V_1、V_4 同时导通，U 为 +，V 为 −，U_{UV} 为 +，且 $U_m=U_d$。

（2）$T_4\sim T_5$ 时间内，V_2、V_5 同时导通，U 为 −，V 为 +，U_{UV} 为 −，且 $U_m=-U_d$。

（3）$T_3 \sim T_4$时间内，V_3、V_6同时导通，V 为 +，W 为 −，U_{VW}为 +，且$U_m = U_d$。
（4）$T_6 \sim T_1$时间内，V_4、V_5同时导通，V 为 −，W 为 +，U_{VW}为 −，且$U_m = -U_d$。
（5）$T_5 \sim T_6$时间内，V_5、V_2同时导通，W 为 +，U 为 −，U_{WU}为 +，且$U_m = U_d$。
（6）$T_2 \sim T_3$时间内，V_1、V_6同时导通，W 为 −，U 为 +，U_{WU}为 −，且$U_m = -U_d$。

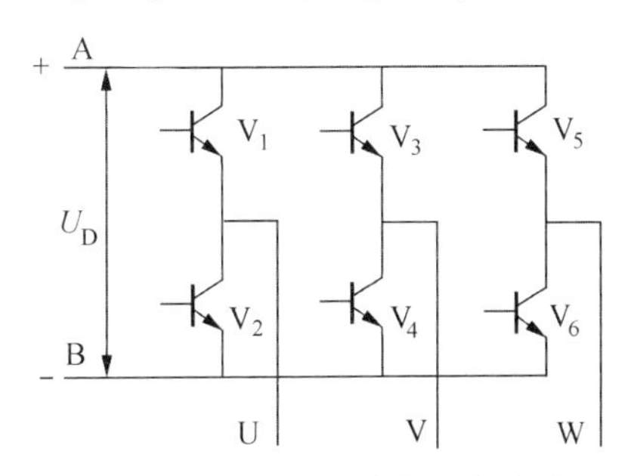

（a）两电平电压型逆变器主电路

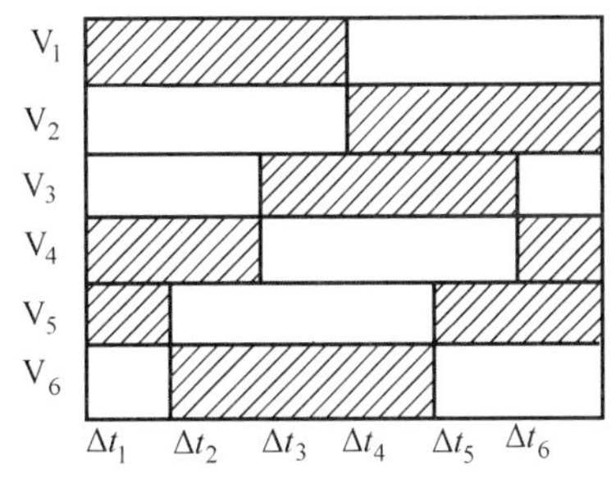

（b）开关器件导通逻辑

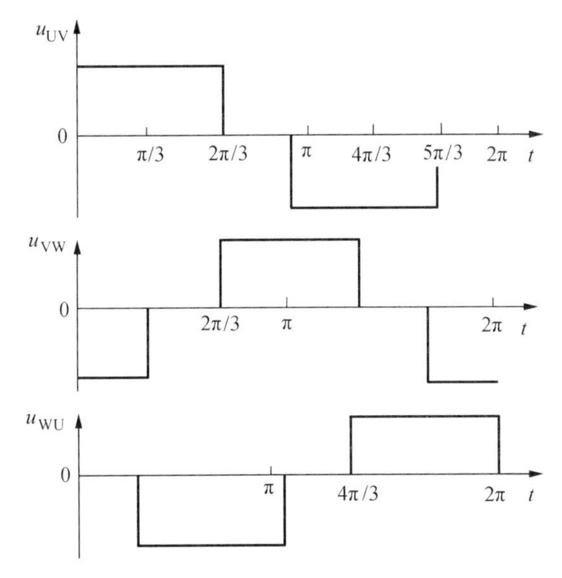

（c）逆变后的电压波形

图 3-22　三相电压型逆变器的工作原理

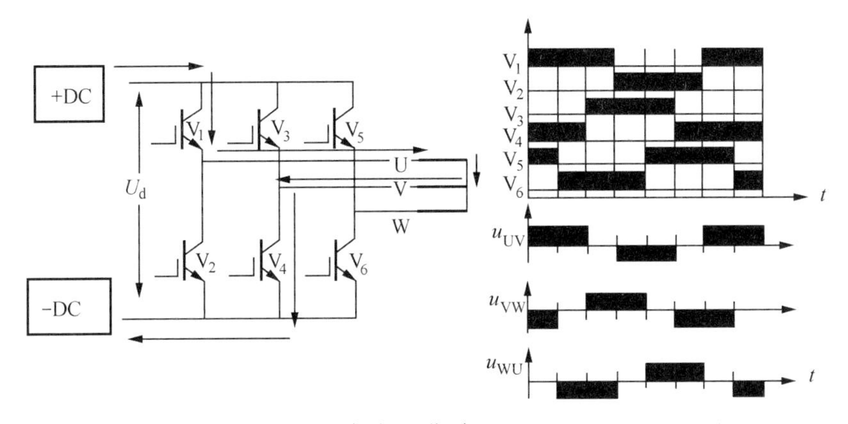

（a）工作过程 1

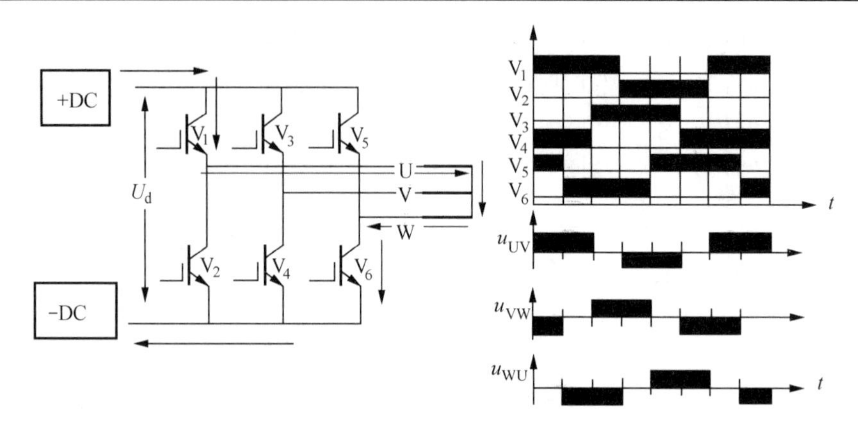

（b）工作过程 6

图 3-23 三相电压型逆变工作过程

3.5.2 三相电流型逆变电路

图 3-24 为三相电流型逆变电路的结构与波形。

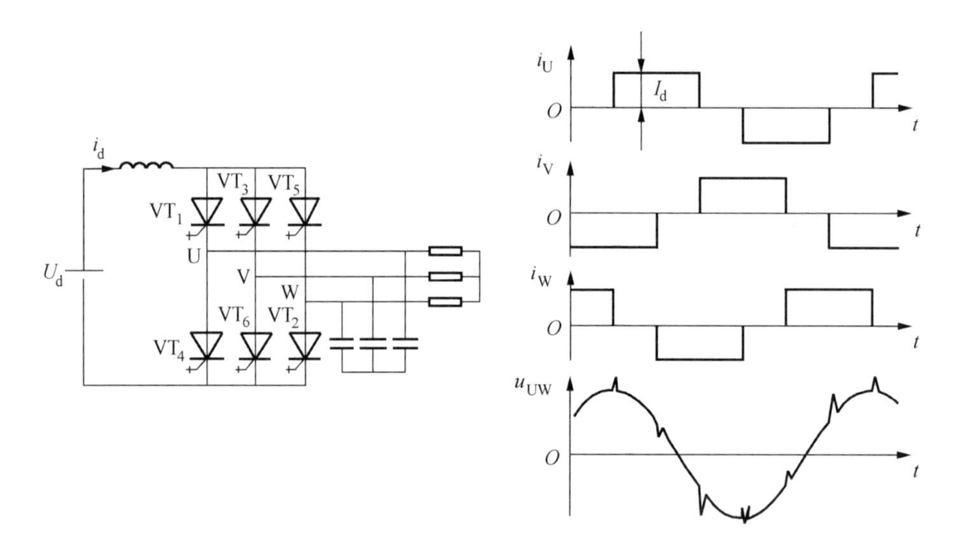

图 3-24 三相电流型逆变电路的结构与波形

1. 电路分析

基本工作方式是 120° 导电方式——每个臂一周期内导电 120°，每个时刻上下桥臂组各有一桥臂导通，换流方式为横向换流。

2. 波形分析

输出电流波形和负载性质无关，为正负脉冲各 120° 的矩形波。输出电流和三相桥整流带大电感负载时的交流电流波形相同，谐波分析表达式也相同。输出线电压波形和负载性质有关，大体为正弦波。

3.6 逆变电路的 PWM 控制

PWM（Pulse Width Modulation）控制就是脉宽调制技术，即通过对一系列脉冲宽度的调制，来等效地获得所需要的波形（含形状和幅值）。

3.6.1 PWM 控制基本原理

在采样控制理论中有一个重要结论：冲量（脉冲的面积）相等而形状不同的窄脉冲，如图 3-25 所示，分别加在具有惯性环节的输入端，其输出响应的波形基本相同，也就是说尽管脉冲形状不同，但只要脉冲的面积相等，其作用的效果基本相同，这就是 PWM 控制的重要理论依据。如图 3-26 所示，一个正弦半波完全可以用等幅不等宽的脉冲列来等效，但必须做到正弦半波所等分的 7 块阴影面积与相对应的 7 个脉冲的阴影面积相等，其作用的效果就基本相同，对于正弦波的负半周，用同样方法可得到 PWM 波形来取代正弦负半波。

在 PWM 波形中，各脉冲的幅值是相等的，若要改变输出电压等效正弦波的幅值，只要按同一比例改变脉冲列中各脉冲的宽度即可。所以 U_d 直流电源采用不可控整流电路获得，不但使电路输入功率因数接近于 1，而且整个装置控制简单，可靠性高。

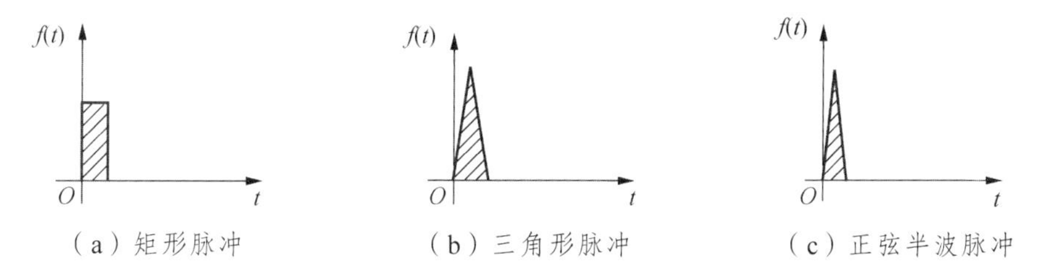

（a）矩形脉冲　（b）三角形脉冲　（c）正弦半波脉冲

图 3-25　形状不同而冲量相同的各种窄脉冲

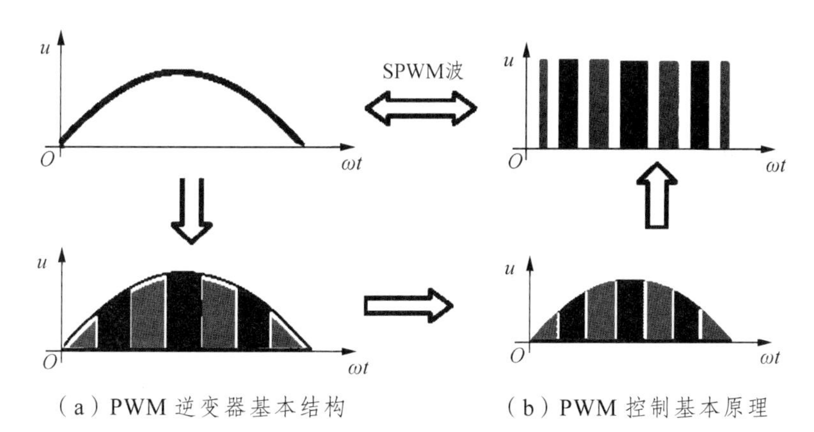

（a）PWM 逆变器基本结构　（b）PWM 控制基本原理

图 3-26　PWM 控制的基本原理示意图

将一个正弦半波电压分为 N 等份，并把正弦曲线每一等份所包围的面积都用一个与其面积相等的等幅矩形脉冲来代替，且矩形脉冲的中点与相应正弦等份的中点重合，得到脉冲列，这就是 PWM 波。正弦波的另外半波也用同样的办法来等效，就可以得到与正弦波等效的脉宽调制波，又称其为 SPWM。SPWM 波在变频电路中被广泛采用。SPWM 即正弦 PWM。具体来说，在进行脉宽调制时，使脉冲系列的占空比按正弦规律变化。当正弦值为最大值时，脉冲的宽度也最大，而脉冲间的间隔最小，反之，当正弦值较小时，脉冲的宽度也小，而脉冲间的间隔则较大。电压脉冲序列宽度按正弦规律变化的 PWM 波形，称为正弦波脉宽调制。

根据采样控制理论，N 值越高（即脉冲频率越高），SPWM 越接近正弦波，但脉冲频率一方面受变频器中开关器件工作频率的限制；另一方面频率太高，电磁干扰增大，会带来一些新的问题。

实际应用中 SPWM 波的形成即调制方法：

$$\begin{cases}\text{调制波}u_r\text{：所希望生成的正弦波}\\ \text{载波}u_T\text{：等腰三角波或锯齿波}\end{cases}$$

利用载波和调制波相比较的方式来确定脉宽和间隔。

下面分别介绍单相和三相 PWM 型变频电路的控制方法与工作原理。

3.6.2 单相桥式 PWM 变频电路工作原理

电路如图 3-27 所示，采用 GTR 作为逆变电路的自关断开关器件。设负载为电感性，控制方法可以有单极性与双极性两种。

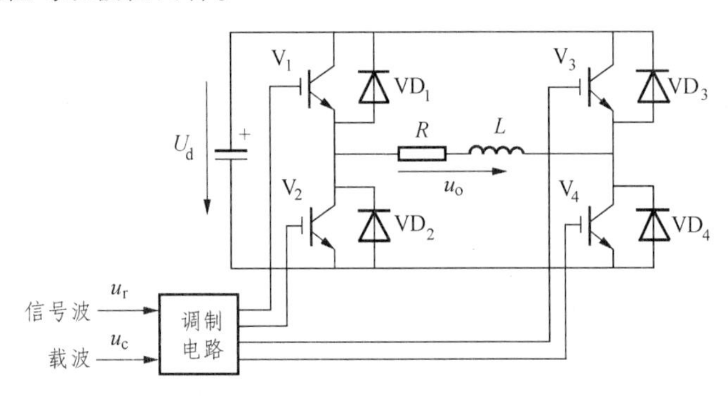

图 3-27 单相桥式 PWM 变频电路

1. 单极性 PWM 控制方式工作原理

按照 PWM 控制的基本原理，如果给定了正弦波频率、幅值和半个周期内的脉冲个数，PWM 波形各脉冲的宽度和间隔就可以准确地计算出来。依据计算结果来控制逆变电路中各开关器件的通断，就可以得到所需要的 PWM 波形，但是这种计算很烦琐，较为实用的方法是采用调制控制，如图 3-28（a）所示，把所希望输出的正弦波作为调制信号 u_r，把接受调制的等腰三角形波作为载波信号 u_c。对逆变桥 $V_1 \sim V_4$ 的控制方法是：

（1）当 u_r 正半周时，让 V_1 一直保持通态，V_2 保持断态。在 u_r 与 u_c 正极性三角波交点处控制 V_4 的通断，在 $u_r > u_c$ 各区间，控制 V_4 为通态，输出负载电压 $u_o = U_d$。在 $u_r < u_c$ 各区间，控制 V_4 为断态，输出负载电压 $u_o = 0$，此时负载电流可以经过 VD_3 与 V_1 续流。

（2）当 u_r 负半周时，让 V_2 一直保持通态，V_1 保持断态。在 u_r 与 u_c 负极性三角波交点处控制 V_3 的通断。在 $u_r < u_c$ 各区间，控制 V_3 为通态，输出负载电压 $u_o = -U_d$。在 $u_r > u_c$ 各区间，控制 V_3 为断态，输出负载电压 $u_o = 0$，此时负载电流可以经过 VD_4 与 V_2 续流。

逆变电路输出的 u_o 为 PWM 波形，如图 3-28（a）所示，u_{of} 为 u_o 的基波分量。由于在这种控制方式中的 PWM 波形只能在一个方向变化，故称为单极性 PWM 控制方式。

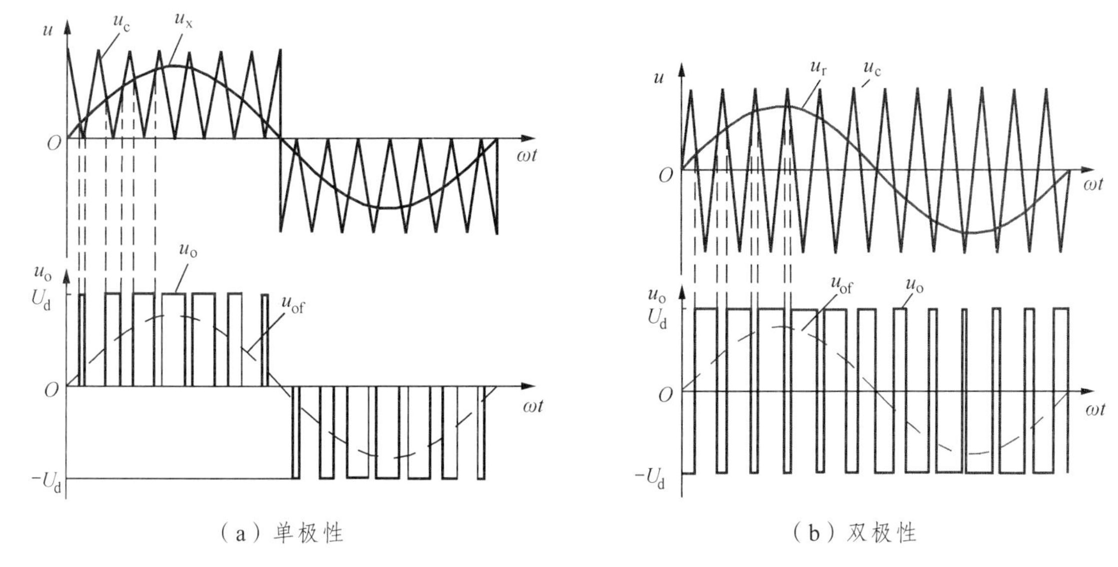

（a）单极性　　　　　　（b）双极性

图 3-28　PWM 控制方式原理波形

2. 双极性 PWM 控制方式工作原理

电路仍然是图 3-27，调制信号 u_r 仍然是正弦波，而载波信号 u_c 改为正负两个方向变化的等腰三角形波，如图 3-28（b）所示。对逆变桥 $V_1 \sim V_4$ 的控制方法是：

（1）在 u_r 正半周，当 $u_r > u_c$ 的各区间，给 V_1 和 V_4 导通信号，而给 V_2 和 V_3 关断信号，输出负载电压 $u_o = U_d$。在 $u_r < u_c$ 的各区间，给 V_2 和 V_3 导通信号，而给 V_1 和 V_4 关断信号，输出负载电压 $u_o = -U_d$。这样逆变电路输出的 u_o 为两个方向变化等幅不等宽的脉冲列。

（2）在 u_r 负半周，在 $u_r < u_c$ 的各区间，给 V_2 和 V_3 导通信号，而给 V_1 和 V_4 关断信号，输出负载电压 $u_o = -U_d$。在 $u_r > u_c$ 的各区间，给 V_1 和 V_4 导通信号，而给 V_2 与 V_3 关断信号，输出负载电压 $u_o = U_d$。

双极性 PWM 控制的输出 u_o 波形，如图 3-28（b）所示，它为两个方向变化等幅不等宽的脉列。

3.6.3　三相桥式 PWM 变频电路的工作原理

电路如图 3-29 所示，本电路采用 GTR 作为电压型三相桥式逆变电路的自关断开关器件，负载为电感性。从电路结构上看，三相桥式 PWM 变频电路只能选用双极性控制方式，其工作原理如下。

三相调制信号 u_{rU}、u_{rV} 和 u_{rW} 为相位依次相差 120° 的正弦波，而三相载波信号是共用一个正负方向变化的三角形波 u_c，如图 3-30 所示。U、V 和 W 相自关断开关器件的控制方法相同，现以 U 相为例：在 $u_{rU} > u_c$ 的各区间，给上桥臂电力晶体管 V_1 以导通驱动信号，而给下桥臂 V_4 以关断信号，于是 U 相输出电压相对直流电源 U_d 中性点 N′ 为 $u_{UN'} = U_d/2$。在 $u_{rU} < u_c$ 的各区间，给 V_1 以关断信号，V_4 为导通信号，输出电压 $u_{UN'} = -U_d/2$。图 3-30 所示的 $u_{UN'}$ 波型就是三相桥式 PWM 逆变电路，U 相输出的波形（相对 N′ 点）。

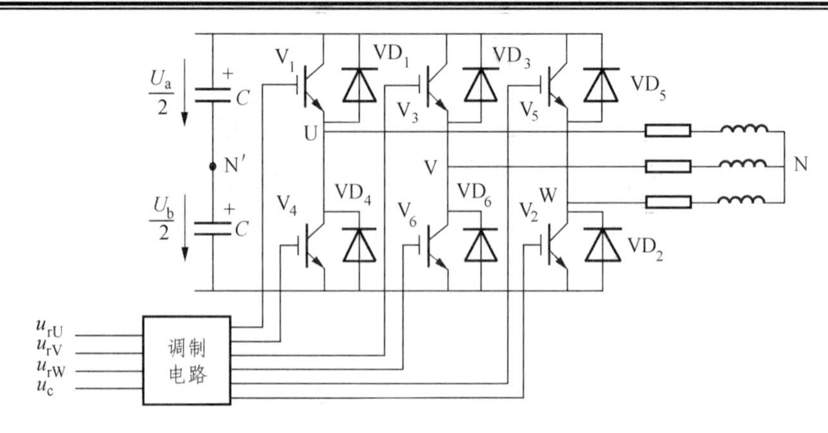

图 3-29 三相桥式 PWM 变频电路

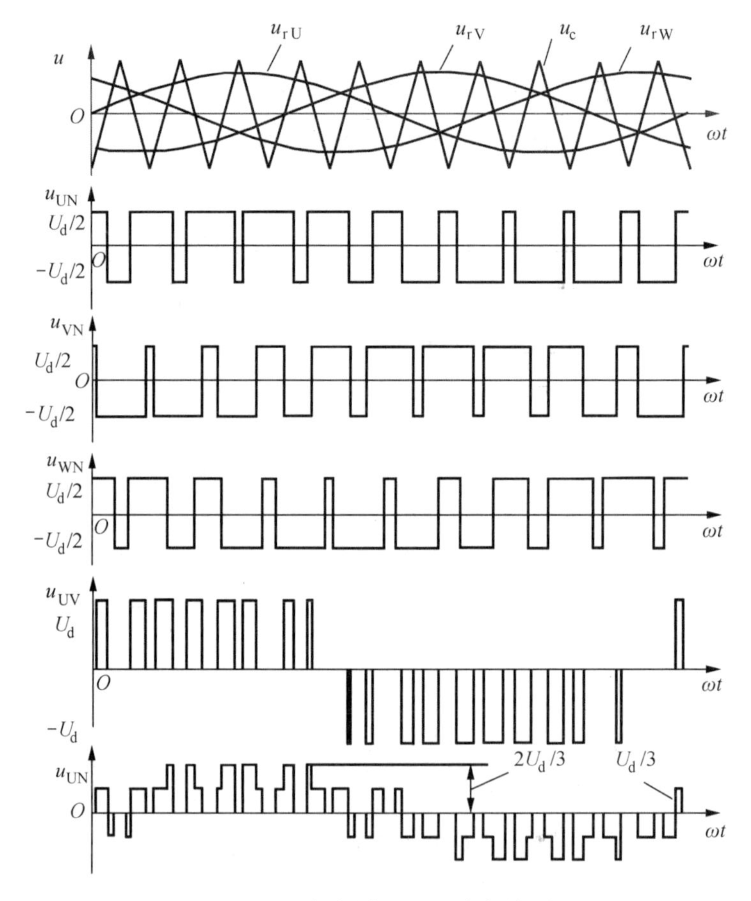

图 3-30 三相桥式 PWM 变频波形

电路中 VD_1 ~ VD_6 二极管为电感性负载换流过程提供续流回路，其他两相的控制原理与 U 相相同。三相桥式 PWM 变频电路的三相输出的 PWM 波形分别为 $u_{UN'}$、$u_{VN'}$和 $u_{WN'}$，如图 3-27 所示。U、V 和 W 三相之间的线电压 PWM 波形以及输出三相相对于负载中性点 N 的相电压 PWM 波形，读者可按下列计算式求得

$$u_{UV} = u_{UN'} - u_{VN'} \tag{3-4}$$

线电压 $$\begin{cases} u_{VW}=u_{VN'}-u_{WN'} \\ u_{WU}=u_{WN'}-u_{UN'} \end{cases} \tag{3-5}$$

相电压 $$\begin{cases} u_{UN}=u_{UN'}-\dfrac{1}{3}(u_{UN'}+u_{VN'}+u_{WN'}) \\ u_{VN}=u_{VN'}-\dfrac{1}{3}(u_{UN'}+u_{VN'}+u_{WN'}) \\ u_{WN}=u_{WN'}-\dfrac{1}{3}(u_{UN'}+u_{VN'}+u_{WN'}) \end{cases} \tag{3-6}$$

三相 PWM 桥式逆变电路的特点如下：

输出线电压 PWM 波由 $\pm U_d$ 和 0 三种电平构成。

负载相电压 PWM 波由（$\pm 2/3$）U_d、（$\pm 1/3$）U_d 和 0 共 5 种电平组成。

防直通的死区时间：同一相上下两臂的驱动信号互补，为防止上下臂直通而造成短路，留一小段上下臂都施加关断信号的死区时间，经过 Δt 的延时才给另一个施加导通信号。死区时间的长短主要由开关器件的关断时间决定。死区时间会给输出的 PWM 波带来影响，使其稍稍偏离正弦波。

任务二　城轨车辆牵引电机

【学习目标】

（1）了解城轨车辆交流牵引异步电机的结构及其作用与特点。
（2）掌握城轨车辆牵引电机的工作原理及特性。
（3）掌握城轨车辆交流牵引电机的调速方式。

【任务导入】

牵引电机主要为城轨车辆提供动力，本任务主要介绍城轨车辆牵引异步电机的特性与工作原理。

3.7　三相牵引异步电机的结构

3.7.1　牵引电机的结构

城轨车辆牵引电机的结构如图 3-31 所示，由定子、转子、轴承、端盖、接线盒、内外止挡、端护罩组成。

定子如图 3-32 所示。构架是全焊接结构，由磁损较低的钢构成，叠放在两块强度较大的机加工过的钢板中间。组装的机械参数通过四个纵向的梁实现，在磁性叠加的角进行消磁，对接焊到端板上，并且要沿着整个磁路的外部进行焊接。

图 3-31 城轨车辆牵引电机实物

图 3-32 牵引电机的定子

定子绕组由从一个扁平导体开始的金刚石线圈构成。该导体通过浇铸一种聚酰亚胺进行绝缘。用于线路接地电压的线圈是通过连续浇铸玻璃云母带进行绝缘。线圈在定子槽内进行消磁，该定子槽已经使用一种“Nomex Kapton”衬套进行了保护。槽形钥匙由充满聚酰亚胺树脂的玻璃纤维组成，安装后，线圈通过高温点铜焊进行连接。然后用一个无硅溶剂的树脂对整个绕组进行 VPI 处理。整个系统符合 210 级温升指数（大气温度达到 40 °C 时的温升限值为 200 K）。

转子如图 3-33 所示，由磁堆构成，热安装到轴上，并压在两个端板之间。转子笼由连在一起的铜柱和环通过高频感铜焊连接而成。柱直接叠加在最后梯形区。环由铬-锆铜锻造成要求的尺寸，并进行热处理保证最终的机械性能。电机在最高的实际质量指数保持动态平衡。转子轴由高强度的合金钢构成，轴端部的锥度为 2%。

电机通过安装在电机非牵引端的外置式风扇进行冷却。气流进入到磁堆外围的热交换通道。电机的设计保证低噪声，没有正弦波音。轴承的设计寿命大于 1 500 000 kms。轴承使用高热油脂进行润滑。一个油脂嘴可以在 150 000 kms 后定期给轴承再涂油。在连接箱内实现电连接（见表 3-1）。

图 3-33　牵引电机的转子

表 3-1　牵引电机（1TB2010—0GA02）技术参数

技术参数（单位）	连续定额	小时定额
输出功率 P_M / kW	190	210
额定电压 U_N / V	1 050	1 050
额定电流 I_N / A	132（1 800 min^{-1}）	144（1 800 min^{-1}）
额定转矩 T_N / N·m	1 008	1 114
最大转速 n_{MAX} /（r/min）	3 510	3 510

3.7.2　城轨牵引电机的特点

（1）由于异步牵引电机运行时，需承受来自线路的强烈振动，因此需采用比普通异步电机较大的气隙（通常为 1.5 ~ 2.5 mm）。

（2）定子槽型一般采用开口型，这样可以用成型绕组以获得良好的绝缘性能，增加运行的可靠性。对于选用气隙较小的电机，可在定子槽口开通风槽口，这样可增加通风效果，同时还可以增加电机漏抗，减小谐波电流的影响。

（3）定、转子铁心冲片选用 0.5 mm 厚的高导磁、低损耗的冷轧硅钢片，要求内、外圆同时落料，以保证气隙的均匀度。转子铁心内孔与轴用热套固定，取消键槽配合，以满足牵引电机频繁正反启动的要求。

（4）鼠笼转子的导条与端环间的连接用感应加热银铜钎焊，对于转速较大的牵引电机，可在端环外侧热套非磁性护环，以增加强度和刚度。

（5）采用耐热等级高、厚度薄的聚酰亚胺薄膜和云母带作绝缘。并通常选用 C 级绝缘材料作 H 级温升使用，以提高电机热可靠性。

（6）使用绝缘轴承，阻止由于三相电流不平衡时产生的轴电流流过轴承，避免轴承受到电腐蚀，保证轴承寿命。

（7）为配合变频调速系统进行转速（差）死循环控制和提高控制精度，在电机内部应考虑装设非接触式转速检测器。

（8）为适应高速列车运行需要，异步牵引电机大多采用全悬挂方式（或称架承式悬挂），这种悬挂方式的优点是电机的全部重量都在簧上，大大减少了冲击和振动对电机的影响。架承式电机又分为实心轴和空心轴两种传动方式。实心轴传动多用于中型牵引电机，如德国西门子公司在地铁车辆上设计专用的球形万向联轴节，置于轴伸和小齿轮中间，以补偿运行中轮对和电机间的相对垂直位移，避免电机承受弯矩和轴向力，延长轴承寿命。空心轴多用于电力机车用的大容量的牵引电机，动轴两端采用齿形联轴节结构，便于拆装。

3.7.3 牵引电机的测试

1. 绝缘电阻测试（见表 3-2）

表 3-2 牵引电机绝缘电阻的测试

目的	用兆欧表测试回路与地之间的电气阻抗
测试条件	如有可能，绝缘测试应在部件的工作温度环境下进行； 如无可能，也可在室温下进行。 每次测试时，应记录下当时的温度与湿度
测试步骤	当测试电机回路时： 从当前的线路中断开测试回路； 断开所有可能造成对地或对其他回路短路的连接； 断开所有不能承受测试电压的器件
测试步骤	在设备大修过程中： 每次清洁并干燥定子线圈后； 电机最终装配后。 在运行过程中： 打火、接地跳闸或熔丝爆断后
测试工具	兆欧表： 1～3 000 MW（1 000 V 或 2 500 VDC） 要将给设备或回路供电的发电机电压考虑在内
合格标准	允许的最小绝缘电阻值为： 定子线圈及端子箱≥5 MΩ

2. 空载测试（见表 3-3）

表 3-3 牵引电机的空载测试

目　的	测试的目的是检查以下几点： 转子旋转方向（见接线车图）、异常的轴承噪声、风扇噪声、过热
时　间	15 min
电　源	变频器 20 kW/380 V
步　骤	将电机的转速调成 1 000 r/min，检查电机运转是否正常； 测试完成后检查轴承温度。 最大温升： 滚柱轴承侧　158 °F（70 °C） 滚珠轴承侧　122 °F（50 °C）

3.8　三相牵引异步电机的特性

3.8.1　三相牵引异步电机的转差率和转速

三相异步电机最基本的工作原理之一是在气隙中建立旋转和正弦分布的磁场。旋转磁场的同步转速 n_0 与电机转子转速 n 之差与旋转磁场的同步转速之比称为转差率 s：

$$s=\left(\frac{n_0-n}{n_0}\right)\times100\% \tag{3-7}$$

异步电机的转速为

$$n=n_s(1-s)=(60f_1/p)(1-s) \tag{3-8}$$

式中　f_1——定子频率，Hz；
p——电机极对数；
s——转差率。

3.8.2　交流牵引电机的等效电路

异步电机本质上可看成一个具有旋转和短路次级绕组的三相变压器，其等效电路如图 3-34 所示。

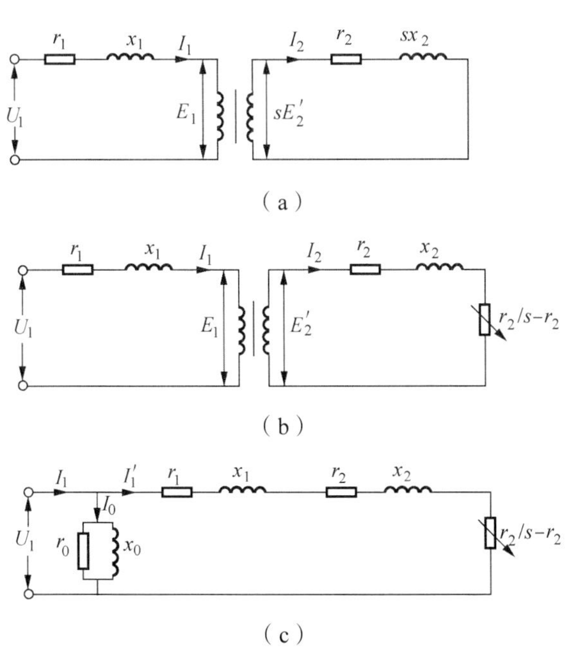

图 3-34　三相交流异步电机的等效电路

转子电流：

$$I_2=\frac{sE_2'}{\sqrt{r_2^2+(sX_2)^2}}=\frac{E_2'}{\sqrt{\left[r_2+(r_2/s-r_2)\right]^2+X_2^2}} \tag{3-9}$$

3.8.3 负载电流

根据图 3-34 所示每相等效电路，可以求出感应电机的各项特性。

一次负载电流：

$$I_1' = \frac{U_1}{\sqrt{(r_1 + r_2 / s)^2 + (X_1 + X_2)^2}} \tag{3-10}$$

一次电流：

$$I_1 = I_1' + I_0 \tag{3-11}$$

式中，I_0为励磁电流。

3.8.4 功　率

由定子向转子输入的电磁功率为 P_2，消耗在负载上的功率为

$$P_2 = I_1'^2 r_2 / s = \frac{U_1^2 r_2 / s}{(r_1 + r_2 / s)^2 + (X_1 + X_2)^2} \tag{3-12}$$

转子铜耗为

$$P_{\mathrm{Cu2}} = I_1'^2 r_2 \tag{3-13}$$

转子输出的机械功率 P_0 为

$$P_0 = P_2 - P_{\mathrm{Cu2}} = I_1'^2 r_2 \frac{1-s}{s} = \frac{U_1^2 (1-s) r_2 / s}{(r_1 + r_2 / s)^2 + (X_1 + X_2)^2} \tag{3-14}$$

3.8.5 转　矩

一般电动机的输出机械功率可表示为

$$P_0 = \omega T \tag{3-15}$$

转差率为 s 的异步电动的机输出转矩 T 为

$$T = \frac{P_0}{\omega} = \frac{60}{2\pi n} P_0 = \frac{60}{2\pi n_s} \frac{U_1^2 r_2 / s}{(r_1 + r_2 / s)^2 + (X_1 + X_2)^2} \tag{3-16}$$

当频率和电源电压恒定时，式（3-16）是转差率 s 的函数。

3.8.6 转矩-转速曲线

转差率由 1 到 0 变化时异步电动机的力矩、负载电流和一次电流变化曲线如图 3-35 所示。

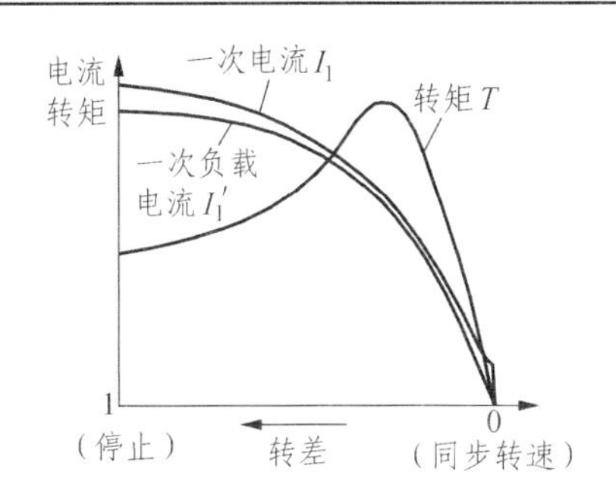

图 3-35　异步电动机的力矩、电流和转差率关系曲线

电源的频率、电压变化时，电动机的电流和力矩发生相应变化的曲线如图 3-36 所示。

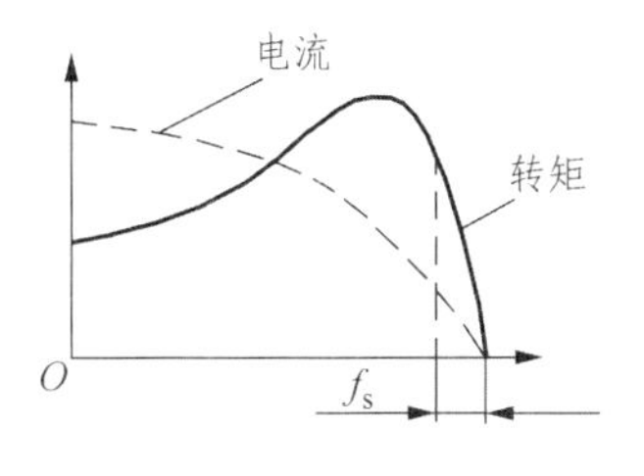

（a）转矩-转速曲线

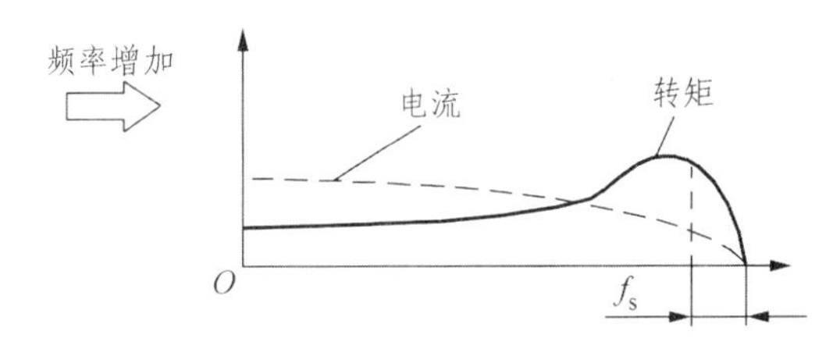

（b）增加定子频率而电压保持恒定时转矩-转速曲线

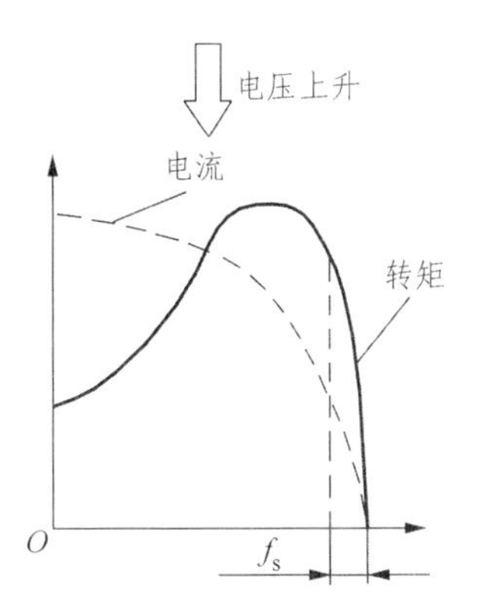

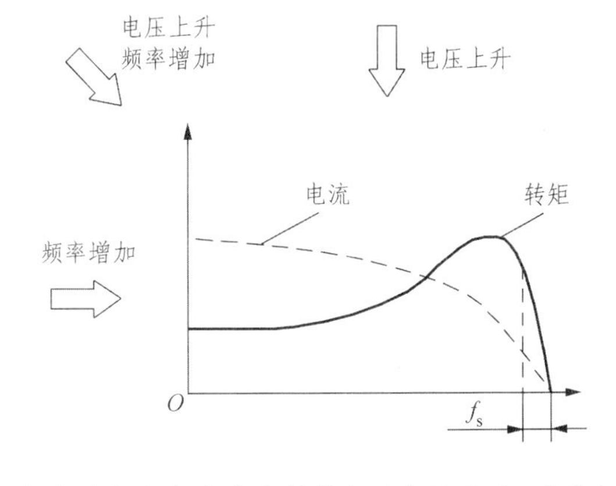

（c）增加定子电压而频率保持不变时转矩-转速曲线

（d）电压与频率成比例增加（电压/频率=常数）时转矩-转速曲线

图 3-36　电压、频率与转矩关系

转矩对定子电流的灵敏度很高，控制定子电流可具有快速的瞬态响应。

电源电压与频率之比保持恒定时改变频率，电动机的电流和力矩发生相应变化的曲线如图 3-37 所示。

结论：稳定状态下的转速要比最大力矩转速稍大。

异步电动机的力矩近似表示式：

$$T = k(U / f)^2 f_s \tag{3-17}$$

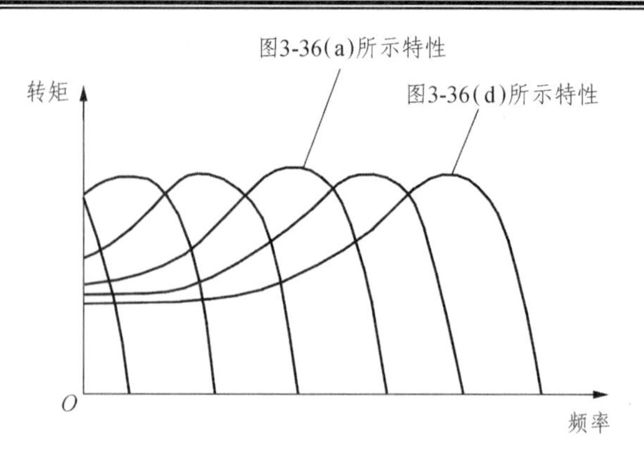

图 3-37 *U*/*f* 恒定时异步电动机基本特性曲线的变化

3.9 城轨车辆交流牵引电机的调速方式

由式（3-8）可知，交流调速技术可以分为变转差率调速、变极调速及变频调速，在这些调速方式中，变频调速具有绝对优势。

3.9.1 调速原理简介

1. 变极调速

变极调速这种用改变定子绕组的接线方式来改变笼型电机定子极对数达到调速目的，这种调速方式特点如下：具有较硬的机械特性，稳定性良好；无转差损耗，效率高；接线简单、控制方便、价格低；变极调速只能实现有级调速，级差较大，不能获得平滑调速。本方法适用于不需要无级调速的生产机械，如金属切削机床、升降机、起重设备、风机、水泵等。

2. 串级调速

串级调速是指在绕线式电动机转子回路中串入可调节的附加电势来改变电动机的转差，达到调速的目的。大部分转差功率被串入的附加电势所吸收，再利用产生附加的装置，把吸收的转差功率返回电网或转换能量加以利用。根据转差功率吸收利用方式，串级调速可分为电机串级调速、机械串级调速及晶闸管串级调速形式，多采用晶闸管串级调速。

串级调速可将调速过程中的转差损耗回馈到电网或生产机械上，效率较高；装置容量与调速范围成正比，投资省，适用于调速范围在额定转速 70%～90% 的生产机械上；调速装置故障时可以切换至全速运行，避免停产；晶闸管串级调速功率因数偏低，谐波影响较大。本方法适合于风机、水泵及轧钢机、矿井提升机、挤压机上使用。

3. 定子调压调速

当改变电动机的定子电压时，可以得到一组不同的机械特性曲线，从而获得不同转速。由于电动机的转矩与电压的平方成正比，因此最大转矩下降很多，其调速范围变小，使一般笼型电动机难以应用。为了扩大调速范围，调压调速应采用转子电阻值大的笼型电动机，如专供调压调速用的力矩电动机，或者在绕线式电动机上串联频敏电阻。为了扩大稳定运行范围，当调速在 2∶1 以上的场合应采用反馈控制以达到自动调节转速目的。

调压调速的主要装置是一个能提供电压变化的电源，目前常用的调压方式有串联饱和电抗器、自耦变压器以及晶闸管调压等几种。晶闸管调压方式为最佳。调压调速的特点：调压调速线路简单，易实现自动控制；调压过程中转差功率以发热形式消耗在转子电阻中，效率较低。调压调速一般适用于 100 kW 以下的生产机械。

4. 变频调速

在对电动机实现变频调速时，要考虑的一个重要因素是：电动机中的主磁通 Φ_m 为额定值，调速过程中使 Φ_m 恒定不变。如果 Φ_m 太小，定子铁心的利用率不足，电动机得不到充分利用，如果 Φ_m 过分增大，会使励磁电流过大，严重时使电动机的铁心与绕组过热而损坏电机。在交流异步电动机中，由于磁通是由定子和转子磁动势合成产生的，需要采取一定的控制方式才能保持磁通恒定。

三相异步电动机定子每相感应电动势：

$$E_1 = 4.44 k_1 N_1 f_1 \Phi_m \tag{3-18}$$

式中　E_1——定子绕组的感应电动势有效值；

k_1——定子绕组的绕组系数；

N_1——定子每相绕组的匝数；

f_1——定子绕组感应电动势的频率，即电源的频率；

Φ_m——主磁通。

三相异步电动机的电磁转矩为

$$T_e = C_T \Phi_m I_2' \cos\varphi_2 \tag{3-19}$$

式中　I_2'——转子电流折算到定子侧的折算值。

$\cos\varphi_2$——转子侧的功率因素。

由式（3-18）与式（3-19）可知，当改变定子侧的频率 f_1 进行调速时，异步电动机的其他物理量也都会发生相应的变化，影响电动机的电磁转矩特性、机械转矩特性及转差率。因此当改变电动机的定子侧电流频率进行调速时，还必须考虑如何处理和控制其他物理量，以保证调速系统满足拖动负载的要求。

变频器的主电路结构基本一样，只是所用的开关器件有所不同。而控制方式却不一样，需要根据电动机的特性对供电电压、电流、频率进行适当的控制。但采用不同的控制方式所得到的调速性能、特性以及用途是不同的。常用的控制方式有 U/f 控制方式、转差频率控制、矢量控制、直接转矩控制等。

3.9.2 不同控制方式下的调整性能

1. U/f 控制方式

1）基频以下调速

在基频以下调速过程中，要使主磁通保持不变，必须使 E_1/f =常数，这就是 E/f 控制方式。在这种控制方式下，主磁通严格保持恒定，从而使电磁转矩保持恒定。但是随着频率的下降，E_1也需要成比例下调，但是定子绕组产生的感应电动势E_1很难被直接检测与控制。

三相异步电动机定子电压为

$$\dot{U}_1 = \dot{E}_1 + \Delta\dot{U}_x \tag{3-20}$$

$$\Delta\dot{U}_x = I_1 r_1 + jI_1 k_f x_1 = \Delta\dot{U}_r + j\Delta U_{lx} \tag{3-21}$$

式中 ΔU_x——电动机定子绕组的阻抗压降；

ΔU_r——定子绕组的电阻压降；

ΔU_{lx}——定子绕组的漏抗压降。

$\Delta\dot{U}_x$的数值与定子绕组上施加的外加电压相比较，占的比例较小，因此有

$$U_1 \approx E_1 = 4.44 k_1 N_1 f_1 \Phi_m \tag{3-22}$$

而施加在定子绕组上的电压U_1很容易被控制，在下调频率的同时，成比例调节输出电压U_1，使$U_1/f_1 \approx$常数，这就是恒压比控制方式，简称U/f控制方式。

由式（3-22）可知，基频以下调速时，速度降低，保持$U_1/f_1 =$常数，使主磁通Φ_m近似恒定，根据三相异步电动机电磁转矩的公式$T = C_T \Phi_m I_2' \cos\varphi_2$可见，基频以下调速采用$U/f$控制方式时具有近似恒转矩的特性，为近似恒转矩调速。

2）基频以上调速

电动机工作在基频以上频率时，当频率增加时，定子电压不能按比例随频率的增加而上调，须保持额定电压不变。因为上调定子电压超过额定电压时，会危及电动机绕组的绝缘耐压限度。所以基频以上调速时，只能向上调频率，不能向上调节电压。因此将导致主磁通Φ_m降低，根据恒功率负载的特性：$P = T\Omega$，基频以上调速具有恒功率的特性，适合带恒功率负载。

2. 转差频率控制

转差频率控制方式是一种对U/f控制的改进。在采用这种控制方式的变频器中，电动机的实际速度由安装在电动机上的速度传感器和变频器控制电路得到，而变频器的输出频率则由电动机的实际转速与所需转差频率的和自动设定，从而达到在进行调速控制的同时，控制电动机输出转矩的目的。

转差频率控制是利用了速度传感器的速度闭环控制，并可以在一定程度上对输出转矩进行控制，所以和U/f控制方式相比，在负载发生较大变化时，仍能达到较高的速度精度和具有较好的转矩特性。但是，由于采用这种控制方式时，需要在电动机上安装速度传感器，并需要根据电动机的特性调节转差，通常多用于厂家指定的专用电动机，通用性较差。

3. 矢量控制

矢量控制是一种高性能的异步电动机的控制方式，它从直流电动机的调速方法得到启发，利用现代计算机技术解决了大量的计算问题，是异步电动机的一种理想调速方法。

矢量控制的基本思想是将异步电动机的定子电流在理论上分成两部分：产生磁场的电流分量（磁场电流）和与磁场相垂直、产生转矩的电流分量（转矩电流），并分别加以控制。

由于在进行矢量控制时，需要准确地掌握异步电动机的有关参数，这种控制方式过去主要用于厂家指定的变频器专用电动机的控制。随着变频调速理论和技术的发展，以及现代控

制理论在变频器中的成功应用，目前在新型矢量控制变频器中，已经增加了自整定功能。带有这种功能的变频器，在驱动异步电动机进行正常运转之前，可以自动地对电动机的参数进行识别，并根据辨识结果调整控制算法中的有关参数，从而使得对普通异步电动机进行矢量控制也成为可能。

4. 直接转矩控制

改变电动机转矩的大小，可以通过改变磁通角的大小来实现直接转矩控制。也就是通过空间电压矢量来控制定子磁链的旋转速度，以改变定子磁链的平均旋转速度的大小，从而改变转差也即磁通角的大小来控制电磁转矩。

（1）若要增大电磁转矩：施加正向有效空间电压矢量—定子磁链的转速大于转子磁链—磁通角增大—转矩增加。

（2）若要减小电磁转矩：施加零电压矢量—定子磁链就会停止转动—磁通角减小—转矩减小。

迅速减小电磁转矩：施加反向有效空间电压矢量—定子磁链向反方向旋转—磁通角迅速减小—转矩迅速减小

任务三　城轨车辆交流牵引传动系统

【学习目标】

（1）能够熟练分析城轨车辆直-交型调速主电路的工作原理及基本控制方式。

（2）能够描述城轨车辆交流牵引供电系统的结构，正确分析其电气原理。

（3）能熟练分析典型城轨车辆的交流牵引传动系统主电路的电气原理。

（4）了解城轨车辆交流牵引传动系统的各组成部分及各部分的作用。

（5）能熟练对城轨车辆主要电器进行检测与维护。

（6）能正确使用相关仪器、设备对城轨车辆交流牵引传动系统进行维护、简单调试及常见故障分析与检修。

【任务导入】

近年来随着电力电子器件的迅速发展，变频调速技术已经很成熟了，调压调频逆变器已经成功地解决了交流电动机的调速问题。目前，城市轨道交通车辆普遍采用的是交流异步牵引电机作为牵引动力的交流牵引传动。

3.10　城轨车辆交流牵引传动系统概述

城轨车辆单元车辆结构示意图如图 3-38 所示，为 2M1T 结构。主牵引传动系统如图 3-39 所示。

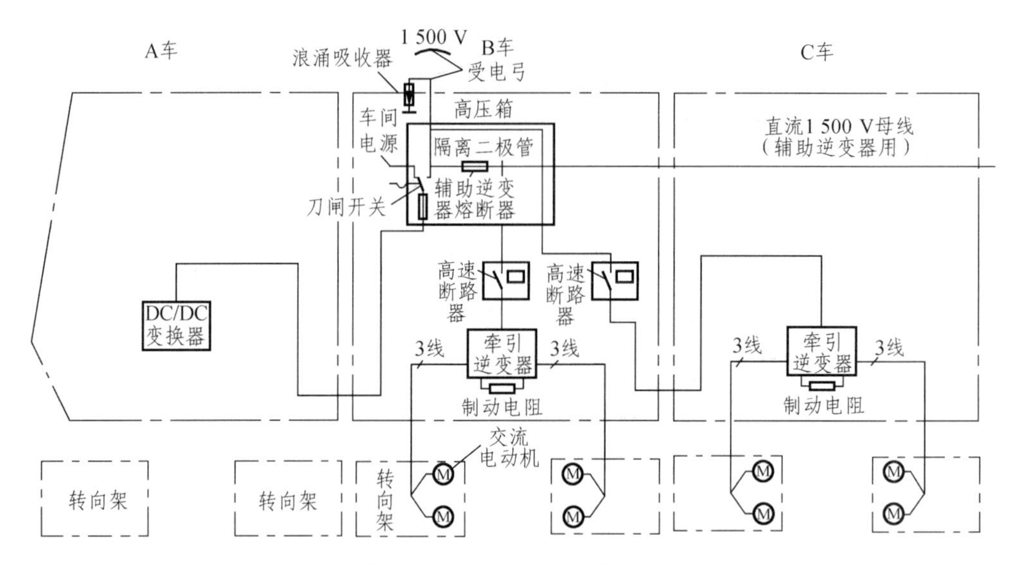

图 3-38　两动一拖（2M1T）单元车主电路结构框图

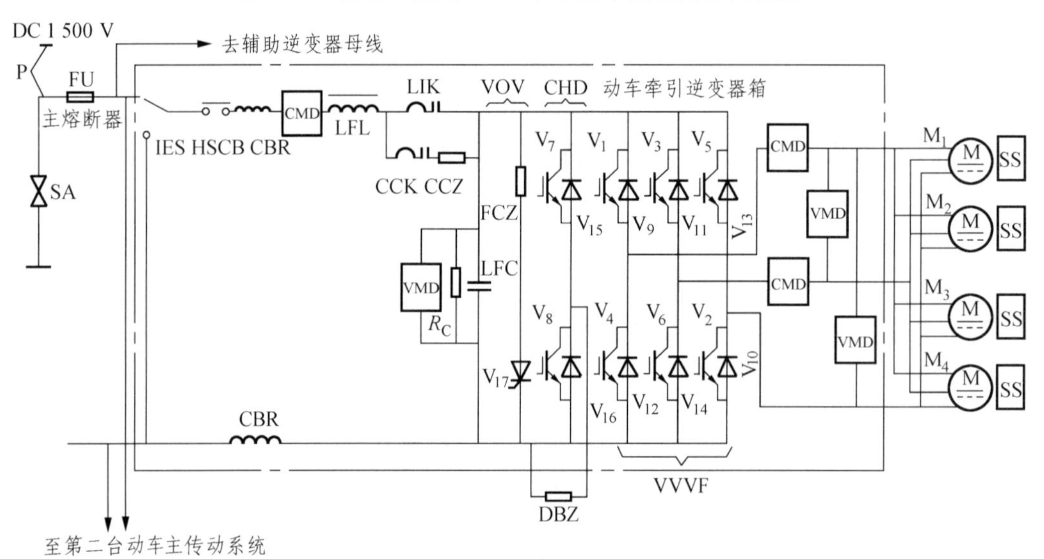

图 3-39　1C4M 单元车交流主传动系统原理电路图

SA—浪涌吸收器；IES—隔离开关；HSCB—高速断路器；LFL—滤波电抗器；CCZ—充电电阻；
CCK—充电接触器；LIK—线路接触器；VMD—电压传感器；DBZ—制动电阻；
CMD—电流传感器；SS—速度传感器；$M_1 \sim M_4$—交流电动机；
CBR—差动电流保护器；FCZ—过压保护电阻；
LFC—滤波电容器

列车从受电弓 P 受流后，经过主熔断器 FU 同时给两节车上的逆变器供电牵引时，电能传递路径为：电网直流 1 500 V 通过受电弓 P、主熔断器 FU、隔离开关 IES、高速断路器 HSCB、线路接触器 LIK 及逆变器给牵引电机供电。在再生制动时以相反的路径使电网吸收电机反馈的能量。

R_C 是固定并联在滤波电容器 LFC 上的放电电阻。主电路断电后 LFC 两端的电压在 5 min 内降到 50 V 以下，由此可以确定放电的时间常数及放电电阻值。放电时间由放电电阻 R_C 的大小决定，因此可以通过调节电阻 R_C 的大小来调节放电时间。

IES 是隔离/接地开关，在需要主电路接地时将它转换到接地位置。

CBR 为差动电流传感器，用以检测直流电路流入与流出的电流差，以检测接地等故障。

SA 为浪涌吸收器（避雷器），保护因雷击或因变电所的开关动作引起的过电压对主电路器件的损害

3.10.1 充电限流环节

接触器 CCK 与电阻 CCZ 构成预充电限流环节。预充电电路的主要功能是在受电弓升起、高速断路器闭合后，完成对中间直流电容的预充电，避免上电时强大的冲击电流损坏电容器。预充电单元以并联方式连接到线路接触器。当牵引变流器投入运行时，首先闭合 CCK，通过预充电单元对直流支撑电容进行充电，然后闭合线路接触器 LIK，这样就避免了大的电流冲击。否则，如果输入电压突然加载到未充电的支撑电容上，这时候电容器还来不及积累电荷，可以认为电容器处于短路状态，电容两端的电压为 0 V，电源电压全部加到电容上，将会导致瞬间峰值电流过大。当直流支撑电压达到理论最终电压值后，线路接触器才可以切换至闭合状态，将限流电阻 CCZ 短接。

3.10.2 VVVF 逆变器

一台 VVVF 逆变器给同一辆车 4 台相互并联的电动机 $M_1 \sim M_4$ 供电，这种逆变器与电机的配置方式叫 1C4M，它们的控制方式叫“车控”方式。也有一种配置是一台逆变器给同一转向架上两台相互并联的电机供电，这种配置方式叫 1C2M，它们的控制方式叫“架控”方式。

“车控”或“架控”取决于牵引、制动特性要求，以及逆变器与电机的容量。我国多数城轨动车采用“车控”方式，但少数也采用“架控”方式，如广州地铁采用了“车控方式”，而天津滨海快速线采用了“架控”方式。如果由一台逆变器给一台电机供电，叫 1C1M，也叫“轴控”。在城轨动车中由于电机功率较小，没有必要用轴控，一般在铁路干线的大功率机车中才使用轴控。

3.10.3 “软撬杠”保护环节

V_1、$D_1 \sim V_6$、D_6 构成 VVVF 逆变器。在牵引工况时将直流电能变换为电压和频率可调的交流电能供给牵引电机。在电制动工况时，电机作发电机运行，逆变器以整流方式将电能反馈给电网（再生制动）或消耗在电阻上（电阻制动）。

V_7 与 DBZ 构成斩波器，DBZ 为制动电阻。斩波器的主要功能是用于电阻制动，用它来调节制动电流的大小。另一个功能是作过电压保护之用。如果在逆变器的直流回路中有短时的过电压，则斩波器工作，通过它对电阻 DBZ 放电，待过电压消除后斩波器截止。这种过电压的保护环节也叫“软撬杠”。

3.10.4 “硬撬杠”保护环节

TZ 是晶闸管，FCZ 是过电压保护电阻。当直流环节发生过电压，经斩波器放电后仍不

能消除时，晶闸管 TZ 导通，直流回路通过 FCZ 放电。因为晶闸管只能触发导通，而不能用门极触发方式关断，因此 TZ 触发后必须立即断开高速断路器 HSCB，否则会造成直流回路持续放电。这种过电压保护环节叫“硬撬杠”。显然“硬撬杠”的保护动作整定电压值比“软撬杠”的高。

3.10.5 其他保护环节

主电路设有下列保护：

（1）输入过流保护：封锁 IGBT 的门极脉冲、断开 HSCB 及线路接触器、显示并报警、规定次数复位。

（2）输出过流保护：首先改变 IGBT 的门极脉冲，若在一定时间间隔内仍过流则封锁 IGBT 门极脉冲、断开线路接触器、显示并报警、规定次数复位。

（3）输入过电压保护。牵引工况：当网压高于设定值，首先使斩波器触发，若网压继续升高，则封锁 IGBT 触发脉冲、断开 HSCB 和线路接触器、显示并报警。网压下降到规定值自动复位。若主电路中设有“硬撬杠”过压保护环节，则在用“软撬杠”放电仍不能使过压消除情况下，触发晶闸管，使其强行持续放电。同时封锁 IGBT 脉冲，开断 HSCB 及线路接触器。设置“硬撬杠”对于释放过电压的能量更有效、快捷。制动工况：采用再生制动时，当网压高于某设定值（如 1 800 V），则自动转入电阻制动。若网压持续高于某设定值（如 1 980 V），则封锁 IGBT 脉冲，断开 HSCB 和线路接触器转入空气制动。

（4）输入欠压保护：低于设定值（如 1 000 V）逆变器停机，恢复至某设定值（如 1 100 V）逆变器自动恢复运行。

（5）过热保护：VVVF 逆变器温度超过第一温度设定值时，逆变器降功率运行。超过第二温度设定值时，逆变器停机、报警并显示。

（6）逆变器相电流不平衡保护：当不平衡超过设定值则停机。

（7）牵引电机过流保护：保护动作顺序与输出过流保护相同。

（8）制动电阻保护。过流保护：降低逆变器输出电流、补充空气制动、报警并显示。过热保护：降低逆变器输出电流、减小制动功率直至完全切除电阻制动、使用空气制动。

（9）差动保护：当输入端电流和输出端电流的差值超过第一设定值时，报警并显示。当超过第二设定值时，封锁 IGBT 触发脉冲、断开 HSCB 及线路接触器。

（10）列车超速保护：超过第一设定值时报警，超过第二设定值实施紧急制动。

3.11 地铁车辆主牵引系统实例分析

列车采用由两个列车单元（Tc—Mp—M）组成的 4 动 2 拖 6 辆编组，B 型列车每个 Tc—Mp—M 为最小可动单元，当整列车解编为两个 Tc—Mp—M 最小可动单元时，每个 Tc—Mp—M 单元可形成端车回路，Tc 车可操控 Tc—Mp—M 单元。即 = Tc—Mp—M*M—Mp—Tc =

= ——全自动车钩；

———半永久牵引杆；

* ——半自动车钩。

列车编组示意图如图 3-40 所示，全列车高压回路通过辅助母线贯穿。

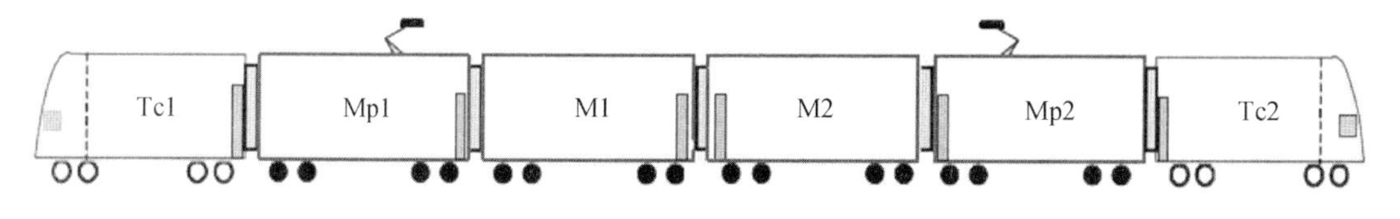

图 3-40　列车编组

列车采用架空接触网受流装置供电方式，其供电电压如下：

额定供电电压　DC 1 500 V

电压变化范围　DC 1 000 ~ 1 800 V

电阻制动突然失效时最高电压 DC 1 950 V

接触网高度（距轨面）：地下区段 4 040 mm；地面及高架区段 5 000 mm；库内 5 300 mm

3.11.1　地铁牵引传动系统概述

列车牵引电传动系统采用 VVVF 逆变器-异步鼠笼电动机构成的交流电传动系统，各动车采用车控方式。牵引系统组成示意图如图 3-41 所示，系统电路原理如图 3-42 所示。

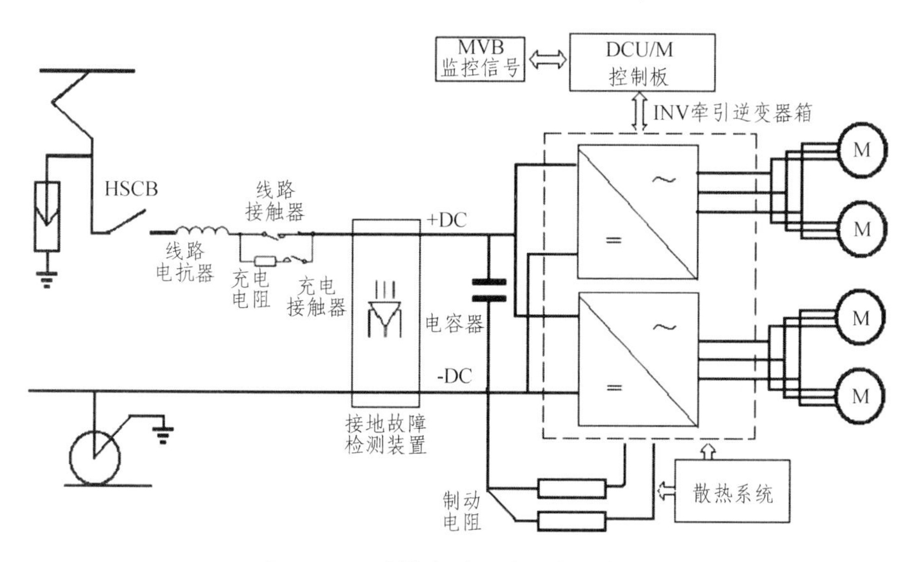

图 3-41　地铁牵引系统组成示意图

受电弓从接触网受流，通过高速断路器、线路接触器、接地检测装置后，将 DC 1 500 V 送入 INV 牵引逆变器箱，逆变成频率电压可调的三相交流电，平行供给车辆 4 台交流鼠笼式异步牵引电机，实现对电机的调速，完成列车牵引、电制动功能。

接触网 1 500 V 直流电经受流装置向列车供电。每个动车的主电路型式、结构基本相同，满足列车牵引系统性能的要求。

牵引电传动系统充分利用轮轨黏着条件，并按列车载重量从空车到额定载荷范围内自动调整牵引力的大小，并保证一定牵引力冗余量，使列车在空车至超员载荷范围内保持起动加速度基本不变，并具有反应迅速、有效可靠的黏着利用控制和空转保护。

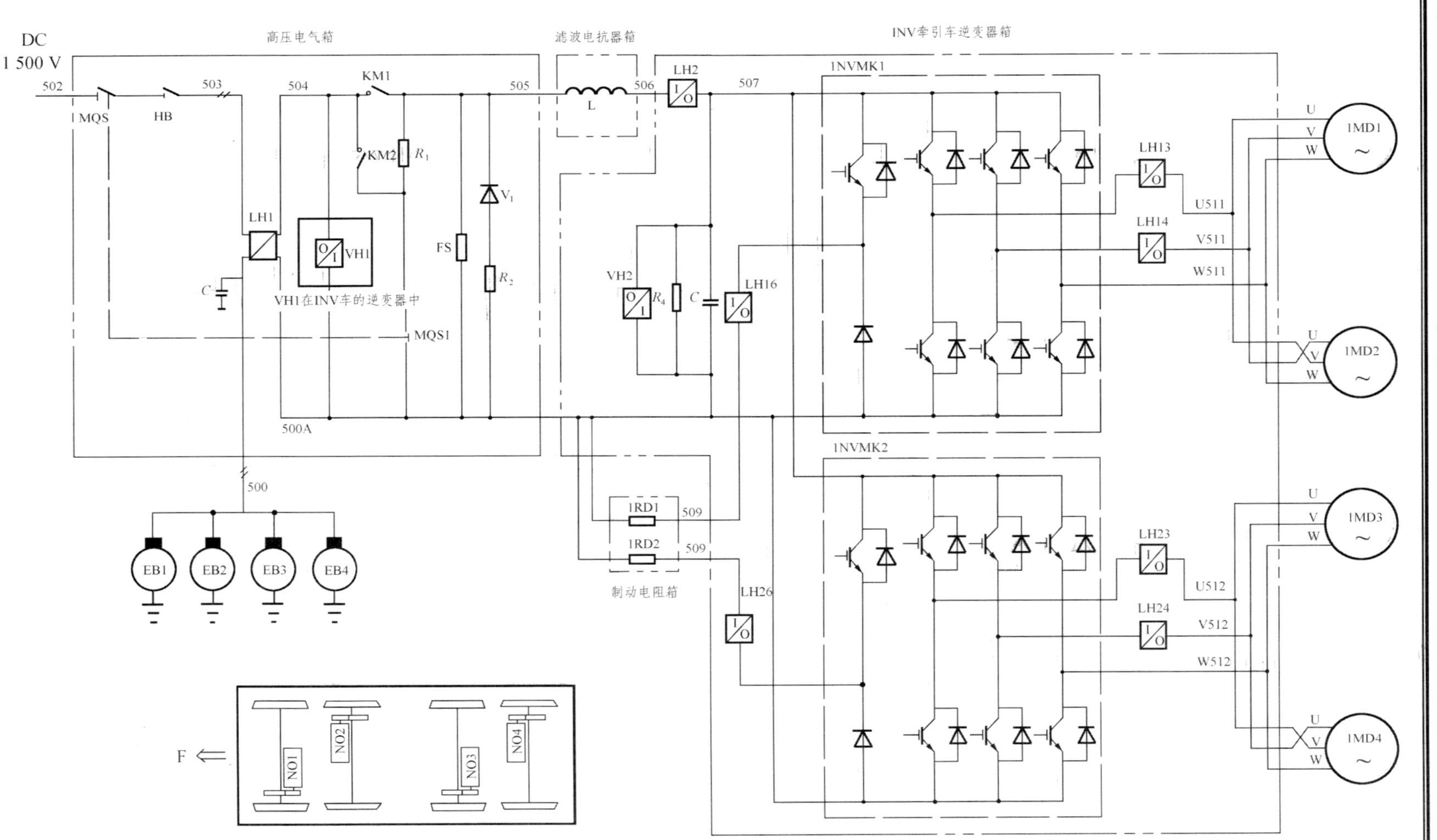

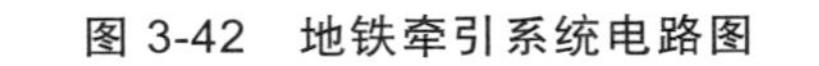
图 3-42 地铁牵引系统电路图

列车电制动采用再生制动，制动能量反馈回电网，当电网不能吸收时转为电阻制动。常用制动采用电制动优先，用足电制动，电制动不足时由空气制动补足的微机控制的混合制动方式。紧急制动仅使用空气制动。

列车充分利用轮轨黏着条件，并按列车载重量从空车到超员载荷范围内自动调整电制动力的大小及补充空气制动，使列车在空车至超员范围内保持制动减速度基本不变，并具有反应迅速、有效可靠的黏着利用控制和滑行保护。

列车牵引系统主电路采用两电平电压型直-交逆变电路，其主电路原理图如图 3-42 所示。经受电弓受流，输入的 DC 750 V 直流电由 VVVF 逆变器变换成频率、电压均可调的三相交流电，向牵引电机供电。VVVF 逆变器由两个逆变模块单元组成，采用 2 个逆变器模块驱动 4 台牵引电动机的工作方式，电阻制动斩波单元与逆变模块单元集成在一起。当电网电压在 500 ~ 1 000 V 变化时，主电路能正常工作，并方便地实现牵引-制动的无接点转换。

牵引电传动系统设备包括能耗记录仪箱、高压电器箱、线路电抗器、制动电阻箱、牵引逆变器箱、牵引电机、司控器、避雷器等设备。各电器箱均采用箱体式车下悬挂结构。牵引电机采用刚性悬挂方式。

牵引电机通过联轴节与齿轮传动装置连接，传递牵引或电制动力矩，驱动列车前进或使列车制动。

3.11.2　牵引传动各单元电路分析

1. 母线电器单元

母线电器单元由母线隔离开关（BS）、母线熔断器（BF）、主熔断器（MF）、母线高速断路器（BHB）、辅助母线熔断器（BAF）、隔离二极管（V_1）等组成。高压母线电路是牵引电传动系统的输入电源电路，电路中母线电器用于列车高压母线重联（BS、BF、BHB 用于 Tc 车和 M_2 车之间的母线重联），从而确保列车通过无电区时运行平稳。BAF 用于列车高压辅助贯通母线的保护，V_1 用于该母线与其他线路的隔离。

BS、BF、BAF、V_1 集成在母线熔断器与隔离开关箱中，而 BHB 集成在母线高速断路器箱中。

2. 高压电器单元

高压电器单元由主隔离开关（MQS）、高速断路器（HB）等组成。

主隔离开关（MQS）用于主电路的隔离以及通过机械联锁开关将支撑电容器的放电回路短接，以保证安全。主熔断器（MF）用于主电路的接地保护。高速断路器（HB）用于主电路的故障保护，当主电路出现严重故障，如主电路电器部件故障、网压或直流电压过压、直流侧电流过流、主电路接地、IGBT 元件故障、网络通信故障、DCU 故障、110 V 控制电源失电等时，高速断路器断开，实现主电路的故障保护。同时高速断路器能对检测出的过电流进行快速响应，以实现主电路短路瞬时保护。高速断路器选用赛雪龙（Secheron）公司 UR 型产品，为电维持、电控制和直接瞬态过流释放型，具有较高的可靠性和高压电气性能。

此单元电器集成在高压电器箱中。

3. 电容器充放电单元

电容器充放电单元由接触器（KM1、KM2）及充放电电阻（R_1）、固定放电电阻（R_4）等组成，用于主电路支撑电容器（C）的充、放电。当列车牵引准备好，主电路高速断路器（HB）闭合后，闭合接触器（KM2），通过受流器（AP）输入的高压电源经主隔离开关（MQS）、充电电阻（R_1）给支撑电容（C）充电，当电容电压在一定时间内上升到一定值时，KM1 闭合，电容充电完成。在正常情况下，电容的放电由固定放电电阻（R_4）完成，将电容端电压放电到 50 V 以下的时间小于 5 min。

当对高压电路和 VVVF 逆变器检修或维护保养时，则放电电阻（R_1）与主隔离开关的联锁辅助开关（MQS1）形成直流支撑电容的快速放电回路，从而使电容通过放电电阻快速放电。

此单元电器集成在高压电器箱中，但 R_4 安装于 VVVF 逆变器箱中。

4. 滤波单元

滤波单元由滤波电抗器（L）及主电路支撑电容器（C）组成。滤波电抗器及支撑电容器，使主电路直流侧电容电压保持稳定并将电压波动限制在允许范围内，同时，吸收直流输入端的谐波电压，抑制逆变器对输入电源网的干扰，在逆变器发生短路时抑制短路电流并满足逆变器开关元件换相的要求等。支撑电容器集成在逆变器模块上。滤波电抗器为空心式电抗器，采用走行风冷却方式。

5. VVVF 逆变器单元

VVVF 逆变器采用两电平电压型直-交逆变电路，1 500 V 直流电压经高压柜、电抗器送入到 VVVF 逆变器，经逆变器输出三相变频变压的交流电，为异步牵引电动机供电。VH1、VH2 为电压传感器，VH1 检测直流网压，VH2 检测逆变器上的电容器电压；LH13、LH14、LH23、LH24、LH16、LH26 为电流传感器，LH2 检测直流回路电流，LH13、LH14、LH23、LH24 检测逆变器输出电流，LH16、LH26 检测电阻制动斩波电流。主电路图如图 3-43 所示。逆变器单元采用 IGBT 元件，为两电平逆变电路。主电路由两个逆变器单元（$INVMK_1$、$INVMK_2$）组成，每个逆变器单元集成三相逆变器的三相桥臂（逆变单元）及制动相桥臂（制动斩波单元），驱动 2 台异步牵引电动机。2 个逆变器单元集成在一个 VVVF 逆变器箱中，驱动 4 台牵引电动机，逆变器模块采用抽屉式结构，冷却采用热管散热器走行风冷却方式。

逆变器控制装置即牵引控制单元（DCU），采用异步电动机直接转矩控制方法，具有黏着利用控制功能，并采用“交流传动模块化设计”硬件，主要完成对 IGBT 逆变器暨交流异步牵引电机的实时控制、黏着利用控制、制动斩波控制，同时具备完整的牵引变流系统故障保护功能、模块级的故障自诊断功能和一定程度的故障自复位功能以及部分车辆级控制功能，DCU 是组成列车通信网络的一部分，与多功能车辆总线采用 MVB 接口进行通信。DCU 采用标准 6U 机箱结构，安装在牵引逆变器箱（INV 箱）中。

1）VVVF 逆变器主要技术参数

额定输入电压	DC 1 500 V
输入电压范围	DC 1 000 ~ 1 800 V
电制动时最高电压允许达到	DC 1 980 V

额定容量	2×600 kV·A
短时最大容量	2×750 kV·A
额定输入电流	2×450 A
额定输出电流	2×262 A
输出电压范围:	
牵引工况，当网压 DC 1 500 V 时	0～1 170 V
电制动工况，当网压 DC 1 650 V 时	0～1 287 V
最大输出电流:	
牵引工况（有效值）	2×382 A
电制动工况（有效值）	2×460 A

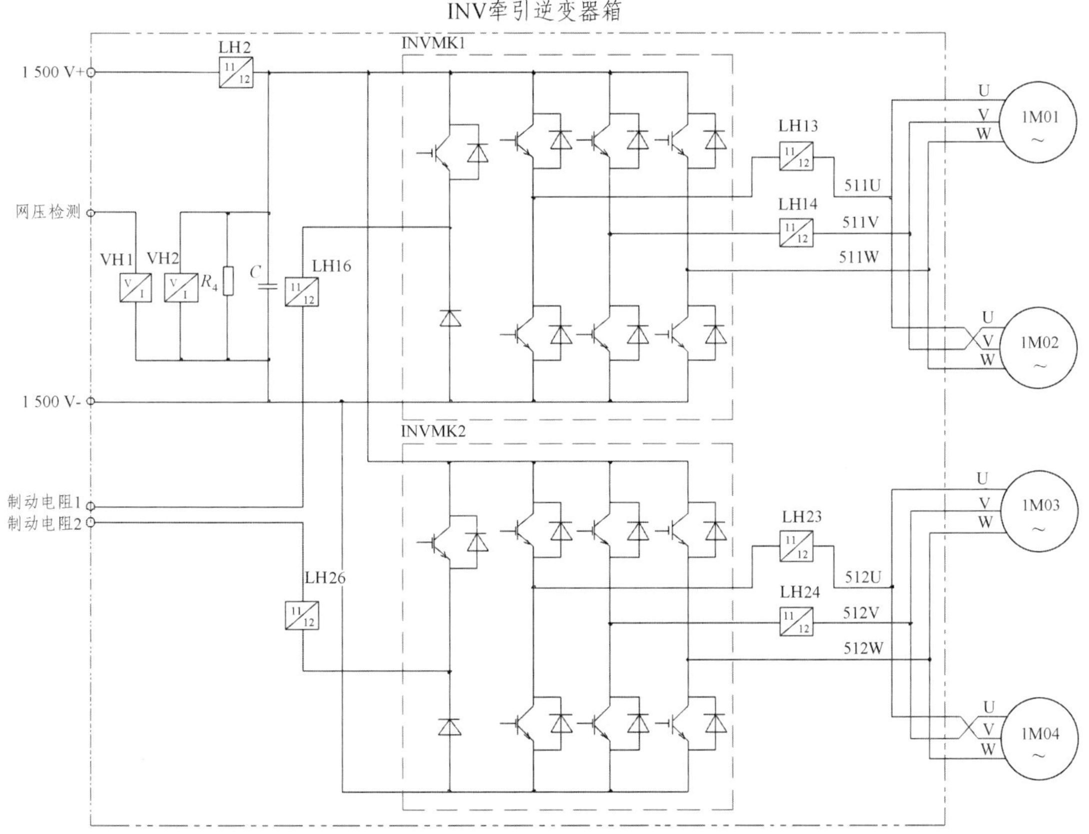

图 3-43　VVVF 逆变器主电路图

输出主频率范围	0～150 Hz
最高开关频率	500 Hz
额定工作点的效率	0.98
制动斩波器:	
额定输出电流（平均值）	600 A
电力电子器件:	IGBT
噪声	<65 dB（A）（相距 1 m 处）

绝缘耐压：主电路对地	AC 4 500 V，1 min
控制回路对地	AC 1 500 V/50 Hz，1 min
冷却方式	热管走行风冷
外形尺寸	2 400 mm × 883 mm × 660 mm（L × W × H）
重量	< 500 kg
防护等级	IP54
冷却方式	热管走行风冷

2）主要器件及参数

（1）直流支撑电容。

直流支撑电容　　2 000 V/4.3 mF　2 个

（2）IGBT 门极驱动器（门控单元）。

采用自主 TE003 驱动器系列化产品，其性能特点为：双路驱动器——单个驱动器可驱动两个 IGBT 元件；自带 DC/DC 隔离电源——输入电源无需隔离；可调门极电阻——可根据不同型号的 IGBT 相应更改门极电阻参数；光纤隔离——输入脉冲信号及输出反馈信号通过光纤传输；过流与短路保护——当负载异常导致 IGBT 过流或短路时能迅速关断 IGBT，并反馈故障信号。

（3）IGBT 元件。

IGBT 元件主要参数如下：

集-射电压 V_{CES}：3 300 V

集电极电流 I_C：800 A

集电极最大电流 ICM：1 600 A（1 ms）

允许工作结温 T_C：－40 ~ ＋125 °C

6. 制动斩波单元

制动斩波单元由 IGBT 斩波模块及制动电阻（$1R_{01}/1R_{02}$）等组成。IGBT 斩波模块与逆变模块集成组成逆变器模块。

为了防止直流电压上升超过允许范围以及电空制动的平滑转换，通过制动电阻支路的开通来降低相应的过电压或维持电制动在一定的时间内完成与空气制动的平滑转换。

牵引或制动工况时，通过触发导通斩波模块，能抑制因空转或受电弓跳动等原因引起的瞬时过电压，确保再生制动的稳定进行。

制动电阻安装于车辆底架下，每动车两个电阻单元 $1R_{01}$、$1R_{02}$，安装于一个制动电阻箱内，为走行风冷却方式。

7. 牵引控制单元

牵引控制单元（DCU），采用“直接转矩控制”“黏着利用控制”软件和“交流传动模块化设计”硬件，主要完成对 VVVF 逆变器暨交流牵引电机的实时控制、黏着利用控制、斩波控制，同时具备完整的牵引变流系统故障保护功能、模块级的故障自诊断功能和故障自复位功能以及部分车辆级控制功能，DCU 具有符合列车通信网络（TCN）IEC61375 标准的 MVB

通信接口，对外与车辆总线相连，与中央控制单元等形成控制与通信系统。

DCU 放置于 VVVF 逆变器箱内，采用标准 6U 机箱，从各插件的前面板输入/输出信号，DCU 与 IGBT 变流器模块之间通过屏蔽电缆传输触发脉冲和反馈信号，实现对 IGBT 变流器模块控制的目的。DCU 内部采用 32 位的高速微处理器 CPU 及 32 位的数字信号处理器 DSP 芯片。DCU 是电传动系统核心控制部分，接收列车网络或硬连线指令信号，控制主电路中的主断路器和各接触器，输出 VVVF 逆变器的控制脉冲。DCU 内部采用并行 AMS 总线。同时具备当列车控制与诊断系统出现故障时，可用硬线实现紧急牵引功能。

DCU 通过列车线接收来自控制系统的牵引/制动力绝对值（以百分比的形式），与此同时还接收司机发出的牵引或制动指令。当给定值给出后，经过以下条件的处理对牵引电机实施控制。

（1）输入值设定：载荷校验、冲击限制、速度限制（牵引时）、线电流限制（牵引时）、欠压保护（制动时）、空转/滑行保护。

（2）速度检测。

（3）电机控制。

（4）脉冲模式发生器。

（5）能量反馈。

1）输入值设定

载荷校验：DCU 根据相应动车的载荷状况来调整实际牵引/制动力。这是由于采用了动力分散型控制，为了保持车钩之间的相对运动最小，并且使整车达到相同的动态特性。

冲击限制：给定值大小的变化速率必须符合冲击限制的规定，但在防滑/防空转功能激活的时候则不受此限制。速度限制（牵引时）广州地铁一号线车辆规定了 3 个速度限制，速度控制的优先级高于电机控制。

正常速度：80 km/h；

倒车速度：10 km/h；

慢行速度：3 km/h。

线电流限制（牵引时）：在牵引工况时，线电流控制的优先级高于电机控制，出于功耗的考虑，该限制值为不超过每节动车 720 A。

欠压保护（制动时）：在制动时，网压一直受到检测，当网压降到 1 500 V 以下时，制动力矩随速度和网压作相应的减少，这时不足的制动力由气制动补充。

空转/滑行保护：空转/滑行保护通过比较拖车、动车之间的速度差异，以适当减少力矩设定值来实现。

2）速度检测

每个牵引电机带一个速度传感器，输出两个通道，每个通道为相差 90° 的方波（电机每转为 256 个脉冲），通过判断相差确定转向。每个牵引控制单元连接 3 个速度传感器。

在 DCU 中同样检测拖车的速度。在拖车的一个轴上装有一个编码速度传感器，该传感器是单通道（每周 111 个脉冲）。

在 DCU 中有两块电路板 A305 与 A306（即中断处理与速度测量板），专门用来处理速度信号。速度值通过计算脉冲数和参考时钟周期计算得到。

8. 安全性能

VVVF 逆变器的外壳与车体通过接地端子可靠接地。主电路设置了快速放电回路和固定放电回路，当 VVVF 逆变器被隔离或关机时，快速放电回路开通，储存在电容器中的能量通过放电电阻迅速消耗掉。另外，也可通过斩波回路释放。固定放电回路主要是当快速放电回路故障或其他原因使快速放电回路不起作用时，电容器的能量也能通过固定放电回路消耗掉，DCU 面板上有相应的指示灯和测试孔显示状态并可提供数据测量，VVVF 逆变器箱门上设有安全警示标志。

3.11.3 能量反馈与电阻制动

1. 电制动的基本原则

电制动遵循制动优先级和混合制动原则。在电机的能量反馈中，能量反馈到电网中，如果在电制动的情况下，能量不能被电网完全吸收，多余的能量必须转换为热能消耗在制动电阻上，否则电网电压将抬高到不能承受的水平。

（1）第一优先级为再生制动。

最大限度地将能量反馈回电网。牵引控制单元（DCU）连续监控电网状态，检查能量的吸收。

（2）第二优先级为电阻制动。

当再生能量不能全部被电网吸收时，投入电阻制动，将不能再生的制动能量消耗在制动电阻上。

（3）第三优先级为空气制动。

当电制动力不足时，所需要的总制动力由空气制动来提供。

此外，空气制动还用于以下方面：低速时的制动；快速制动；紧急制动；电气制动故障。

电气制动和空气制动混合检测、控制的原则：

① 空气制动用于补偿给定制动力与实际电制动力的差值。

② 电气制动与空气制动的混合平滑过渡、无冲动，满足列车制动性能的要求。

③ 当车辆速度低于某限速时，电制动将逐步由空气制动替代。为了尽量减少对制动闸瓦的磨耗，同时又保证制动要求，本牵引系统可将制动转换点降低到 3.5 km/h，转换点在 3.5 ~ 8 km/h 可调，但列车经最终调试完，转换点数据将固化在 PROM 内。

④ 牵引控制单元（DCU）向列车中央控制单元连续发送电制动力实际值和有关信息。如果某个 VVVF 逆变器的电制动受限或被停止，列车则采用空气制动补偿以达到相同的减速度。

2. 电制动控制

充分发挥电制动的作用，尽量提高使用电制动的最高运行速度。

在恒电制动力运行阶段，在拖车和动车上均不补充空气制动。电制动起始速度不小于 80 km/h。

对电网电压设置两个门槛值：当网压升至第一设定值时，制动斩波器开始工作，系统工作在再生制动与电阻制动的混合状态；当网压上升至第二门槛值，系统将完全投入电阻制动进行过压保护。再生制动与电阻制动转换过程中，平滑过渡、无冲动。通过 DCU/M 对线电压进行检测，当线电压升至第一个预定值（如 1 800 V），制动电阻斩波器开始工作，系统工作在再生制动和电阻制动的混合状态；当线电压升至第二个预定值（如 1 900 V），系统全部转入电阻制动。再生制动和电阻制动转换过程是平滑过渡，无冲击的，其工作方式是：列车制动时 DCU/M 板根据当前列车的状态，由内部生成一定逻辑的 PWM 信号，通过光纤传送到 GDU（IGBT 门极驱动板）进行信号放大，通过 GDU 驱动制动斩波器上的 IGBT 以一定的逻辑状态轮流导通，使分别接在斩波器上的电阻轮流通电，然后通过散热系统将热量散发出去，实现电阻耗能，具体电路图如图 3-44、图 3-45 所示。

电阻制动能瞬时地、连续地替补再生制动，即使再生制动从其最高允许电流突然下降到零。当供电线路恢复受电状态时，再生制动将自动地、瞬时地和连续地补充电阻制动，直至电阻制动降至零。当电制动发生故障时由空气制动代替电制动。

电阻制动能达到与再生制动相同的功率。

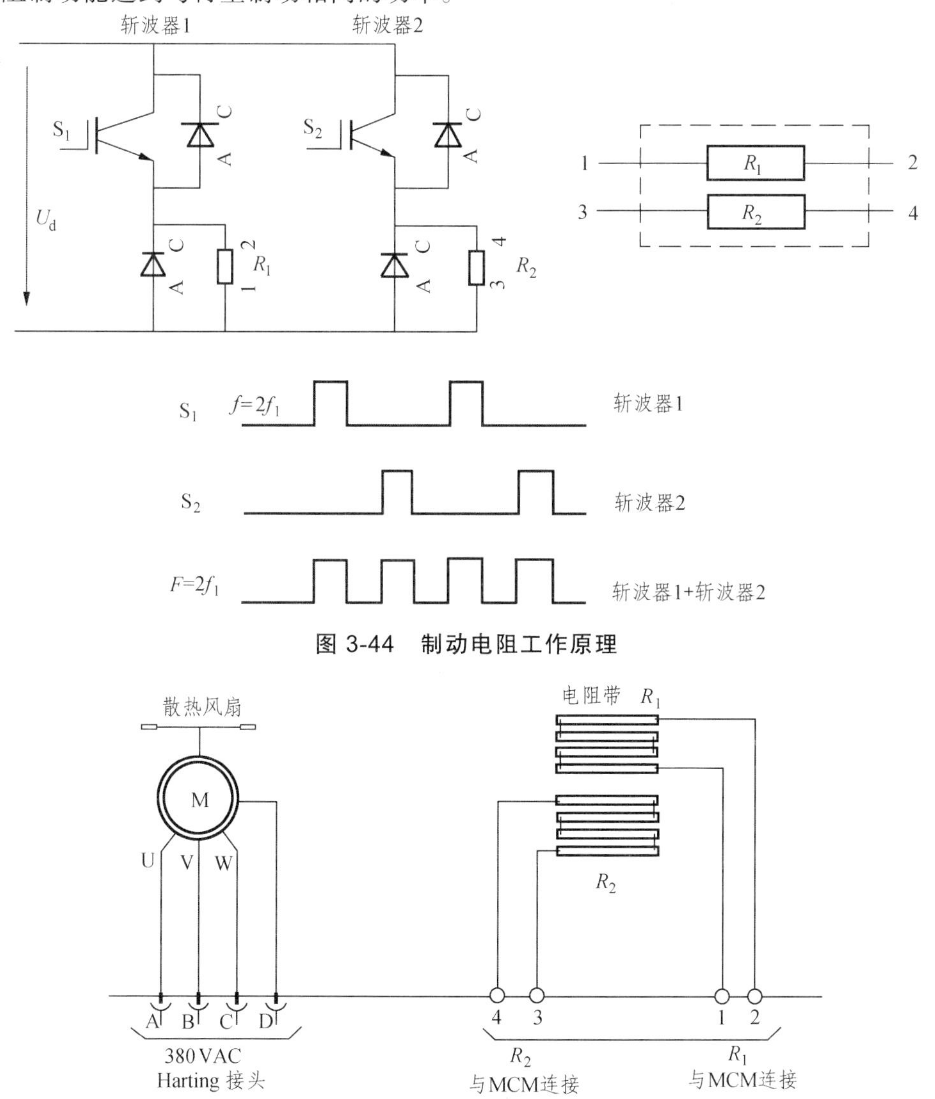

图 3-44　制动电阻工作原理

图 3-45　制动电阻电路

在手动模式和 ATO 模式下，对所有的速度条件下减速度控制均有效。任何条件下制动过程的减速度无明显的变化（包括通过电制动力的消失点）。

在任何运行情况下，电气牵引系统通过输入回路中的电压传感器能直接检测到电网电压（与线路滤波电容器无关），相关网压值可在网压表和显示器上进行显示。

制动电阻安装在每节动车的车底架上，为牵引系统在电制动时消耗过高再生电压的耗能设备，保证线网及列车的安全。因为在电制动的情况下，当能量不能被电网完全吸收时，多余的能量必须转换为热能消耗在制动电阻上，否则电网电压将抬高到不能承受的水平。因此制动电阻的存在确保了电网上的其他设备的安全，如图 3-46 所示。

制动电阻由带符合 IP20 隔栅组成入风罩和出风防护罩、由一个 1.1 kW 的电机及叶轮组成对主箱体内两个低阻值（20 °C 时 2 × 3.07 Ω ± 2%）电阻进行强迫风冷的散热系统。电阻排的安装采用了“抽屉”设计，便于日后维护的安装与拆卸，见图 3-47。

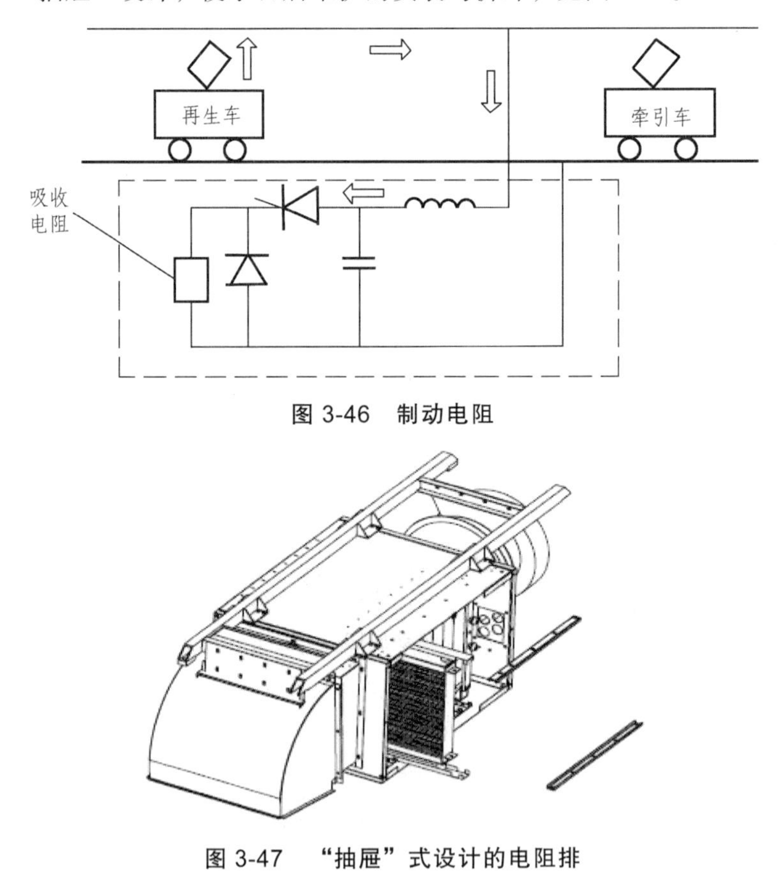

图 3-46　制动电阻

图 3-47　“抽屉”式设计的电阻排

任务四　城轨车辆辅助供电系统

【学习目标】

（1）掌握城轨车辆辅助供电系统的基本类型。

（2）掌握城轨车辆辅助供电系统的结构组成。

（3）掌握城轨车辆应急供电的工作原理。

（4）了解城轨车辆静止逆变器的控制。

（5）熟悉城轨车辆辅助系统的维护与保养。

【任务导入】

本任务主要介绍城市轨道交通车辆辅助供电系统的组成、功能、结构类型，详细分析了城市轨道车辆辅助供电系统的电路原理、主要电气部件的技术参数、功能作用。

辅助供电系统是城轨车辆上的一个必不可少的电气部分，它可为空调、通风机、空压机、蓄电池充电器及照明等辅助设备提供供电电源。

传统的城市轨道交通车辆上，辅助电源通常采用旋转式电动发电机组的供电方式，电动机从受电装置获取直流电源，发电机输出三相交流电压向负载供电；对于 DC 110 V 和 DC 24 V 的用电设备，仍需通过三相变压器和整流装置变换后向其提供电源。这种供电方式的机组设备体积大、输出容量小、效率低，而且电源易受直流发电机组工况变化的影响，输出电压波动大，可靠性较差。

近年，随着技术的进步，城轨车辆上的辅助电源均采用了静止式辅助逆变电源。静止式辅助供电系统直接从车辆受流装置取电，经过 DC-DC 斩波变换后向三相逆变器提供稳定的输入电压，经过 VVVF 变频调压控制，逆变器输出三相交流电压，对于多路输出电源，电路还采用变压器隔离形式。这种辅助逆变电源的优点是输出电压的品质因数好、电源使用效率高、工作性能安全可靠。

3.12　辅助供电系统电路的基本类型

随电力电子器件发展，静止辅助系统也经历着不同方案的发展过程。由于新一代性能优良的 IGBT 器件迅速发展，现在的车辆辅助供电系统大都采用 IGBT 来构成。

3.12.1　辅助供电系统的构成方案

（1）直-直变换与高频变压器隔离加逆变的方案。

（2）斩波稳压再逆变，加变压器降压隔离。

（3）三点式逆变器加变压器降压隔离。

（4）电容分压两路逆变，加隔离变压器构成 12 脉冲方案。

（5）二点式逆变器加滤波器与变压器降压隔离。

这些方案各有其特点，而且都能满足地铁或轻轨车辆的要求。

3.12.2　DC 110 V 控制电源构成方案

在目前城轨车辆辅助供电系统的方案中，对 DC 110 V 控制电源主要有两种不同的设想：

（1）通过静止逆变器、50 Hz 隔离降压变压器降压再经整流滤波来实现；

（2）通过独立的直-直变换器直接接于供电网压，通过高频变压器隔离后再整流并滤波得到 DC 110 V 控制电源。

从两者比较看，后者是独立的，与静止辅助逆变器无关，也就不受逆变器故障的影响，在供电功能方面有一定的好处；但是因为需要独立的直流电源，也就增加了成本。目前，世界上在城轨车辆辅助供电系统中大都采用绝缘栅双极型晶体管 IGBT（或 IPM）模块来构成。

为了人身安全，低压系统及控制电源必须实现与高压网压系统 DC 1 500 V 的电气电位上的隔离。最佳且最实用的隔离方式是采用变压器隔离。常用的有 50 Hz 变压器隔离和高频变压器隔离两种方式。由变压器基本原理知，50 Hz 变压器其体积与重量较大，而高频变压器其体积与重量就成倍地减小。但后者必须采用性能好的高频磁心，目前大都采用进口的铁氧体磁心或铁基微晶合金的磁心。

对于 DC 110 V 控制电源，容量不大，约 25 kW。因而现今国内外都采用直-直变换及高频变压器隔离，这也是成熟的方案。

3.12.3 辅助系统的供电方式

1. 分散供电

地铁车辆大都采用两动一拖（3 节车辆）构成一个单元，由两个单元（所谓 6 节编组）构成一列车，每节车辆均配备一台静止辅助逆变器，每单元共用一台 DC 110 V 的控制电源。每节车辆的辅助逆变器的容量为 75 ~ 80 kV · A，DC 110 V 控制电源（兼作蓄电池充电器）的功率约为 25 kW。后来法国 Alston 生产的地铁车辆，改为一个单元中配 2 台静止辅助逆变器，每台容量为 120 kV · A，且每台含 DC 110 V 控制电源，功率为 12 kW。这种每个单元配备多个静止逆变器的供电方式称为分散供电方式（见图 3-48）。

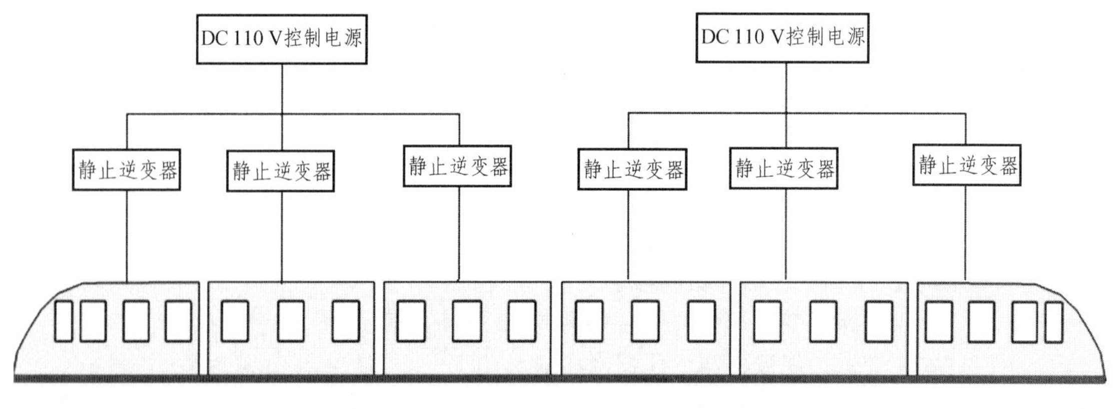

图 3-48 分散供电

2. 集中供电

最近国外生产的地铁车辆，在 6 节编组中，每单元只配一台静止辅助逆变器，容量约为 250 kV · A，直流 110 V 控制电源也只有一台，约 25 kW，即所谓的集中供电（见图 3-49）。

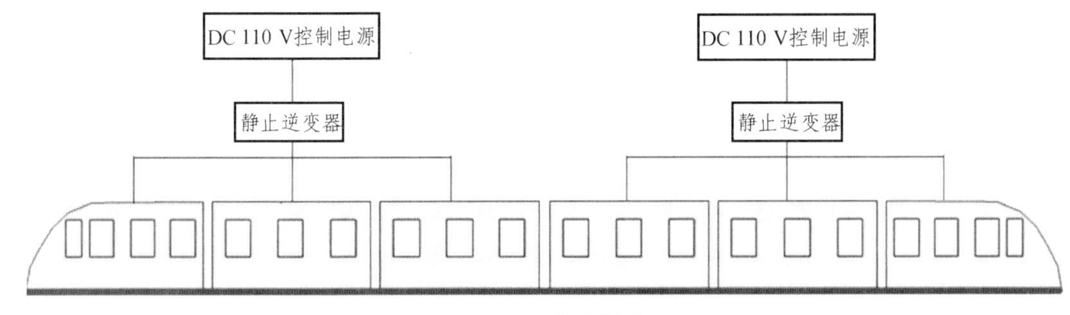

图 3-49　集中供电

这两种供电方式各有优缺点。分散供电冗余度大，均衡轴重好配置，但造价要大些，且总重量也会高些。而集中供电冗余度小，每轴配重难以一致，但相对而言，总重会轻些，成本低些。因此从冗余度与轴重均衡出发，分散式供电方案较为常见。

3.12.4　城市轨道车辆中常见的辅助逆变器电路形式

图 3-50 所示的辅助逆变器中，CHO 为升/降压器：作用一是稳定逆变器输入电压，作用二对逆变器进行保护。INV 为逆变器，采用 PWM 调制，开关频率 2.5 kHz。FIL 为电感电容滤波网络。T_0 隔离变压器：△-Y 连接，输出三相四线电压 AC 380 V，50 Hz。T1、T2 变压器：由 AC 380 V 供电，经降压、整流滤波后输出 DC 110 V 和 DC 24 V。

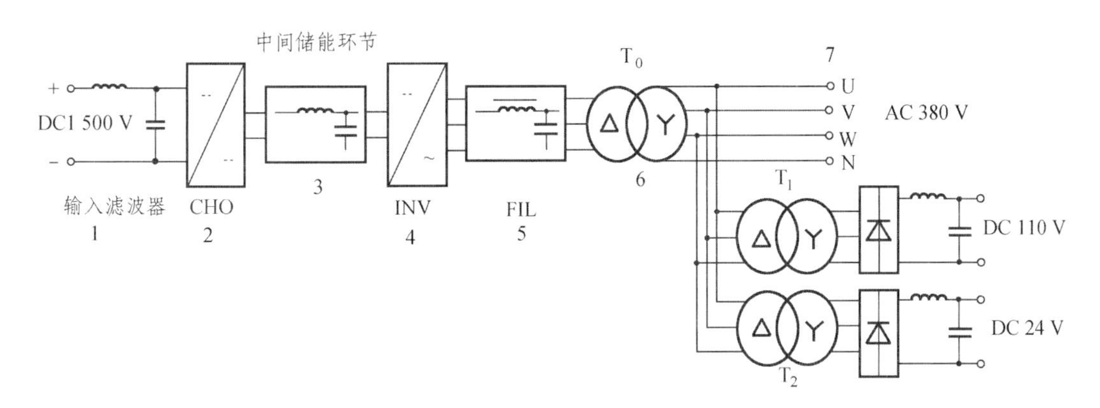

图 3-50　辅助逆变电路形式一

电路结构如图 3-50 所示。直流输入经线路滤波器 1→降压斩波器 2→滤波器 3→逆变器 4→交流滤波器 5→隔离变压器 6→输出带中点的 AC 380 V 电源 7。

直流输出分两路：

（1）从 AC 380 V 输出→降压变压器 8→极管整流滤波 9→输出 DC 110 V。

（2）从 AC 380 V 输出→降压变压器 10→极管整流滤波 11→输出 DC 24 V。

直流输入经线路滤波器 1→逆变器 2→直接逆变→交流滤波器 3→隔离变压器 4 输出。隔离变压器二次绕组分两组输出，一组绕组输出带中点 AC 380 V 交流电 5；另一组输出经二极管整流 6→滤波电路 7 后输出 DC 110 V。

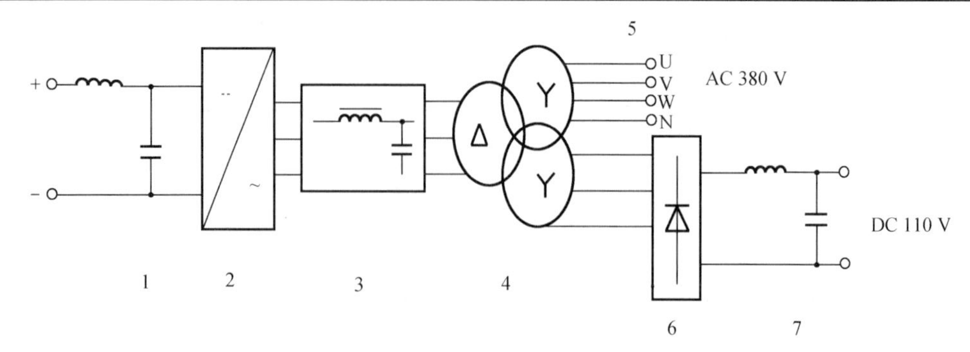

图 3-51　辅助逆变器电路形式二

1—线路滤波器；2—逆变器；3—交流滤波器；4—隔离变压器；5—带中点 AC 380 V 电源；6—二极管整流；7—滤波电路

辅助逆变器电路形式三电路结构如图 3-52 所示。直流输入电源经线路滤波器 1→两台串联的逆变器 2→分别经过两台独立的交流滤波器 3→隔离变压器 4 输出交-直流电源。隔离变压器有两个独立的一次绕组，一个二次绕组，两个一次绕组输入产生的磁通在铁心内叠加，二次侧感应出输出电压，一方面输出带中点的 AC 380 V 电源 5；另一方面经降压变压器 6→相控整流桥 7→滤波器 8→输出直流电压 DC 110 V。

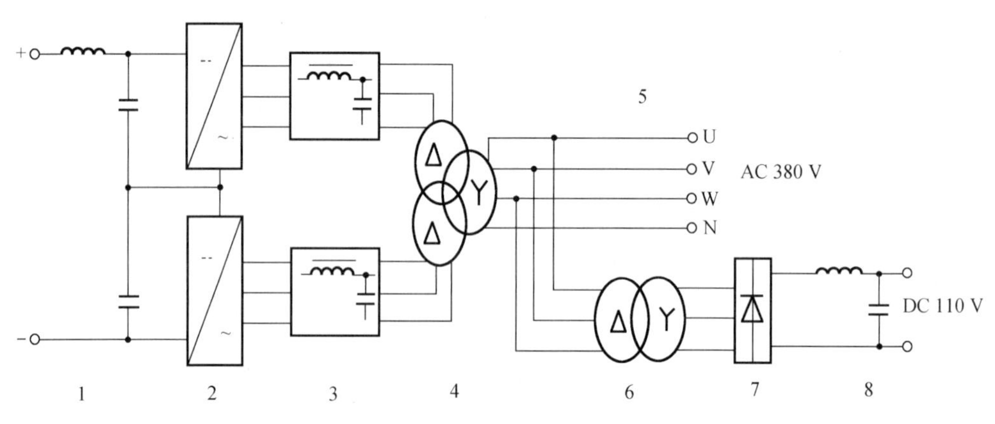

图 3-52　辅助逆变器电路形式三

3.13　城市轨道交通车辆辅助电路实例

3.13.1　城轨供电系统的组成

城市轨道交通车辆辅助供电系统包括辅助逆变器（DC-AC 变流器，简称 SIV）和低压电源（DC/DC 变流器和蓄电池）两大部分。辅助逆变器给车辆上的交流负载如空调机、压缩机、通风机等提供 AC 380 V 及 AC 220 V 的电源。低压电源包括 DC 110 V 和 DC 24 V，为车辆控制系统及应急负载供电。除我国早期引进的列车每节车均设有辅助逆变器外，现在的列车都采用集中供电的方式。

列车辅助逆变器根据负载的运行实际，采用恒压恒频输出，其技术性能要求与 VVVF 主逆变器有所不同，而且对 DC/DC 变流器的性能也有特殊要求。当供电电压波动时，要求 SIV 在正常电压波动范围内输出全功率，且输出电压脉动在规定范围内。

列车辅助逆变器的负载大部分是泵类（三相异步电动机驱动），不需要调速，直接启动启动冲击电流大。例如，空调机及其压缩机是辅助逆变器的最大负载，其他还有风源系统的空气压缩机等。因此，对辅助逆变器负载的启动有很多限制要求：如起动功率限制，每次启动的负荷不能超过额定功率的限值（如 40%），要求顺序启动以避免起动冲击电流的叠加；此外，要求由于负载突变而造成输出电压的波动在限制值之内（一般是 ± 15% ~ ± 20%），并且在规定的时间内（一般 100 ~ 300 ms）输出电压恢复至正常值。因此，在辅助逆变器的型式试验中要经受负载突变、网压突变、重复启动、过载能力等种种考验。辅助逆变器的短时过载能力以能达到其额定容量的倍数及时间来表示，不同公司的产品过载能力相差较大，这主要取决于逆变器所用的功率半导体器件（IGBT）的电流冗余。

低压电源包括 DC-DC 变流器和蓄电池。DC-DC 变流器输出 DC 110 V 和 DC 24 V 电压。正常情况下列车运行时，车上所有的 DC 110 V 负载全由 DC-DC 变流器供电，蓄电池处于浮充电状态。一台变流器供一个列车单元的负载，如果有一台变流器发生故障，则另一台变流器要给全列车的负载供电，因此 DC-DC 变流器的容量在设计时要考虑有足够的冗余。只有当主供电系统发生故障时（例如，电网供电中断），蓄电池才向紧急负载供电。紧急负载是指紧急照明、紧急通风设备，其中最大的负载是紧急通风设备。紧急时的通风量是正常情况空调通风量的一半，但要求持续工作时间较长，一般规定在隧道中运行的车辆要保证供电 45 min，在地面或高架运行的车辆要保证供电 30 min，蓄电池容量就是根据这一要求确定的。

有的系统配置一台应急通风用逆变器（根据风量正比于通风机电源频率，通风机取用功率正比于电源频率的 3 次方。紧急风量比正常工作时减半，则通风机取用功率仅为正常工作时的 1/8），只是应急通风用逆变器的容量并不大。

3.13.2　辅助供电系统供电电路的应用

先经升/降压稳压后逆变的电路原理框图如图 3-53 所示。我国上海地铁 1、2、4 号线车辆逆变器就是采用这种方式。图中，CHO 为升/降压器，一般有斩波降压（上海地铁 1 号线）和逆变降压（上海地铁 2、4 号线）两种方式，它的作用一方面是稳定逆变器输入电压，另一方面是对逆变器进行保护。INV 为逆变器，它的输出经电感电容滤波网络 FIL 滤波后输入到隔离变压器 T_0，隔离变压器为△-Y 联结，输出三相四线电压 AC 380 V、50 Hz。另有两个变压器 T_1、T_2，由 AC 380 V 供电，分别经降压、整流和滤波后输出 DC 110 V 和 DC 24 V。

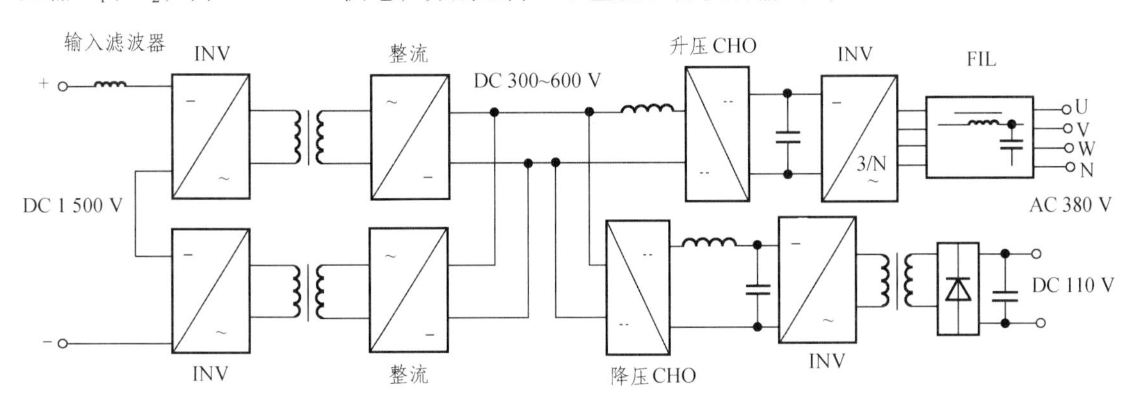

图 3-53　先经升/降压稳压后逆变的电路原理框图

INV 逆变器采用 PWM 调制。它的开关频率要兼顾两方面：频率过高则开关损耗较大而影响逆变器的效率，还会由于正、负组换流所需的“死区”影响占空比，影响逆变器输出波形的谐波含量；若频率过低也会使输出电压波形谐波含量较大。一般采用 SPWM 调制，将开关频率控制在 2.5 kHz 左右。

直接逆变是城市轨道交通车辆辅助逆变电源最简单的电路结构形式，原理如图 3-54 所示。上海地铁 3 号线和轻轨车辆，广州地铁 1、2、3 号线车辆，武汉轻轨和天津轻轨滨海线等车辆的逆变器均采用这种方式。开关器件采用大功率 GTO、IGBT 或 IPM。辅助逆变电源采用直接从受电弓或第三轨受流方式，逆变器按 *V*/*f* 等于带数的控制方式，输出的三相脉宽调制电压采用变压器隔离向负载供电。这种电路的特点是电路结构简单，器件使用数量少，控制方便，但缺点是逆变器电源输出电压容易受电网输入电压波动的影响，功率电子器件（如 IGBT）换流时承受的过电压较大，特别是在高电压情况下（DC 1 500 V 供电系统再生制动时，网压可达 2 000 V）更为突出。

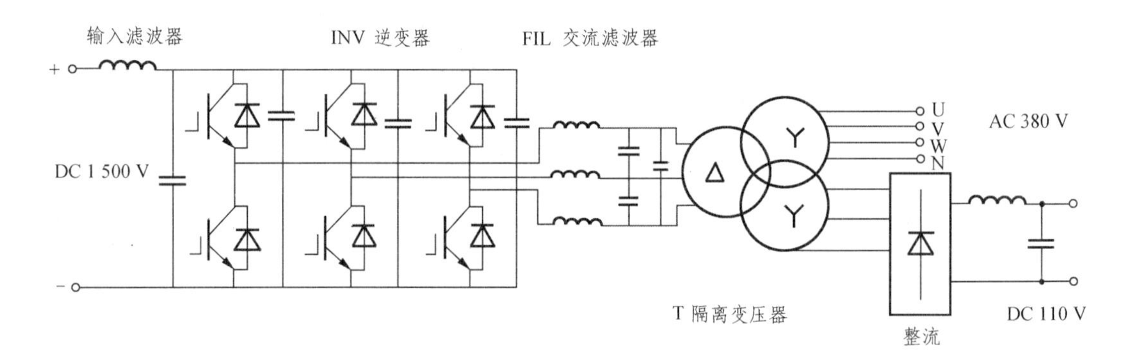

图 3-54 直接逆变电路结构框图

图 3-53 辅助逆变器的结构采用双逆变器，目前我国广州地铁 1 号线采用的是双逆变器型，其他基本上采用单逆变器型（例如，广州地铁 2 号线，上海地铁 1、2、3、4 号线，武汉轻轨和天津滨海线）。

双逆变器型的优点：

① 开关频率低，仅 150 Hz。因此，开关损耗小，逆变器效率高。

② 输出电压为 12 阶梯波，电压的最低次谐波为 11 次。因此，对输出滤波器要求低。

双逆变器的缺点：

① 电路复杂，使用元器件多。

② 两台逆变器串联，动态均压要求高，故障率高。

③ 每台逆变器输出电压为 6 阶梯波，因而不论是 D_Y、Dz 变压器或是 T 变压器，它们的一次绕组输入电压的谐波含量高，变压器中的谐波损耗大。

④ 变压器结构复杂，对于电路叠加型的 Dz 变压器，它的二次绕组为曲折连接，对于电路叠加型的变压器，两个一次绕组由不同相位的电压分别输入，需作特殊设计。

单逆变器的优点：

① 电路简单，使用器件少，可靠性高。

② PWM 调制，输出电压的谐波含量小，而且可以设计优化的 PWM 调制，使谐波含量达到要求。

③ 逆变器电压的输出先经交流滤波网络滤波后输入隔离变压器。因此，输入变压器电压的谐波含量低，变压器中谐波损耗小。

④ 变压器结构简单，不需特殊设计。

单逆变器的缺点：

① 开关频率较高，相对于双逆变器方案，开关损耗较大，逆变器效率较低。

② 功率器件（如 IGBT）换流时承受的过电压（du/dt）较大，特别是在高电压情况下，如 DC 1 500 V 供电系统再生制动时，网压可达 2 000 V，这时功率器件的损耗更为严重。目前城市轨道交通车辆的辅助逆变器多数采用单逆变器型。

3.14 城市轨道交通车辆辅助电路实例

下面以广州地铁一号线车辆辅助供电系统为例进行讲解。广州地铁一号线车辆辅助供电系统由 DC-AC 辅助逆变器、DC-DC 辅助变换器、蓄电池等组成。

3.14.1 DC-AC 辅助逆变器

1. 技术参数

1）输入特性

额定输入电压	U_{iN} =1 500 V DC
输入电压范围	U_i =1 000 ~ 2 000 V DC
最小工作电压（具有额定的输出特性时）	U_{imin} =1 000 V DC
最大工作电压（具有额定的输出特性时）	U_{imix} = 2 000 V DC

2）输出特性

带中性点的三相输出电压	380 V/220 V ± 5%
频率	50 Hz ± 1%
输出功率（连续）	77 kV · A
对应电机启动的输出电流	230 A
输出波形	12 脉冲正弦波
总谐波失真	< 15%U_{RMS}（在额定输入电压时）
电流隔离	Dz 和 Dy 型布置的输出变压器

2. 工作原理说明

SIV（辅助逆变器）主电路采用 12 脉冲 IGBT 变流技术，当输入电压在 DC 1 000 ~ 2 000 V 变化时，它都能正常工作。该 SIV 的主电路原理如图 3-55 所示。

辅助逆变器主电路采用 12 脉冲 IGBT 变流技术。经受电弓输入的 DC 1 500 V 电压经过辅助隔离开关（AQS1）、辅助熔断器（AF1）、直流滤波电抗器（L01）、电容器充电电路（KM1、KM2、V1、RR）、直流滤波电容器（FC1、FC2），送至两个并联的 IGBT 逆变器（A5、A6），

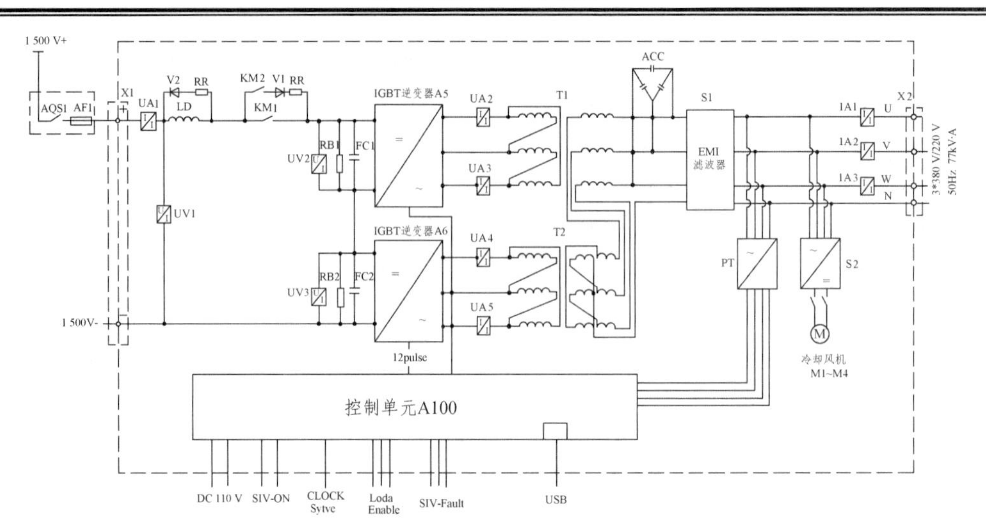

图 3-55 辅助逆变器主电路原理图

控制单元（A100）对两个 IGBT 逆变器进行控制，将两个逆变器模块错开一定角度的 PWM 输出电压分别送入 Dy、Dz 三相变压器（T1、T2），由变压器耦合得到接近正弦的十二阶梯波，最后经三相交流滤波器（ACC）滤波得到低谐波含量的三相准正弦电压，输出电压稳定后输出负载接收信号，最终输出稳定的三相电压。从任何一相输出线与主变压器的中性点之间均可得到单相交流 220 V 电压。

主电路原理图中各部件或元器件代号的含义如表 3-4 所示。

表 3-4 SIV 主电路代号描述

代号	描述	代号	描述
A1	接触器组装	A10	电流采样板
KM1	直流接触器	A11	电流互感器组装
KM2	预充电接触器	TA1 ~ TA3	电流互感器
A2	二极管组装	A12	电阻组装
V1、V2	二极管	R1、R2	预充电电阻
RV1、RV2	压敏电阻	R3、R4	电阻
A3	支撑电阻组装	A13	三相整流组件
R5、R6	电容器放电电阻	A100	控制单元
A4	电器组装	UA1 ~ UA5	电流传感器
A14	高压检测板	UV1 ~ UV3	电压传感器
K1、K2、QF1	低压配电继电器、断路器	L1	直流滤波电抗器
A5，A6	IGBT 逆变器模块	T1	Dy 变压器
C1、C2	直流滤波电容器	T2	Dz 变压器
C3 ~ C8	IGBT 吸收电容 F	ACC	交流滤波电容器
B5、B6	IGBT 门极驱动板	S2	三相交流 EMI 滤波器
V9 ~ V20	IGBT 组件	X2，X3	闸刀组装
KT1	温度继电器，85 °C	M01 ~ M04	轴流风机
A7	反馈平衡模块	X1	输入接线组件
A8	电压变换器组装板 220 V/5.67 V	X101	控制连接器，24 芯矩形插座
A9	散热风扇组装	X50	输出接线组件

3. 辅助逆变器结构

辅助逆变器SIV的辅助熔断器AF1和辅助隔离开关AQS1安装在辅助隔离开关柜（A车）或高压电器箱（B、C车）中，当要求断开辅助开关AQS1或更换AF1时需打开辅助隔离开关柜或高压电器箱的门进行操作。

SIV装置是一个机械封闭组件，低压电器与控制室、逆变器模块室和滤波器与输出控制室的防护等级为IP54，而电抗器室和变压器室因箱体开有散热孔，它们的防护等级则为IP20。

主要部件采用模块化结构，便于安装、维护，散热器通过走行风自然冷却。低压电器与控制室、逆变器模块室和滤波器与输出控制室都设置有门，以方便维护与保养。电抗器与变压器分别安装在电抗器室和变压器室内，变压器室的上、下活动盖板可拆卸，以方便维护与保养。

逆变器模块A5、A6采用闸刀接触式连接，检修时，模块拆卸时不必拆卸连接功率电缆，松开模块固定螺栓，即可抽出整个模块。为提高控制系统的电磁兼容性及保证维护人员的人身安全，所有低压控制电路与控制单元都集中于独立的控制室，SIV装置柜内的主要部件与它们所在位置如表3-5所示。

表3-5　SIV主要部件柜内布置表

序号	部件号	名称	数量	位置
1	A1	接触器组装	1	逆变器模块室
2	A2	二极管组装	1	逆变器模块室
3	A3	支撑电阻组装	1	逆变器模块室
4	A4	电器组装	1	低压电器与控制室
5	A5，A6	IGBT逆变器模块	2	逆变器模块室
6	A7	反馈平衡模块	1	逆变器模块室
7	A8	电压变换器组装板	1	低压电器与控制室
8	A9	散热风扇组装	1	变压器室
9	A10	电流采样板	1	低压电器与控制室
10	A11	电流互感器组装	1	滤波器与输出控制室
11	A12	电阻组装	1	逆变器模块室
12	A13	三相整流组件	1	滤波器与输出控制室
13	A14	高压检测板	1	电抗器室
14	A100	控制单元	1	低压电器与控制室
15	UA1 ~ UA5	电流传感器	5	逆变器模块室
16	UV1 ~ UV3	电压传感器	3	逆变器模块室
17	L1	直流滤波电抗器	1	电抗器室
18	T1	变压器	1	变压器室
19	T2	变压器	1	变压器室
20	ACC	交流滤波电容器	1	滤波器与输出控制室
21	M01 ~ M04	轴流风机	4	变压器室
22	X101	10芯矩形插座	1	低压电器与控制室
23	X1	输入接线组件	1	逆变器模块室
24	X2，X3	闸刀组装	2	逆变器模块室
25	X50	输出接线组件	1	滤波器与输出控制室

SIV 装置控制信号线通过 24 芯 HARTING 连接器从滤波器与输出控制室引出，而输入功率电缆通过 IP68 防护等级的电缆接头从逆变器箱侧面引入。交流输出功率电缆在逆变器箱正面通过 IP68 防护等级的电缆接头引出。

3.14.2 DC-DC 变换器

1. 技术参数

1）输入特性

额定输入电压	$U_{iN}=1\,500$ V DC
输入电压范围	$U_{i}=1\,000\sim2\,000$ V DC
最小工作电压（具有额定的输出特性时）	$U_{imin}=1\,000$ V DC
最大工作电压（具有额定的输出特性时）	$U_{imax}=2\,000$ V DC

2）输出特性

输出 1：	
额定输出电压	126（1 ± 0.5%）V
输出功率（连续）	25.2 kW
输出电流	200 A
直流电压波动	< 5% U_{RMS}
电气隔离	在 DC/DC 模块中的变压器
输出 2：	
额定输出电压	126（1 ± 0.5%）V
输出功率（连续）	3.78 kW
输出电流	30 A
直流电压波动	< 5% U_{RMS}
电气隔离	在 DC-DC 模块中的变压器
其他：	
在额定输入电压 U_{iN} 和满负荷时的总效率	> 85%
状态和故障显示	对应数据记录电脑的 RS232 接口
尺寸	1 364 × 740 × 590（长 × 宽 × 高，mm）
重量	250 kg

2. DC-DC 变换器结构

变换器主要包括两个 IGBT DC-DC 斩波模块和两个 126 V 的整流模块，其内部部件布置如图 3-56 所示，部件名称及功能如表 3-6 所示。

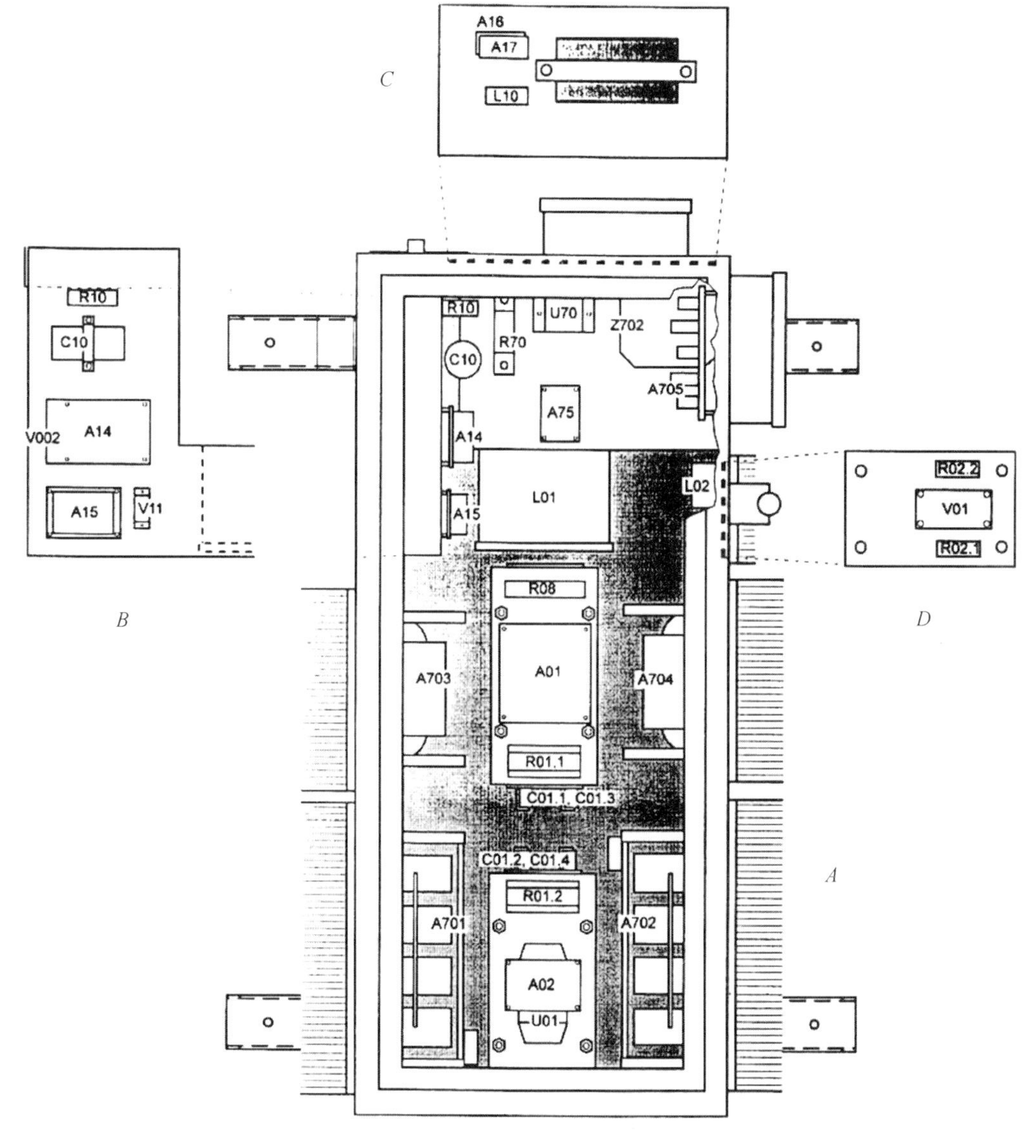

图 3-56　DC-DC 内部部件图

表 3-6　DC-DC 内部部件名称及功能

部件	名　称	主要功能描述
A01	450 V 动态电压保护	电压限制、保护
A02	分压器	分压，使 U01 可以检测输入电压
A09	故障显示板	存储、显示故障信息
A10	分压器	传输 CFSU 时钟同步信号
A11	扩展板	接收故障信息并传送给 A09
A14	备用电池	在列车蓄电池无电情况下提供 DC-DC 各电子板的工作电源
A15	DC-DC 变换器	将 110 V DC 转换为 24 V DC

续表

部件	名　称	主要功能描述
A16 A17	续流二极管	保护前端模块，防止输出电流回流
A75	缓冲电路板	检测输出电压
A77	双路电源板	将 24 V 电源转换为 ±15 VDC
A78	斩波器控制板	提供控制信号，控制斩波器工作
A79	斩波器控制扩展板	无控制作用，只起插线板作用
A701 A702	IGBT 斩波模块	将高压直流斩波为低压直流
A703 A704	整流模块	对输出进行整流
A705	滤波电容器	滤波、防电磁干扰

3.14.3 蓄电池

1. 技术参数

蓄电池型号	碱性镍镉蓄电池，FNC 172 MR
工作电压	110 V DC
充电电压	126 V DC
关断电压	84 V DC
额定充电电流	最大 30 A
充电特性	UI 符合 DIN 41773 标准
额定容量	100 Ah C_5（+20 °C 时 符合 IEC 623 标准）
电解液	密度为 1.19 kg/L（+20 °C 时）的氢氧化钾溶液
电池单体数量	84 个
电池组数	14 组

2. 功能描述

车辆蓄电池的作用是在主供电系统接通前，为列车激活提供电源。它由列车 DC-DC 变换器进行充电。

在主供电系统故障时（没有 1 500 V 高压电），蓄电池可以提供 45 min 的紧急负载。紧急负载包括以下：紧急照明；头灯、尾灯、状态灯以及位置灯等；通信设备；紧急通风；相应的接触器和继电器。

镍镉电池使用了一种纤维构造的极板。这是特地为在车辆上和热带气候下使用而设计的。碱性电解液是一种钾基氢氧化物（KOH）和蒸馏水或清除电离水的溶液，电解液也包含一定百分比的钾基氢氧化物，采用下列型号：

MR 型电池电解液 FNC172MR：23.1 g/L LiOH（55%），整组蓄电池由 84 节单体组成，6 个单体装在一个不锈钢槽内，总共有 14 个槽。每个单体的额定容量是 100 A · h。单体外壳采用了一种叫作“Brilon V0”的阻燃材料。

3.14.4　辅助逆变器的维护检修

为确保辅助逆变器的正常工作，必须对其进行有计划的维护，加强检查和调整，排除故障，消除隐患，保证 SIV 经常处于良好状态和安全运行。SIV 的维护分日常维护和定期维护，定期维护又有月检、半年检、年检、五年检查、大修之分。维护周期表见表 3-7。

表 3-7　辅助逆变器维护周期表

检查部位	检查项目	检查内容	现象与判断依据	处理方法	检查周期				
					1 月	6 月	1 年	5 年	大修
柜体	骨架	变形、伤痕、裂纹、锈蚀等	变形、伤痕、裂纹、锈蚀等情况已影响到装置的密封或使用	修复或更换			√	√	√
	门封	弹性状态	老化、破损、永久变形	更换			√	√	√
	门锁	门锁状态	松动	重新拧紧或更换	√	√	√	√	√
	柜门	安装状态、门板变形、伤痕、裂纹、锈蚀等	柜门安装不正确，门板永久变形与弹性变差、已影响到门的密封或使用	修复或更换	√	√	√	√	√
	柜体内部	清洁状态	柜体内部有污垢	清洁	√	√	√	√	√
	柜体固定螺栓	固定状态	松动	重新拧紧或更换	√	√	√	√	√
	插头、插座	外观、紧固状态	松动、损伤	重新紧固或更换	√	√	√	√	√
内部检查	布线	电线电缆	老化、破损	更换				√	√
		接线端子	变形、破损、破坏性锈蚀、脱扣等	更换				√	√
			松动	重新拧紧					
	各紧固件	固定状态	松动	重新拧紧			√	√	√
			破坏性锈蚀	更换					
	逆变器模块 A5、A6	紧固件	松动	重新拧紧			√	√	√
		直流滤波电容器 C1 或 C2	损坏、漏油	更换			√	√	√
		门极驱动板	元器件变色、损坏、电解电容漏液	更换					√
		布线、插头	插头松动	拧紧插头				√	√
			线缆老化和破损	更换线缆					
		IGBT 元件	元件裂痕或放电痕迹	更换					√
		散热器	积灰影响到散热	除尘	√	√	√	√	√

续表

检查部位	检查项目	检查内容	现象与判断依据	处理方法	检查周期				
					1月	6月	1年	5年	大修
内部检查	变压器：TR1、TR2 电抗器：L1	接线端子	接线松动	重新拧紧				√	√
			破坏性锈蚀	更换				√	√
			积灰等影响到绝缘	除尘			√	√	√
		目检线圈	积灰、污染等影响到绝缘	除尘			√	√	√
			老化、变色	更换					
	交流滤波电容器：ACC	目检检查	损坏、漏油	更换		√	√	√	√
	电流、电压传感器： UA1～UA5、UV1～UV3	目检、接线	接线松动	重新拧紧				√	√
	功率电阻：R1～R6	目检、接线	变色、裂纹、破损	更换				√	√
	直流接触器：KM1、KM2	目检、接线	接线松动	重新拧紧				√	√
			积灰、污染等影响到绝缘	除尘					
		动作检查	动作不灵活	修复或更换				√	√
	风扇 M01～M04	目检检查	积灰等影响到风扇转动	除尘			√	√	√
			接线松动	重新接好					
			不转动、损坏	更换					
	继电器：K1～K2	目检、接线	接线松动	重新拧紧				√	√
			积灰、污染等影响到绝缘	清洁、除尘					
		动作检查	动作不灵活	修复或更换				√	√
	采样板 A10、电压变换器板 A8、电流互感器板 A11	目检、接线	插头或接线松动	重新拧紧				√	√
			器件变色、裂纹、破损	更换					
	控制单元：A100	目检、接线、紧固件	插头或接线松动或插件固定螺钉松动	重新拧紧			√	√	√
			线缆老化破损	更换				√	√
			元器件老化、变色、损伤，电解电容漏液	更换				√	√
			电路板积灰、污染	清洁、除尘				√	√

任务五　交流调压电路

【学习目标】

（1）能够用万用表测试双向晶闸管的好坏。
（2）掌握双向晶闸管的工作原理。
（3）能分析电风扇无级调速器各部分电路的作用及调光原理。
（4）能熟练掌握交流开关、交流调功器、固态开关的工作原理。

【任务导入】

电风扇无级调速器在日常生活中随处可见。图 3-57 是常见的电风扇无级调速器的电路原理图。

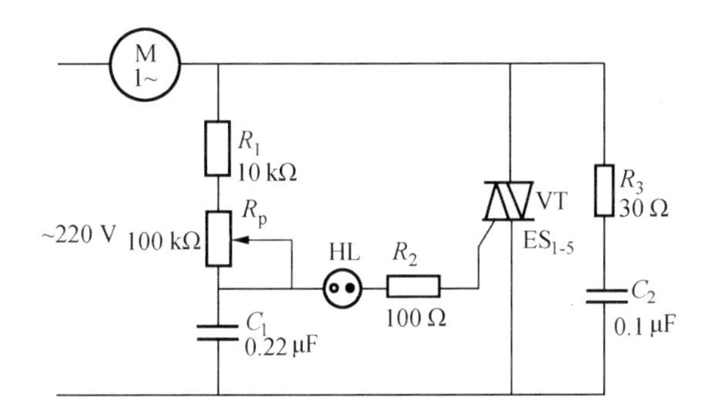

图 3-57　电风扇无级调速器原理图

如图 3-57 所示，调速器电路由主电路和触发电路两部分构成，在双向晶闸管的两端并接 *RC* 元件，是利用电容两端电压瞬时不能突变，作为晶闸管关断过电压的保护措施。本任务通过对主电路及触发电路的分析使学生能够理解调速器电路的工作原理，进而掌握分析交流调压电路的方法。

3.15　单相交流调压电路

电风扇无级调速器实际上就是负载为电感性的单相交流调压电路。交流调压是将一种幅值的交流电能转化为同频率的另一种幅值的交流电能。

3.15.1　电阻性负载

图 3-58（a）所示为一双向晶闸管与电阻负载 R_L 组成的交流调压主电路，图中双向晶闸管也可改用两只反并联的普通晶闸管，但需要两组独立的触发电路分别控制两只晶闸管。

在电源正半周 $\omega t=\alpha$ 时触发 VT 导通，有正向电流流过 R_L，负载端电压 u_R 为正值，电流过零时 VT 自行关断；在电源负半周 $\omega t=\pi+\alpha$ 时，再触发 VT 导通，有反向电流流过 R_L，其端电压 u_R 为负值，到电流过零时 VT 再次自行关断。然后重复上述过程。改变 α 角即可调节

负载两端的输出电压的有效值，达到交流调压的目的。电阻负载上交流电压的有效值为

$$U_R=\sqrt{\frac{1}{\pi}\int_{\alpha}^{\pi}(\sqrt{2}U_2\sin\omega t)^2\mathrm{d}(\omega t)}=U_2\sqrt{\frac{1}{2\pi}\sin 2\alpha+\frac{\pi-\alpha}{\pi}}$$

电流有效值

$$I=\frac{U_R}{R}=\frac{U_2}{R}\sqrt{\frac{1}{2\pi}\sin 2\alpha+\frac{\pi-\alpha}{\pi}}$$

电路功率因数

$$\cos\varphi=\frac{P}{S}=\frac{U_R I}{U_2 I}=\sqrt{\frac{1}{2\pi}\sin 2\alpha+\frac{\pi-\alpha}{\pi}}$$

电路的移相范围为 $0\sim\pi$。

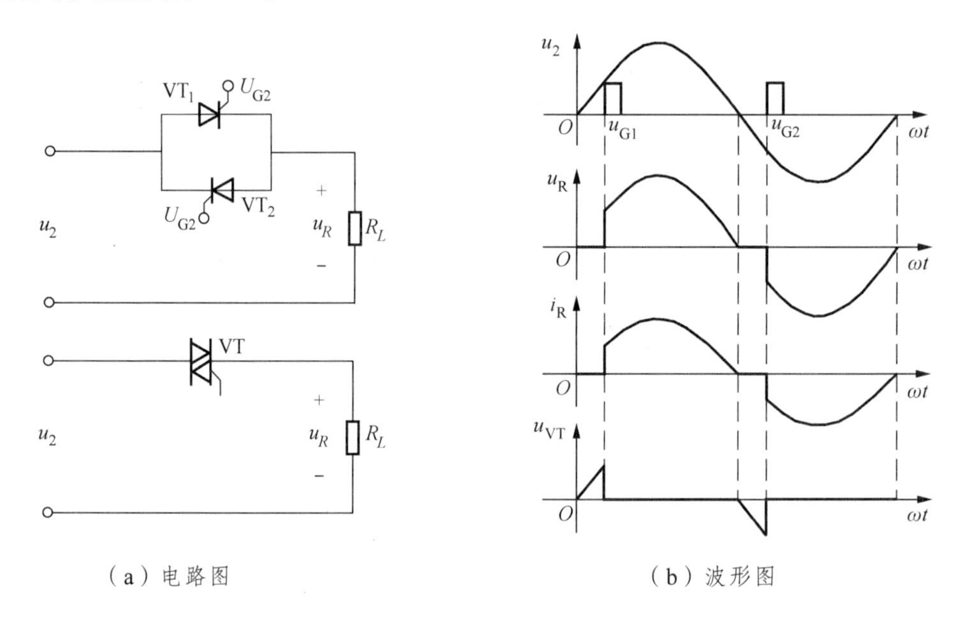

（a）电路图　　（b）波形图

图 3-58　交流调压电路带电阻负载电路及波形

通过改变 α 可得到不同的输出电压有效值，从而达到交流调压的目的。由双向晶闸管组成的电路，只要在正负半周对称的相应时刻（α、$\pi+\alpha$）给触发脉冲，则和反并联电路一样可得到同样的可调交流电压。

交流调压电路的触发电路完全可以套用整流移相触发电路，但是脉冲的输出必须通过脉冲变压器，其两个二次线圈之间要有足够的绝缘。

3.15.2　电感性负载

图 3-59 是带电感性负载的交流调压电路。由于电感的作用，在电源电压由正向负过零时，负载中电流要滞后一定 φ 角度才能到零，即管子要继续导通到电源电压的负半周才能关断。

晶闸管的导通角 θ 不仅与控制角 α 有关，而且与负载的功率因数角 φ 有关。控制角越小则导通角越大，负载的功率因数角 φ 越大，表明负载感抗越大，自感电动势使电流过零的时间越长，因而导通角 θ 越大。

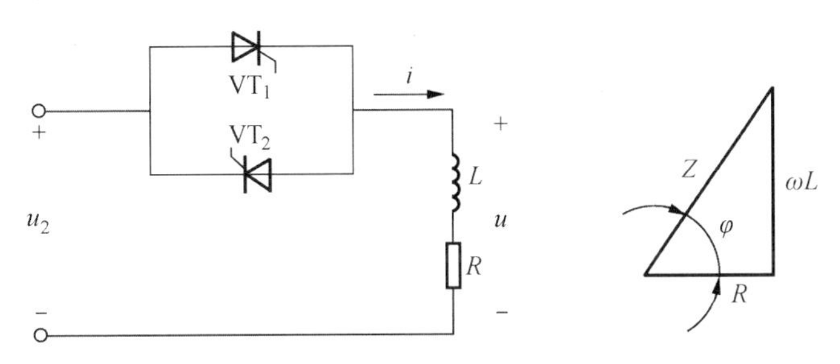

图 3-59　相交流调压电感负载电路

下面分三种情况加以讨论。

（1）$\alpha>\varphi$。

如图 3-59 可知，当 $\alpha>\varphi$ 时，$\theta<180°$，即正负半周电流断续，且 α 越大，θ 越小。可见，α 在 $\varphi\sim180°$ 内，交流电压连续可调。电流电压波形如图 3-60（a）所示。

（2）$\alpha=\varphi$。

由图 3-60 可知，当 $\alpha=\varphi$ 时，$\theta=180°$，即正负半周电流临界连续。相当于晶闸管失去控制，电流电压波形如图 3-60（b）所示。

（3）$\alpha<\varphi$。

此种情况若开始给 VT_1 管以触发脉冲，VT_1 管导通，而且 $\theta>180°$。如果触发脉冲为窄脉冲，当 u_{g2} 出现时，VT_1 管的电流还未到零，VT_1 管关不断，VT_2 管不能导通。当 VT_1 管电流到零关断时，u_{g2} 脉冲已消失，此时 VT_2 管虽已受正压，但也无法导通。到第三个半波时，u_{g1} 又触发 VT_1 导通。这样负载电流只有正半波部分，出现很大直流分量，电路不能正常工作。因而电感性负载时，晶闸管不能用窄脉冲触发，可采用宽脉冲或脉冲列触发。

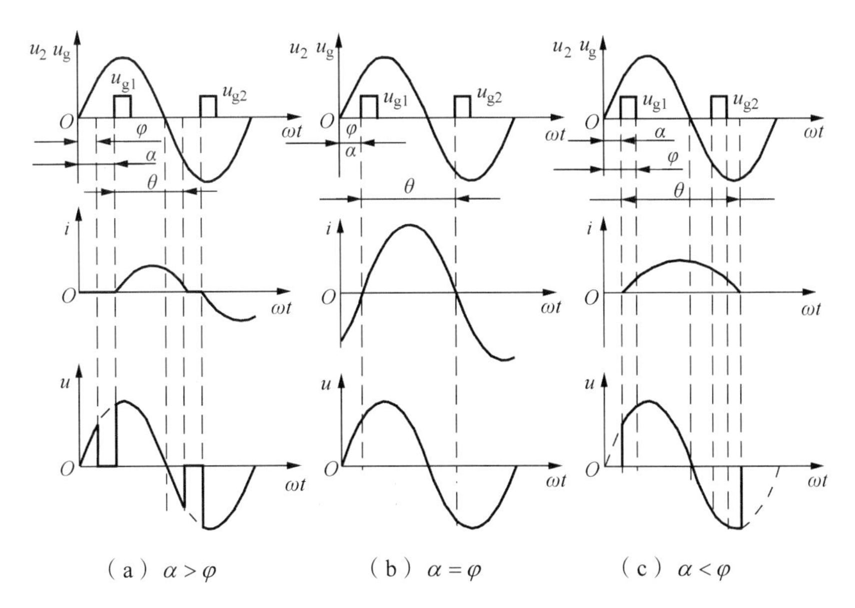

图 3-60　单相交流调压电感负载波形

综上所述，单相交流调压有如下特点：

① 电阻负载时，负载电流波形与单相桥式可控整流交流侧电流一致。改变控制角 α 可以连续改变负载电压有效值，达到交流调压的目的。

② 电感性负载时，不能用窄脉冲触发，否则，当 $\alpha < \varphi$ 时，会出现一个晶闸管无法导通，产生很大的电流直流分量，烧毁熔断器或晶闸管。

③ 电感性负载时，$\alpha_{\min} = \varphi$（阻抗角）。所以 α 的移相范围为 $\varphi \sim 180°$，电阻负载时移相范围为 0 ~ 180°。

3.16 三相交流调压电路

单相交流调压适用于单相容量小的负载，当交流功率调节容量较大时通常采用三相交流调压电路，如三相电热炉、大容量异步电动机的软启动装置、高频感应加热等需要调压的负载，可采用三相交流调压电路。三相交流调压电路可由三个互差 120° 的单相交流调压电路组合而成，负载接成三角形或星形。三相交流调压电路有多种形式，负载可连接成△或 Y 形。三相交流调压电路接线方式及性能特点如表 3-8 所示。对于三相负载，下面对常用的接线方式加以介绍。

3.16.1 星形连接带中性线的三相交流调压电路

图 3-61 为星形连接带中性线的三相交流调压电路，它实际上相当于三个单相反并联交流调压电路的组合，其波形分析与工作原理与单相交流调压电路相同。另外，由于其有中性线，所以不需要双窄脉冲或者宽脉冲进行触发。

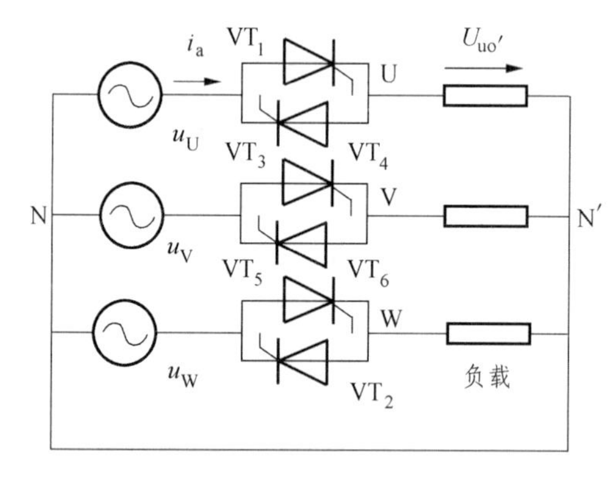

图 3-61 星形连接三相四线交流调压电路

星形连接带中性线的三相调压电路，各相电流的波形为缺角正弦波，这种波形包含有高次谐波，主要是三次谐波电流，而且各相三次谐波电流之间并没有相位差，因此，它们在中性线中叠加之后，在中性线中产生的电流是每相中三次谐波电流的三倍。特别是当 $\alpha = 90°$ 时三次谐波电流最大，中线电流近似为额定相电流。当三相不平衡时，中线电流更大。因此，这种电路要求中线的导线截面较大。

晶闸管的移相范围为：0 ~ 180°。

这种方式适用于中小容量可接中性线的负载。

3.16.2　星形连接三相三线交流调压电路

图 3-62 为星形连接带中性线的三相交流调压电路。这种电路把三对晶闸管反并联接于三相线中，负载连接成星形或三角形。下面以三角形连接的电阻负载为例进行分析。由于没有零线，每相电流必须和另一相电流构成回路，因此，与三相全控桥整流电路一样，应采用宽脉冲或者双窄脉冲来触发。触发相位自 VT_1 至 VT_6 依次滞后 60°。

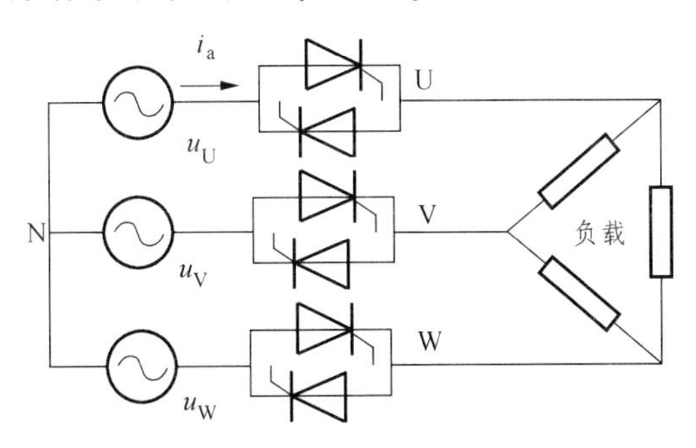

图 3-62　星形连接三相三线交流调压电路

下面以 $\alpha=30°$ 为例分析其工作过程。VT_1 在 U 相电源电压 u_u 过零变正 30° 后被 U_{g1} 触发导通，过零变负时关断。VT_4 在 u_u 过零变负 30° 后被 U_{g4} 触发导通，过零变正时关断。$0°<\alpha<60°$ 时，三管导通与两管导通交替，每管导通 $180°-\alpha$。但 $\alpha=0°$ 时一直是三管导通。波形如图 3-63（a）所示。

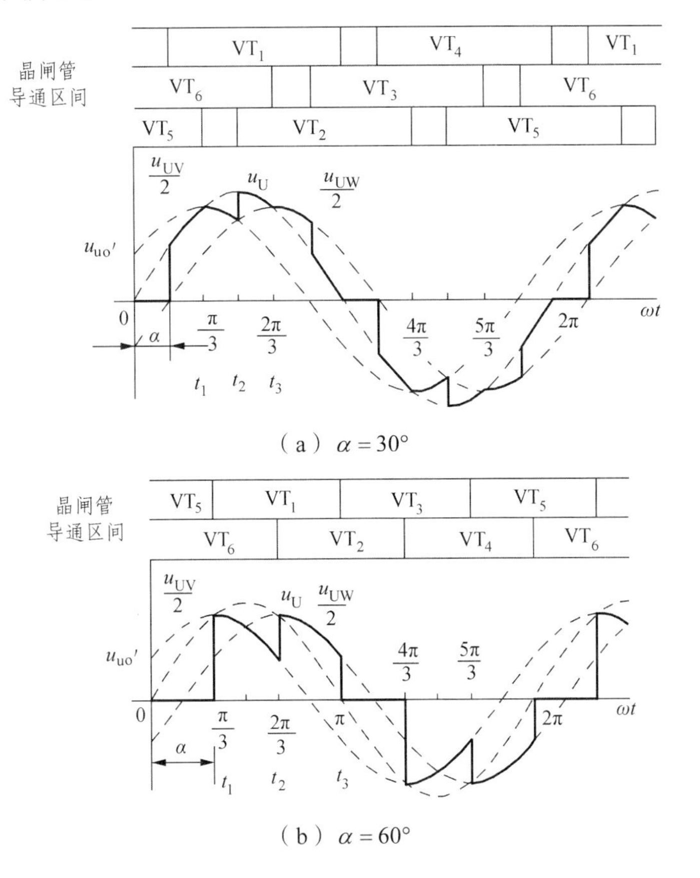

（a）$\alpha=30°$

（b）$\alpha=60°$

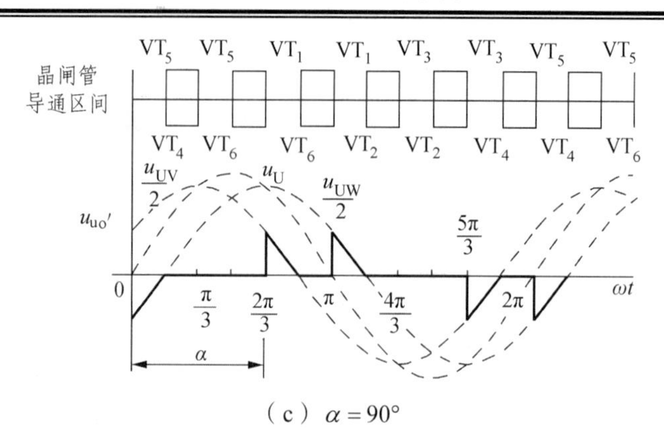

（c）$\alpha = 90°$

图 3-63　星形连接三相三线交流调压波形

$60° < \alpha < 90°$ 时，两管导通，每管导通 120°，如图 3-63（b）所示。

$90° < \alpha < 150°$ 时，两管导通与无晶闸管导通交替，导通角度为 $300° - 2\alpha$，如图 3-63（c）所示。

电流谐波次数为 $6k \pm 1$（$k = 1, 2, 3, \cdots$），和三相桥式全控整流电路交流侧电流所含谐波的次数完全相同。谐波次数越低，含量越大。和单相交流调压电路相比，没有 3 倍次谐波，因三相对称时，它们不能流过三相三线电路。

这种连接方式不存在三次谐波电流，适用于各种负载。

3.16.3　三角形连接三相交流调压电路

表 3-8　三相交流调压电路三角接线方式及性能特点

电路名称	电路图	晶闸管工作电压（峰值）	晶闸管工作电流（峰值）	移相范围	线路性能特点
晶闸管与负载连接成内三角形的三相交流调压		$\sqrt{2}U_1$	$0.26I_1$	$0° \sim 150°$	1. 是三个单相电路的组合 2. 输出电压、电流波形对称 3. 与 Y 连接比较，在同容量时，此电路可选电流小、耐压高的晶闸管 4. 此种接法实际应用
控制负载中性点的三相交流调压		$\sqrt{2}U_1$	$0.68I_1$	$0° \sim 210°$	1. 线路简单，成本低 2. 适用于三相负载 Y 连接，且中性点能拆开的场合 3. 因线间只有一个晶闸管，属于不对称控制

3.17 交流开关及其应用电路

3.17.1 晶闸管交流开关的基本形式

晶闸管交流开关是以其门极中毫安级的触发电流来控制其阳极中几安至几百安大电流通断的装置。在电源电压为正半周时，晶闸管承受正向电压并触发导通，在电源电压过零或为负时晶闸管承受反向电压，在电流过零时自然关断。由于晶闸管总是在电流过零时关断，因而在关断时不会因负载或线路中电感储能而造成暂态过电压。

图 3-64 所示为几种晶闸管交流开关的基本形式。图 3-64（a）是普通晶闸管反并联形式。当开关 S 闭合时，两只晶闸管均以管子本身的阳极电压作为触发电压进行触发，这种触发属于强触发，对要求大触发电流的晶闸管也能可靠触发。随着交流电源的正负交变，两管轮流导通，在负载上得到基本为正弦波的电压。图 3-64（b）为双向晶闸管交流开关，双向晶闸管工作于 I_+、III_- 触发方式，这种线路比较简单，但其工作频率低于反并联电路。

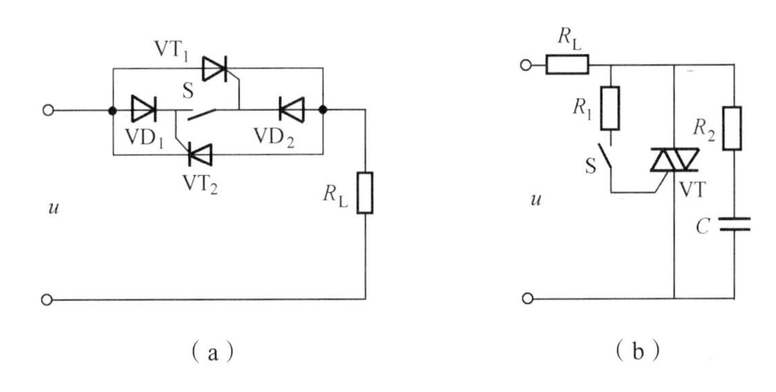

图 3-64 晶闸管交流开关的基本形式

图 3-65 是一个三相自动控温电热炉电路，它采用双向晶闸管作为功率开关，与 KT 温控仪配合，实现三相电热炉的温度自动控制。控制开关 S 有三个挡位：自动、手动、停止。当 S 拨至“手动”位置时，中间继电器 KA 得电，主电路中三个本相强触发电路工作，VT_1 ~ VT_3 导通，电路一直处于加热状态，须由人工控制 SB 按钮来调节温度。当 S 拨至“自动”位置时，温控仪 KT 自动控制晶闸管的通断，使炉温自动保持在设定温度上。若炉温低于设定温度，温控仪 KT（调节式毫伏温度计）使常开触点 KT 闭合，晶闸管 VT_4 被触发，KA 得电，

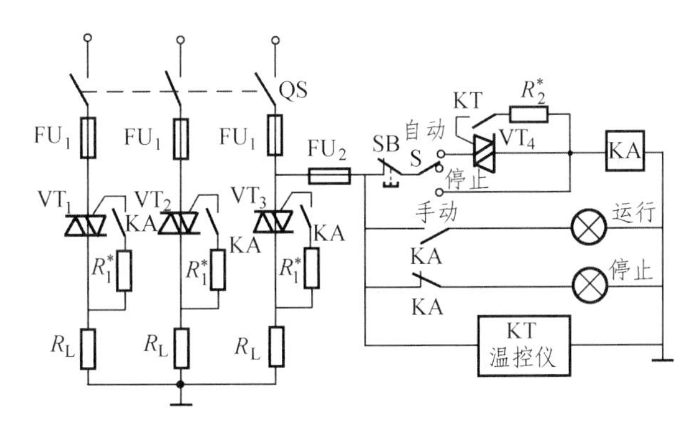

图 3-65 三相自动控温电热炉电路

使 VT_1 ~ VT_3 导通，R_L 发热使炉温升高。炉温升至设定温度时，温控仪控制触点 KT 断开，KA 失电，VT_1 ~ VT_3 关断，停止加热。待炉温降至设定温度以下时，再次加热。如此反复，则炉温被控制在设定温度附近的小范围内。由于继电器线圈 KA 导通电流不大，故 VT_4 采用小容量的双向晶闸管即可。各双向晶闸管的门极限流电阻（R_1^*、R_2^*）可由实验确定，其值以使双向晶闸管两端交流电压减到 2 ~ 5 V 为宜，通常为 30 Ω ~ 3 kΩ。

3.17.2　交流调功器

前述各种晶闸管可控整流电路都是采用移相触发控制。这种触发方式的主要缺点是其所产生的缺角正弦波中包含较大的高次谐波，对电力系统形成干扰。过零触发（亦称零触发）方式则可克服这种缺点。晶闸管过零触发开关是在电源电压为零或接近零的瞬间给晶闸管以触发脉冲使之导通，利用管子电流小于维持电流使管子自行关断。这样，晶闸管的导通角是 2π 的整数倍，不再出现缺角正弦波，因而对外界的电磁干扰最小。

利用晶闸管的过零控制可以实现交流功率调节，这种装置称为调功器或周波控制器。其控制方式有全周波连续式和全周波断续式两种，如图 3-66 所示。如果在设定周期内，将电路接通几个周波，然后断开几个周波，通过改变晶闸管在设定周期内通断时间的比例，达到调节负载两端交流电压有效值即负载功率的目的。

如在设定周期 T_c 内导通的周波数为 n，每个周波的周期为 T（50 Hz，$T = 20$ ms），则调功器的输出功率 $P = \dfrac{nT}{T_c} P_n$。

调功器输出电压有效值 $U = \sqrt{\dfrac{nT}{T_c}} U_n$。

式中，P_n、U_n 为在设定周期 T_c 内晶闸管全导通时调功器输出的功率与电压的有效值。显然，改变导通的周波数 n 就可改变输出电压或功率。

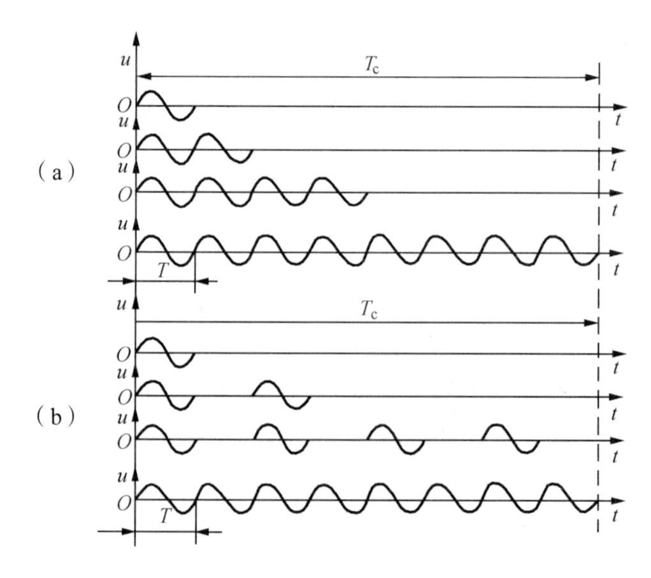

图 3-66　全周波过零触发输出电压波形

调功器可以用双向晶闸管，也可以用两只晶闸管反并联连接，其触发电路可以采用集成过零触发器，也可利用分立元件组成的过零触发电路。

3.17.3　固态开关

固态开关也称为固态继电器或固态接触器，它是以双向晶闸管为基础构成的无触点通断组件。

图 3-66（a）为采用光电三极管耦合器的“0”压固态开关的内部电路。1、2 为输入端，相当于继电器或接触器的线圈；3、4 为输出端，相当于继电器或接触器的一对触点，与负载串联后接到交流电源上。

输入端接上控制电压，使发光二极管 VD_2 发光，光敏管 V_1 阻值减小，使原来导通的晶体管 V2 截止，原来阻断的晶闸管 VT_1 通过 R_4 被触发导通。输出端交流电源通过负载、二极管 VD_1 ~ VD_6、VT_1 以及 R_6 构成通路，在电阻 R_5 上产生电压降作为双向晶闸管 VT_2 的触发信号，使 VT_2 导通，负载得电。由于 VT_2 的导通区域处于电源电压的“0”点附近，因而具有“0”电压开关功能。

图 3-67（b）为光电晶闸管耦合器“0”电压开关。由输入端 1、2 输入信号，光电晶闸管耦合器 B 中的光控晶闸管导通；电流经 3—VD_4—B—VD_1—R_4—4 构成回路；借助 R_4 上的电压降向双向晶闸管 VT 的控制极提供分流，使 VT 导通。由 R_3、R_2 与 V_1 组成“0”电压开关功能电路。即当电源电压过“0”并升至一定幅值时，V_1 导通，光控晶闸管则被关断。

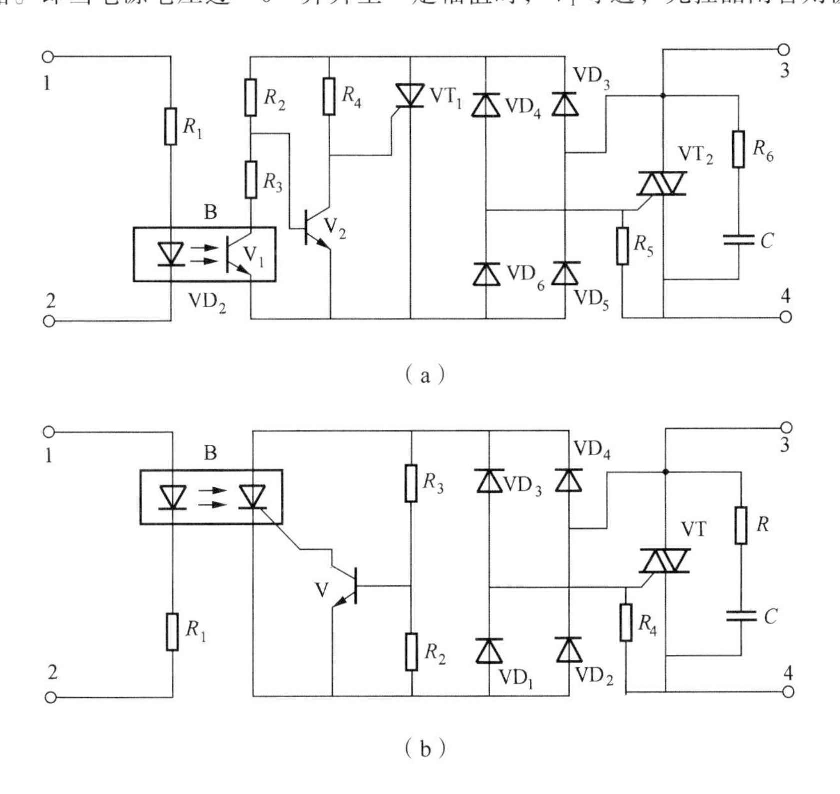

图 3-67　固态开关

拓展任务　技能训练

实验一　单相交流调压电路实验

【实验目的】

（1）加深对单相交流调压电路工作原理的理解。
（2）掌握单相交流调压电路带电感性负载时对脉冲及移相范围的要求。
（3）了解 KC05 晶闸管移相触发器的原理及应用。

【实验设备】

DJK01 电源控制屏	1 块
DJK02 三相交流桥路	1 块
DJK03 晶闸管触发电路实验挂件	1 块
双臂滑线电阻器	1 个
双踪示波器	1 台
万用表	1 块

【实验线路及原理】

本实验采用 KC05 晶闸管集成移相触发器。该触发器适用于双向晶闸管或两个反向并联晶闸管电路的交流相位控制，具有锯齿波线性好、移相范围宽、控制方式简单、易于集成控制、有失压保护、输出电流大等优点。

单相晶闸管交流调压器的主电路由两个反向并联的晶闸管组成，如图 3-68 所示。

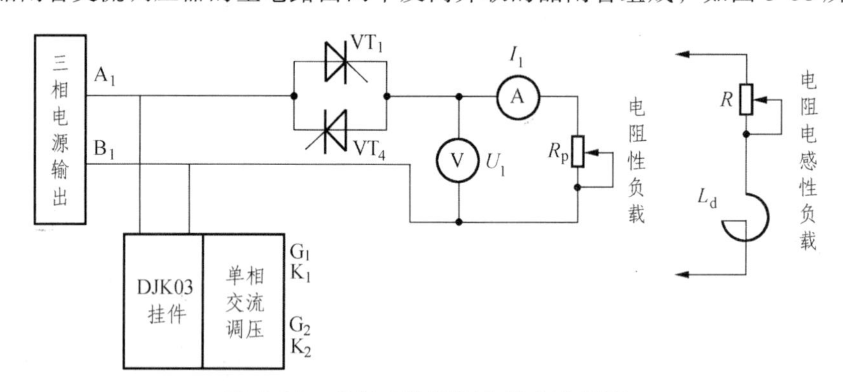

图 3-68　单相交流调压电路实验原理

【实验内容及步骤】

（1）将 DJK01 电源控制屏的电源选择开关打到“直流调速”侧使输出线电压为 220 V，用两根导线将 220 V 交流电压接到 DJK03 的“外接 220 V”，按下“启动”按钮，打开 DJK03

电源开关，用示波器观察“1”~“5”端及脉冲输出的波形。调节电位器 R_{P1}，观察锯齿波斜率是否变化，调节 R_{P2}，观察输出脉冲的移相范围如何变化，移相能否达到 170°，记录上述过程中观察到的各点电压波形。

（2）将 DJK02 面板上的两个晶闸管反向并联而构成交流调压器，将触发器的输出脉冲端“G_1”、“K_1”、“G_2”和“K_2”分别接至主电路相应晶闸管的门极和阴极。接上电阻性负载，用示波器观察电压、晶闸管两端电压 U_{VT} 的波形。调节“单相调压触发电路”上的电位器 R_{P2}，观察在不同 $\alpha = 30°$、60°、90°、120°时的波形。

（3）将电感 L 与电阻 R 串联成电阻电感负载。按下“启动”按钮，用示波器同时观察负载电压 U_1 和负载电流 I_1 的波形。调节 R 的数值，使阻抗角为一定值，观察在不同 α 角时波形的变化情况，记录 $\alpha > \varphi$、$\alpha = \varphi$、$\alpha < \varphi$ 三种情况下负载两端的电压 U_1 和流过负载的电流 I_1 的波形。

【实验注意事项】

触发电路的两路输出相位相差 180°，VT_1 与 VT_4 的位置固定后，两路输出应对应接到 VT_1、VT_4 上。

【实验报告】

（1）整理、画出实验中所记录的各类波形。
（2）分析电阻电感性负载时，α 角与 φ 角相应关系的变化对调压器工作的影响。

实验二　三相交流调压电路实验

【实验目的】

（1）了解三相交流调压触发电路的工作原理。
（2）掌握三相交流调压电路的工作原理。
（3）了解三相交流调压电路带不同负载时的工作特性。

【实验设备】

DJK01 电源控制屏	1 块
DJK02 三相变流桥路	1 块
DJK06 给定、负载及吸收电路	1 块
双臂滑线电阻器	1 个
双踪示波器	1 台
万用表	1 块

【实验线路及原理】

交流调压应采用宽脉冲进行触发。实验装置中使用后沿固定、前沿可变的宽脉冲链。实验线路如图 3-69 所示。

图中晶闸管均在 DJK02 上，用其正桥，三个电阻可利用二个双臂滑线变阻器接成三相负载，其所用的交流表均在 DJK01 控制屏的面板上。

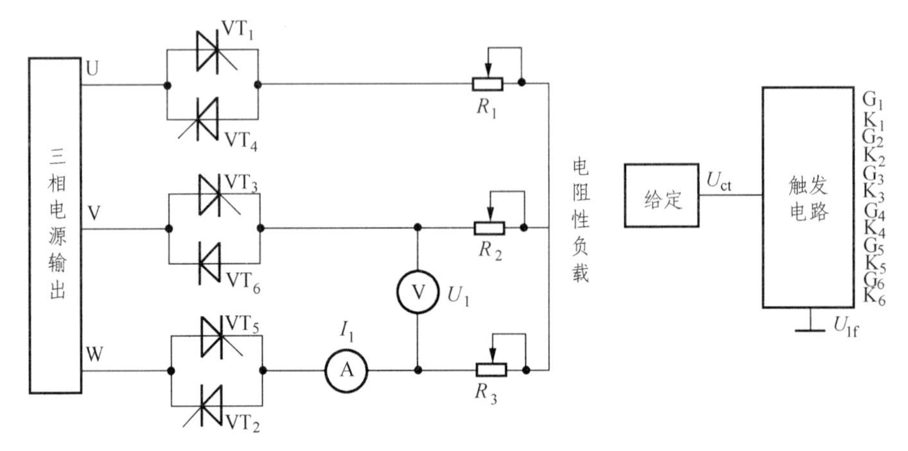

图 3-69　三相交流调压实验线路

【实验内容及步骤】

（1）打开 DJK01 总电源开关，操作“电源控制屏”上的“三相电网电压指示”开关，观察输入的三相电网电压是否平衡。将 DJK01“电源控制屏”上“调速电源选择开关”拨至“直流调速”侧。

打开 DJK02 电源开关，拨动“触发脉冲指示”钮子开关，使“宽”发光管亮。

观察 U、V、W 三相的锯齿波，并调节 U、V、W 三相锯齿波斜率调节电位器，使三相锯齿波斜率尽可能一致。

（2）将 DJK06 上的“给定”输出 U_g 直接与 DJK02 上的移相控制电压相连，将给定开关 S_2 拨到接地位置，调节 DJK02 上的偏移电压电位器，用双踪示波器观察 U 相锯齿波和“双脉冲观察孔”VT_1 的输出波形，使 $\alpha=170°$。

适当增加给定 U_g 的正电压输出，观测 DJK02 上“触发脉冲观察孔”的波形，此时应观察到后沿固定，前沿可调的宽脉冲。

将 DJK02 面板上的 U_{1f} 端接地，将“正桥触发脉冲”的六个开关拨至“通”，观察正桥 6 个晶闸管门极与阴极之间的触发脉冲是否正常。

（3）使用正桥晶闸管，按图连成三相交流调压主电路，其触发脉冲已通过内部连线接好，只要将正桥脉冲的 6 个开关拨至“接通”，“U_{1f}”端接地即可。接上三相平衡电阻负载，接通电源，用示波器观察并记录 $\alpha=30°$、60°、90°、120°、150° 时的输出电压波形，并记录相应的输出电压有效值，填入下表。

α	30°	60°	90°	120°	150°
U					

【实验注意事项】

三相负载应尽量平衡，当达不到要求时，可接中性线。

实验三　GTO、MOSFET、GTR、IGBT 特性实验

【实验目的】

（1）掌握各种电力电子器件的工作特性。
（2）掌握各器件对触发信号的要求。

【实验设备】

DJK01 电源控制屏	1 块
DJK06 给定、负载及吸收电路	1 块
DJK07 新器件特性实验	1 块
双臂滑线电阻器	1 个
万用表	1 块

【实验线路及原理】

实验线路如图 3-70 所示。将电力电子器件和负载电阻 R 串联后接至直流电源的两端，由 DJK06 上的给定为新器件提供触发信号，使器件触发导通。图中的电阻 R 用滑线变阻器，接成并联形式，直流电压和电流表可从 DJK01 电源控制屏上获得，电力电子器件在 DJK07 挂箱上，直流电源可从电源控制的励磁电源取得。

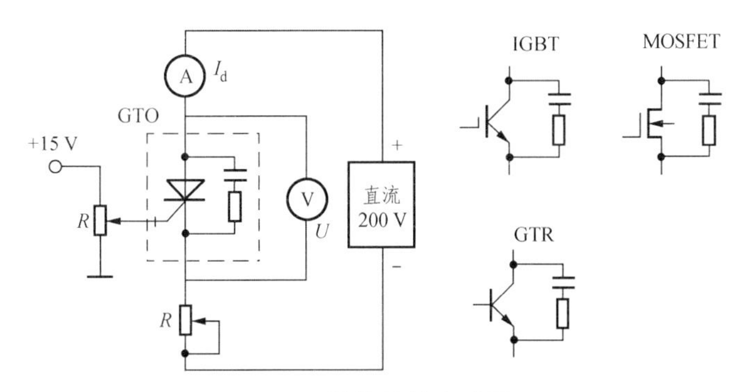

图 3-70　器件特性实验原理

【实验内容及步骤】

（1）按图 3-70 接线，将可关断晶闸接入电路，在实验开始时，将给定电位器沿逆时针旋到底，负载电阻 R 调至最大阻值位置，关闭励磁电压。按下“启动”按钮，打开 DJK06 的开关，然后打开励磁开关，缓慢调节给定输出，同时监视电压表、电流表的读数，使电压表指示接近零，记录给定电压 U_g、回路电流 I_d 以及器件的管压降 U_V。

U_g					
I_d					
U_V					

（2）换成功率效应管（MOSFET），重复上述步骤，并记录数据。

U_g					
I_d					
U_V					

（3）换成大功率晶体管（GTR），重复上述步骤，并记录数据。

U_g					
I_d					
U_V					

（4）换成绝缘双极性晶体管（IGBT），重复上述步骤，并记录数据。

U_g					
I_d					
U_V					

【实验注意事项】

注意新器件的阳极电压，不能接反。

思考与练习

1. 双向晶闸管额定电流的定义和普通晶闸管额定电流的定义有何不同？额定电流为100 A的两只普通晶闸管反并联可以用额定电流为多少的双向晶闸管代替？

2. 双向晶闸管有哪几种触发方式？一般选用哪几种？

3. 对于图3-71所示的电路，指出双向晶闸管的触发方式。

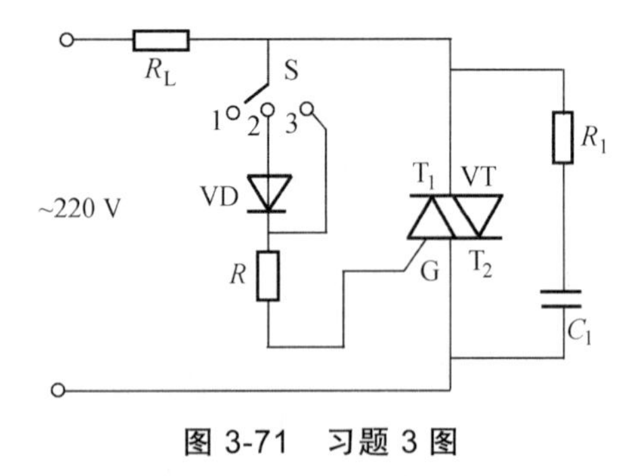

图3-71　习题3图

4. 在交流调压电路中，采用相位控制和通断控制各有何优缺点？为什么通断控制适用于大惯性负载？

5. 单相交流调压电路，负载阻抗角为30°，问控制角α的有效移相范围有多大？

6. 单相交流调压主电路中，对于阻感负载，为什么晶闸管的触发脉冲要用宽脉冲或脉冲列？

7. 一台 220 V/10 kW 的电炉，采用单相交流调压电路，现使其工作在功率为 5 kW 的电路中，试求电路的控制角 α 、工作电流以及电源侧功率因数。

8. 图 3-72 为漏电保护显示电路，试简要分析电路的工作原理

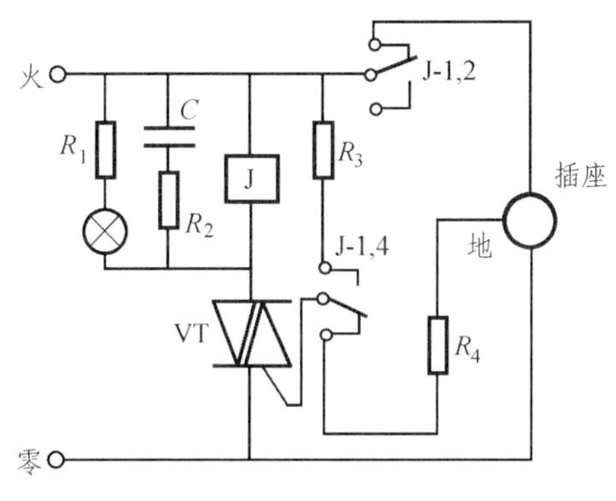

图 3-72　习题 8 图

9. 分析电压型和电流型逆变电路的工作原理。

10. 逆变电路常用的换流方式有哪几种？普通晶闸管一般采用哪种换流方式？

11. 并联谐振逆变电路的并联电容有什么作用？电容补偿为什么要过补偿一点？

12. 简述城市轨道交通列车辅助供电系统的组成部分及其功能。

13. 城市轨道交通列车辅助供电系统的供电方式的选择原则是什么？

14. 逆变器变流器系统选择的依据是什么？

15. 列表说明 AC 400 V 和 DC 110 V 电压供电负载分配。

16. 说明如何进行应急供电电路的切换。

17. 说明城市轨道交通列车辅助供电系统的保护方式。

18. 分析车辆辅助回路和主牵引回路过流保护有什么不同？

19. 叙述地铁车辆辅助供电系统负载的分配，并提出自己的见解。

20. 分析比较二点式逆变器和三点式逆变器的工作原理及应用场合。

21. 选取某一城市轨道交通车辆，分析其主传动电路原理及控制原理。

22. 什么是逆变？典型的逆变电路包括哪几部分？

项目四　交传机车牵引变流与传动系统

【项目描述】

早期因为交流变频调速技术的不成熟，机车牵引传动系统大都采用直流牵引传动系统。随着电力电子器件的制造技术、基于电力电子电路的电力变换技术、交流电动机的矢量变换控制技术、直接转矩控制技术、PWM（Pulse Width Modulation）技术以及以微型计算机和大规模集成电路为基础的全数字化控制技术等的迅速发展，使得交流变频调速的性能获得了极大的提高。现在交流传动系统已逐步取代直流牵引传动系统，成为机车牵引传动的主流。直流牵引电机结构上固有的缺点与不足，以及交流变频调速传动系统诸多的优点注定了交传机车取代直流机车会成为必然的趋势。

本项目以大功率交流传动 HXD_1C 型六轴 7 200 kW 交流传动电力机车为例，介绍交传机车主牵引传动系统的结构与工作原理。任务一介绍 PWM 整流器的工作原理，任务二介绍交传机车牵引传动系统的结构、主要器件的功能以及牵引变流器的工作原理，任务三介绍辅助供电系统的结构与工作原理，任务四主要介绍三相有源逆变电路的原理与应用。

【学习目标】

（1）掌握交流传动机车牵引传动系统的结构及主电路工作原理和基本控制原理。

（2）了解交流传动机车直流牵引传动系统的主要设备。

（3）掌握交流牵引传动系统常用电力电子器件的结构与工作原理及特性。

（4）掌握交流牵引电机的结构、工作原理与技术参数。

（5）掌握交流传动电力机车调速与制动的工作原理。

（6）培养学生利用相关仪器、设备对交流传动电力机车牵引传动系统维护、调试及常见故障分析与检修的能力。

（7）掌握牵引变流器检查维护的安全操作规范。

【项目导入】

图 4-1 是交流传动电力机车牵引传动系统示意图，交流接触网提供 25 kV 工频电压，经过牵引变压器降压后，再经整流器将交流整流变为脉动的直流。中间环节起能量支撑的作用，主要由滤波电容组成，将脉动的直流变成平稳的直流。最后逆变器输出三相变压变频的交流电，提供给三相交流牵引异步电机。

图 4-2 是交-直型直流牵引传动系统的示意图。

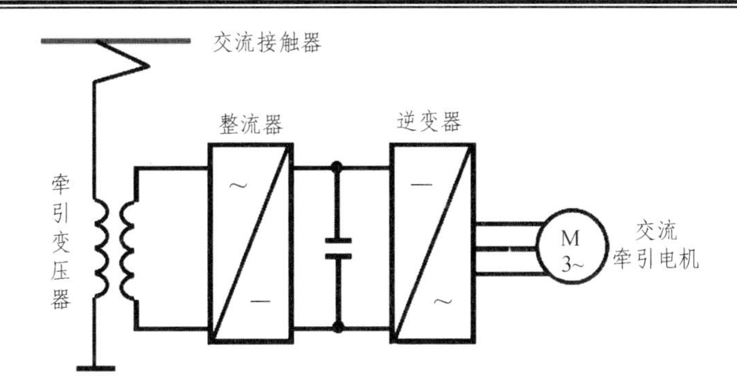

图 4-1　交传机车牵引传动系统示意图

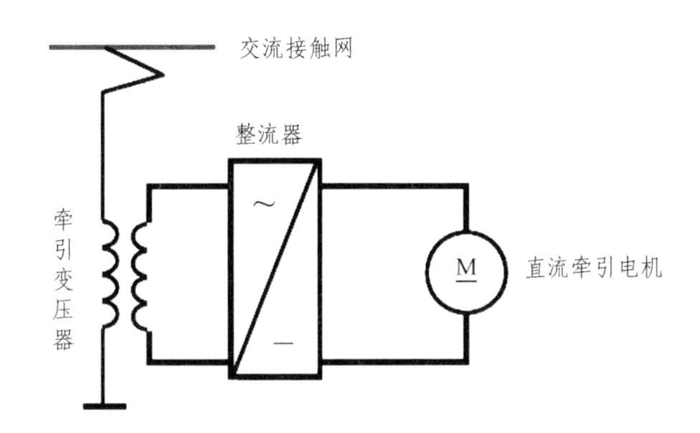

图 4-2　交-直机车牵引传动系统示意图

任务一　PWM 脉冲整流器

【学习目标】

（1）掌握 PWM 整流器的结构与类型。
（2）掌握二电平脉冲整流器的工作原理，能熟练分析其工作模式。
（3）掌握三电平脉冲整流器的工作原理，能熟练分析其工作模式。

【任务导入】

牵引变流器从中间储能环节分析，可分为电压型和电流型两种。由于电压型变流器相对于电流型变流器具有较大的优势，所以在交流传动领域大多采用电压型逆变器。电压型变流器的驱动一般采用“四象限变流器+中间直流电路+电压型逆变器+异步牵引电动机”的方式。本任务主要介绍 PWM 脉冲整流器的结构与工作原理。

根据变流器输出交流侧相电压的可能取值可将电压型变流器分为两电平和三电平。在交流传动领域，当中间电路直流电压 $U_d > 2.7 \sim 2.8$ kV 时，主电路中通常采用两点式结构；当 $U_d > 3$ kV 时，宜采用三点式结构。下面将分别介绍两电平变流器和三电平变流器的工作原理。

4.1 二电平 PWM 整流器

脉冲变流器是列车牵引传动系统电源侧的逆变器，在牵引时作为整流器，将单相交流电转变成直流电，再生制动时作为逆变器，将直流电转变成单相交流电，它可运行于电压电流平面四个象限，所以也称为四象限脉冲整流器。

两电平整流器也叫两点式四象限脉冲整流器。在交流传动领域，网侧变流器现大多采用四象限脉冲整流器，它具有以下优点：能量可以双向流动；从电网侧吸收的电流为正弦波；功率因数可达到 1；减低了接触网的等效干扰电流，减少对通信的干扰；可以保证中间回路直流电压在允许偏差内。

4.1.1 电压型桥式 PWM 整流电路的结构

单相电压型桥式 PWM 整流电路最初出现在交流机车传动系统中，为间接式变频电源提供直流中间环节，电路结构如图 4-3 所示。每个桥臂由一个全控器件和反并联的整流二极管组成。L_s 为交流侧附加的电抗器，起平衡电压、支撑无功功率和储存能量的作用。图 4-3 中 u_N 是正弦波电网电压；U_d 是整流器的直流侧输出电压；u_s 是 PWM 整流器交流侧输入电压，为 PWM 控制方式下的脉冲波，其基波与电网电压同频率，幅值和相位可控；$i_N(t)$ 是 PWM 整流器从电网吸收的电流。由图 4-3 可知，能量可以通过构成桥式整流的整流二极管 $VD_1 \sim VD_4$ 完成从交流侧向直流侧的传递，也可以经全控器件 $T_1 \sim T_4$ 从直流侧逆变为交流，反馈给电网。所以 PWM 整流器的能量变换是可逆的，而能量的传递趋势是整流还是逆变，主要根据 $T_1 \sim T_4$ 的脉宽调制方式而定。

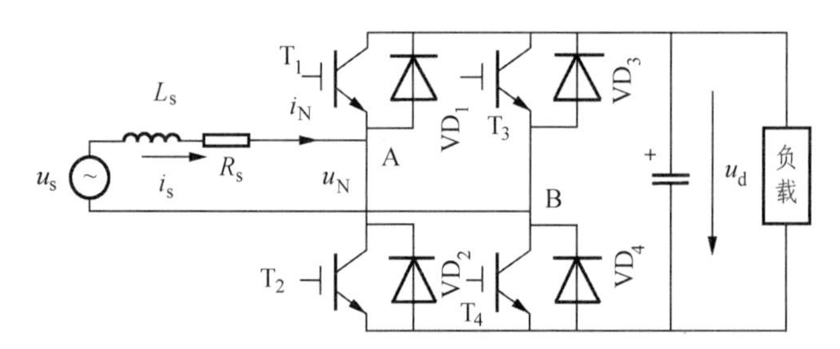

图 4-3 单相 PWM 整流器结构

因为 PWM 整流器从交流电网吸取跟电网电压同相位的正弦电流，其输入端的功率是电网频率脉动的两倍。由于理想状况下输出电压恒定，所以此时的输出电流 i_d 与输入功率一样也是电网频率脉动的两倍，于是设置串联型谐振滤波器 L_2C_2，让其谐振输出电流基波频率的 2 倍，从而短路掉交流侧的 2 倍频谐波。

输出电流同功率一样也存在一个 2 倍网频的脉动分量，因此，在直流侧需要加一个滤波器，即在直流侧与负载之间接入一个由电感电容组成的滤波器。

4.1.2 单相电压型桥式整流电路的工作原理

图 4-4 是单相 PWM 电压型整流电路的运行方式相量图，设 u_s 为整流器交流侧电压的基波分量，i_N 为电流的基波分量，u_N 为正弦波电网电压，忽略电网电阻的条件下，对于基波分量，有下面的相量方程成立，即

$$\dot{U}_{s}=\dot{U}_{N}+j\omega L_{s}\dot{I}_{N} \quad (4\text{-}1)$$

可以看出，如果采用合适的 PWM 方式，使产生的调制电压与网压同频率，并且调节调制电压，以使得流出电网电流的基波分量与网压相位一致或正好相反，从而使得 PWM 整流器工作在如图 4-4 所示的整流或逆变的不同工况，来完成能量的双向流动。

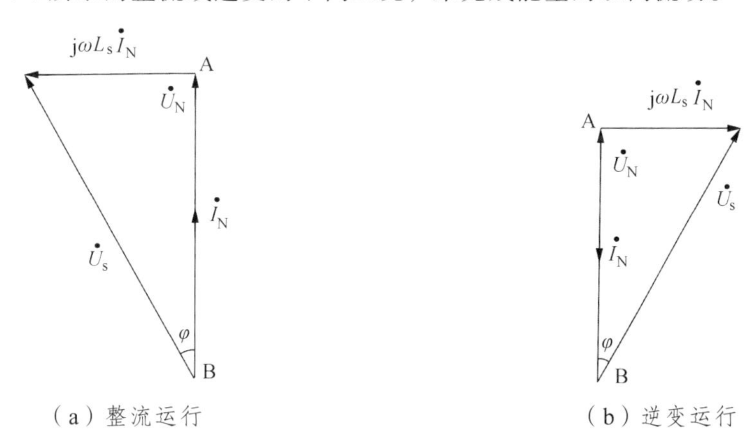

图 4-4　单向电压型 PWM 整流电路运行方式相量图

整流运行时，$\dot{U}_N$ 滞后 $\dot{U}_s$ 相角 φ，$\dot{I}_N$ 和 $\dot{U}_N$ 同相，整流状态功率因数为 1。

逆变运行时，$\dot{U}_N$ 超前 $\dot{U}_s$ 相角 φ，$\dot{I}_N$ 和 $\dot{U}_N$ 反相，说明 PWM 整流电路可实现能量正反两个方向的流动，这一特点对于需再生制动的交流电动机调速系统很重要。

从图 4-4 可以看出，为保持单位功率因数，通过脉宽调制的适当控制，在不同的负载电流下，使向量端点轨迹沿直线 AB 运动。同理也能得到逆变工况下的运行条件。

4.1.3　单相电压型 PWM 整流电路工作过程分析

与 PWM 逆变器的控制类似，整流器的每个桥臂电路的控制方法也是由三角形载波与正弦调制波的交点来决定桥臂中的上下两个元件的换流时刻。二个桥臂的正弦调制波相位差为 180°。由于电源侧存在回路电感（或机车牵引变压器的漏抗），因而可使中间直流电压略高于由整流二极管 $VD_1\sim VD_4$ 所产生的最大可能的整流电压，即

$$U_d>\sqrt{2}U_N$$

式中，U_N 为网压的峰值。比如 $U_N>0$ 时，触发 VT_2，那么变压器次边绕组通过 VT_2、VT_4 短接；由于变压器具有相当大的短路电抗（对于 50 Hz 接触网，通常短路阻抗 $X_K>30\%$），所以电流上升率是有限的。现在如果使 T_2 和 VD_4 重新关断，那么变压器经由 VD_1 和 VD_4 流入中间回路。正是这种升压斩波的结果，使得在较低的变压器次绕组电压下。能够得到较高的中间回路直流电压 U_d。对于负半波也有类似的情况。

四象限整流器分别工作于四象限的工作状态：

1. 工作模式 1

T_1（VD_1）、T_3（VD_3）或 T_2（VD_2）、T_4（VD_4）导通时，即下桥臂开关或上桥开关全部导通，此时 $u_{ab}=0$，负载消耗的能量由电容 C 提供，直流电压通过负载 R_L 形成回路释放能

量，电压下降。同时，电源 u_N 两端直接加在电感 L_N 上，当 $u_N>0$ 时，即 u_N 处于正半周，电感中电流 i_N 上升，T_3 和 VD_1 导通或者 T_2 和 VD_4 导通，只要 T_2、T_3 中的一个导通即可，如图 4-5 所示。

当 $u_N<0$ 时，即 u_N 处于负半周，电感中电流 i_s 下降，T_1 和 VD_3 导通或者 T_4 和 VD_2 导通，只要 T_1、T_4 中的一个导通即可，如图 4-5 所示。这两种状态使电感储存能量，并满足关系式（4-2）：

$$u_N = L_s \frac{di_s}{dt} + i_s R \tag{4-2}$$

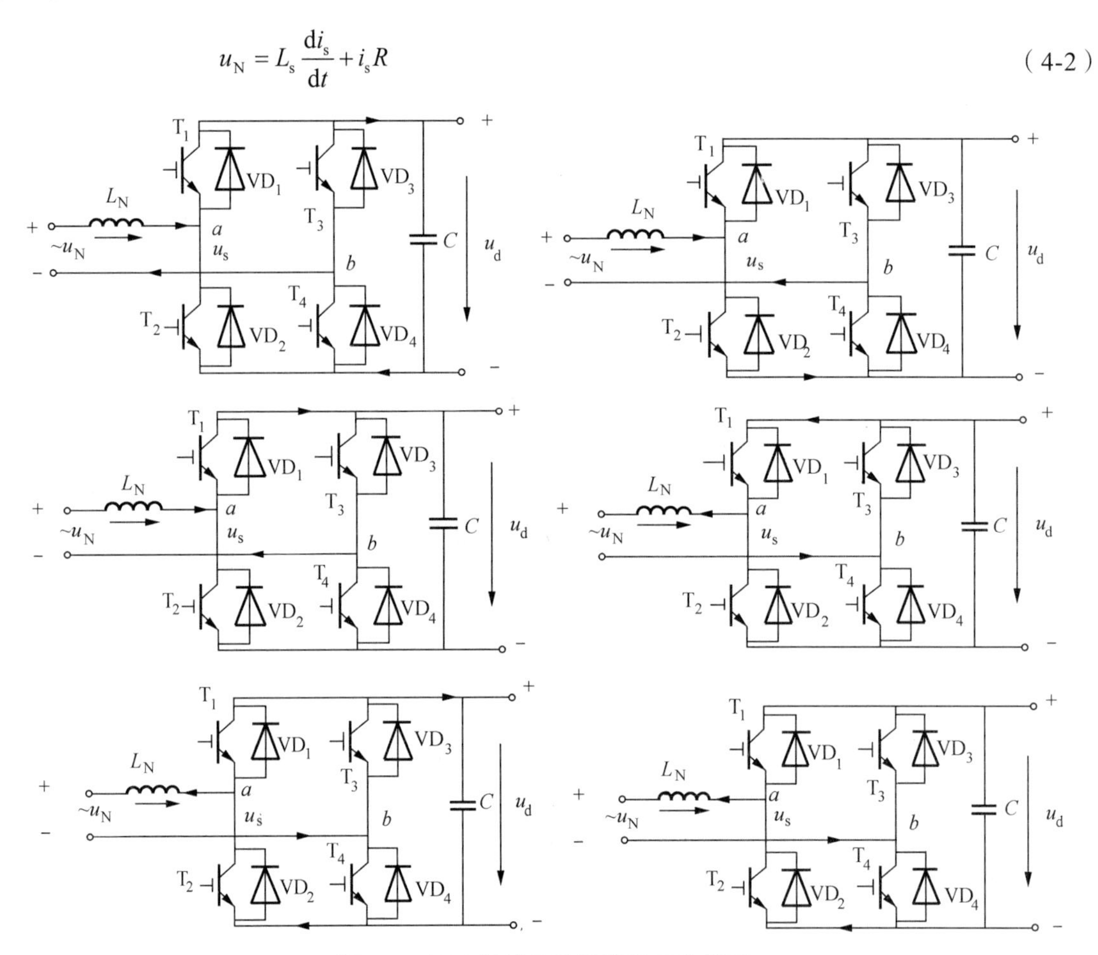

图 4-5 四象限脉冲整流器的工作情况

2. 工作模式 2

T_1（VD_1）、T_4（VD_4）导通时，此时 $u_{ab}=u_c$，储存在电感 L_s 中的能量逐渐流向负载 R 和电容 C，电流 i_N 下降，通过 VD_1 和 VD_4 形成回路，且 T_2、T_3 同时关断。直流侧电流 i_d 一方面给电容 C 充电，使得直流电压 u_c 上升，保证直流电压稳定，同时高次谐波电流通过电容形成低阻抗回路；另一方面给负载 R 提供恒定的电流 i_d，并满足关系式（4-3）：

$$\begin{cases} u_N = L_s \dfrac{di_s}{dt} + i_s R + u_{ab} \\ u_{ab} = u_c \end{cases} \tag{4-3}$$

3. 工作模式 3

T_2（VD_2）、T_3（D_3）导通时，此时 $u_{ab}=u_c$，储存在电容 C 中的能量逐渐流向负载 R_L 和电感 L_s，电流 i_N 上升，通过 VD_2 和 VD_3 形成回路，且 T_1、T_4 同时关断，并满足关系式（4-4）：

$$\begin{cases} u_N = L_s \dfrac{di_s}{dt} + i_s R + u_{ab} \\ u_{ab} = -u_c \end{cases} \tag{4-4}$$

在任意瞬间，电路只能工作于上述开关模式中的一种。在不同时区，可以工作于不同模式，以保证输出电流 i_N 的双向流动，即实现能量双向流动。从单相工作原理可以看到当电容充电时，主要依靠 IGBT 并联的二极管工作，输入电感释放能量，输入电流变化取决于输入电压的正负；当电容放电时，主要依靠 IGBT 本身和二极管工作，输入电感储存能量，输入电流的变化同样取决于输入电压的正负。这是 Boost 型电路拓扑和 IGBT 所决定的工作方式。四象限脉冲整流器的工作情况如图 4-5 所示。波形如图 4-6 所示，SPWM 调制波的波形如图 4-7 所示。

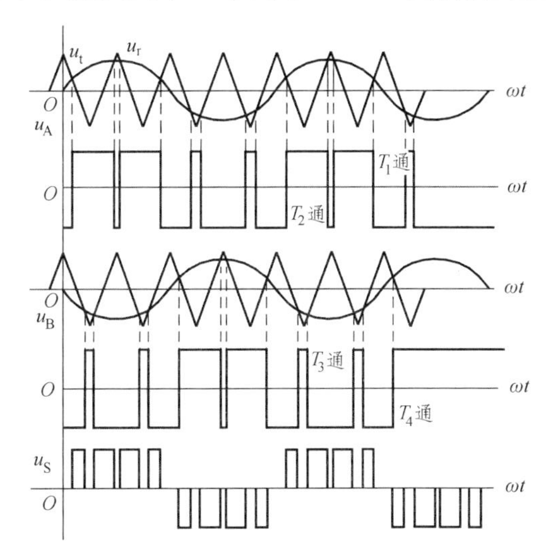

图 4-6　单相电压型 PWM 整流电路控制时序与整流运行模式图

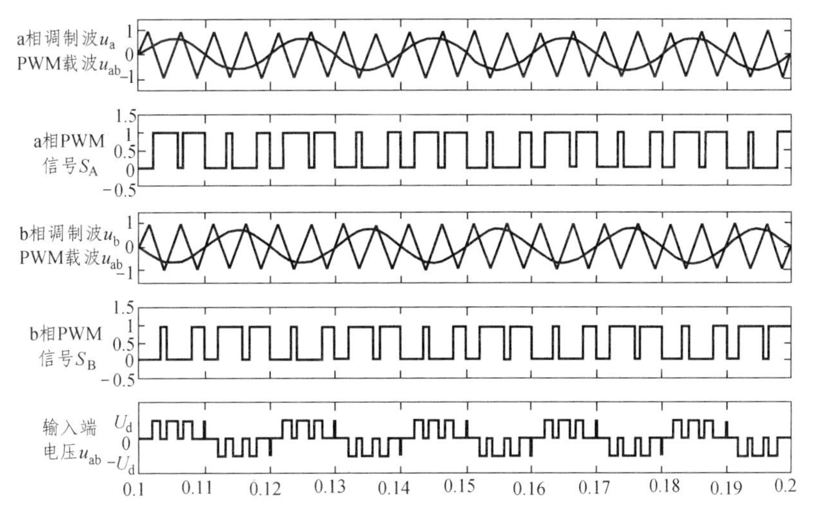

图 4-7　两电平脉冲整流器 SPWM 调制波形

四象限整流器控制的目标：

（1）保证直流侧电压稳定在允许偏差范围内；

（2）使输入电流正弦化，单位功率因数运行，减小对电网谐波的污染；

（3）开关频率尽量小，减小对开关管的损耗，增大其使用寿命；

（4）输出电压或电流能够快速的调节，达到稳定，即要求具有较好的动态特性，提高系统的动态响应能力，减少系统的动态响应时间。

4.2 单相三电平脉冲整流器

4.2.1 三电平脉冲整流器的结构

随着电力电子技术的发展，脉冲整流器技术已日趋成熟。目前，国产电力机车上多采用的是两电平四象限变流器，而传统的两电平脉冲整流器的主要优点是主电路拓扑结构与控制策略和控制方法都比较成熟，但为了适应高电压的要求，需采用器件串联，因而需要复杂的动态均压电路，均压电路使系统复杂化，损耗增加，效率下降。同时二电平脉冲整流器交流侧电压总在二电平上切换，当开关频率不高时，将导致谐波含量相对较大，为解决这些问题，三电平电路应运而生，如图 4-8 所示。三电平变流器与常规的二电平变流器相比，其主电路结构虽较复杂，但它具有更多的优点：

（1）每一个主功率开关管上承受的电压峰值只有二电平整流器的 1/2，比较适用于高电压、大容量（功率）的应用场合。

（2）由于三电平变整流器每个桥臂有 3 个开关状态，每个开关状态对应不同的输出电压，使得三电平整流器在开关频率不是很高的情况下也能够保证较好的正弦波形输入电流。

（3）三电平整流器输入侧电流波形即使在开关频率较低时也能保证一定的正弦度，在同样的开关频率及控制方式下，它的网侧电流谐波总畸变率（THD）亦远小于二电平整流器。

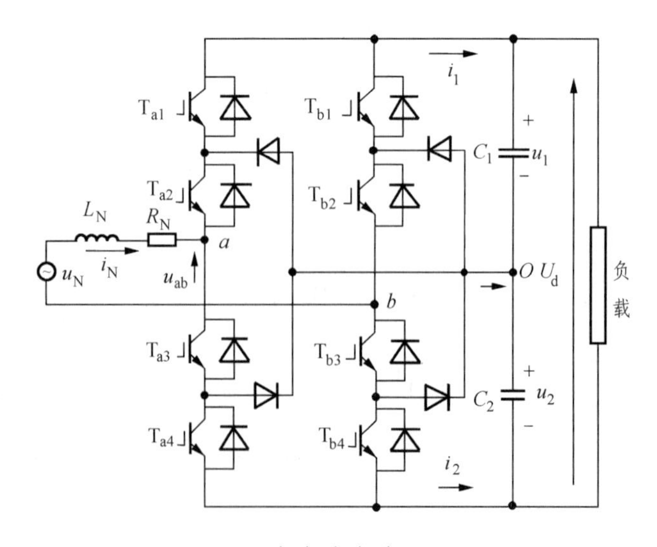

（a）主电路

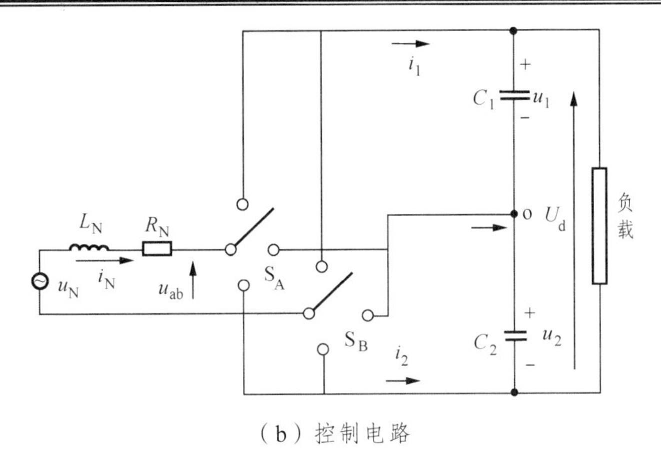

（b）控制电路

图 4-8　单相三电平脉冲整流器结构

图 4-8 所示为单相三电平四象限脉冲整流器主电路拓扑，采用 8 个 IGBT 和二极管反并联构成两组功率开关。并且这两组功率开关管带 4 个钳位二极管来防止电容 C_1 或 C_2 端因开关操作而发生直通。L_N 为网侧限流电感，R_N 为网侧漏电阻，其大小可以忽略。C_1 或 C_2 为直流侧两个支撑电容，该主电路可以实现 4 象限交流-直流变换功能。

4.2.2　三电平脉冲整流器的原理

为了便于分析，定义理想开关函数 S_A 与 S_B 如下：

$$S_A=\begin{cases}1 & S_1\text{和}S_2\text{导通}\\0 & S_2\text{和}S_3\text{导通}\\-1 & S_3\text{和}S_4\text{导通}\end{cases},\quad S_B=\begin{cases}1 & S_5\text{和}S_6\text{导通}\\0 & S_6\text{和}S_7\text{导通}\\-1 & S_7\text{和}S_8\text{导通}\end{cases}$$

工作状态及相应的电压如表 4-1 所示。

表 4-1　开关状态及对其对应的电压

S_1	S_2	S_3	S_4	S_5	S_6	S_7	S_8	U_{ab}
1	1	0	0	1	1	0	0	0
1	1	0	0	0	1	1	0	U_{c1}
1	1	0	0	0	0	1	1	$U_{c1}+U_{c2}$
0	1	1	0	1	1	0	0	$-U_{c1}$
0	1	1	0	0	1	1	0	0
0	1	1	0	0	0	1	1	U_{c2}

1. 工作模式 1（$S_A=1$，$S_B=1$）

开关管 T_{a1}、T_{a2}、T_{b1} 和 T_{b2} 导通，T_{a3}、T_{a4}、T_{b3} 和 T_{b4} 关断。网侧端电压 $u_{ao}=u_1$，$u_{bo}=u_1$，$u_{ab}=0$。如果网侧电源电压 $u_N>0$，则网侧电流 i_N 增大，电容 C_1 和 C_2 通过负载电流放电（见图 4-9）。

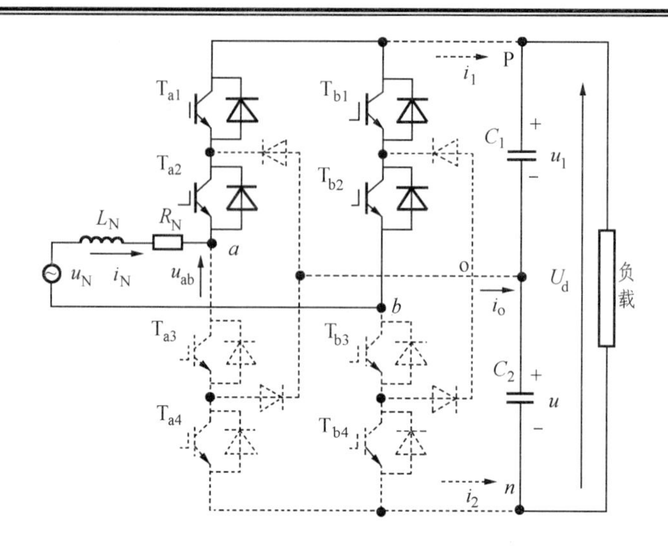

图 4-9 单相三电平脉冲整流器工作模式 1

2. 工作模式 2（$S_A=1$，$S_B=0$）

开关管 T_{a1}、T_{a2}、T_{b2} 和 T_{b3} 导通，T_{a3}、T_{a4}、T_{b1} 和 T_{b4} 关断。网侧端电压 $u_{ao}=u_1$，$u_{bo}=0$，$u_{ab}=u_1$。如果正向电源电压 u_N 大于（或小于）直流侧电压 U_d 的一半，则网侧电流 i_N 增大（或减小），网侧电流对电容 C_1 进行充电，而电容 C_2 通过负载电流放电（见图 4-10）。

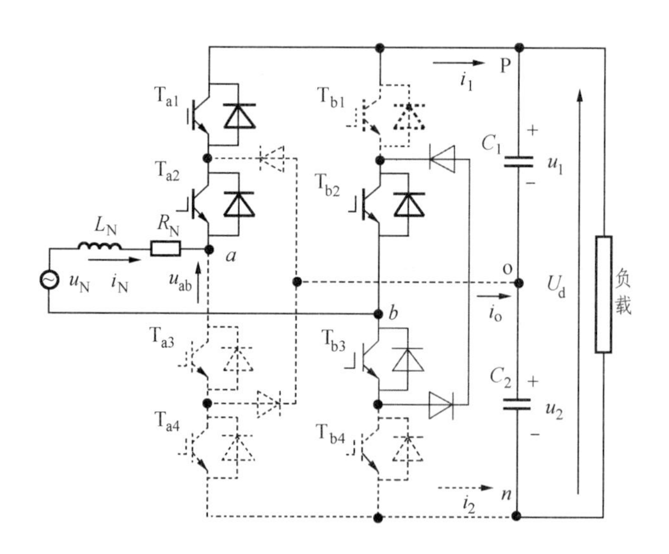

图 4-10 单相三电平脉冲整流器工作模式 2

3. 工作模式 3（$S_A=1$，$S_B=-1$）

开关管 T_{a1}、T_{a2}、T_{b3} 和 T_{b4} 导通，T_{a3}、T_{a4}、T_{b1} 和 T_{b2} 关断。网侧端电压 $u_{ao}=u_1$，$u_{bo}=-u_2$，$u_{ab}=u_1+u_2$。由于是 Boost 升压变换器，则有 $|u_N|<u_1+u_2$，所以正向网侧电流 i_N 减小，正向网侧电流对电容 C_1 和 C_2 充电（见图 4-11）。

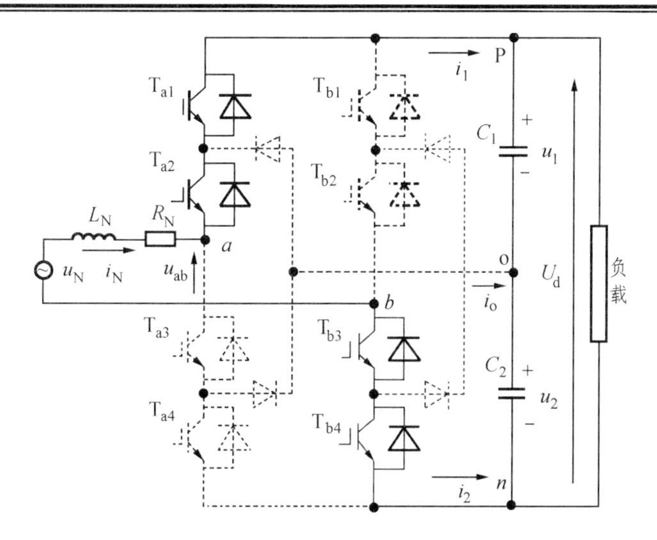

图 4-11　单相三电平脉冲整流器工作模式 3

4. 工作模式 4（$S_A = 0$，$S_B = 1$）

开关管 T_{a2}、T_{a3}、T_{b1} 和 T_{b2} 导通，T_{a1}、T_{a4}、T_{b3} 和 T_{b4} 关断。网侧端电压 $u_{ao} = 0$，$u_{bo} = u_1$，$u_{ab} = -u_1$。如果反向的电源电压 u_N 大于（或小于）直流侧电压 U_d 的一半，则网侧电流 i_N 减小（或增大），反向网侧电流对电容 C_1 进行充电，而电容 C_2 通过负载电流放电（见图 4-12）。

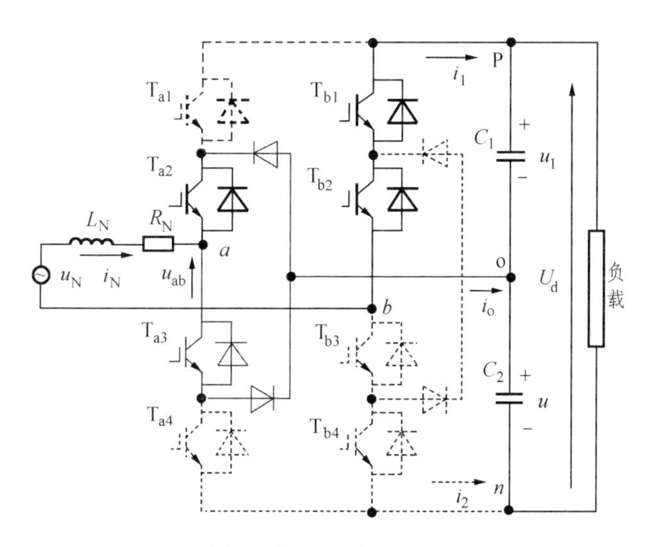

图 4-12　单相三电平脉冲整流器工作模式 4

5. 工作模式 5（$S_A = 0$，$S_B = 0$）

开关管 T_{a2}、T_{a3}、T_{b2} 和 T_{b3} 导通，T_{a1}、T_{a4}、T_{b1} 和 T_{b4} 关断。网侧端电压 $u_{ao} = 0$，$u_{bo} = 0$，$u_{ab} = 0$。如果网侧电源电压 $u_N > 0$，则正向网侧电流 i_N 增大，电容 C_1 和 C_2 通过负载电流放电（见图 4-13）。

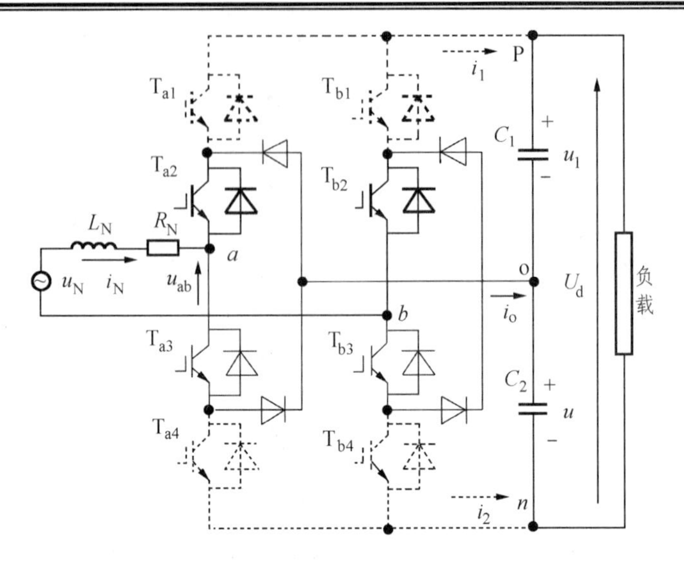

图 4-13 单相三电平脉冲整流器工作模式 5

6. 工作模式 6（$S_A = 0$，$S_B = -1$）

开关管 T_{a2}、T_{a3}、T_{b3} 和 T_{b4} 导通，T_{a1}、T_{a4}、T_{b1} 和 T_{b2} 关断。网侧端电压 $u_{ao} = 0$，$u_{bo} = -u_2$，$u_{ab} = u_2$。如果正向电源电压 u_N 大于（或小于）直流侧电压 U_d 的一半，则网侧电流 i_N 增大（或减小），网侧电流对电容 C_2 进行充电，而电容 C_1 通过负载电流放电（见图 4-14）。

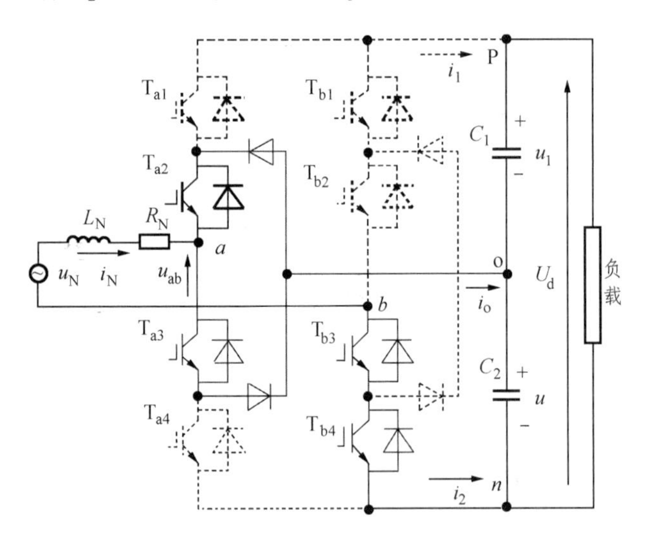

图 4-14 单相三电平脉冲整流器工作模式 6

7. 工作模式 7（$S_A = -1$，$S_B = 1$）

开关管 T_{a3}、T_{a4}、T_{b1} 和 T_{b2} 导通，T_{a1}、T_{a2}、T_{b3} 和 T_{b4} 关断。网侧端电压 $u_{ao} = -u_2$，$u_{bo} = u_1$，$u_{ab} = -u_1 - u_2$。反向网侧电流 i_N 减小，反向网侧电流对电容 C_1 和 C_2 进行充电（见图 4-15）。

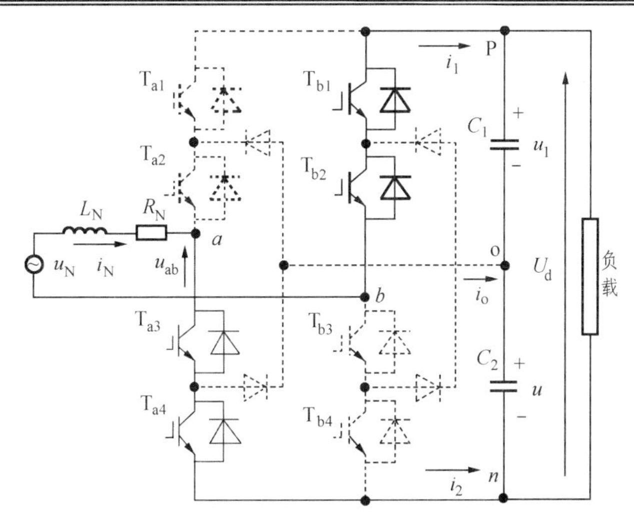

图 4-15　单相三电平脉冲整流器工作模式 7

8. 工作模式 8（$S_A = -1$，$S_B = 0$）

开关管 T_{a3}、T_{a4}、T_{b2} 和 T_{b3} 导通，T_{a1}、T_{a2}、T_{b1} 和 T_{b4} 关断。网侧端电压 $u_{ao} = -u_2$，$u_{bo} = 0$，$u_{ab} = -u_2$。如果反向的电源电压 u_N 大于（或小于）直流侧电压 U_d 的一半，则网侧电流 i_N 减小（或增大）；反向网侧电流对电容 C_2 进行充电，而电容 C_1 通过负载电流放电（见图 4-16）。

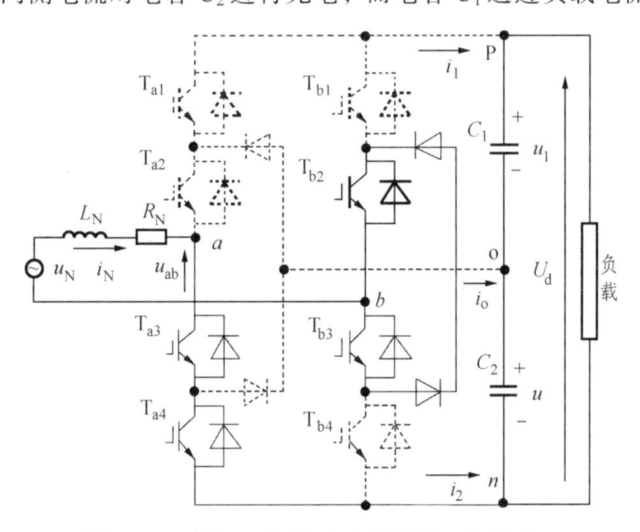

图 4-16　单相三电平脉冲整流器工作模式 8

9. 工作模式 9（$S_A = -1$，$S_B = -1$）

开关管 T_{a3}、T_{a4}、T_{b3} 和 T_{b4} 导通，T_{a1}、T_{a2}、T_{b1} 和 T_{b2} 关断。网侧端电压 $u_{ao} = -u_2$，$u_{bo} = -u_2$，$u_{ab} = 0$。如果网侧电源电压 $u_N > 0$，则正向网侧电流 i_N 增大，电容 C_1 和 C_2 通过负载电流放电（见图 4-17）。

三电平脉冲整流器 PWM 调制方式为 SPWM，其理想相开关函数如下式，其调制方式如图 4-18 所示。当 b 相调制波与 a 相相差 180° 时，其与 b 相载波之间的关系与上述关系相同，为减少高次谐波，b 相载波需要偏离 a 相载波 180°。图 4-18 为 PWM 调制波放大波形。

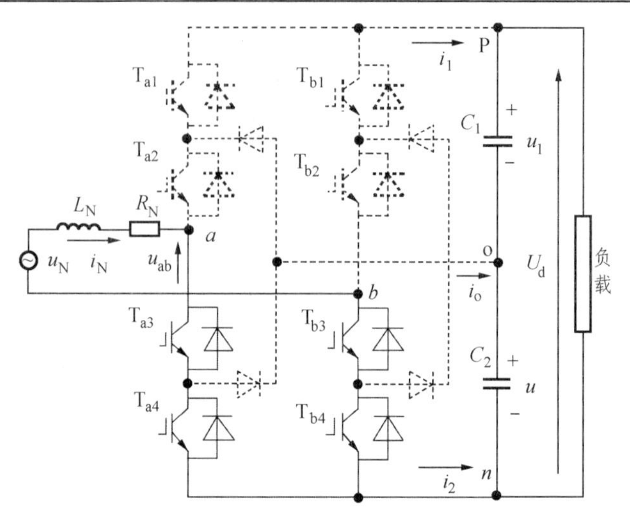

图 4-17　单相三电平脉冲整流器工作模式 9

$$\begin{cases} u_a > u_{ca}(\text{正侧载波}) > u_{ca}(\text{负侧载波})\text{时，} S_A = 1 \\ u_{ca}(\text{正侧载波}) > u_a > u_{ca}(\text{负侧载波})\text{时，} S_A = 0 \\ u_{ca}(\text{正侧载波}) > u_{ca}(\text{负侧载波}) > u_a \text{ 时，} S_A = -1 \end{cases}$$

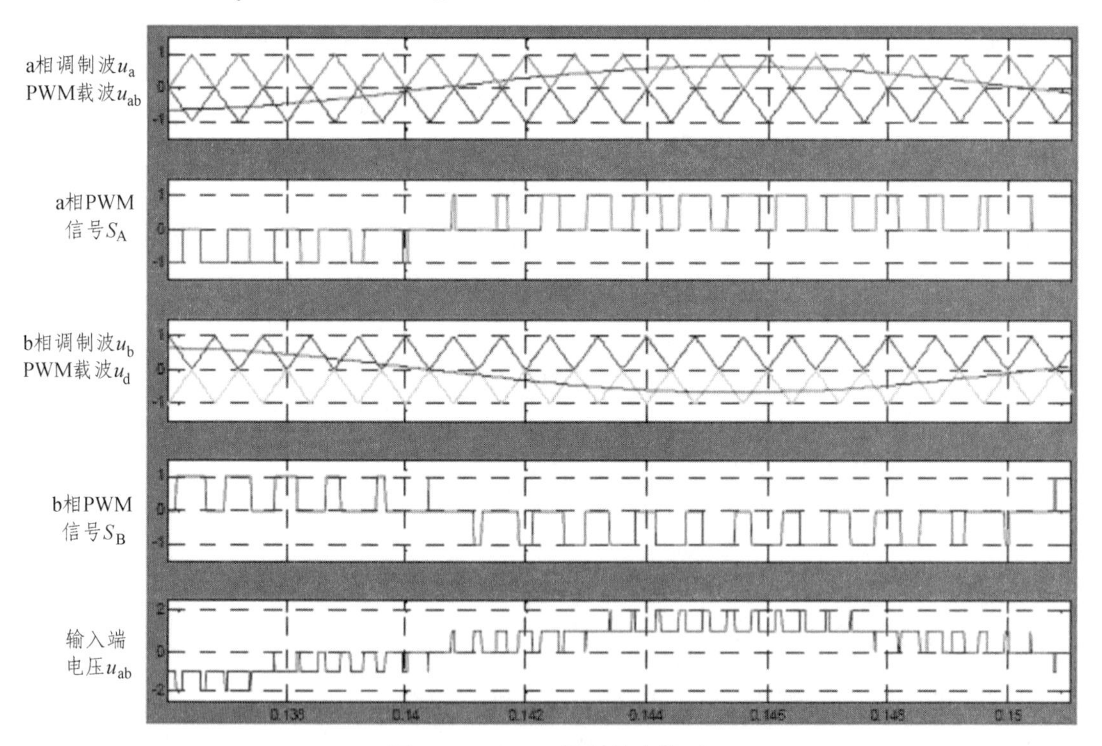

图 4-18　PWM 调制放大波形

三电平四象限脉冲整流的优点：每一个功率器件所承受的关断电压仅为直流侧电压的一半。这样在相同的情况下，直流电压就可以提高一倍，容量也可以提高一倍。在同样的开关频率及控制方式下，三电平四象限脉冲整流器输出电压或电流的谐波远远小于两电平四象限脉冲整流器，因此它的总谐波失真 THD 也要远小于两电平四象限脉冲整流器。

三电平四象限脉冲整流器输入侧的电流波形即使在开关频率很低时，也能保证一定的正弦度。

任务二　交传机车牵引传动系统

【学习目标】

（1）熟练描述交传机车主电路的结构、主电路的器件；能够熟练分析主电路的工作原理及基本控制方式。

（2）能够描述交流牵引电机的构造，掌握交流牵引电机的工作原理、交流牵引电机的调速方式与制动方法。

（3）能够分析交流机车的牵引特性。

（4）能熟练分析 HXD_{1C} 型交流传动电力机车牵引传动主电路的电气原理。

（5）能正确分析三相无源逆变、有源逆变的原理及其应用。

（6）掌握变频器的结构与工作原理，能熟练操作与使用变频器。

（7）能正确利用相关仪器、设备对交传机车牵引传动系统进行维护、简单调试及常见故障分析与检修。

【任务导入】

HXD 型电力机车是交-直-交大功率交流传动的电力机车。本任务以 HXD_{1C} 型电力机车为例，介绍交流传动电力机车牵引传动系统的组成及各组成部分的作用，详细分析了交流牵引传动主电路的工作原理以及交流牵引传动系统的维护。

4.3　交传大功率机车牵引传动系统概述

HXD_{1C} 型六轴 7 200 kW 交流传动电力机车在 HXD_1 型机车和 HXD_{1B} 型机车设计制造的基础上，采用由 IGBT 变流元件组成的模块，单轴控制技术，适应中国使用环境的交流传动六轴 7 200 kW 干线电力机车。

该型机车是我国目前自主化程度最高的电力机车，国产化率高达 90%，具有极优的性价比。HXD_1C 型电力机车的主要特点：

4.3.1　主电路

机车的主电路系统由主变压器原边电路以及主变压器次边牵引电路组成，主电路系统原理如图 4-30 所示。

受电弓从接触网接收 AC 25 kV、50 Hz 的电源，经高压隔离开关，主断路器输入主变压器，原边电流经轴端接地装置返回大地。主变压器原边电路设有避雷器、高压电压互感器、高压电流互感器、回流电流互感器。机车的微机控制系统对原边具有过压、欠压、过流的检测和保护功能，变压器原边具有差动保护功能。主变压器的 6 个次边绕组给两个牵引变流器供电，牵引变流器采用 3.3 kV 电压等级的 IGBT 变流元件，变压器次边输送过来的电能，在牵引变流器中经过整流、逆变之后为 6 台牵引电机提供变频变压的交流电源，牵引电机采用三相交流异步电机，主电路具有过压、过流、接地保护功能。

HXD_1C 型机车主电路具有以下显著特点：

（1）采用先进的交流传动系统。

（2）采用标准化、模块化设计。

（3）采用先进的水冷 IGBT 模块。

（4）采用轴控方式，提高机车的可利用率。

（5）采用先进的再生制动方式，节能效果显著。

4.3.2 辅助电路

机车装有两组辅助变流器，分别集成在两个柜体中，分别由牵引变压器辅助绕组供电。其中一台辅助变流器以定频方式工作，为恒频恒压工作的负载供电，另一台辅助变流器以变频方式工作，为有变频变压要求的负载供电，如为牵引风机电机供电。机车辅助电源系统采用冗余设计，当一组电源故障时，另一组电源能维持全车辅助系统供电。

辅助电源系统具有完备的保护，包括过电压、欠电压、过载、接地、过热等保护。

HXD_{1C} 型机车辅助电路具有以下显著特点：

（1）采用冗余设计。

（2）变频功能，节能性好。

（3）采用标准化、模块化设计。

（4）为防寒设计预留接口和余量。

（5）配置卫生间、转波炉、冷藏箱等生活设施。

4.3.3 控制网络

机车采用微机控制系统，实现网络化、模块化，使机车控制系统具有控制、诊断、监测、传输、显示和存储功能，控制网络符合 IEC 61375 的标准要求。

4.3.4 重联控制

重联控制：机车具有通过 WTB 总线进行多机（最多三台）重联控制及显示的功能，并预留了远程重联控制系统的软件、硬件接口及安装平台。

4.3.5 设备布置

机车总体结构为双司机室、机械间设备按斜对称原则布置、中间走廊采用预布线和预布管设计。

通风方式：机车采用独立通风方式，增加了机械间冬夏季温度调节模式转换设计，更好的改善了机车运用环境。

车体：车体采用整体承载结构型式，全部由钢板及钢板压型件组焊而成的全钢焊接结构。

车体纵向压缩载荷取 3 000 kN，纵向拉伸载荷取 2 500 kN。

转向架：机车采用两台转向架。驱动系统采用滚动抱轴承传动的抱轴悬挂驱动，构架为箱形梁焊接构架，齿轮箱采用了高强度铝合金；一系悬挂采用轴箱拉杆＋螺旋钢弹簧方式；二系悬挂采用高绕螺旋钢弹簧结构。

HXD_{1C} 型电力机车的主要参数：电压制式：25 kV/50 Hz；

网压：在 17.5～31 kV 内，机车功率发挥情况见曲线图 4-19。

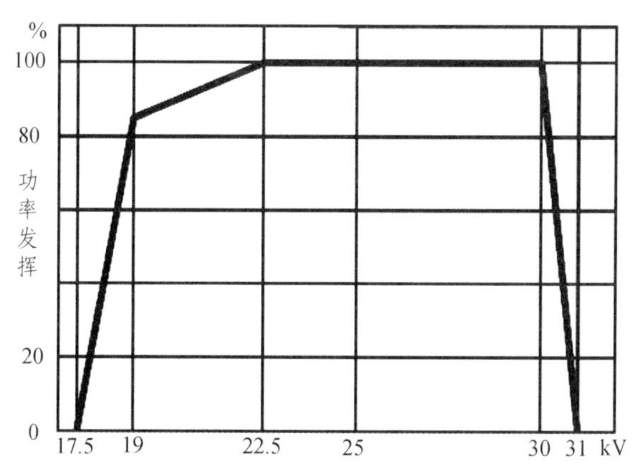

图 4-19　不同网压下功率发挥曲线

在 22.5～30 kV 网压下，功率为 7 200 kW；22.5 kV 到 19 kV，功率从 7 200 kW 线性减小到 6 080 kW；30～31 kV，功率从 7 200 kW 线性减小到 0；19 kV 到 17.5 kV，功率从 6 080 kW 线性减小到 0。在网压允许波动范围内，辅助功率一直有效。

4.4　牵引传动系统主电路主要元器件

一台交流传动机车的结构原理如图 4-20 所示，电源从电网下来，经变压器降压，传动控制单元控制四象限整流器完成交流到直流的变换，再控制逆变器完成直流到三相交流的 VVVF（变压变频）变换，给异步牵引电机供电，达到对异步牵引电机转矩的控制。牵引时，能量是从电网流向电机，电能转化成机械能。制动时，过程相反，机械能转化成电能回馈电网。

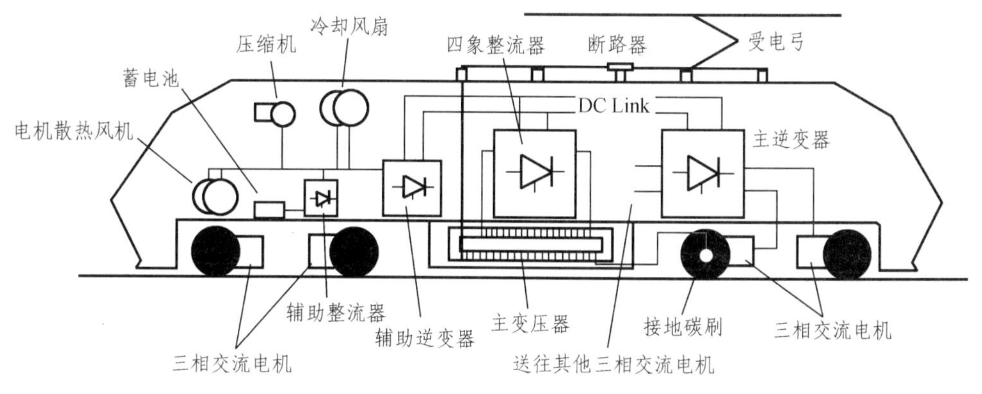

图 4-20　交流传动大功率机车整体结构原理

在传动控制单元的控制下，各部件有机地结合起来，实现电源的变换，由高压（25 kV）、工频（50 Hz）的不可控单相交流电源变换到三相可控变频、变压的交流电源，供给异步牵引电机，实现对异步牵引电机的控制，从而实现传动控制的最终目的：按照司机的指令控制机车的运行速度。接下来介绍主电路中各主要电器的结构及作用。

4.4.1 受电弓

受电弓是机车从接触网获得电能的部件，在机车车顶两端各装一台。大功率交流传动 HXD_1C 型机车使用 TSG15B 型受电弓，该型受电弓是一种铰接式的机械构件，它通过绝缘子安装于电力机车的车顶。受电弓的集电头升起后与接触网导线接触，从接触网上集取电流，并将其通过车顶母线传送到车内供机车使用。机车运行前，司机按下升弓按键开关时，压缩空气通过车内各阀进入受电弓升弓装置气囊，升起受电弓，使受电弓滑板与接触网接触。反之，排出升弓装置气囊内的压缩空气，使受电弓落下。

1. TSG15B 型受电弓结构

TSG15B 型受电弓由底架、绝缘子、铰链机构、导流线、弓头、平衡杆、升弓气囊装置、阻尼器、自动降弓装置、阀板等部件组成，其总体结构如图 4-21 所示。

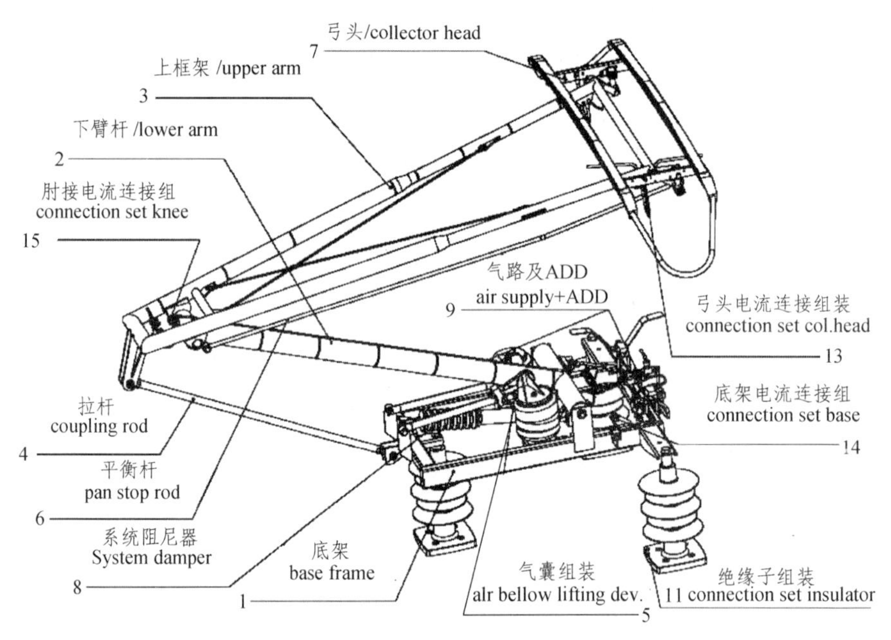

图 4-21 TSG15B 型受电弓总体结构

2. TSG15B 型受电弓工作原理

受电弓的升弓和降弓由气囊装置进行控制，气囊装置由气路控制，而气路又由一电磁阀操纵。该控制气路保证：受电弓无振动而有规律地升起，直至最大工作高度，从受电弓弓头开始上升算起，在 6 ~ 10 s 内无异常冲击地抵达接触网线上。

1）弓头的上升——升弓

升弓运动通过进入气囊的压缩空气的量的多少进行控制。

电磁阀得电，压缩空气通过气路装置和快速降弓阀进入气囊，气囊受到压缩空气的作用膨胀抬升，使得蝴蝶座通过钢丝绳拉拽下臂杆，这样，受电弓在钢丝绳的作用下，将随着气囊膨胀的大小而先快后慢地升弓。

受电弓在工作时，气囊升弓装置一直被供以压缩空气，由于弓头采用弓头悬挂装置，使弓头具有一定的自由度，接触网高度方面较小的差异通过弓头悬挂装置进行补偿，较大的差异，例如在桥梁和隧道，通过铰链系统进行补偿，因此受电弓可随接触网的不同高度而自由地变换其高度以保持接触压力基本恒定。

2）弓头的下降——降弓

受电弓的下降通过受电弓的气囊升弓装置释放压缩空气来进行控制。当司机在司机室中按下降弓按钮时，电磁阀失电，切断供风，电磁阀失电，阀腔通大气，快速降弓阀中的快排阀口打开，气囊升弓装置内的压缩空气通过快排阀迅速排出，气囊收缩，受电弓靠自重迅速地降弓，整个降弓过程先快后慢。

3. TSG15B 型受电弓主要技术参数

额定工作电压	30 kV（AC）
电压波动范围	19 ~ 31 kV（AC）
额定工作电流	1 000 A
额定运行速度	200 km/h
折叠高度 （包括支持绝缘子）	≤678 mm
最小工作高度（从落弓位滑板面起）	220 mm
最大工作高度（从落弓位滑板面起）	2 250 mm
最大升弓高度（从落弓位滑板面起）	≥2 400 mm
滑板长度	（1250 ± 1）mm
额定工作压力（供风）	550 kPa
静态接触压力为 70 N 时气囊压力	约 380 ~ 400 kPa
降弓位置保持力	≥150 N
升弓时间	6 ~ 10 s
降弓时间	≤6 s
电气区域	≤（301 ± 10）mm
电气间隙	≥350 mm

4.4.2 真空断路器

BVAC.N99D 型真空断路器是 HXD_{1C} 型电力机车车顶高压电器中的一个重要电气部件，它是整车与接触网之间电气连通、分断的总开关，是机车上最重要的保护设备，该电器设备主要用于主电路的开断和接通，同时还可以用于过载保护和短路保护。

1. BVAC.N99D 型真空断路器结构

BVAC.N99D 型真空断路器主要由三个部分组成：上面是高压电路部分；中间是与地隔离的绝缘部分；下面是电空机械装置和低压电路部分。其外形如图 4-22 所示。

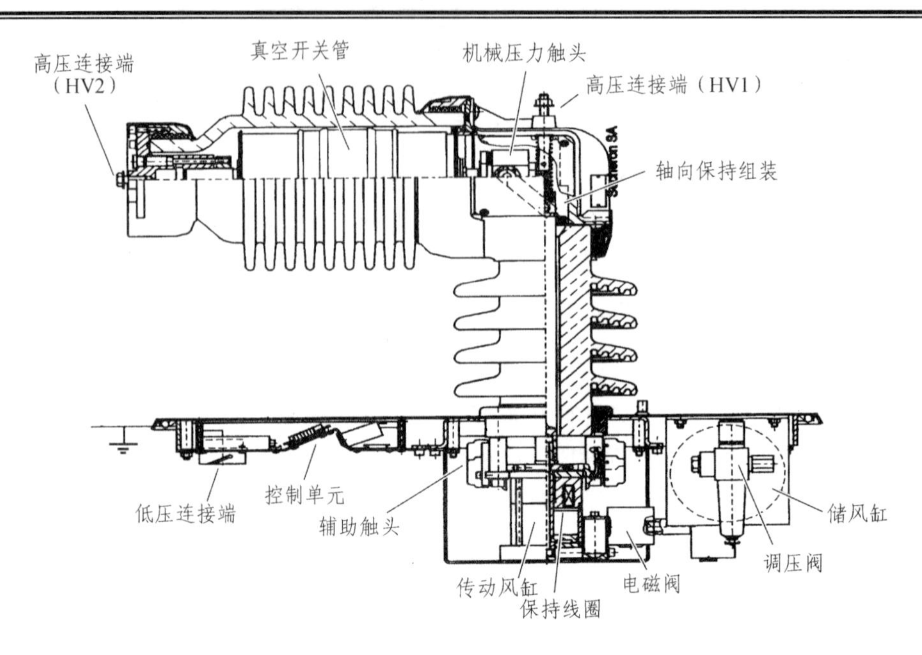

图 4-22 BVAC.N99D 型真空断路器结构

高压回路由可开断交流电弧的真空开关管、静触头、动触头组成。机车顶上的高压回路装有可以开断交流电弧的真空包。真空包灭弧室通过密封来与大气隔离。两个主触头安装在真空包内部，一个是静触头，另一个是动触头。动触头的动作由电空机械装置来控制，在分合闸过程中，该动作机构中的导向装置实现动作时的稳定性和方向性。

绝缘子隔离绝缘部分由安装在底板上的支持绝缘子瓷瓶、内部的绝缘导杆、恢复弹簧、接触压力弹簧组成，用于连接电空机械装置和动触头。绝缘导杆通过绝缘子中心，绝缘导杆连接电空机械装置和动触头。O 形密封圈紧靠在底板边缘的凹槽中以保证断路器与车顶之间的密封。

电空机械装置（低压部分）由空气管、压力开关、储风缸、调压阀、电磁阀、保持线圈、传动风缸及活塞组成。电空机械装置带有空气管路，在动触头快速合闸过程中提供必需的压力。该电空管路包括装在储风缸边上用以保持恒定空气压力的调压阀；用于监控断路器合闸的储风缸必须提供的最小压力的压力开关；用于控制压力气缸内的气流量的电磁阀；传动气缸最终把空气压力转化为机械作用力。通过电磁阀调定的气流量来保证合适的合闸速度，驱动系统的运动速度取决于气流量。

断路器合闸状态通过保持线圈来保证。保持线圈得电后可以允许高压气体由传动气缸通过电磁阀向外泄放。该系统同时还能保证断路器分闸时的快速脱扣和分断。

当保持线圈电流被切断（控制电源失电）时，断路器分闸，快速脱扣通过恢复弹簧和触头压力弹簧来实现。通过此系统，在失电和停气时保证主断路器的可靠分闸。

在传动气缸的冲程末端，因为动作的快速性而产生空气的压缩，这就限制了分闸时快速脱扣装置的振动，保证了其方向性和稳定性。

2. BVAC.N99D 型真空断路器动作原理

1）合闸原理（断路器处在断开状态）

BVAC.N99 型真空断路器只有在满足如下条件时，断路器才能闭合：

① 断路器必须处于断开状态（见图 4-23）；
② 必须有充足的气压；
③ 保持线圈必须处于得电状态。

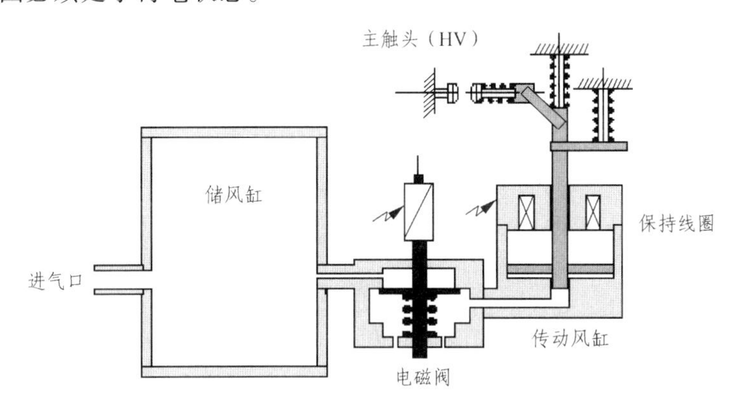

图 4-23　断路器处于分断状态

具体合闸步骤如下：
① 按下“开/关”键；此时，主断路器处于断开状态。
② 电磁阀及保持线圈得电，压缩空气由储风缸进入传动气缸，推动活塞上移；
③ 动触头随着活塞的移动而运动；
④ 恢复弹簧压缩；
⑤ 主触头闭合；
⑥ 触头接触压力弹簧压缩；
⑦ 活塞到达行程末端；
⑧ 由保持线圈将活塞固定，保持合闸状态；
⑨ 0.6 s 后，电磁阀失电，活塞底部排风；
⑩ 传动气缸内的空气排出。此时，虽然传动风缸活塞底部压缩空气已全部排出，但由于保持线圈保持得电状态，使活塞固定，断路器仍然处于闭合状态。

2）分闸原理（断路器处在闭合状态）

在任何情况下，只要控制电源失电，BVAC 断路器就处于开断状态。具体分闸步骤如下：
① 保持线圈失电；
② 活塞在弹簧力的作用下移动（触头压力弹簧和恢复弹簧）；
③ 主触头打开，真空灭弧室灭弧；
④ 行程结束，活塞缓冲，主触头断开。

3. BVAC.N99D 型真空断路技术参数

标称电压	25 kV
额定电压	30 kV
额定频率	50 ~ 60 Hz
额定工作电流	1 000 A
额定短路接通能力	40 kA

额定短路开断能力	20 kA
额定短时耐受电流	25 kA/1s
机械寿命	25 万次
热电流	1 000 A
开断容量 *t*	600 MV·A
固有分闸时间	20 ~ 60 ms
标称控制电压	DC 110 V
标称闭合功率	200 W
标称保持功率	50 W
额定工作气压	450 ~ 1 000 kPa
每次合闸的耗气量	2.5 dm^3

4.4.3 牵引变压器

主变压器是电力机车上的重要部件，其作用是将接触网上的 25 kV 高电压降为具有多种电压等级的低电压，为机车各种电机、电器提供电源。HXD_{1C} 型电力机车使用 TBQ35-8900/25 型主变压器。变压器油箱内设置了一个主变压器和 2 个谐振滤波电抗器实现了一体化安装，有体积小、质量轻的特点。变压器油箱采用钢焊接结构。冷却介质为 45#变压器油，采用双循环油路进行冷却。

TBQ35-8900/25 型主变压器是单相变压器，卧式结构，采用车体下悬挂安装方式安装，变压器型号中符号的含义：T—铁路机车；BQ—牵引变压器；35—设计序号；8 900—额定容量，单位 kV·A；25—高压（网侧、一次侧）绕组额定电压，单位 kV。

1. 牵引变压器的结构

TBQ35-8900/25 型主变压器为心式变压器，其结构如图 4-24 所示。

1）铁　心

TBQ35-8900/25 主变压器的铁心为心式结构。采用冷轧硅钢片，牌号为 30Q130。为降低铁损，硅钢片叠积时两片一叠交替进行。心柱硅钢片不冲孔，采用预浸渍玻璃纤维带绑扎，然后烘干固化。铁轭用夹件夹紧，夹件与硅钢片之间有夹件油道以作绝缘和油流路径。

2）绕　组

主变压器有三种绕组：高压绕组、牵引绕组、辅助绕组。高压绕组有两个，分别套装在铁心的 A 柱及 X 柱，绕组的出头为 A、X，绕组结构特点为连续式。

牵引绕组有六个，线圈结构为多层层式线圈，采用换位导线绕制以避免由于漏磁电势在导体内部引起环流。

辅助绕组有两个，线圈结构为单层层式绕圈，每柱一层，中间抽头为 b7。

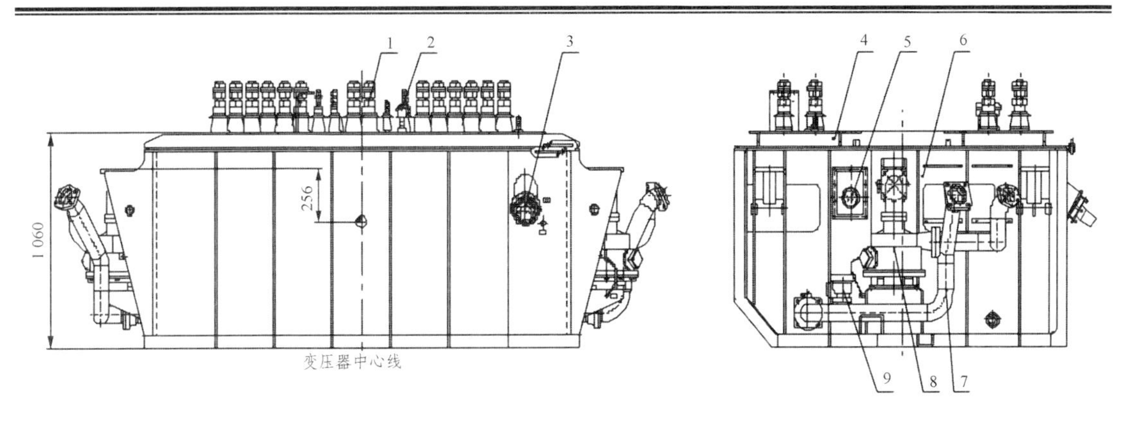

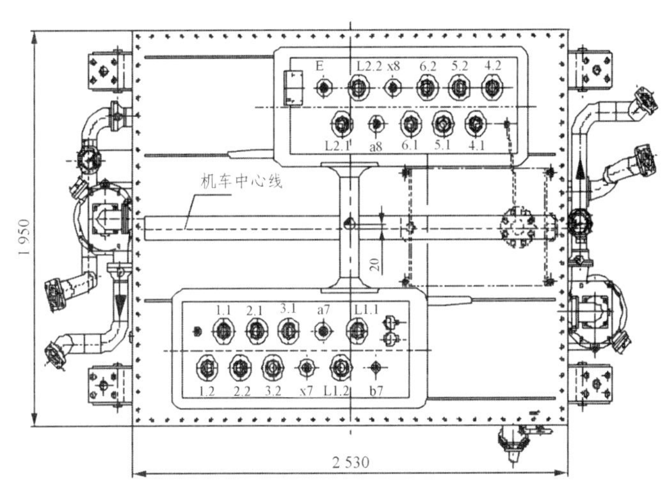

图 4-24　变压器结构原理

1—出线套管；2—电阻温度计；3—A 端子；4—箱盖；5—压力释放阀；
6—油箱；7—油管；8—油泵；9—油流继电器

3）油　箱

变压器的器身装在充满变压器油的油箱中，油箱壁是用 16Mn 钢板焊接而成的。油箱壁上焊有 4 个安装座，每个安装座上有 4 个 $\phi28$ 安装孔，用螺栓把变压器吊在车体上的变压器安装梁上。箱壁四周焊有一些加强筋板，油箱壁的油样阀作注油、滤油、放油以及取油样用，箱底设有放油塞，用于放净箱底残存的变压器油。

4）油保护装置

（1）储油柜。储油柜安装在车体内，用快速接头与油箱箱盖连通。储油柜的主要作用是：第一，减小变压器油与空气的接触面积，减缓变压器油的老化过程；第二，当油箱中变压器油受热膨胀时，多余的那部分变压器油进入储油柜中，并储存在储油柜里，当油箱中的变压器油变冷收缩时，这时储油柜里的油就通过联管进入油箱，使油箱内部任何时候都充满变压器油。

（2）油表。油表在储油柜上，油表旁边有刻度：+40 °C、+20 °C、－30 °C，这些刻度是指主变压器未工作，在环境温度分别为 +40 °C、+20 °C、－30 °C 时，储油柜里的油具有的油位，根据油位指示调整变压器油量。

（3）吸湿器。吸湿器装在储油柜上，用金属管与储油柜上部空间连接起来。当储油柜油面上升时，柜内油位上部空间的部分空气必须要排往大气。当储油柜内的油位下降时，柜内油位上部的空气不足，需要从大气中吸进空气，以免形成负压。这就要求在储油柜与大气中建立一个通道，为减少空气中水分和灰尘等杂质对变压器的污染，需安装空气过滤装置吸湿器。吸湿器的玻璃筒中装有经过浸氯化钴处理的能吸收水分的硅胶，在干燥状态下呈蓝色，吸湿后变红色，经烘干后，硅胶又呈蓝色，可以继续使用。

（4）Pt100 电阻温度计。Pt100 电阻温度计装在箱盖上，共两支，它用来测量变压器油箱中顶层油温，并有电信号送到司机室，在司机室显示屏上可显示油温。

（5）油流继电器。YJ-100-AD 型油流继电器装在油联管中，当潜油泵正常运行时，油流继电器的常开接点闭合，可显示油流正常信号。另外，还可观察玻璃面板内的指针摆动位置，判断油循环是否正常。

5）压力释放阀

YSF5-70-25J 型压力释放阀装在油箱壁上。变压器在运行中，因外电路或变压器内部有故障而出现很大的短路电流时，过高的热量会使变压器油迅速汽化，从而使变压器内部压力升高。在压力升高到 70 kPa 以上时，压力释放阀阀口在 2 ms 内迅速打开，排出的气体和油流沿管路排到车下。当压力降低到 30 kPa 时，阀口关闭。

2. 牵引变压器技术参数

额定功率：	
高压	8 900 kV·A
牵引	6×1 383 kV·A
辅助	2×300 kV·A
额定电压：	
高压	25 000 V
牵引	6×970 V
辅助	2×470 V
额定频率	50 Hz
外形尺寸	3 040×1 950×1 320
变压器总重	11 400 kg
变压器油重	2 550 kg
冷却方式	强迫导向油循环风冷
冷却介质	矿物油（45#变压器油）
网压范围	17.5 ~ 31 kV
恒功范围	22.5 ~ 29 kV

3. 牵引变压器的检查与调试

1）变压器投运前检查调试

（1）套管外部应清洁，无裂纹和破损，无放电痕迹及其他异常现象。

（2）压力释放阀处的蝶阀应处于开启位置，压力释放阀应正常，且无渗漏现象。

（3）油箱、冷却器和管路连接处的蝶阀应处于开启位置。

（4）油箱和车体之间接地应良好。

（5）变压器外表面应清洁、漆膜完好，各铭牌、字母牌应清洁，字迹清楚。

（6）变压器油箱和储油柜上的组件及连接处应无渗漏现象。

（7）变压器与车体连接处的安装螺栓应无松动现象。

（8）变压器油样化验合格。

2）变压器投入运行时的检查

（1）运转油泵和通风机，并检查是否运转正常，有无异音。

（2）接通负载，变压器正式投入运行。

（3）听变压器运行的声音中是否夹有杂音。

3）变压器运行时检查

（1）变压器声音正常，无异常声响发生。

（2）油泵和通风机应运转正常。

（3）变压器各密封件和焊缝无渗漏现象。

（4）油箱壁表面温度应正常。

（5）通过机车上的计算机检测油温应正常、油泵运转应正常。

（6）引线接头和电缆应无发热现象。

4）变压器运行停止后的检查

（1）变压器与车体连接处的安装螺栓应无松动现象。

（2）套管外部应清洁，无裂纹和破损，无放电痕迹及其他异常现象。

（3）油箱和车体之间接地应良好。

（4）变压器外表面应清洁、漆膜完好，各铭牌、字母牌应清洁，字迹清楚。

（5）变压器油箱密封件、组件和焊缝应无渗漏现象。

（6）变压器油样化验合格。

（7）检查压力释放阀是否动作，有无渗漏现象。如果压力释放阀动作，应观察变压器油箱的外壁是否明显变形，且应测量变压器的绝缘电阻、直流电阻、电压比，并对变压器油做油样简化试验，以便进一步确认变压器有无故障。如果变压器无故障或将故障修复后，应将压力释放阀的信号杆复位。

4. 牵引变压器常见故障分析与处理

牵引变压器常见故障分析与处理，见表 4-2。

表 4-2 牵引变压器常见故障分析与处理

序号	故障现象/信息	原 因	处理方法
1	温度计无指示或指示错误，机械故障等	电阻温度计故障	更换有故障电阻温度计
2	油泵不规则运行、运行噪声、轴承故障、绕组故障、阻塞、漏油等	油泵故障	更换有故障油泵
3	压力释放阀无信号或信号错误，机械故障、不动作	压力释放阀故障	更换压力释放阀
4	油流继电器无信号或信号错误，机械故障、不动作	油流继电器故障	更换油流继电器
5	变压器烧损	短路、过压等	更换有故障变压器

4.4.4 牵引电机

牵引电机是机车进行机械能和电能相互转换的重要部件。它安装在机车转向架上，通过传动装置与轮对相连。机车在牵引状态时，牵引电机将电能转换成机械能，驱动机车运行。当机车在电气制动状态时，牵引电机将列车的机械能转化为电能，产生列车的制动力。

1. JD160A 型异步牵引电机的结构

1）定 子

定子由定子铁心、定子绕组等零部件组成，其结构如图 4-25 所示。

图 4-25 JD160A 定子结构

1—接线盒；2—定子铁心；3—支撑架；4—端箍；5—定子绕组；6—槽楔

机座为无机壳全焊接复合结构，由铸钢制成的机座前压圈和后压圈、冲片、齿压板以及筋板五部分构成。定子线圈联接线直接由线圈引出来，联接线相互搭接并用银铜焊焊牢。出线盒为整体结构，焊接在机座上，引出线固定于接线座上，固定机车引线的引线夹安装在接线盒外面。定子的所有线圈均采用白坯定装，经整体真空压力浸漆处理。

2）转 子

转子由转轴、转子铁心、压圈、导条、端环和内油封等组成，如图 4-26 所示。

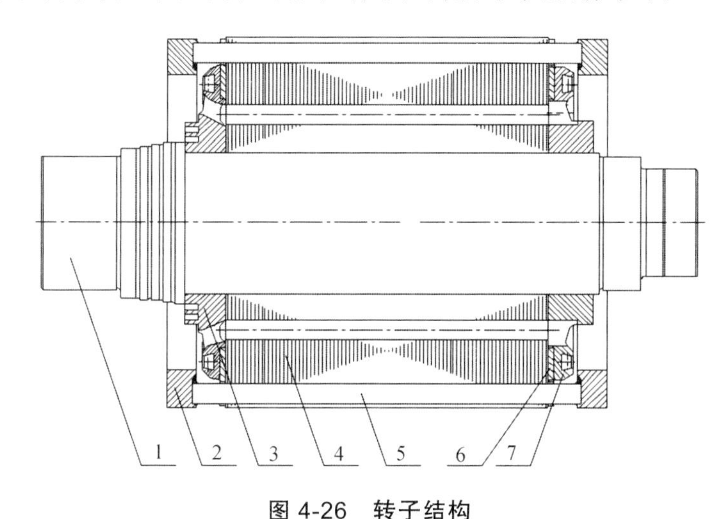

图 4-26 转子结构

1—转轴；2—端环；3—D 端压圈；4—铁心；5—导条；6—端板；7—N 端压圈

转子铁心和压圈直接安装在转轴上，导条平放嵌在铁心槽内，局部楔紧，转子铁心由 0.5 mm 无取向冷轧电工钢片组成。导条和端环通过中频感应焊接为一整体。轴承是从国外进口的绝缘轴承，传动端使用的是滚柱轴承 N332EMR/HB3L3BVA841，非传动端使用的是深沟球轴承 BB1-7009BA。传动端轴承由齿轮箱油循环润滑，非传动端轴承润滑脂为 MOBILITH SHC 220 润滑脂。

2. 异步牵引电机的牵引与再生制动原理

改变定子频率即可改变电机转速，随着定子频率的增加，电机转速也相应地增加，如果电压不增加，将导致电机磁场减弱，电机转矩也降低，电机磁场降到很低时，电机不能输出足够的转矩，不能满足负载要求；另一方面，低频启动时，如果电压很高，将导致电机过分饱和。因此异步电机变频时，电压也应在一定范围内保持一定比例的变化，这种调速方式称之为变频变压调速。异步牵引电机变频调速主要采用了恒转矩变频调速（恒磁通变频调速的一个区段，磁通和电流不变）、恒磁通变频调速、恒功率变频调速等调速方式。

异步电机牵引与再生制动原理：在 $1 > s > 0$ 的范围内，电磁转矩与转子转向相同，它拖动转子旋转，电机从逆变器吸收电能转换为机械能，克服机车阻力驱动机车运行，处于电动机运行状态。$s = 1$ 为起动运行状态。在 $s < 0$ 的范围内，转子转向与定子旋转磁场一致，转子转速 n 大于电机同步转速 n_1，电磁转矩与转子转向相反，它阻碍转子旋转，电机将机车机械能转换为电能传送给逆变器，对机车产生制动转矩，电机处于发电机运行状态，称之为再生制动。

3．牵引电动机的技术参数（见表 4-3）

表 4-3　JD160A 异步牵引电机技术参数表

持续功率	1 225 kW	最大电流	814 A
额定电压（基波）	1 375 V	恒功范围	1 720 ~ 3 452 r/min
额定电流（基波）	598 A	绝缘等级	200 级
额定转速	1 720 r/min	冷却方式	强迫通风
最大转速	3 452 r/min	传动方式	单侧斜齿轮
额定频率	58.1 Hz	悬挂方式	滚动抱轴
额定转矩	6 802 Nm	起动转矩	9 717 Nm

4．牵引电机的故障处理、更换原则与维修（见表 4-4）

表 4-4　故障分析与处理

故障现象	故障原因	检查方法	处理方法	备注
接地故障	接地座与外壳没有可靠连接	检查接地座是否生锈	拆去并清洗电缆接线头	
	接地故障造成连接导线损坏	检查连接导线	更换导线	检查导线是否有锐边和损伤
	绕组绝缘损坏	检查绝缘电阻	询问制造商后再进行维修	
绕组温度过高	电机过载	机车负载过大 各电机负载不均匀	降低负载，确定故障位置，并清除	
温度指示不符合实际或出错	温度检测单元出现故障		更换电阻式温度检测器	
	连接端子松动	打开端子连接盒，检查端子	使用要求的紧固转矩来上紧端子，必要时，更换电缆接头	检查损坏螺纹
局部过热	绕组绝缘损坏	检查绕组电阻、绝缘电阻，测量阻抗	询问制造商后进行维修	
	轴承润滑脂含杂质	拆去轴承盖	更换轴承，只在 N 端进行再润滑	检查轴承密封，必要时更换
	轴承游隙错误	吊起轴，并用千分表测量游隙	以正确的游隙安装轴承，检查相关部件	确定轴承游隙变化的原因
	轴承损坏	拆去轴承盖	更换轴承	询问制造商
	轴承卡位	拆去轴承盖，轴承变色或变形，油封变形	更换变色或变形零件	确定卡住原因，润滑失效，负载过多
	轴承润滑过量或过少		正确润滑轴承	润滑不当将降低轴承使用寿命
	电机内冷却风道堵塞		清洁风道	

续表

故障现象	故障原因	检查方法	处理方法	备注
冒烟	绕组绝缘损坏	检查绕组电阻、绝缘电阻，测量阻抗	询问制造商后进行维修	确定损坏原因：电机内污物，电机转子断条，电流过大
	轴承卡位	轴承变色或变形，轴承盖变色	更换轴承，询问制造商	查找是否卡位、润滑不足或者过量
	轴弯曲	只能在拆下后进行检测	询问制造商	查找故障原因及损坏范围
烧焦味	电缆连接故障或者断裂	检查电缆连接	修复电缆连接	
	端子安装松动	检查绕组电阻，绝缘电阻和测量绝缘阻抗	询问制造商后进行修复	
有嗡嗡的噪声	电缆断裂	检查电缆	更换电缆	检查电缆弯曲处或磨破处
有振鸣噪声	轴承游隙错误	吊起轴，用千分表测量游隙	以正确的间隙安装轴承，检查相关部件	确定轴承游隙变化的原因
	轴弯曲	只能在拆下后进行检测	询问制造商	查找故障原因及损坏范围
有撞击的噪声	有电流从轴承流过	视觉检查轴承表面	询问制造商	查找有电流的原因并进行适当测量
	轴承故障	拆掉轴承盖	更换轴承	查找轴承故障原因
	速度传感器的测速齿盘松动	拆掉测速齿盘，检查相关零件及安装状态	恢复速度传感器的测速齿盘	
	电机悬挂装置开裂	检查悬挂装置	询问制造商	查找故障：抱轴箱轴承组装，齿轮与电机的接口
	电机悬挂装置松动	检查紧固位置，检查轴承组装	按规定扭矩紧固响应紧固件	
	电机紧固件松动或者有裂纹	检查紧固位置，视觉检查裂纹位置	按规定扭矩紧固响应紧固件；或者更换响应紧固件	检查密封装置是否有损，如有损则进行更换；如果紧固件有裂纹则询问制造商后更换强度稍大的螺栓
有尖锐的噪声	轴承游隙错误	吊起轴，并用千分表测量游隙	以正确的游隙安装轴承，检查相关零件	确定轴承游隙变化的原因
	轴承损坏	拆去轴承盖	更换轴承	确定损坏原因：电机内的污物，转子铁心与定子铁心接触

续表

故障现象	故障原因	检查方法	处理方法	备注
径向振动	轴承游隙过大	提起轴，用千分表测量游隙	以正确的游隙安装轴承	确定原因
	轴承损坏	拆去轴承盖	更换轴承	确定损坏原因：电机内的污物，转子铁心与定子铁心接触
	平衡块松动或丢失	目测	询问制造商	电机内的小部件（螺钉、平衡块等）
	电机悬挂损坏	检查悬挂	询问制造商	
	电机悬挂松动	检查螺钉接头、轴承装置和阻尼元件	以规定紧固转矩上紧螺钉，更换阻尼元件	
	转子不平衡	目测，平衡	清洁转子，再平衡转子	
轴向振动	轴承游隙错误	提起轴，用千分表测量游隙	以正确的游隙安装轴承	确定轴承游隙变化的原因
	轴承损坏	拆去轴承盖	更换轴承	确定损坏原因：电机内的污物，转子铁心与定子铁心接触
	电机悬挂损坏	检查悬挂	询问制造商	
	电机悬挂松动	检查螺钉接头和轴承装置	以规定的紧固转矩上紧螺钉	
机器转矩损失	导线损坏	检查连接导线	更换导线	检查导线是否有锐边和损伤
速度信号变化	造成速度传感器中断	检查导线、插头连接	更换导线，修理插头连接	
	转速表松动	检查紧固件	固定速度传感器	检查密封
	速度传感器有故障		更换速度传感器	
	速度传感器的传动轮松动	拆去盖，检查底座和压盖	固定速度传感器	
油/油脂泄漏	N端轴承油脂过多	拆去轴承盖	除去过多油脂	
油脂污染或过早老化	轴承上的电流	拆卸轴承后才能看到	询问制造商	确定电流产生的原因，并采取恰当措施
	冲击或振动		询问制造商	确定冲击和振动的原因

4.5 主牵引传动系统工作原理

4.5.1 TGA9 型牵引变流器概述

牵引变流器是电力机车传动级控制的核心部件，其功能是实现将工频电网中的交流电通过变频变压控制，变换为适合于交流电力机车运行要求及频率可变的交流电。每台机车配置两台牵引变流器。每台变流器是一台完整的组装设备，所有内部元器件安装于一个柜体内。

TGA9 型牵引变流器应用于机车轴式为 C_0-C_0、牵引电机轴功率为 1.2 MW 的 7 200 kW 六轴货运电力机车。每台牵引变流器向一个转向架的三台牵引电机供电，为了获得所期望的电动机转矩和转速，变流器根据要求来调节电动机接线端的电流和电压波形，完成电源（主回路）和牵引电动机之间的能量传输，实现对机车牵引，再生制动等持续控制。

牵引变流器主电路采用交-直-交结构，由电源侧整流器和电机侧逆变器两部分组成，中间直流电路采用大容量支撑电容储能的电压型结构，保证了两侧变流器（整流和逆变）能够在互不干扰的情况下工作。整流器采用四象限整流器，有利于提高机车的功率因素，减少谐波电流分量。逆变器采用单轴控制，当某一轴出现故障时，可以将其隔离，只损失部分牵引力，有利于机车的运用。中间直流回路连接有二次谐振电路、过压保护电路和接地检测电路等。此外，控制系统还采用了直接转矩控制技术、再生制动技术、TCN 网络技术等先进的控制技术。

TGA9 型牵引变流器外观图如图 4-27 所示。

图 4-27　TGA9 型牵引变流器外观图（正面）

TGA9 型牵引变流器安装在机车机械间内。传动控制单元（TCU）位于牵引变流器柜内部，该设备不包含操作性或指示性部件，原则上操作性和指示性部件必须靠近驾驶员布置，因此，其操作性和指示性部件设置在司机室内。

1. TGA9 型牵引变流器的结构

牵引变流器采用模块化结构，四象限整流器和逆变器采用相同的变流模块，模块采用 IGBT 作为开关器件，直流环节电压为 DC 1 800 V，主电路采用二电平三重四象限：PWM 整流器 + VVVF 逆变器模式，每重四象限整流器和一个逆变器组成一组供电单元，为一台牵引电机供电，控制方式为轴控，采用水冷散热。

从牵引变流器柜的前面可以很容易地检修或拆装各功率模块。高压电气连接端子位于功率模块两侧，可方便地进行拆装、维护。低压连接采用连接器实现，易于更换。功率模块上安装有快速防漏接头，可以快捷简便地更换而不需排放冷却回路中的冷却液。

牵引变流器柜的外形尺寸为 3 100 mm × 1 060 mm × 2 000 mm（长 × 宽 × 高），通过底部的螺孔固定在机车底架的 C 型轨上，主电路接线端子位于柜体下方，控制电源和辅助电源插头位于柜体左侧。

通过图 4-28（a）、（b）可以看到变流器柜内部最重要的电气部件的布置结构，包含 6 个变流器模块（3 个整流模块和 3 个逆变模块）、传动控制单元（TCU）、接触器、充放电电阻、过压斩波电阻、电压电流传感器、冷却风机、热交换器等部件，其中，变流器模块等主要部件位于柜体前部，打开柜门可以方便地对其进行检修，变流器后部主要用于放置不需维护或很少维护的部件，如二次谐振电容器等，变流器左侧开有边门，用于检修斩波电阻（见表 4-5）。

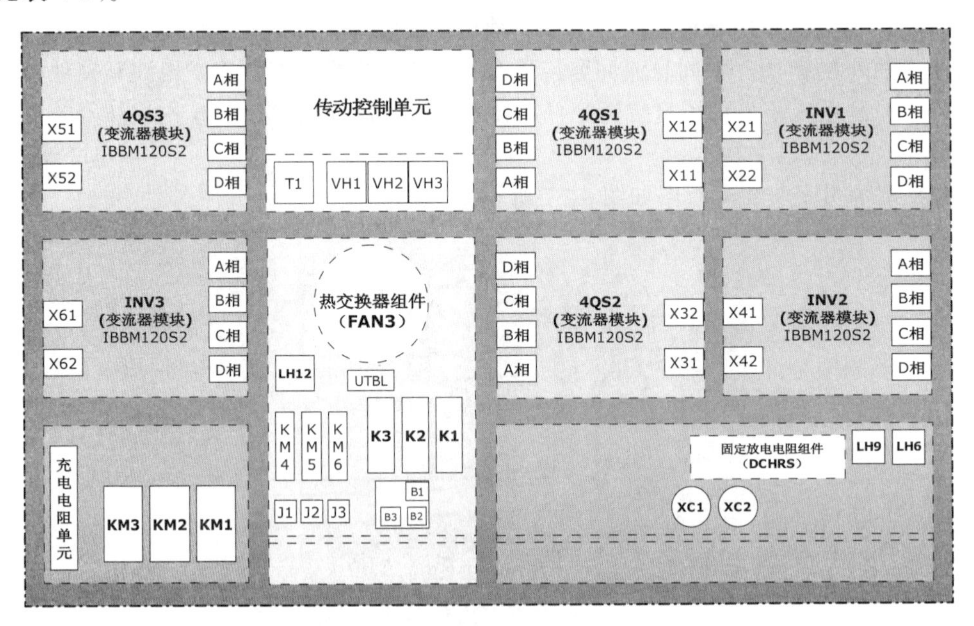

（a）TGA9 型牵引变流器结构图（主视图）

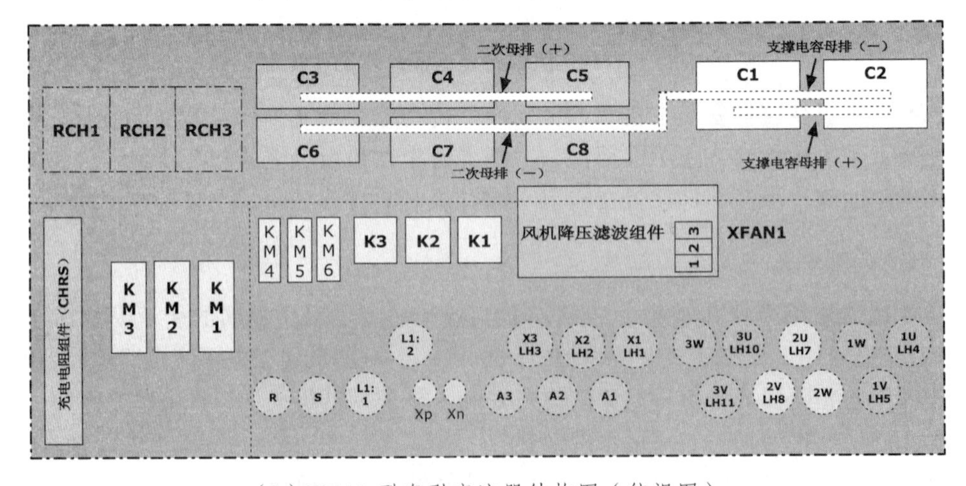

（b）TGA9 型牵引变流器结构图（俯视图）

图 4-28　TGA9 型牵引变流器结构

表 4-5　牵引变流器主要元器件

电路代号	说　明	电路代号	说　明
4QS1、4QS2、4QS3	四象限变流器模块	XC1、XC2	调节电容器接线端子
INV1、INV2、INV3	PWM 逆变器模块	DCHRS	固定放电电阻组件
TCU	传动控制单元	K1、K2、K3	隔离闸刀开关
FAN3	内循环热交换器组件	T1	同步变压器
KM1、KM2、KM3	主接触器	VH1、VH2、VH3	电压传感器
J1、J2、J3	辅助接触器	LH6、LH9、LH12	斩波电流传感器
KM4、KM5、KM6	充电接触器	B1、B2、B3	J1、J2、J3 的滤波降压板
UTBL	内部空气温度传感器		

牵引变流器的冷却方式为强迫水循环冷却，水冷系统示意图见图 4-29。变流器各模块采用水冷散热，冷却液由纯水和乙二醇按一定比例混合而成，通过柜体右下方的阀门输入，对变流器模块进行冷却，由柜体右上方的阀门排出；变流器安装有一个水-气热交换器，与冷却风机集成在一起，用于变流器柜体内部的空气循环与降温，防止出现局部过热点；变流器模块、热交换器与水冷管路全部采用快速接头连接，方便快捷插拔，不需要排放冷却系统中的冷却液；此外在斩波电阻底部安装有两个小风机，从变流器柜体左下方吸风，通过柜体顶部排出，对斩波电阻进行冷却。

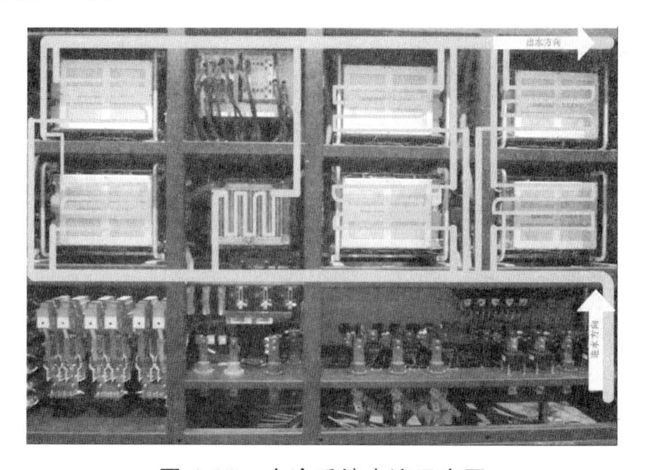

图 4-29　水冷系统水流示意图

变流器安装有门安全连锁装置，只有当机车已降弓、跳主断后，才能打开变流器柜门（注：TCU 所在的柜门不受安全连锁装置控制），以保证操作人员的人身安全。

2. 牵引变流器的功能

每台变流器为一个转向架的三台牵引电机供电。为了控制所期望的电机转矩和转速，变流器根据要求来调节电机接线端的电流和电压波形，完成电源（主回路）和牵引电动机之间的能量传输，实行对机车牵引、再生制动的连续控制。

牵引变流器的输入端与主变压器的次边牵引绕组相连，并通过接触器分/合。通过四象限变流器将单相交流电压转变为稳定的中间直流电压。中间直流回路设有支撑电容、谐振电容、接地检测模块和保护模块等。中间电压经过 PWM 逆变器转换成三相频率和电压可变的输出电压供给三相异步牵引电机。

变流器主电路采用二电平四象限 PWM 整流器 + VVVF 逆变器模式，包括三重四象限 PWM 整流器和三个 VVVF 逆变器，每重四象限 PWM 整流器和一个逆变器组成一组供电单元，为一台牵引电机供电，三个主电路单元的直流回路通过隔离开关（K_1、K_2、K_3）并在一起，正常工作时隔离开关闭合，三个单元共用中间直流回路和二次谐振回路。

3. 牵引变流器的主要技术特点

主电路特点：牵引变流器输入端为三重四象限变流器（网侧变流器），直接连接到主变压器的 3 个牵引绕组输出端；牵引变流器输出端为三相逆变器（电机侧变流器）直接与牵引电机连接；中间直流环节包括支撑电容器、二次谐振电路、过压斩波电路、接地检测电路等。开关元采用 IGBT 元件，技术成熟可靠。

控制电路的特点：变流器输入端采用四象限变流器控制方式，具有中间直流环节电压稳定，功率因数接近于 1，能量可再生等优点。输出端采用异步电机直接转矩控制方式，具有动态响应特性优良，控制简介高效，牵引力变化平稳等优点。

结构设计的特点：各部件采用模块化设计，具有整体结构相对简单，检修维护方便等优点。

冷却系统的特点：牵引变流器采用水冷却方式，具有冷却效率高，体积质量小，维护方便等优点。

主变流器输入端与牵引变压器的二次侧牵引绕组相连，并通过接触器分/合，主要由线路接触器和预充电单元、三重四象限 PWM 整流器、中间直流环节和三个 VVVF 逆变器组成。中间直流环节设有支撑电容、二次谐振回路、接地检测电路和过压斩波回路等。每重四象限 PWM 整流器和一个逆变器组成一组供电单元，为一台牵引电机供电，三个主电路单元的直流环节通过隔离开关并在一起，正常工作时隔离开关闭合，三个单元共用直流环节。主变流器具有完善的过流、过压 、接地、温度、水系统等主要故障诊断、保护和记录功能。

4. TGA9 型牵引变流器主要技术参数（见表 4-6）

表 4-6 牵引变流器主要技术参数

额定输入电压	AC 970 V	主变流器内的冷却液容量	20l
额定输入电流	3×1 390 A	冷却液散热功率	80 kW
额定输入频率	50 Hz	50 °C 时流速（额定）	286 L/min
中间电压	DC 1 800 V	50 °C 时压力损失（额定）	1.2 bar
额定输出电压	3 AC 1 375 V	冷却液对环境压力的最大压力	3 bar
额定输出电流	3×598 A	主变流器机组冷却方式	强迫水循环冷却
最大输出电压	3 AC 1 420 V	添加剂主要成分	44%/56%（水/添加剂 Antifrogen N）
最大输出电流	3×814 A	冷却液进口温度	≤ + 55 °C
主变流机组的效率	≥97.5%	主逆变器风机辅助电源电压	3AC 440 V/60 Hz
控制电源	DC 110 V + 25% ~ 30%	主逆变器风机辅助电源功率	0.6 kV · A
控制电压功率要求	1 kW		

4.5.2　牵引变流器的工作原理

1. 牵引变流器的工作原理

牵引变流器电路原理如图 4-30 所示，其功能和状态参数均由 TCU 监控和保护。机车在牵引工况时，变流器将主变压器次边绕组上的单相交流电转变成驱动牵引电机所需的变压变频三相电；制动工况时，牵引电机处于发电工况，变流器将电机发出的电能反馈给电网。

一台六轴 7 200 kW 货运电力机车配置两台牵引变流器（Ⅰ架和Ⅱ架），每台牵引变流器向一个转向架的三台牵引电机供电，如无特殊说明，本文所指的牵引变流器只针对其中一台牵引变流器（以下简称变流器）。

变流器主电路采用二电平四象限 PWM 整流器 + VVVF 逆变器模式，包括三重四象限 PWM 整流器和三个 VVVF 逆变器，每重四象限 PWM 整流器和一个逆变器组成一组供电单元，为一台牵引电机供电，三个主电路单元的直流回路通过隔离开关（K_1、K_2、K_3）并在一起，正常工作时隔离开关闭合，三个单元共用中间直流回路和二次谐振回路。每个主电路单元有独立的充电短接回路和固定放电回路，当其中任意一个主电路单元故障时（四象限 PWM 整流器或逆变器），断开相应的隔离开关和充电短接开关（如第一个单元故障时，断开接触器 K_1、KM1、KM3），将该故障单元切除，其余两个单元正常工作，机车只损失 1/6 的动力，从而将故障造成的影响降至最低。三重四象限互相错开一定的相位角度，有利于减小对电网的谐波污染，降低直流回路的纹波。

以第一个主电路单元说明变流器主电路的工作原理，如图 4-31 所示。牵引变压器牵引绕组 a1-x1 输入电压首先经由 KM3、R_1 组成的充电回路对直流回路的支撑电容充电，充电完成后闭合主接触器 KM1，牵引工况时单相工频电网电压经四象限 PWM 整流器整流为 1 800 V 直流电压，再经逆变器逆变为三相 VVVF 电压供给牵引电机；再生制动工况时牵引电机发出的三相电压经整流、逆变后通过牵引变压器、受电弓反馈回电网。电抗器 L_1、C_3 ~ C_8 组成二次谐振回路，用于滤除四象限 PWM 整流器输出的二次谐波电流，RCH1 为过压斩波电阻，用于直流回路的过电压抑制及停机后的快速放电，R_3 ~ R_{11} 为固定放电电阻，用于快速放电回路故障后将电容上的电压放至安全电压以下（放电时间小于 10 min）；R_{12}、R_{13} 为直流分压电阻，中点接地，用于变流器主电路接地检测；LH1 ~ LH12 为电流传感器，其中，LH1 ~ LH3 用于检测变流器输入电流，LH3、LH5、LH7、LH8、LH10、LH11 用于检测变流器输出电流，LH6、LH9、LH12 用于检测斩波电阻上的电流；VH1 ~ VH3 为电压传感器，分别用于检测变流器直流回路半电压和全电压。

牵引变流器用于控制主变压器和牵引电机之间的能量传输，进而控制牵引电机以获得所期望的转矩。TGA9 型牵引变流器为间接变流器，分为预充电、四象限整流、中间直流和牵引逆变等环节。整流环节控制能量的流向，并使主变压器原边具有较小的谐波和较高的功率因数（接近 1）；中间回路为储能环节，其作用是保持中间直流电压的稳定，实现对主变压器和牵引电机的能量解耦。另外，中间回路还设置了接地检测电路，用于对主电路接地故障的检测；逆变环节输出三相 PWM 电压，用于控制牵引电机的转矩。每个变流器中的三个可调脉冲由对应的 TCU 单独控制，从而实现轴控。

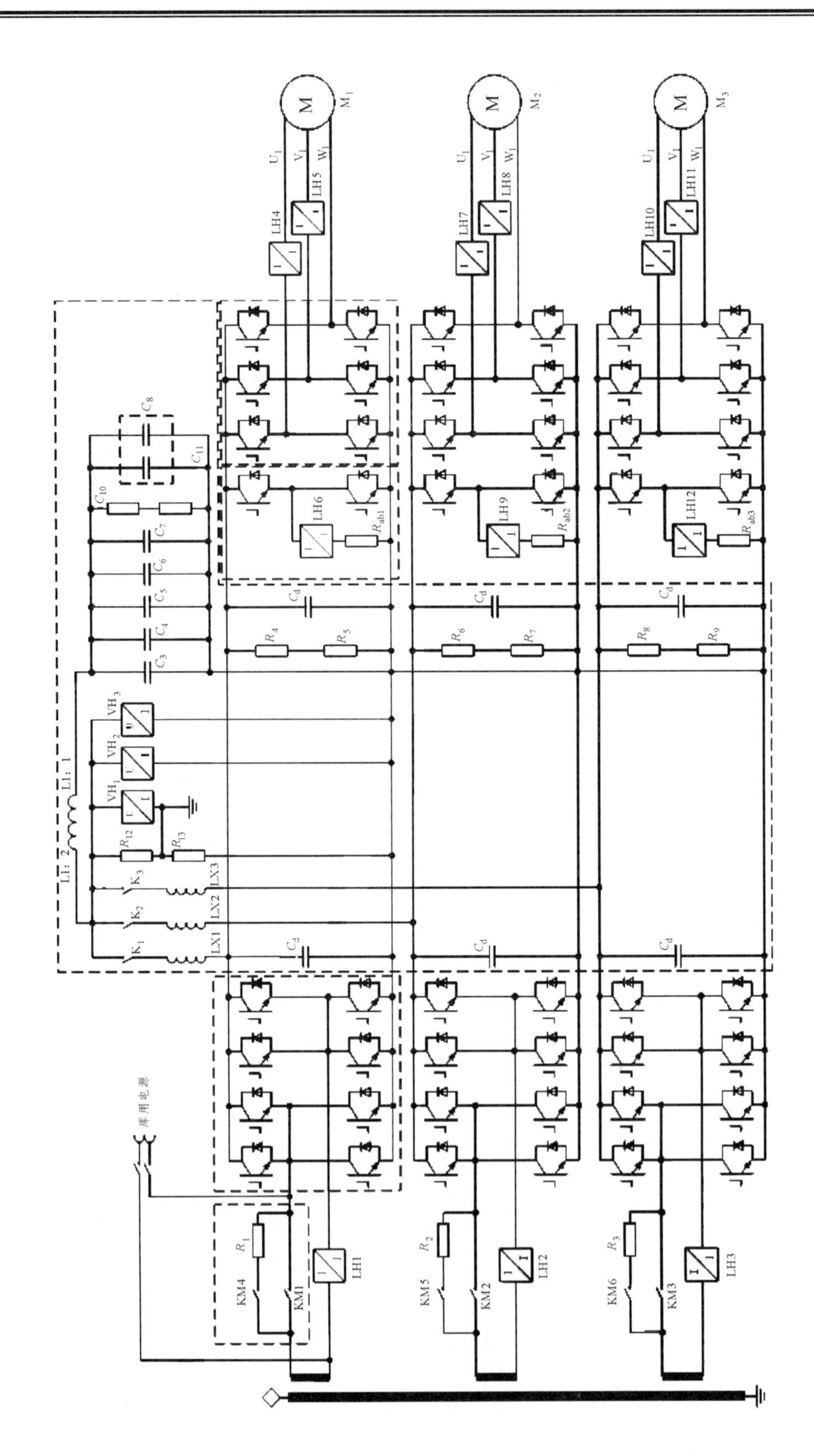

图 4-30 变流器电路原理图

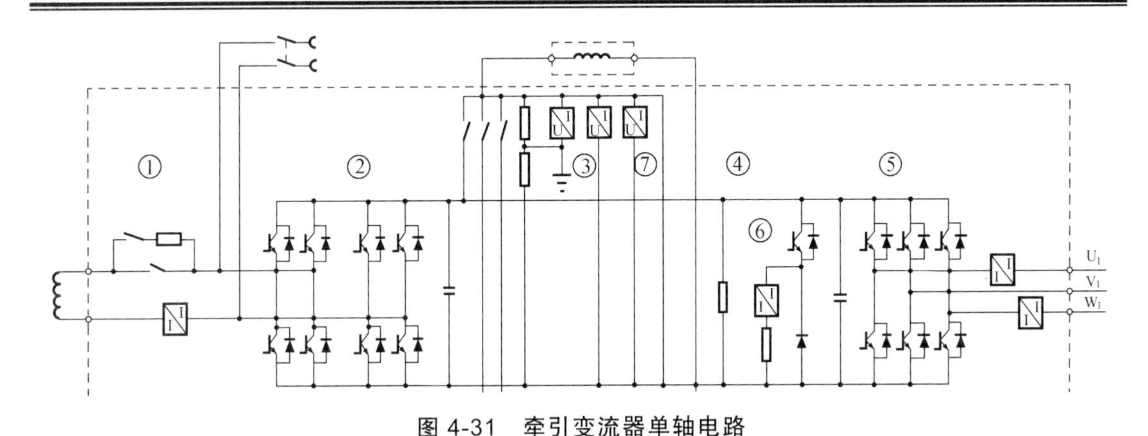

图 4-31　牵引变流器单轴电路

牵引变流器单元电路元件如表 4-7 所示。

表 4-7　牵引变流器单元电路元件

序号	说　明
①	主接触器，以及充电接触器、充电电阻组成的预充电电路
②	四象限 PWM 整流器
③	含支撑电容器等的直流支撑回路，接地检测单元
④	含谐振电容器等的谐振电路，谐振电抗器外设
⑤	PWM 脉宽调制逆变器
⑥	含过压斩波电阻等的保护模块单元
⑦	牵引（传动）控制单元（TCU）及电压、电流、水压力、温度等传感器等组成的控制和监视单元

2. 传动控制单元（TCU）

传动控制单元（TCU）采用“异步电动机直接转矩控制”软件和“交流传动模块化设计”硬件设计理念。是在消化吸收 HXD_1 型电力机车技术的基础上加以修改和完善的。

每台牵引变流器内都有一个专门的 TCU（传动控制单元）。变流器柜外面有 CCU（中央控制单元，其功能和操作方式请参考网络系统部分说明书）。TCU 用于监视和控制、调节牵引变流器。

TCU 通过机车 MVB 网络接收司机指令，将司机指令转化为机车的运行工况。通过 MVB 总线，TCU 将电传动系统与微机网络控制系统联系起来，形成控制与通信系统。其在变流器系统中的地位如图 4-32 所示。

TCU 的主要功能是完成对机车的牵引/制动特性控制、逻辑控制、故障保护，实现对四象限整流器和牵引逆变器及交流异步牵引电机的实时控制、黏着利用控制，以满足车辆动力性能、故障运行、救援能力及实现预期的运行速度等。

TCU 具有机车级控制和变流器级控制的功能。机车级的控制功能是根据司机指令完成对机车牵引/制动特性控制和逻辑控制，实现对主电路中接触器的通断控制和牵引变流器的启/停控制，计算列车所需的牵引/电制动力等。传动控制单元的车辆级控制功能框图如图 4-33 所示。

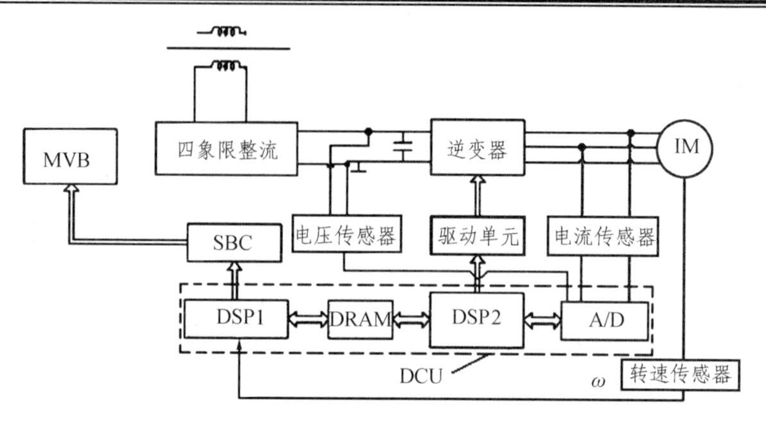

图 4-32 变流器系统原理

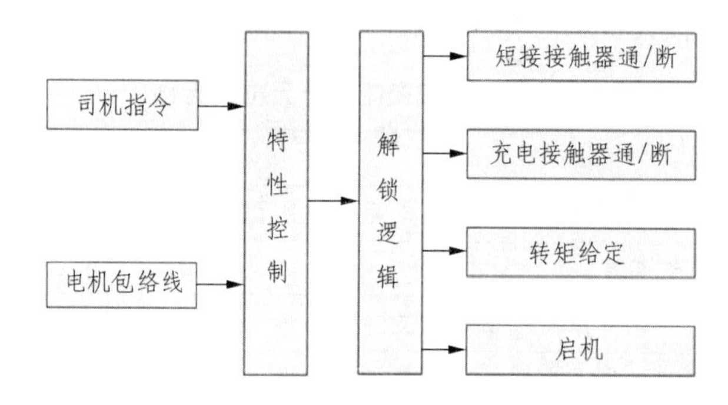

图 4-33 传动控制单元的车辆级控制功能框图

TCU 除用于控制四象限整流、中间直流和牵引逆变三个环节的协调工作，还监测牵引电机、主变压器等的相关状态量用于机车的控制和保护，并和机车的 CCU 进行通信等。根据司机指令完成对牵引变流器及交流异步牵引电机的实时控制、黏着利用控制，同时具备完整的故障保护功能、模块级的故障自诊断功能和一定程度的故障自复位功能。

TCU 主要保护功能有：

① 电网过压、欠压保护；

② 中间直流过压、欠压保护；

③ 原边过流、接地保护；

④ IGBT 元件故障保护；

⑤ 主回路接地保护；

⑥ 四象限整流器输入过流保护；

⑦ 逆变器、斩波器输出过流保护；

⑧ 电机三相不平衡、缺相保护；

⑨ 变流器模块过热保护；

⑩ 变流器水温过高保护；

⑪ 变流器冷却水压过高、过低保护；

⑫ 接触器卡分、卡合保护。

TCU 主要控制功能有：

① 电传动系统的逻辑控制；

② 牵引和制动的特性计算；

③ 四象限 PWM 整流器控制；

④ 异步牵引电机直接转矩控制；

⑤ 机车牵引时空转、制动时滑行保护的控制、机车黏着利用控制；

⑥ 变流系统的保护、故障记录、诊断。

3. 输入电路

输入电路由主接触器和预充电电路构成。

输入电路是指图 4-32 中的模块一，主要是由主接触器、充电接触器、充电电阻组成的预充电电路。在变压器每个次边绕组和四象限变流器单相输入之间，都使用了一个主接触器(主接触器）和一套由充电接触器和充电电阻组成的预充电电路。预充电电路的主要功能是系统上电时，完成对中间直流电容的预充电。避免上电时强大的冲击电流损坏功率模块。预充电单元以并联方式连接到主接触器。

如图 4-34 所示，以第一路四象限整流器为例，预充电单元由充电接触器 KM_1 和充电电阻 R_1 组成。当牵引变流器投入运行时，首先，通过预充电单元对直流支撑电容进行充电，然后闭合主接触器 KM_1。这样就减小了大的电流冲击，否则，如果输入电压突然加载到未充电的支撑电容组上，将会导致瞬间峰值电流过大。当直流支撑电压达到大于理论最终电压值的 85%后，主接触器才可以切换至闭合状态（见表 4-8）。

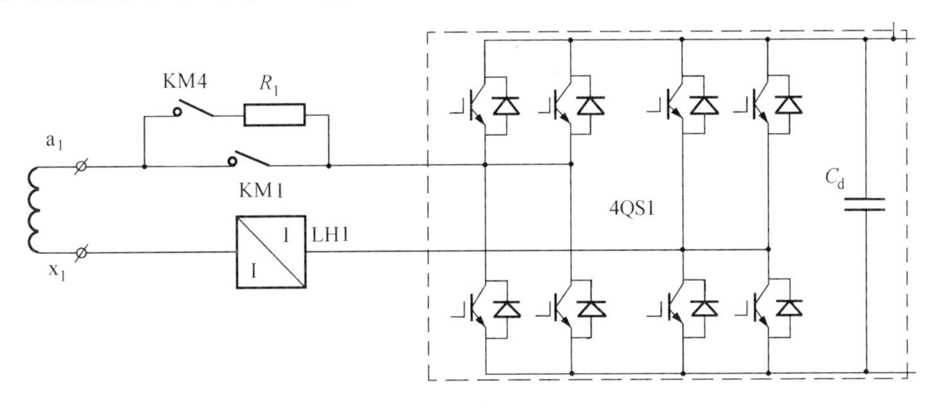

图 4-34　输入电路

表 4-8　输入电路主要元器件

a_1、x_1	主变绕组
KM1	主接触器（交流接触器）
KM3	充电接触器（交流接触器）
R_1	充电电阻（功率电阻）
LH1	输入电流传感器
3QS1	四象限变流器
C_d	直流支撑电容

主接触器用于控制牵引变流器与主变压器之间电路的通断。例如，如果牵引变流器出现故障，可以通过分断接触器将故障牵引变流器隔离，而与变压器相连的其他变流器单元就不会受到影响。只有在无电流的状态下，该输入断路器才可以断开。当接触器处于闭合状态时，不得将其断开。

4. 四象限整流器

HXD_1 型电力机车由两节车组成，每节车设有一个牵引变流箱，每个牵引变流箱由两套相互独立的变流器组成。一个变流器包含两个并联的四象限脉冲整流器。

HXD_1 型电力机车四象限脉冲整流器的构成框图如图 4-31 中标号②的模块所示。四象限变流器和逆变器采用相同的变流器模块，可以完全互换，外观图片参见图 4-35。变流器模块（以下简称模块）集成了 8 个 3 300 V/1 200 A 的 IGBT 元件、水冷散热器、温度传感器、门控单元、门控电源、脉冲分配单元、支撑电容器、低感母排等部件。模块上 IGBT 元件之间及与支撑电容的连接使用低电感母排（Busbar），减少了线路上的杂散电感，省去了吸收电路，使电路更为简洁可靠。脉冲分配单元与门控单元间的信号传输通过光纤实现，解决了高压隔离问题，提高了模块的抗干扰性能。

四象限脉冲整流器通过主变压器与单相 25 kV/50 Hz 的交流接触网相连。主变压器的二次绕组可以通过接触器与四象限脉冲整流器实现单极分断。中间直流回路通过一个预充电单元（预充电接触器处于闭合状态时）和两个并联的整流桥臂供电。四象限整流器的用途是将来自主变压器的单相交流输入电压转换为直流电压以供给直流支撑回路。

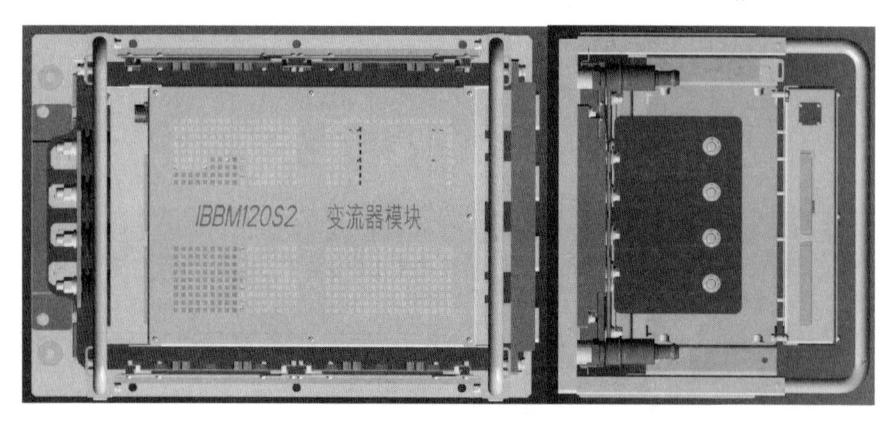

图 4-35 变流器模块

四象限整流器这一术语表示的是在牵引工况以及制动工况下，电压 U_{ST} 和电流 I_N 间的相位角是完全可调节的。通过对电压和电流间的相位角的控制，能够在全部四个象限内工作。从而可以实现能量的双向流动，制动时将电动机回馈产生的能量反送到电网，达到彻底节能的效果。

在四象限脉冲整流器中，每个四象限整流器由两个相模块（半桥）组成。四象限整流器将来自变流器的单相交流输入电压转为直流电压供给中间直流回路，四象限整流器可以在牵引工况以及制动工况下，实现电压 U_{st} 和电流 I_N 之间的相位角调节。通过对电压和电流间的相位角控制，来实现整流器的四象限运行。

采用 IGBT 功率模块的四象限变流器，由高运算处理能力的 DSP 产生 PWM 脉冲进行控制。当电机工作在电动状态的时候，整流控制单元的 DSP 产生高频的 PWM 脉冲控制整流侧

IGBT 的开通和关断。IGBT 的开通和关断与输入电抗器共同作用产生了与输入电压相位一致的正弦电流波形，这样就消除了二极管整流桥产生的谐波。使功率因数高达 99%，消除了对电网的谐波污染。此时能量从电网经由整流回路和逆变回路流向电机，变流器工作在第一、第三象限。输入电压和输入电流的波形如图 4-36 所示。

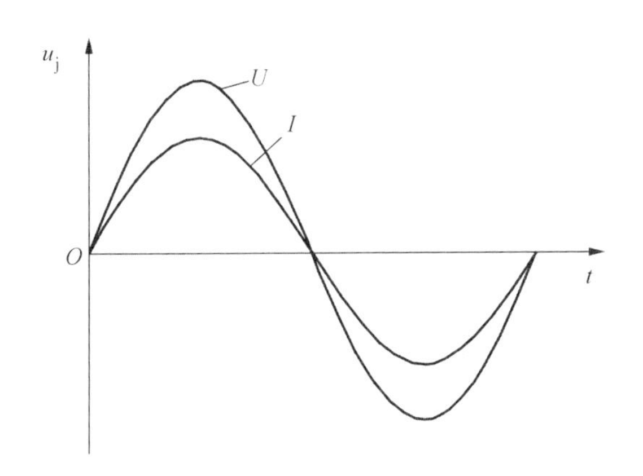

图 4-36　输入电压和输入电流的波形

当电动机工作在发电状态的时候，电机产生的能量通过逆变侧的二极管回馈到直流母线，当直流母线电压超过一定的值，整流侧能量回馈控制部分启动，将直流逆变成交流，通过控制逆变电压的相位和幅值将能量回馈到电网，达到节能的效果。

IGBT 是电子开关器件，其开关频率很高。下面通过整流器从一个电流为零的状态开始工作的例子来说明其功能。参见图 4-3 所示，在正半波时，T_2 或 T_3 两个 IGBT 开关器件中的一个处于开通状态，变压器二次绕组处处于短路状态，电流开始上升，此时，如果原来开通的开关元件关断，由于变压器的漏电感，电流通过开关元件 T_1 或 T_4 的续流二极管流入中间直流回路并缓慢降低。利用这一原理，电流就可以围绕一个参考值上下波动且 $\cos\phi$ 和中间直流电压值能保持在要求的范围内。

IGBT 的开关频率除以电网频率得到每个周期的脉冲数。脉冲数越高，电流值就越精确地追踪参考电流值。

5. 中间直流环节

中间直流回路是指图 4-37 中的模块三，连接四象限变流器和电机侧变流器，主要包括：直流支撑电容 C_d、固定放电电阻、二次谐振支路、接地保护开关 SMT 及接地检测电路、斩波放电（直流放电）电路。图 4-37 是以公共部分和第一路电路为例的中间直流回路（见表 4-9）。

支撑电容作为四象限变流器（网侧变流器）和电机侧变流器之间的能量缓冲器，其主要功能包含以下几点：① 支撑中间回路电压，使其保持稳定；② 保证中间直流环节电压纹波维持在允许的限值内；③ 与异步牵引电机交换无功功率；④ 与四象限变流器电抗器 L_s（牵引变压器二次侧漏感）交换无功功率。

二次谐振支路由吸收电抗器 L、吸收电容器组（C_3 ~ C_8）组成，用来吸收由四象限变流器输出的以 2 倍电网频率脉动的脉动功率。

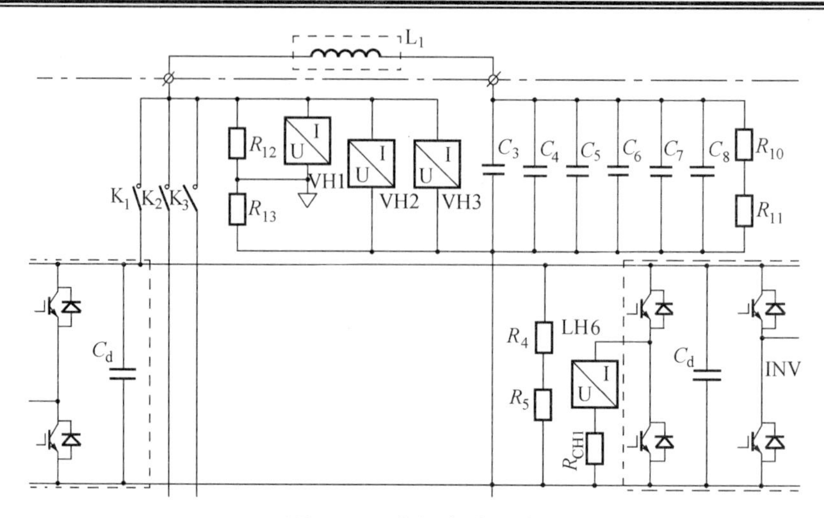

图 4-37 中间直流回路

表 4-9 中间直流回路元器件

C_d	直流支撑电容
K_1、K_2、K_3	隔离开关
R_3、R_5、R_{10}、R_{11}	固定放电电阻
R_{12}、R_{13}	中点接地保护电阻
VH1、VH2、VH3	电压传感器
$C_3 \sim C_8$	谐振电容
L_1	外部谐振电感
LH6	电流传感器
R_{CH1}	斩波电阻
INV	逆变器

安装接地保护开关（SMT）的目的是在牵引变流器故障或检修时使中间直流环节短路，泄放掉电容上的残余电压，以保证工作人员的人身安全。采用人工手动控制，有“接地开通”和“接地断开”两种工作位置。通常插入绿色钥匙，将控制杆锁定在“接地断开”位置，检修时再插入黄色钥匙，和绿色钥匙一起动作，将控制杆解锁，可将控制杆转换到“接地开通”位置，此时所有的高压触点接地，电容器放电。

接地检测电路由分压电阻 $R_{12} \sim R_{13}$、电压霍尔传感器组成。随着设备的老化和污染的增加，牵引变流器电气部件和电缆的绝缘状态会不断恶化，一旦发生短路接地故障，会损坏牵引变流器，严重时会造成灾难性后果。通过监控电阻 R_{13} 上的电压，可判断出正母线接地、负母线接地、网侧接地等短路接地故障。

1）直流支撑电容

直流支撑电容组由 6×3.3 mF 电容器组成，分布装配在 6 个变流器模块内（图中 C_d 为电容），每个变流器支撑电容共计为 25.8 mF，其连接方式如图 4-38 所示。

中间支撑电容作为能量存储单元，其作用是对中间直流回路的电压进行滤波和缓冲。因为在一个短的时间周期内输入的能力和输出的能量不对等，因此必须在中间直流回路设置支撑电容，也可以说支撑电容对整流器和逆变器进行了能量解耦。牵引变流器的中间支撑电容是由分布在各变流器模块内的电容器组成。

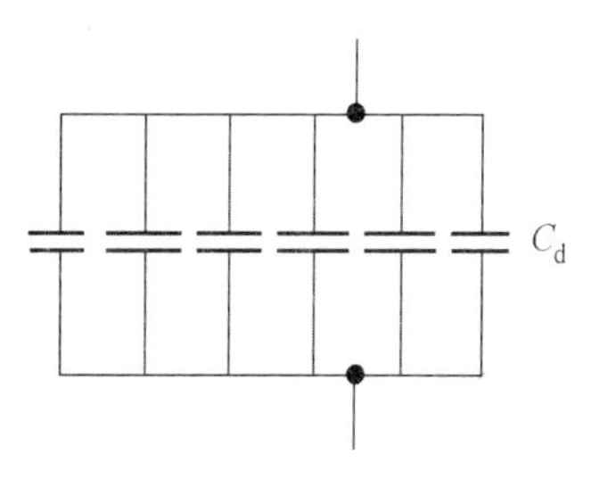

图 4-38　直流支撑电容组

直流支撑回路在 HXD_1C 变流器中起着重要的作用。支撑电容器的主要作用是滤波和稳压，此外还与交流电机进行无功功率的交换，是一个比较昂贵的部件。支撑电容器容量的取值，非常重要，除了依靠理论计算外，还需依靠经验值补充完善，使其选值更合理。

2）固定放电电阻

每组主电路单元单独配置固定放电电阻，并联接在直流支撑回路中，并与谐振吸收电容并联。固定放电电阻选 20 kΩ，由两个 10 kΩ 的电阻串联。变流器停机后，如果斩波快速放电回路有故障不能泄放中间直流电能，则固定放电电阻可 10 min 内将中间直流电能（支撑电容电压）放至安全电压以下。组件共有 10 个相同的 10 kΩ 电阻，各单元固定放电电阻对应图纸中 R_3 ~ R_{13}。

3）二次谐振电路

二次谐振电路由 6 个谐振电容器 C_3 ~ C_8 并联组成的谐振电容与外部谐振吸收电抗器 L_1（在主变压器内）组成，如图 4-39 所示。通过调整谐振电路的谐振频率到两倍基频，可过滤直流支撑回路中的两倍基频输入电压的波纹分量，实现储存电能、减少二次谐波通过直流支撑回路电容器的作用。为了保证谐振频率的精确，谐振电容器分为固定的基础电容器和电容值可以调节的电容器。该可调节的电容器必须由用户定期调整（每 10 年），以避免频率的漂移。

并联的 6 个电容器均连接到直流支撑回路的正、负母排上。电容值共计为 C_n = 9.936 mF。

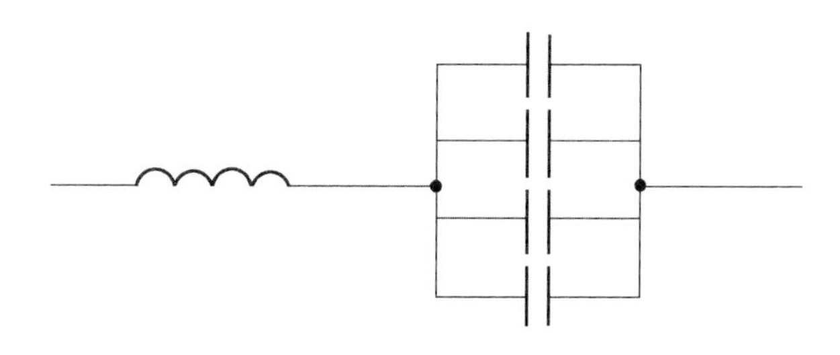
图 4-39　谐振电路

4）斩波电路

如图 4-40 所示，牵引变流器的中间直流回路并联有斩波放电电路，R_{CH1} 为过压斩波电阻，用于中间直流过压保护和停机后的快速放电。R_{ch} 为斩波电阻，由一个 IGBT 功率元件控制电阻的投切，测到中间直流电压超过规定值时，将触发斩波管（IGBT）开通，中间直流的能量通过斩波电阻快速的释放掉，使中间直流电压迅速的恢复正常值，随后斩波管关闭，稳定中间电压。变流器正常停机后，中间直流支撑电容和二次谐振电容上的能量也将通过斩波回路快速释放。

5）接地故障检测及固定放电电阻

如图 4-41 所示，接地故障检测电路由跨接在中间直流电路的两个串联分压电阻 R_{12}、R_{13} 和中点电压检测的电压传感器组成。R_{12}、R_{13} 除作为固定放电电阻外，还作为直流分压电阻，串联分压电阻的中点接地，中点检测信号送 TCU 内的检测电路（滤波电容器、运算放大器和一个比较电路）判断主电路是否接地。在正常工况下，传感器测得的电压值等于中间直流电压的 1/2。如果发生接地故障，被测电压就会因电容器充电的改变而发生变化，电容器的电压值将达到中间直流电压的 0% 或者 100%。这样，就可以检测到接地故障。

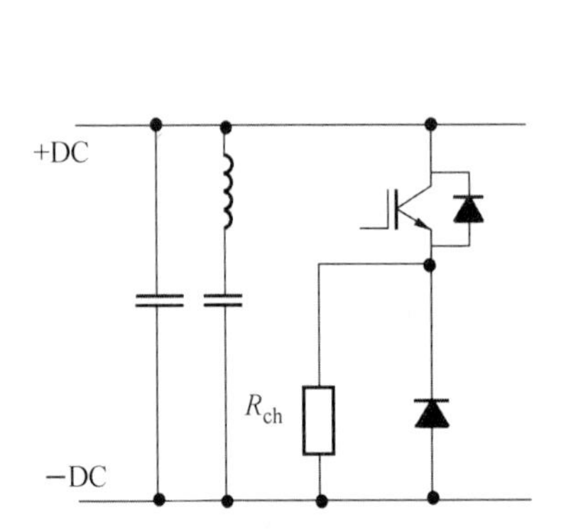

图 4-40 中间直流回路斩波放电电路

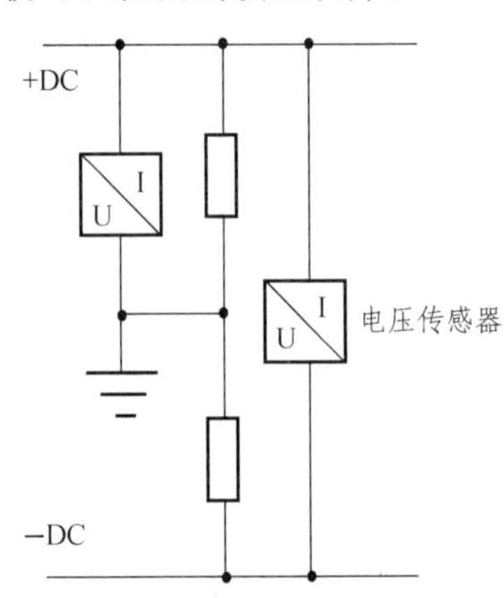

图 4-41 接地故障检测简图

同时并联在中间直流回路上的高阻值电阻，还起到固定放电电阻的作用，用于牵引变流器非正常关闭后直流支撑电容和二次谐振电容的固定放电。牵引变流器停机后，如果快速放电回路有故障不能泄放中间直流电能，则固定放电电阻可在规定时间内将中间直流电压降至安全电压以下。

图 4-41 中电压传感器 VH2、VH3 用于检测中间支撑直流电压，VH1 检测的则是半电压。

6. PWM 逆变电路

一个变流柜由三组相同的 PWM 逆变器组成，每组由过压斩波（直流放电）保护电路、1 个 PWM 逆变器、2 个输出电流传感器构成。过压斩波（直流放电）保护电路：由过压斩波管及斩波电阻组成。当中间直流侧电压过高时，开通斩波电路，将能量通过电阻以热能的方式消耗。

牵引工况下进行直-交变换，把中间直流电路的能量转换成三相可变交流电供给牵引电机使用；再生制动工况时把牵引电机的三相电压经整流实现交-直变换，为中间直流电路提供电能。

逆变器模块的结构特点与四象限整流模块完全相同，模块在输出接线端 U、V、W 处提供一个变频变压（VVVF）的三相交流电源。

在原理上，可以将 IGBT 视为开通和关断非常迅速的开关元件。有了这种模块，可以想象为将 3 个输出接线端 U、V、W 与直流支撑电压电路 CD 的“+”或“-”端任意相连，其开通或者关断的模式必须保证逆变器输出为三相正弦交流电。

在图 4-42 中，图示了两输出端子之间的电压。两输出端子之间输出电压最大振幅取决于直流支撑电压 U_d。

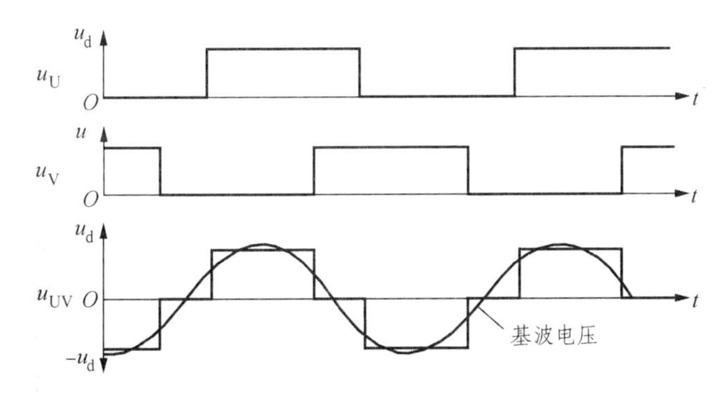

图 4-42　方波状态下逆变器的脉宽调制示意图

可以通过改变 IGBT 逆变器的占空比来调节输出电流的有效值。输出电压的波形重复的频率和脉冲逆变器的输出频率一样，如图 4-43 所示。

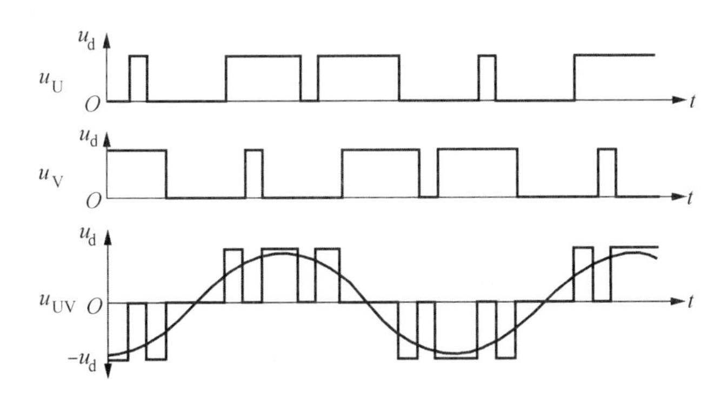

图 4-43　斩波状态下逆变器脉宽调制示意图

在制动工况时，电机轴力矩的方向与实际旋转的方向正好相反，电压和电流之间产生了很大的相角。通过设定基波电压，脉冲逆变器能加强这一电压和电流之间的相位角，波形如图 4-44 所示。

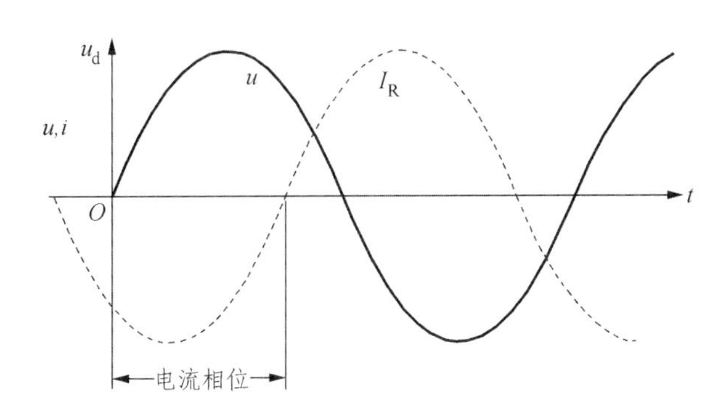

图 4-44　制动工况下电压和电流的相位

综上所述，HXD_{1C} 型电力机车的主牵引传动系统是一个交-直-交型牵引传动系统。系统中包含了变压、整流、逆变等电力转换过程。牵引变流器是整个系统的核心部件，其中四象限整流的主要功能有：

（1）牵引工况，电网交流整为直流，再供给电机逆变器；制动工况，将电机逆变器反馈到中间环节的能量再反馈回电网。

（2）使中间直流电压保持恒定。

（3）使牵引变压器一次侧功率因数接近于 1，在网侧获得近似正弦波的电流，减少对环境的电磁干扰。

逆变器主要功能为：

（1）牵引工况，将直流电压逆变为变压变频的交流电，驱动电机；制动工况，将电机能量反馈到中间直流环节。

（2）实现电机牵引特性的控制，满足机车全速度范围内对牵引/制动力的需求。

（3）采用适当的电机控制方式，降低谐波，使电机转矩输出平稳。

任务三　交传机车辅助供电系统

【学习目标】

（1）掌握交传机车辅助供电系统的基本类型。

（2）掌握辅助变流器的工作原理。

（3）会进行辅助供电系统及辅助变流器的维护与保养。

【任务导入】

HXD_{1C} 型电力机车的辅助供电系统包括：3AC 440 V 供电系统、交流 220 V 供电系统、DC 110 V 供电系统。本任务主要介绍 3AC 440 V 辅助供电系统的结构和工作原理以及辅助供电系统的维护。

4.6　辅助变流柜的结构

HXD_{1C} 型电力机车配备有两台相互独立的辅助变流柜，每个辅助变流器由它自己的辅助绕组供电。每个辅助变流器的输出侧均设置有滤波装置。TGF54 型辅助变流器总体结构如图 4-45 所示，辅助变流器设备见表 4-10。

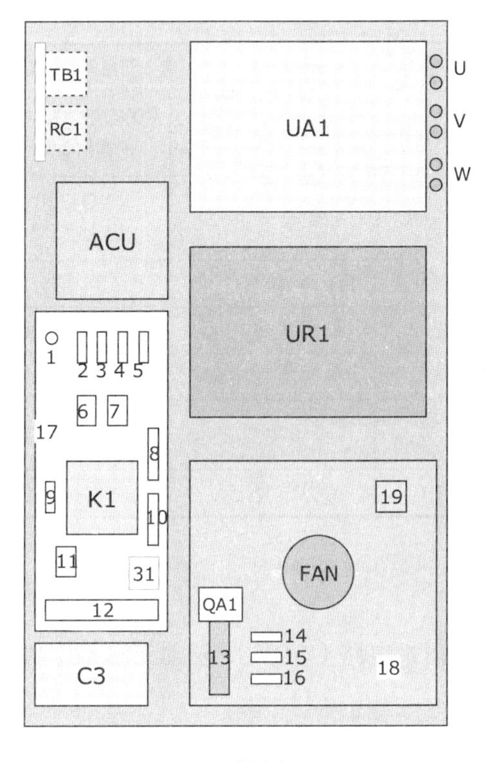

正视图

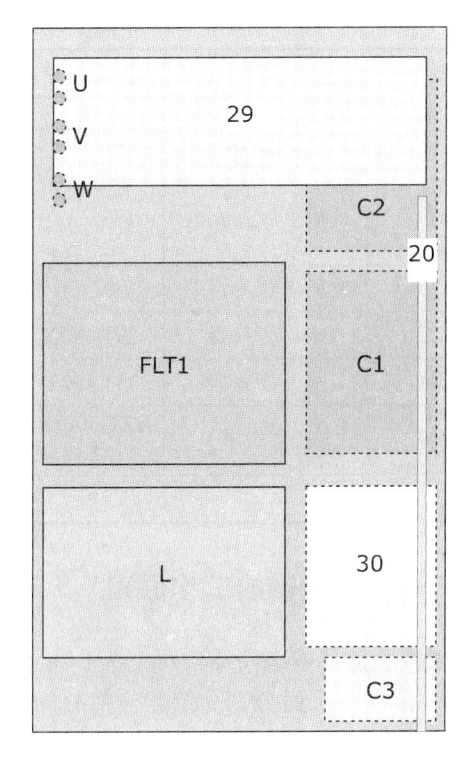

后视图

图 4-45 TGF54 型辅助变流器设备布置

表 4-10 辅助变流器设备

设备代号	名称	产品图号/型号	设备代号	名称	产品图号/型号
TB1	同步变压器	TBK1D	9（SV1）	输入检测电压传感器	AV100～1 000
RC1	电源滤波组件	ZS457-064-000	10（R1）	充电电阻单元	RXG300D/300 W-27 Ω±2%
ACU	辅变控制箱	TE274-040000	11（FU1）	快熔	RS12-A4MK-800 V /1 300 A
K1	主接触器	>500 A	12（T3）	电源端子排	
C3	滤波电容组件	ES28203	13	风机电源端子排	
UA1	逆变模块	TE075-030000	14（SV4）	输出电压传感器	AV100
UR1	整流模块	TE075-020000	15（SV5）	输出电压传感器	AV100
FAN	风机	R4D-560-AW03-05	16（SV6）	输出电压传感器	AV100
QA1	风机自动开关		18	风机盖	
SC1	输入电流传感器	LT1005-T	19	风机观察孔	
1（XT7）	接线端子		20	排污管	
2（SV2）	中间电压传感器	AV100-1000	29	滤网	

续表

设备代号	名称	产品图号/型号	设备代号	名称	产品图号/型号
3（SV3）	接地检测电压传感器	AV100-1000	30（R5-R10）	均压电阻单元	RXG600D-400W/4.5 kΩ±5%
4（SV7）	中间电压传感器	AV100-1000	30（R3、R4）	接地保护电阻	RXQ-300W-15 kΩ±5%
5（SV8）	中间电压传感器	AV100-1000	31（SC1）	输入电流传感器	LT1005-T
6（K2）	充电接触器	3TF4522-1XF4	C2	中间支撑电容	TE075-050000
7（KM1）	中间接触器	3TF4522-1XF4	C1	中间支撑电容	TE075-050000
8（R2）	充电电阻单元	RXG300D/300W-27 Ω±2%	L	输入电抗器	RSF28196-474-99
			FLT1	滤波电感	RTF28203-325-99

4.7 辅助变流器的工作原理

辅助变流器按电路结构可分为：主电路、IGBT 门极电路（GDU）、辅助变流器控制单元 ACU 三部分。下面分别介绍这三部分的工作原理。

4.7.1 辅助变流器主电路的工作原理

主电路包括：输入电路、整流电路、中间直流环节、逆变电路等环节。主电路图见图 4-46，按电路结构分述如下：

1. 输入电路

输入电路主要包括：熔断器 FU_1、充电接触器 K_2、主接触器 K_1、充电电阻 R_1、R_2、输入电压传感器 SV_1、电流传感器 SC_1 等。来自主变压器的 AC 470 V 从动力线输入端子送入辅助变流器柜，作为辅变的输入电压。输入电路部件如图 4-47 所示。

输入电路具有以下作用：

（1）当辅助变流器输入端发生某种短路故障，或者输入端过流而接触器故障时，FU_1 快速熔断，保护列车主变压器不被损坏，以保障牵引系统在此时仍可正常运行。

（2）输入隔离，当变流器不工作时，接触器断开，切断输入电压。

（3）限流充电，在变流器工作前，对辅助变流器中间直流电容限流充电，避免对电容的冲击。通过输入电压传感器 SV_1，实现对输入电压的监视。

2. 整流电路

整流电路主要包括储能电感 L 和四象限变流器模块 UR_1。模块 UR_1 采用两电平单相桥式电压型变流电路，功率开关器件为 IGBT。其作用是：电网电压在一个范围内波动时，使中间回路的直流电压保持恒定，确保电机侧逆变器的正常工作，同时在电网侧要获得一个近似正弦波的电流，减少对周围环境的电磁干扰，在牵引工况和再生制动工况下，使供电接触网或牵引变压器一次侧的功率因子接近于 1。整流电路部件如图 4-48 所示。

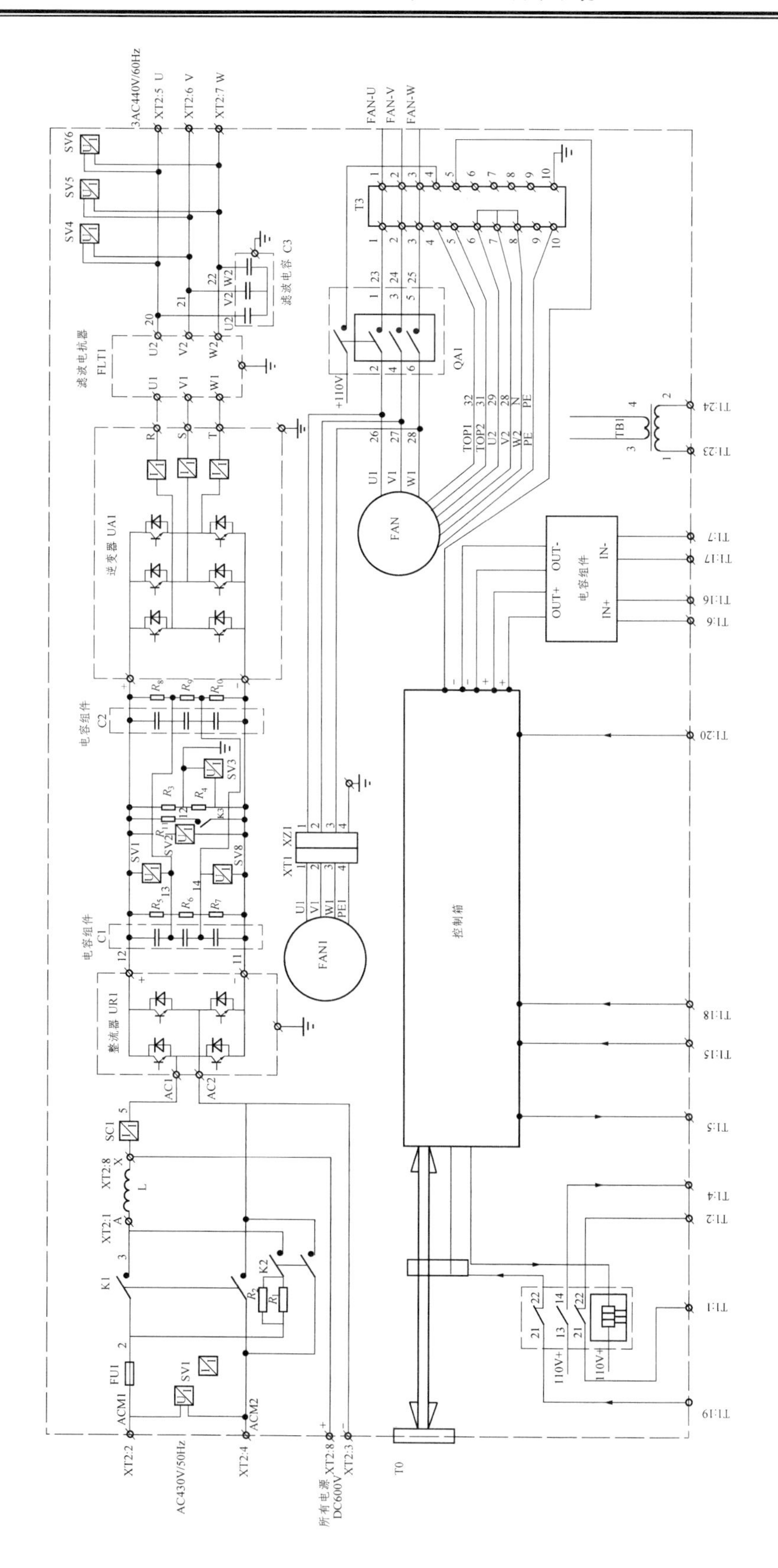

图 4-46　辅助变流器主电路原理

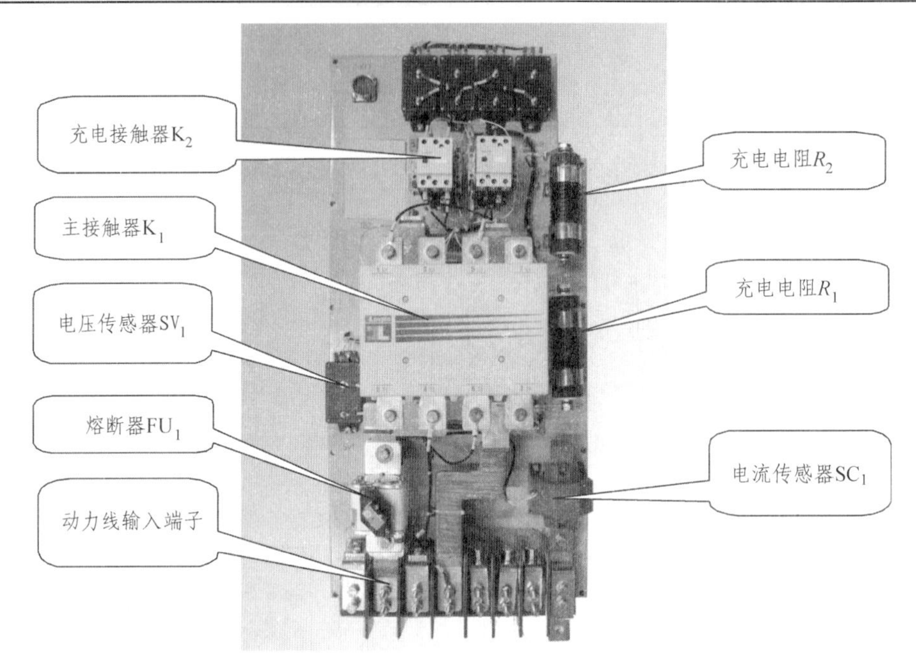

图 4-47 输入电路部件

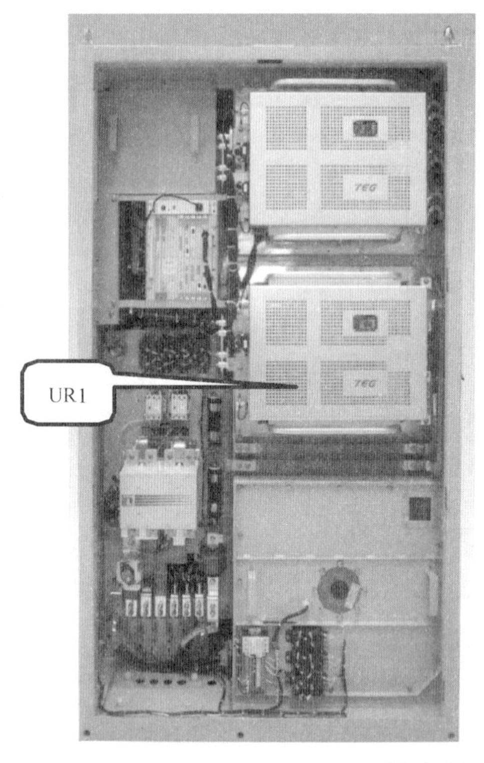

图 4-48 整流电路部件图

3. 中间直流环节

中间直流环节主要由大容量中间直流电容组装 C_1、C_2 和中间直流放电电路等构成。中间直流放电电路主要包括放电接触器（K_3）和放电电阻（R_{11}），如图 4-49 所示。

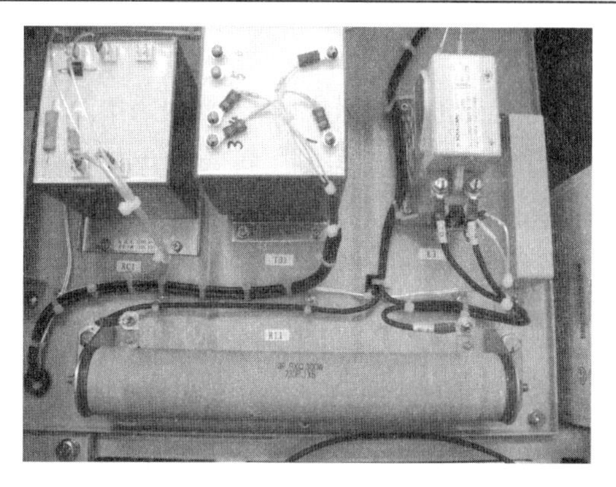

图 4-49　中间直流放电电路

中间直流放电电路逻辑动作如下：

（1）正常停机时，完成相应的正常停机动作后，延时 30 s 闭合放电接触器，对中间电压进行放电，当中间电压小于 36 V 后，断开 K_3，停止放电。

（2）故障停机时，完成相应的故障保护动作后，立即闭合 K_3，对中间电压进行放电，当中间电压小于 36 V 后，断开 K_3，停止放电。

中间直流电容通过母排连接到整流器及逆变器模块上，其作用是保持恒定的直流电压，为电压型逆变器电路工作提供基本条件；同时电容上并联均压电阻 R_5 ~ R_{10}，使每组电容上的电压基本相等。中间直流环节部件如图 4-50 所示。

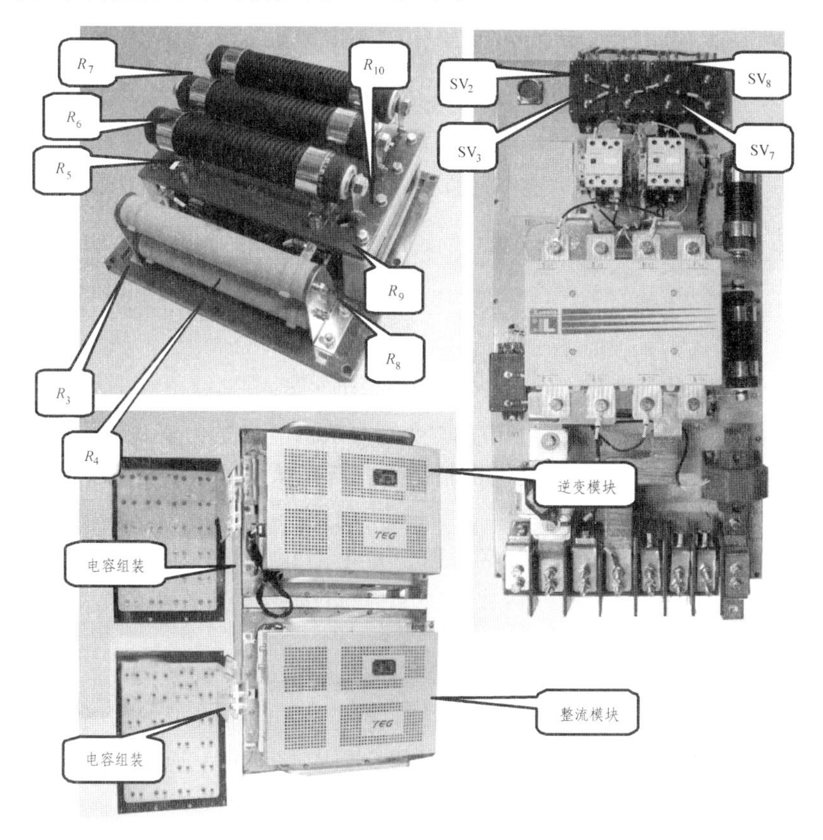

图 4-50　中间直流环节部件

4. 逆变电路

主要由逆变器模块 UA_1 及输出滤波电路组成，逆变模块采用两电平三相桥式电压型逆变电路，功率开关器件为 IGBT。其作用是将恒定的直流电压转换为三相交流电压，其波形为 PWM 波。

滤波电路主要包括输出滤波电感（FLT1）和输出滤波电容组装 C_3，其作用是将 PWM 波三相交流电压滤成机车负载所需的三相正弦波形电压，以保证输出电压的谐波含量满足技术要求。滤波电路部件如图 4-51 所示。

4.7.2 IGBT 门极驱动板（GDU）工作原理

IGBT 门极驱动板分为整流器门极驱动板和逆变器门极驱动板，IGBT 整流器门极驱动板与 IGBT 逆变器门极驱动板的原理相同，整流器门极驱动板是两相，逆变器门极驱动板是三相，整流器门极驱动板与逆变器门极驱动板相比，少了一路逆变相。下面以逆变器门极驱动板为例说明 IGBT 门极驱动板的工作原理。

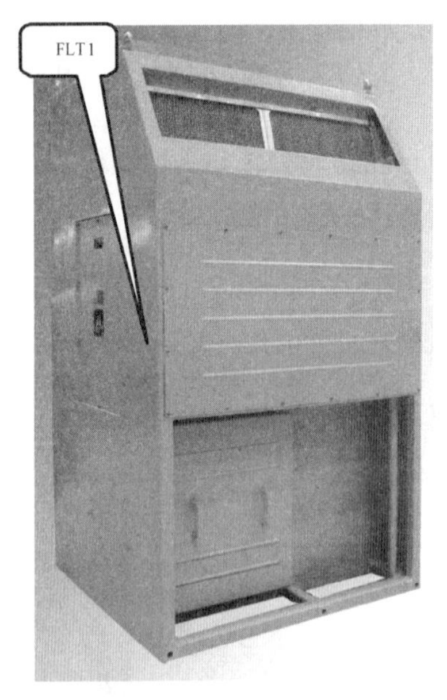

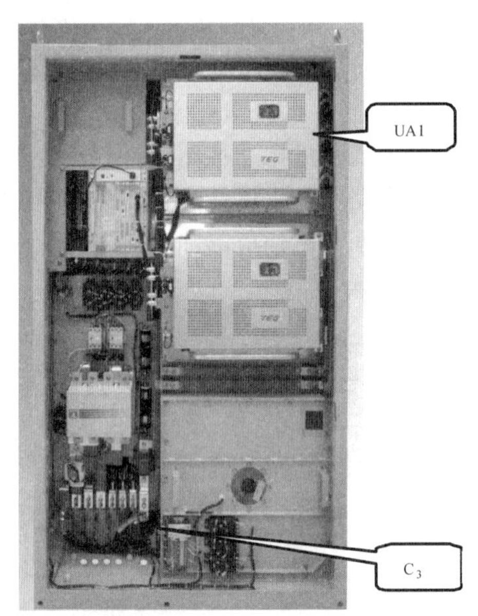

图 4-51 滤波电路部件

IGBT 逆变器门极驱动板安装在 IGBT 逆变器模块内，分别为逆变器模块三个逆变相（R 相，S 相，T 相）共 6 只 IGBT 组件提供控制信号，具有脉冲分配、门极驱动控制及故障检测和保护功能。

IGBT 门极驱动板主要由电源电路、脉冲分配电路、门极驱动及保护电路三个功能块构成，6 路门极驱动电路的原理相同。

1. 脉冲分配电路

脉冲分配电路将控制单元送过来的 R、S、T 逆变相控制信号根据其高低电平来分配该逆变相的上、下 IGBT 组件的开通和关断控制信号，具有保证同一逆变相的上管和下管组件控制信号的转换时间（死区时间）及 IGBT 组件最小导通时间等功能。

脉冲分配电路由可编程逻辑控制器（CPLD）及其外围电路组成，通过 CPLD 程序完成相控制信号分配、死区时间控制、最小导通时间控制等功能。

相控制信号分配：其功能为将每相的控制信号的高低电平进行分配，同时给出两个互锁的控制信号 0 和 1（0 表示关断，1 表示开通），分别控制该相的上、下组件的开通和关断。

死区时间控制：其功能为保证同一逆变相的上、下组件的控制信号进行转换时具有一个转换的时间间隔，该时间间隔称为死区时间。死区时间可以保证同一相的上、下组件不会同时导通而引起逆变器桥臂的贯通。

最小导通时间控制：其功能为保证每个 IGBT 组件开通的时间大于规定值；当发出一个组件开通的信号后，此信号必须维持一定的时间以保证 IGBT 组件的可靠开通，称为最小导通时间。

2. 门极驱动控制及故障检测和保护电路

门极驱动控制及故障检测和保护电路将脉冲分配电路送过来的信号进行高低压隔离和功率放大，最终控制 IGBT 组件；同时具备故障检测和保护功能。该电路由驱动模块及其外围电路组成。

门极驱动控制电路将脉冲分配电路送来的控制信号经由信号隔离变压器进行高、低压隔离、信号传输和整形，控制驱动控制电路中场效应管的开通和关断，进行功率放大，进而控制 IGBT 组件的导通和关断；并在 IGBT 组件关断后在其 G、E 间施加负偏电压，保证组件可靠关断。

故障检测和保护电路对 IGBT 组件过流或短路进行检测，并进行保护。当 IGBT 组件驱动信号为导通时，如果流经该组件的电流太大，则其饱和压降 $V_{ce\ sat}$ 将急剧上升，当 $V_{ce\ sat}$ 的值超过预先设定的参考值时，检测电路将送出故障信号给保护电路，由保护电路送出关断信号至驱动控制电路，关断相应的 IGBT 组件；同时保护电路将产生一个故障信号，该信号通过隔离变压器传输到低压侧的故障回馈电路，产生一个低电平信号作为故障回馈信号输出到控制系统，进行进一步保护。

4.7.3 辅助变流器控制单元（ACU）的工作原理

辅助变流器控制单元由数字入出板、电源板、模拟入出板、四象限控制板、逆变器控制板和 CPU 板及 MVB 板等七个功能单元组成。应用微机控制技术及先进的控制算法完成整流器控制和逆变器控制，通过 CPU 板完成整个系统的逻辑控制及故障记录功能，同时具有 RS232 接口，可以下载故障数据。控制单元如图 4-52 所示，ACU 主要实现变流控制与故障存储两大功能。

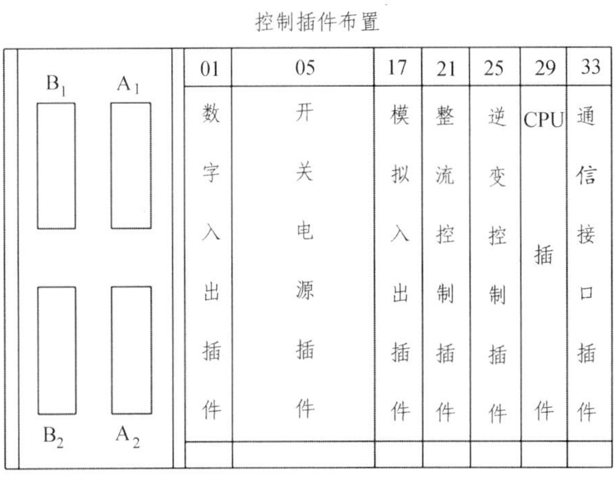

控制插件布置

B_1　A_1 / B_2　A_2	01	05	17	21	25	29	33
	数字入出插件	开关电源插件	模拟入出插件	整流控制插件	逆变控制插件	CPU插件	通信接口插件

图 4-52　辅助变流器控制单元

（1）变流控制功能。控制单元通过接收外部控制信号，对辅助变流器内各个部件或器件进行控制，实现正常启动、停机、故障保护，实现对输入网压的四象限整流、逆变，确保辅助变流器的输出稳定。

（2）故障存储功能。当辅助变流器发生故障时，控制系统会将故障前后相关模拟量信息及状态数据连同故障类型代码、发生时间及发生故障辅助变流器的机车编号信息一起存储到控制单元的 FLSAH 中，总共能记录 15 个故障，当记录的故障超过 15 个时，会自动覆盖最早发生的故障。利用辅助变流器附带的地面故障处理软件可以将故障数据下载到便携式计算机里，供维护人员分析。

下面分别介绍各个功能单元的作用原理。

1. 数字入出板（DIO）

数字入出板共包含 10 路数字输入通道、10 路数字输出通道。

数字量输入环节主要通过光电隔离和转换将外部 110 V 的指令信号，如系统工作命令，系统复位指令及接触器闭合反馈信号转换成系统管理单元能够识别的高、低电平信号。

数字量输出环节主要将系统的高、低电平信号经过隔离转换成 110 V 信号向外提供系统的状态。如将主控插件发出的用于控制接触器闭合或断开的高低电平信号转化为接于接触器线圈的 110 V 信号。

2. 开关电源板（POWER）

开关电源板是一种具有原次边隔离的多重开关电源，采用 DC-DC 变换，其输入来自列车蓄电池，共输出 5 路直流电源：+5 V DC、±15 V DC、±24 V DC，为辅助变流器控制单元提供控制电源，为 IGBT 变流模块提供电源，为辅助变流器柜体内各种电路板、传感器提供电源。

为了减少原次边的耦合干扰，电源电路中 110 V 回路与电子回路（输出回路）采用了电位隔离结构，即 110 V 回路的零线与电子回路的零线分开独立接地。为了抑制电磁辐射干扰及电路板上功率器件的散热需要，在电路板的组件面加装屏蔽和散热的金属板。

开关电源板对其输入、输出电压进行监视，只要某路电源出现过压或欠压，PSU 启动自身的封锁电路，PSU 停止工作。为防止输入短路，将 PSU 的 PCB 板上的 110 V 电源输入线中的一段缩窄，用作输入过流熔断保险。

3. 模拟入出板（AIO）

AIO 板主要是将传感器、互感器送来的模拟信号经过特定的比例变换后，变换成控制系统能采用的低电压信号，供 4QS 板、WR 板及 CPU 板的 AD 通道使用，参与保护和控制。主要有输入电压和电流信号，直流回路电压信号，辅助变流器输出电压电流信号和温度信号等，并且在 AIO 面板上提供插孔来检测经过处理的模拟信号。AIO 板具有复位功能，接收辅助变流器外部复位控制信号和控制系统内部复位控制信号，产生可供选择的高或低电平复位信号，对整个控制单元或者辅助变流器外部系统进行复位。AIO 板具数字信号面板输入功能，通过面板上的三个数字开关 S_1、S_2、S_3 来选择高低的电平输入，供控制单元使用。

4. 四象限板（4QS）

四象限控制板采用美国 TI 公司生产的高性能 DSP 芯片 F2812 及 C6711，主要功能是：

实现辅助变流器网侧四象限变流器的瞬时电流控制。它可以控制整流器输出侧直流电压恒定为 1 000 V，且同时实现输入电流正弦化、功率因子近似为 1 的优良性能，对电网电压信号进行滤波、整流、放大等处理，以形成网压瞬时值、有效值、网压同步信号；对四象限输入电流信号进行滤波、整流、放大等处理，以形成电流瞬时值、有效值、电流同步信号、过流信号；对中间直流电压进行低通滤波、放大等处理以形成直流电压值、过压信号；当四象限整流器部分出现 IGBT 组件故障时进行组件故障保护。

5. 逆变器控制板（WR）

逆变器控制板采用美国 TI 公司生产的高性能 DSP 芯片 VC33，主要功能为：应用 SVPWM 脉宽调制技术向逆变器模块提供 DC-AC 变换调制脉冲，并通过输出端电压传感器采样实现对输出电压的闭环控制，使输出电压优越稳定。同时完成逆变器模块故障，输出过流、输出三相不平衡等保护功能。

4.7.4 TGF54 型辅助变流器技术参数

额定容量	248 kV · A
额定输入电压	单相交流，470 V（ –30%～ +24%）
额定输入电流	474 A
输入电压频率	50 Hz
输出电压	CVCF：440 V（ +10%～ –10%）
VVVF：	80～440 V（ +10%～ –10%）
输出频率	CVCF：60 Hz（ –1～ +1 Hz）
	VVVF：10～60 Hz（ –1～ +1 Hz）
额定输出电流	326 A
电压波形	脉宽调制波，带正弦波滤波器
电压谐波含量（THD）	≤5%
控制电压	正常：110 V DC，最小：77 V 最大：137.5 V
状态和故障诊断	自动诊断并记录故障数据功能，并通过 MVB 总线与网络通信并在司机室显示屏上显示辅助电源系统的状态及故障情况。

4.8 辅助供电系统工作原理

TGF54 型辅助变流器适用于 HXD_{1C} 型 7 200 kW 六轴货运电力机车，主要功能是将机车单相 AC 470 V 电压经脉冲整流及三相逆变后转换为三相 AC 440 V 电压，为机车压缩机等辅助设备提供电源。每台机车配置两台辅助变流器，每台辅助变流器由机车单独的辅助绕组供电。正常工况下两台辅助变流器都工作，其中辅变 1 为变压变频（VVVF）工作模式，辅变 2 为恒压恒频（CVCF）工作模式。当任意一台辅助变流器出现故障时，另一台只能工作于恒压恒频方式。3AC 440 V 辅助供电系统原理图如图 4-53 所示。

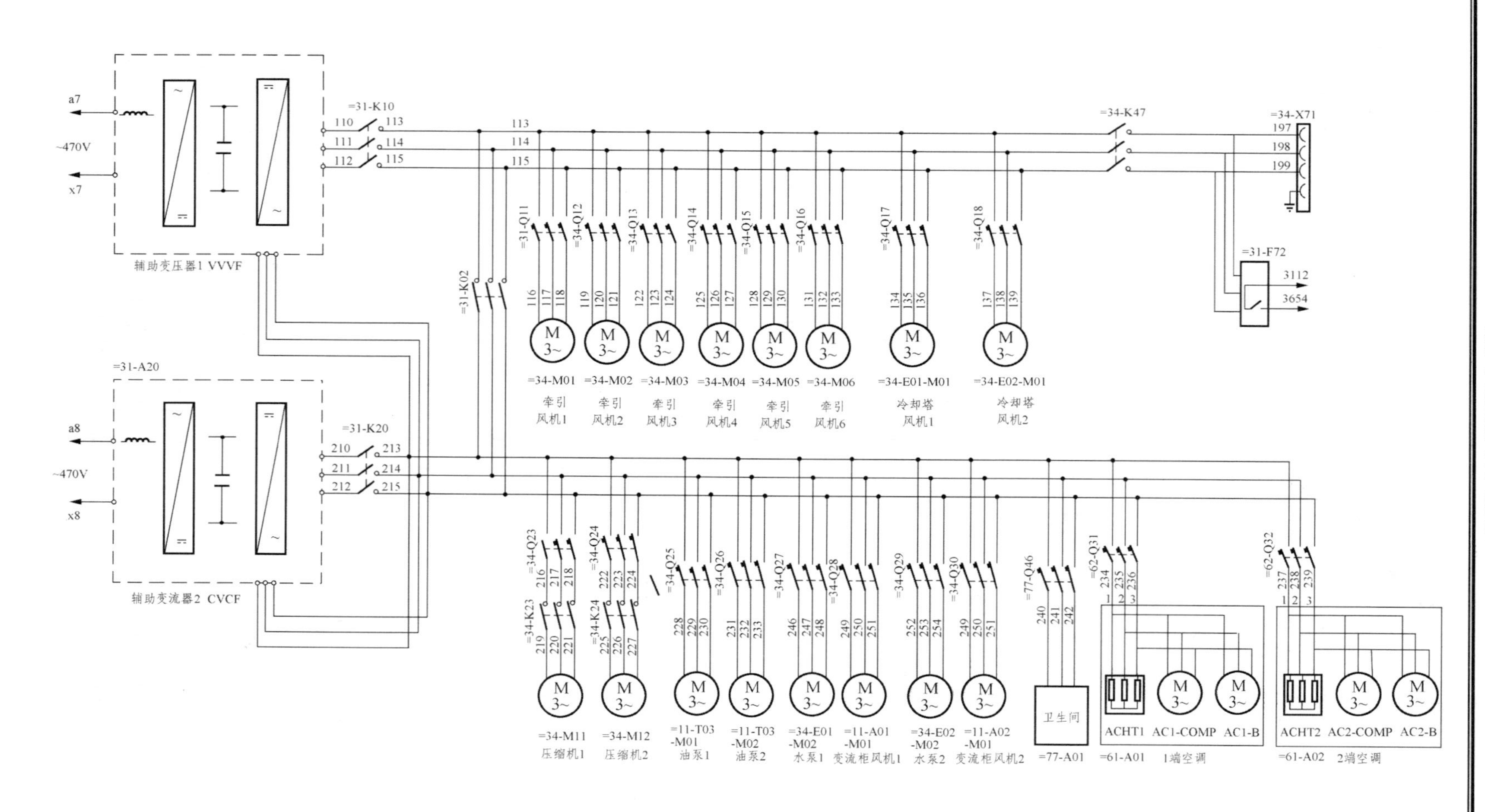

图 4-53　AC 440 V 辅助供电系统原理

如图 4-53 所示，正常情况下，3AC 440 V 辅助供电系统的电源来自主变压器次边的 a7、x7 与 a8、x8 两个端子。其中，a7、x7 端子向辅助变流器 1 供电，在辅助变流器 1 中经过整流、逆变后，将三相可变频变压的交流电输送给其负载：牵引风机 1 ~ 6、冷却塔风机 1、2。a8、x8 两个端子向辅助变流器 2 供电，在辅助变流器 2 中同样经过整流、逆变后，将三相恒频恒压的交流电输送给其负载：空压机 1 ~ 2、水泵电机 1 ~ 2、油泵电机 1 ~ 2、变流柜风机 1 ~ 2、卫生间及空调。

故障情况下，当辅助变流器 1 或 2 出现故障时，可以分别断开开关 K_{10} 或者 K_{20}，此时剩下的任何一个辅助变流器，无论其正常情况工作在何种状态，此时都只能工作在恒频恒压状态即 CVCF 状态，也就是说包括牵引风机、冷却塔风机在内的所有辅助设备都只能工作在恒定转速。

任务四 三相有源逆变电路的原理与应用

【学习目标】

（1）掌握有源逆变与无源逆变的区别。
（2）掌握三相有源逆变电路的基本工作原理及实现方法。
（3）了解三相有源逆变电路的典型应用。

【任务导入】

项目一介绍了单相有源逆变电路的结构与工作原理及应用。常用的有源逆变电路，除单相全控桥有源逆变电路以外，还有三相半波和三相全控桥有源逆变电路等。本任务主要介绍三相有源逆变电路的结构、工作原理及典型应用。

三相有源变电路中，变流装置的输出电压与控制角 α 之间的关系仍与整流状态时相同，即

$$U_{\mathrm{d}} = U_{\mathrm{d0}} \cos\alpha \tag{4-5}$$

逆变时 $90° < \alpha < 180°$，使 $U_{\mathrm{d}} < 0$。

4.9 三相半波有源逆变电路

图 4-54 所示为三相半波有源逆变电路。电路中电动机产生的电动势 E 为上负下正，令控制角 $\alpha > 90°$，以使 U_{d} 为上负下正，且满足 $|E|>|U_{\mathrm{d}}|$，则电路符合有源逆变的条件，可实现有源逆变。逆变器输出直流电压 U_{d}（U_{d} 的方向仍按整流状态时的规定，从上至下为 U_{d} 的正方向）的计算式为

$$U_{\mathrm{d}} = U_{\mathrm{d0}} \cos\alpha = -U_{\mathrm{d0}} \cos\beta = -1.17U_2 \cos\beta \quad (\alpha > 90°) \tag{4-6}$$

式中，U_{d} 为负值，即 U_{d} 的极性与整流状态时相反。输出直流电流平均值为

$$I_d = \frac{E - U_d}{R_\Sigma} \tag{4-7}$$

式中，R_Σ 为回路的总电阻。电流从 E 的正极流出，流入 U_d 的正端，即 E 端输出电能，经过晶闸管装置将电能送给电网。

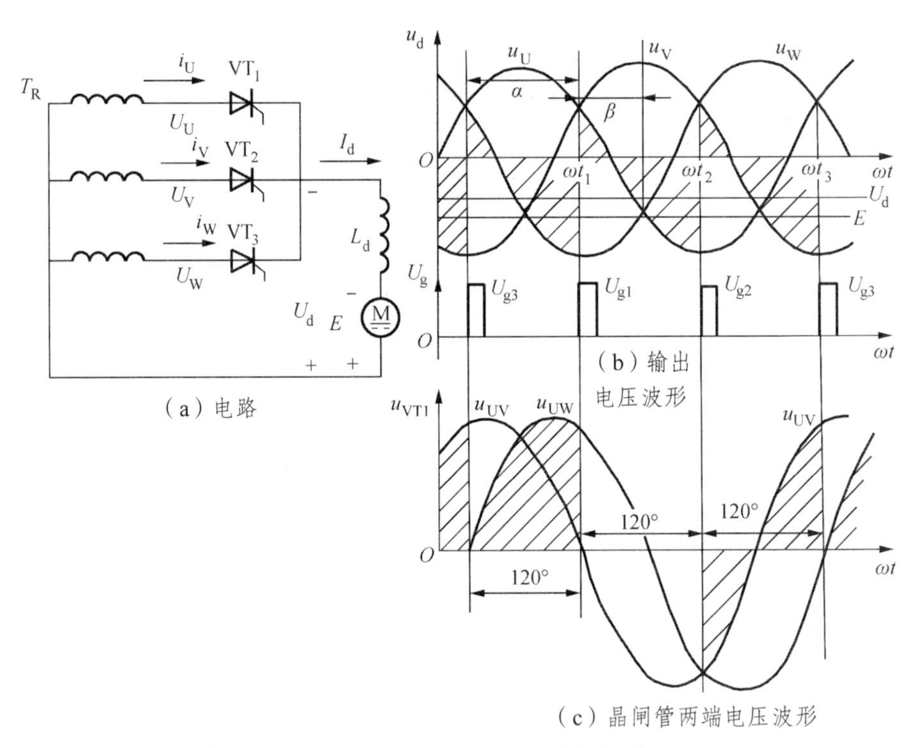

图 4-54 三相半波有源逆变电路

下面以 $\beta = 60°$ 为例对其工作过程进行分析。在 $\beta = 60°$ 时，即 ωt_1 时刻触发脉冲 U_{g1} 触发晶闸管 VT_1 导通。即使 u_U 相电压为零或负值，但由于有电动势 E 的作用，VT_1 仍可能承受正压而导通。则电动势 E 提供能量，有电流 I_d 流过晶闸管 VT_1，输出电压波形 $U_d = u_U$。然后，与整流时一样，按电源相序每隔 120° 依次轮流触发相应的晶闸管使之导通，同时关断前面导通的晶闸管，实现依次换相，每个晶闸管导通 120°。输出电压 U_d 的波形如图 4-54（b）所示，其直流平均电压 U_d 为负值，数值小于电动势 E。

图 4-54（c）中画出了晶闸管 VT_1 两端电压 u_{T1} 的波形。在一个电源周期内，VT_1 导通 120°，导通期间其端电压为零，随后的 120° 内是 VT_2 导通，VT_1 关断，VT_1 承受线电压 u_{UV}，再后的 120° 内是 VT_3 导通，VT_1 承受线电压 u_{UW}。由端电压波形可见，逆变时晶闸管两端电压波形的正面积总是大于负面积，而整流时则相反，正面积总是小于负面积。只有 $\alpha = \beta$ 时，正负面积才相等。

下面以 VT_1 换相到 VT_2 为例，简单说明一下图中晶闸管换相的过程。在 VT_1 导通时，到 ωt_2 时刻触发 VT_2，则 VT_2 导通，与此同时使 VT_1 承受 U、V 两相间的线电压 u_{UV}。由于 $u_{UV} < 0$。故 VT_1 承受反向电压而被迫关断，完成了 VT_1 向 VT_2 的换相过程。其他管的换相可由此类推。

4.10　三相全控桥有源逆变电路

图 4-55 所示为三相全控桥带电动机负载的电路，当 $\alpha<90°$ 时，电路工作在整流状态，当 $\alpha>90°$ 时，电路工作在逆变状态。两种状态除 α 角的范围不同外，晶闸管的控制过程是一样的，即都要求每隔 60° 依次轮流触发晶闸管使其导通 120°，触发脉冲都必须是宽脉冲或双窄脉冲。逆变时输出直流电压的计算式为

$$U_{\mathrm{d}}=U_{\mathrm{d0}}\cos\alpha=-U_{\mathrm{d0}}\cos\beta=-2.34U_2\cos\beta \quad (\alpha>90°) \tag{4-8}$$

图 4-56 为 $\beta=30°$ 时三相全控桥直流输出电压 U_{d} 的波形。共阴极组晶闸管 VT_1、VT_3、VT_5 分别在脉冲 U_{g1}、U_{g3}、U_{g5} 触发时换流，由阳极电位低的管子导通换到阳极电位高的管子导通，因此相电压波形在触发时上跳；共阳极组晶闸管 VT_2、VT_4、VT_6 分别在脉冲 U_{g2}、U_{g4}、U_{g6} 触发时换流，由阴极电位高的管子导通换到阴极电位低的管子导通，因此在触发时相电压波形下跳。晶闸管两端电压波形与三相半波有源逆变电路相同。

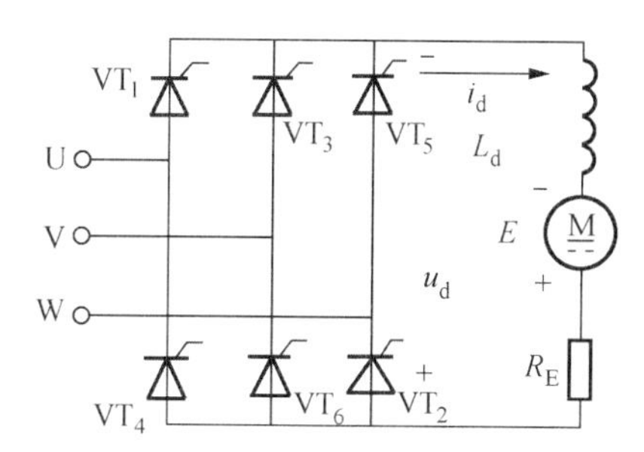

图 4-55　三相全控桥式有源逆变电路

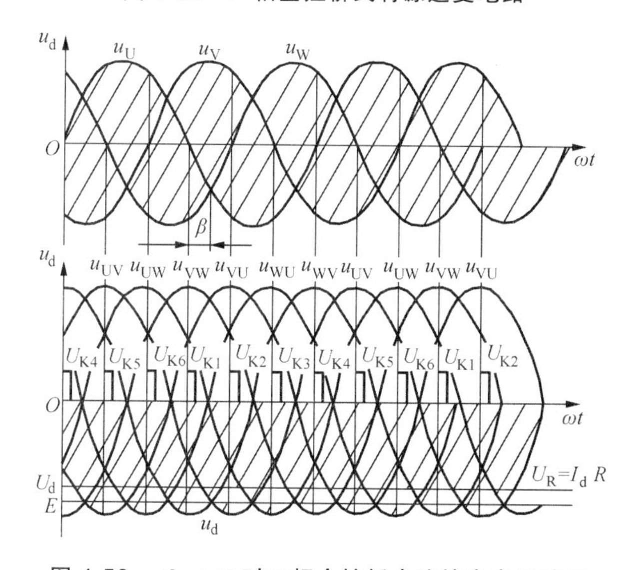

图 4-56　$\beta=30°$ 时三相全控桥直流输出电压波形

下面再分析晶闸管的换流过程。设触发方式为双窄脉冲方式。在 VT_5、VT_6 导通期间，发 U_{g1}、U_{g6} 脉冲，则 VT_6 继续导通，而 VT_1 在被触发之前，由于 VT_5 处于导通状态，已使其承受正向电压 u_{UW}，所以一旦触发，VT_1 即可导通，若不考虑换相重叠的影响，当 VT_1 导通

之后，VT_5 就会因承受反向电压 u_{WU} 而关断，从而完成了从 VT_5 到 VT_1 的换流过程，其他管的换流过程可由此类推。

应当指出，传统的有源逆变电路开关元件通常采用普通晶闸管，但近年来出现的可关断晶闸管既具有普通晶闸管的优点，又具有自关断能力，工作频率也高，因此在逆变电路中很有可能取代普通晶闸管。

4.11 有源逆变电路的应用

有源逆变电路有较多的应用领域，常见的有直流电机可逆拖动、绕线式交流异步电动机串级调速等方面。下面以晶闸管直流电动机可逆拖动系统介绍三相有源逆变电路的应用。

晶闸管直流电动机可逆拖动系统是指用晶闸管变流装置控制直流电动机正反运转的控制系统。很多生产设备如起重提升设备、电梯、轧钢机轧辊等均要求电动机能够正反双向运转，这就是可逆拖动问题。对于直流他励电动机来说，改变电枢两端电压的极性或改变励磁绕组两端电压的极性均可改变其运转方向，这可根据应用场合和设备容量的不同要求加以选用。这里重点介绍采用两组晶闸管变流桥反并联组成的直流电动机可逆拖动系统。

为了分析直流电动机可逆系统的运转状态及其与变流器工作状态之间的关系，这里首先介绍一下电动机的四象限运行图。四象限运行图是根据直流电动机的转矩（或电流）与转速之间的关系，在平面四个象限上作出的表示电动机运行状态的图。图 4-57 所示即为反并联可逆系统的四象限运行图。从图中可以看出，第一和第三象限内电动机的转速与转矩同号，电动机在第一和第三象限分别运行在“正转电动”和“反转电动”状态，第二和第四象限内电动机的转速与转矩异号，电动机分别运行在“正转发电”和“反转发电”状态。电动机究竟能在几个象限上运行，这与其控制方式和电路结构有关。如果电动机在四个象限上都能运行，则说明电动机的控制系统功能较强。

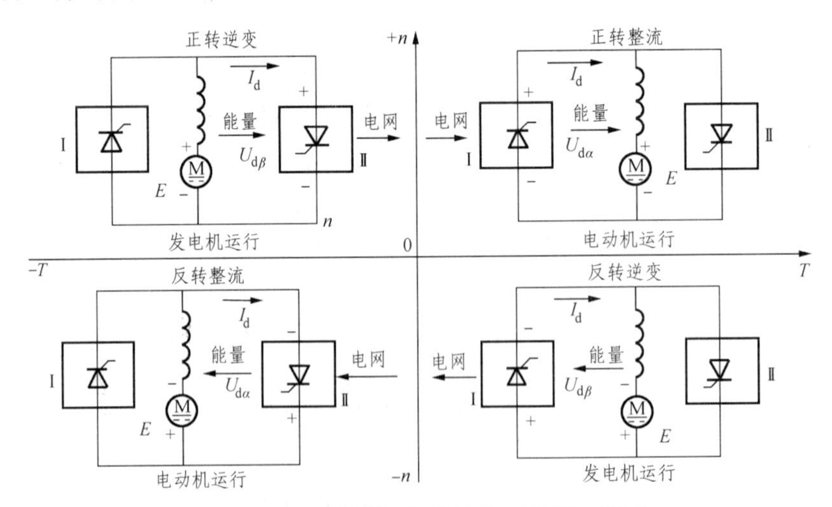

图 4-57 反并联可逆系统的四象限运行图

在反并联可逆电路中，在电动机励磁磁场方向不变的前提下，由Ⅰ组桥整流供电，电动机正转，由Ⅱ组桥整流供电，电动机反转。可见，采用反并联供电可使直流电动机如图 4-57 那样运行在四个象限内。

逻辑控制无环流可逆电路就是利用逻辑单元来控制变流器之间的切换过程，使电路在任何时间内只允许两组桥路中的一组桥路工作，而另一组桥路处于阻断状态，这样在任何瞬间都不会出现两组变流桥同时导通的情况，也就不会产生环流。比如，当电动机正向运行时，Ⅰ组桥处于工作状态，将Ⅱ组桥的触发脉冲封锁，使其处于阻断状态。反之，反向运行时，则Ⅱ组桥工作，Ⅰ组桥被阻断。现对其工作过程作详细分析。

电动机正转：给Ⅰ组变流桥加触发脉冲，$\alpha_{\mathrm{I}}<90°$，为整流状态；Ⅱ组桥封锁阻断。电动机为“正转电动”运行，工作在图 4-57 中的第一象限。

电动机由正转过渡到反转：在此过程中，系统应能实现回馈制动，把电动机轴上的机械能变为电能回送到电网中去，此时电动机的电磁转矩变成制动转矩。在正转运行中的电动机需要反转时，应先使电动机迅速制动，因此就必须改变电枢电流的方向，但对Ⅰ组桥来说，电流不能反向流动，需要切换到Ⅱ组桥。但这种切换并不是把原来工作着的Ⅰ组桥触发脉冲封锁后，立即开通原来封锁着的Ⅱ组桥。因为已导通的晶闸管不可能在封锁的那一瞬间立即关断，而必须等到阳极电压降到零以后、主回路电流小于维持电流才能开始关断。因此，切换过程是这样进行的：开始切换时，将Ⅰ组桥的触发脉冲后移到 $\alpha_{\mathrm{I}}>90°$（$\beta_{\mathrm{I}}<90°$）。由于存在机械惯性，反电动势 E 暂时未变。这时，Ⅰ组桥的晶闸管在 E 的作用下本应关断，但由于 I_{d} 迅速减小，电抗器 L_{d} 中会产生下正上负的感应电动势，其值大于 E，因此电路进入有源逆变状态，电抗器 L_{d} 中的一部分储能经Ⅰ组桥逆变反送回电网。注意，此时电动机仍处于电动工作状态，消耗 L_{d} 的另一部分储能。由于逆变发生在原本工作着的变流桥中，故称为“本桥逆变”。当电流 I_{d} 下降到零后（I_{d} 通过系统中装设的零电流检测环节检测），将Ⅰ组桥封锁，并延时 3 ~ 10 ms，待确保Ⅰ组桥恢复阻断后，再开放Ⅱ组桥的触发脉冲，使其进入有源逆变状态。此时电动机作“正转发电”运行，工作在第二象限，电磁转矩变成制动转矩，电动机轴上的机械能经Ⅱ组变流桥变为交流电能回馈至电网。此间为了保持电动机在制动过程中有足够的转矩，使电动机快速减速，还应随着电动机转速的下降，不断地增加逆变角 β_{II}，使Ⅱ组桥路输出电压 $U_{\mathrm{d}\beta}$ 随电动势 E 的减小而同步减小，则流过电动机的制动电流 $I_{\mathrm{d}}=(E-U_{\mathrm{d}\beta})/R$ 在整个制动过程中维持在最大允许值。直至转速为零时，$\beta_{\mathrm{II}}=90°$。此后，继续增大 β_{II}，使 $\beta_{\mathrm{II}}>90°$，则Ⅱ组桥进入整流状态，电动机开始反转，进入第三象限的“反转电动”运行状态。

以上就是电动机由正转过渡到反转的全过程，即由第一象限经第二象限进入第三象限的过程。同样，电动机从反转过渡到正转的过程是由第三象限经第四象限到第一象限的过程。

由于任何时刻两组变流器都不会同时工作，因此不存在环流，更没有环流损耗，因此，用来限制环流的均衡电抗器（$L_1 \sim L_4$）也可取消。

逻辑无环流可逆电路在工业生产中有着广泛的应用。然而，逻辑无环流系统的控制比较复杂，动态性能较差。在中小容量可逆拖动中有时采用下述有环流反并联可逆系统。

拓展任务一　变频器

【学习目标】

（1）了解变频器的发展和应用。

（2）掌握变频器的基本工作原理。

（3）初步熟悉变频器的参数设置。

（4）掌握 IGBT 器件的基本原理及常用的驱动保护电路的原理。

（5）掌握脉宽调制（PWM）型逆变电路工作原理。

（6）能熟练操作使用变频器对电动机实现调速。

【任务导入】

变频器是一种静止的频率变换器，可将电网电源 50 Hz 的交流电变成频率可调的交流电，作为电动机的电源装置，目前在国内外使用广泛。使用变频器调速具有良好的调速性能，可以节能、提高产品质量和劳动生产率等。图 4-58 为工业用西门子变频器。

图 4-58　SIEMENS MICROMASTER 420 通用变频器

4.12　变频器的基本结构

变压变频装置可以采用交-交与交-直-交两种结构，交-交变频器在结构上没有明显的中间直流环节（或者叫“中间直流储能环节”或“中间滤波环节”），来自电网的交流电被直接变换为电压、频率均可调的交流电，所以称为直接式变频器。

交-直-交变频器有明显的中间直流环节，工作时，首先把来自电网的交流电变换为直流电，经过中间直流环节之后，再通过逆变器变换为电压、频率均可调的交流电，故又称为间接式变频器。

打开变频器会发现里面有以下组件：逆变模块、整流模块、整流桥、控制板、驱动板、主回路板、电源板、分线板、电解电容器、金属膜电容器、电阻器、继电器、接触器、快速熔断器、RS485 接口、RS232 接口、电流传感器、散热风机、散热器、充电电阻、光耦、温控开关、电源厚膜组件、频率厚膜组件、缺相厚膜组件、快速三极管、主回路端子排、控制回路端子排、接线端子、充电指示灯、压敏电阻等，如图 4-59 所示。

目前常用的变压变频装置普遍采用交-直-交结构，基本结构如图 4-60 所示。整流电路对外部的工频交流电源进行整流，给逆变电路和控制电路提供所需的直流电源。滤波电路对整流电路的输出进行平滑滤波，以保证逆变电路和控制电路能够获得质量较高的直流电源。逆变电路将中间环节输出的直流电源转换为频率与电压均可调节的交流电。

交-直-交变频器根据中间直流环节是电容性还是电感性，可以将其划分为电压（源）型或电流（源）型。当逆变器输出侧的负载为交流电动机时，在负载和直流电源之间将有无功功率的交换。用于缓冲无功功率的中间直流环节的储能元件可以是电容或是电感，据此，变频器分成电压型变频器和电流型变频器两大类。

图 4-59　变频器内部实物图

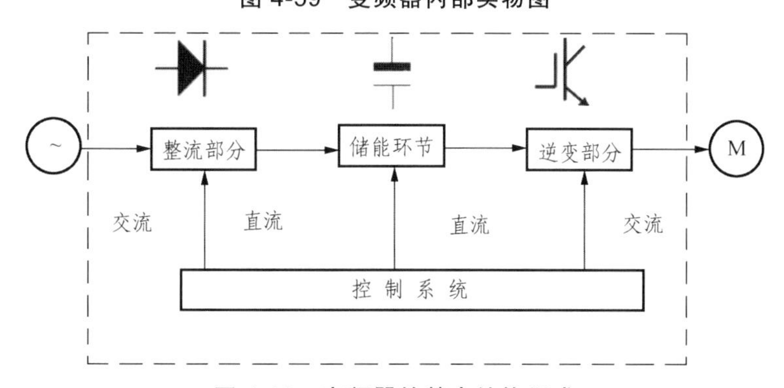

图 4-60　变频器的基本结构组成

电压型变频器典型的一种主电路结构形式如图 4-61 所示。变频器的每个导电臂，均由一个可控开关器件和一个不控器件（二极管）反并联组成。IGBT 器件 VT_1 ~ VT_6 称为主开关器件，VD_1 ~ VD_6 称为回馈二极管。电压型变频电路的特点是：中间直流环节的储能元件采用大电容，负载的无功功率将由它来缓冲。由于大电容的作用，主电路直流电压 U_d 比较平稳，电动机端的电压为方波或阶梯波，电流波形与负载的阻抗角有关。直流电源内阻比较小，相当于电压源，故称为电压源型变频器或电压型变频器。

图 4-61 所示的变频器采用二极管构成三相桥式不控整流器，把三相交流通过整流变换为脉动的直流，其输出直流电压 U_d 是不可控的；中间直流环节用大电容 C_d 滤波，为后面的逆

变部分提供能量支撑；电力晶体管 $V_1 \sim V_6$ 构成 PWM 逆变器，把直流通过逆变变换为交流，并能实现输出频率和电压的同时调节，$VD_1 \sim VD_6$ 是电压型逆变器所需的反馈二极管。

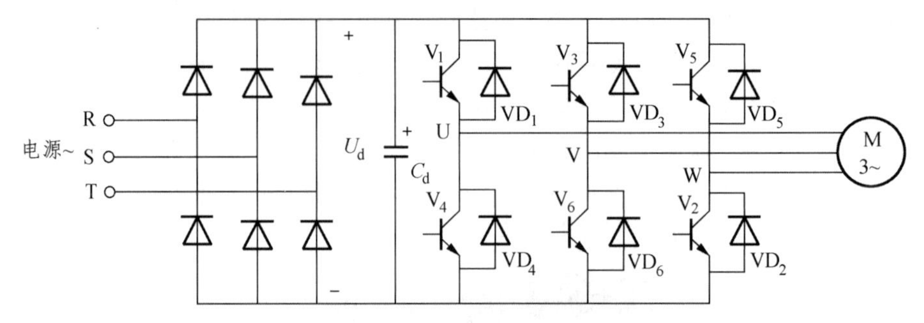

图 4-61 交-直-交电压型 PWM 变频器主电路

电流型变频器主电路的典型构成方式如图 4-62 所示。其特点是中间直流环节采用大电感作为储能环节，无功功率将由该电感来缓冲。

图 4-62 是常用的交-直-交电流型变频电路。其中，整流器采用晶闸管构成的可控整流电路，完成交流到直流的变换，输出可控的直流电压 U，实现调压功能；中间直流环节用大电感 L_d 滤波；逆变器采用晶闸管构成的串联二极管式电流型逆变电路，完成直流到交流的变换，并实现输出频率的调节。

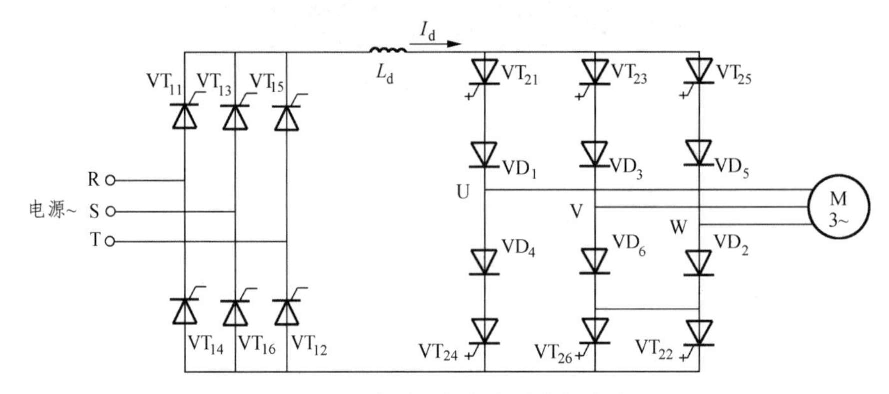

图 4-62 交-直-交电流型变频电路

对于小容量的变频器，整流环节可以是单相整流电路。对于容量较大的变频器，一般采用二极管构成的三相桥式不控整流或者晶闸管构成的三相桥式可控整流电路。

4.13 交-直-交变频器的工作原理

通用变频器的结构如图 4-63 所示。$VD_1 \sim VD_6$ 构成三相不控整流。整流后变成脉动的直流。

1. 整流电路

整流电路一般采用整流二极管组成的三相或单相整流桥。小功率通用变频器整流桥的输入多为单相 220 V，较大功率整流桥的输入一般均为三相 380 V 或 440 V。进线用 R、S、T 或 L_1、L_2、L_3 标识（不同厂家的不同）。它的功能是将工频电源进行整流，经中间直流环节平波后为逆变电路和控制电路提供所需的直流电源。

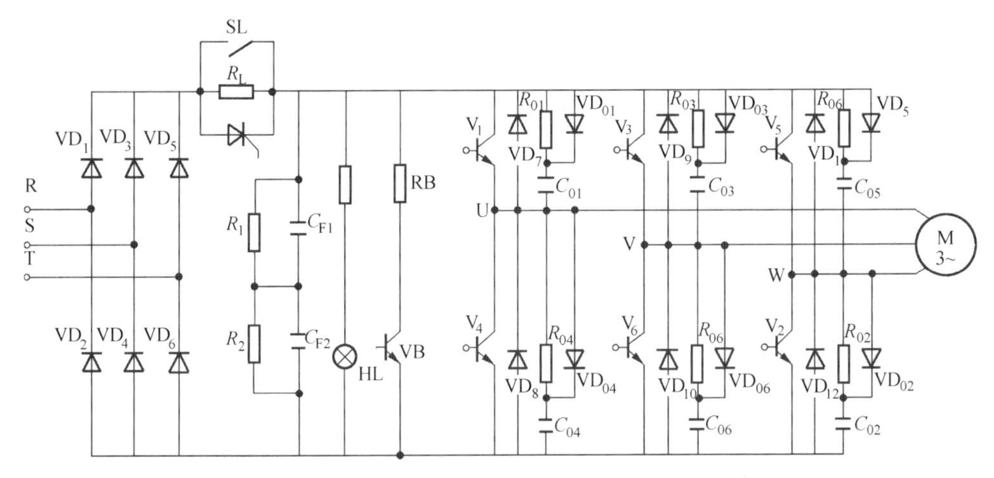

图 4-63　通用变频器的主电路结构

有些变频器三相交流电源一般需经过吸收电容和压敏电阻网络引入整流桥的输入端。网络的作用是吸收交流电网的高频谐波信号和浪涌过电压，从而避免由此而损坏变频器。当电源电压为三相 380 V 时，整流器件的最大反向电压一般为 1 200 ~ 1 600 V，最大整流电流为变频器额定电流的两倍。

2. 预充电电路

R_L是电容预充电缓冲电阻，刚接通电源的时候，滤波电容 C_{F1} 电容两端的电压为零，根据图 4-64 所示电容的零状态响应可知，如果充电电阻为 0，将会形成非常大的冲击电流。起始时刻时晶闸管或继电器的常用触点 SL 是断开的，电流从缓冲电阻 R_L 上流过，起到限流作用，避免电流瞬时增加形成冲击电流损坏整流桥，电路接通一段时间后，S_L 或者晶闸管就导通，切除缓冲电阻，避免缓冲电阻降低电压及消耗能量。

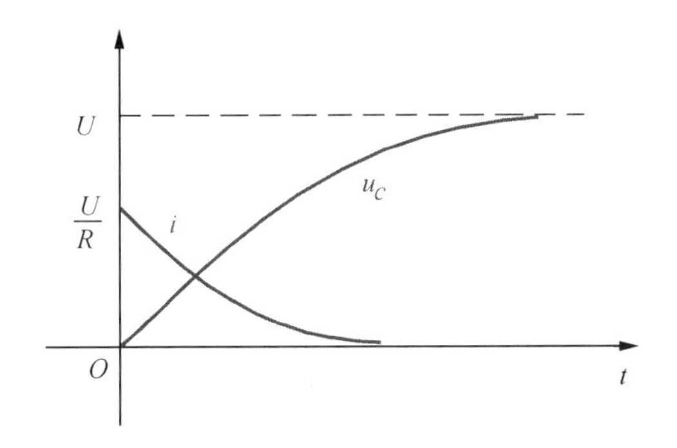

图 4-64　滤波电容的充电过程

3. 滤波电路

逆变器的负载是属于感性负载的异步电动机，无论异步电动机处于电动或发电状态，在直流滤波电路和异步电动机之间，总会有无功功率的交换，这种无功能量要靠直流中间电路的储能元件来缓冲。同时，三相整流桥输出的电压和电流属直流脉冲电压和电流。为了减小直流电压和电流的波动，直流滤波电路起到对整流电路的输出进行滤波的作用；同时还兼有补偿无功功率的作用。

C_{F1} 和 C_{F2} 是滤波电容。三相电源经过 $VD_1 \sim VD_6$ 后产生脉动的直流，通过 C_{F1} 和 C_{F2} 可以把脉动的直流转变成平缓的直流电源。因为上下直流母线的电压比较高，所以串联了两个滤波电容 C_F，提高了电容的耐压，降低单个电容的耐压值。因为 C_{F1} 和 C_{F2} 的电容值不可能做到完全相同，导致电容分压不均烧坏储能电容，所以使用了均压电阻，因为 $R_1 = R_2$，使得 C_{F1} 和 C_{F2} 两端的电压值相同。

HL 是变频器的电源指示灯。因为滤波电容 C_F 在电源关断后放电会持续一段时间，从安全上考虑，必须等指示灯灭掉之后，方能去触碰导线端子，防止触电。

4. 逆变电路

逆变器 $V_1 \sim V_6$ 把直流电转变成频率可调的三相交流电，供三相异步电机使用。控制 V_1、V_2、V_3、V_4、V_5、V_6 的逻辑导通顺序，使它们以某个频率导通，则会输出一个三相交流电源，使电机工作。每个逆变器件两端还并联了 R-C-VD 缓冲保护回路，可以对器件开通与关断过程中产生的过电压进行缓冲与吸收。

逆变电路中都设置有续流电路（由续流二极管 $VD_7 \sim VD_{12}$ 组成）。续流电路的功能是当频率下降时，异步电动机的同步转速也随之下降。为异步电动机的再生电能反馈至直流电路提供通道。在逆变过程中，为寄生电感释放能量提供通道。另外，当位于同一桥臂上的两个开关同时处于开通状态时将会出现短路现象，并烧毁换流器件。所以在实际的通用变频器中还设有缓冲电路等各种相应的辅助电路，以保证电路的正常工作和在发生意外情况时，对换流器件进行保护。

变频器的变频变压（VVVF）详见项目三电压型逆变电路的分析。

5. 制动电路

变频器内部设有制动电路。当有快速减速要求时，感应电动机及其负载由于惯性很容易使转差频率 $s < 0$，电动机进入再生制动，电流经逆变器的续流二极管整流成直流，对滤波电容充电。因通用变频器的整流桥是由单向导电的二极管组成，不能吸收电动机回馈的电流，因此，若电动机原来的转速较高，再生制动的时间较长，直流母线电压会一直上升到对主电路开关元件和滤波电容形成威胁的过高电压，即所谓的泵生电压。

通用变频器一般通过制动电阻 R_B 来消耗这些能量，即将一个大功率开关器件 V_B 和一个制动电阻 R_B 相串联，跨接在中间直流环节正、负母线两端。大功率开关器件 V_B 一般装在变频器机箱内，而制动电阻 R_B 通常作为附件放在机箱外。当直流电压达到一定值时，该大功率开关器件被导通，制动电阻就接入电路，从而消耗掉电动机回馈的能量，以维持直流母线电压基本不变。

4.14 交-交变频器的结构与工作原理

1. 交-交变频器的结构基本工作原理

晶闸管交-交变频电路，也称周波变流器（Cycloconvertor），是把电网 50 Hz 的交流电变成可调频率的交流电的变流电路，属于直接变频电路。广泛用于大功率交流电动机调速传动系统，实际使用的主要是三相输出交-交变频电路。

如图 4-65 所示，由 P 组和 N 组反并联的晶闸管变流电路，和直流电动机可逆调速用的四象限变流电路完全相同。变流器 P 和 N 都是相控整流电路。P 组工作时，负载电流 i_o 为正。N 组工作时，i_o 为负。两组变流器按一定的频率交替工作，负载就得到该频率的交流电。改变两组变流器的切换频率，就可改变输出频率。改变变流电路的控制角，就可以改变交流输出电压的幅值。

为使 u_o 波形接近正弦波，可按正弦规律对 α 角进行调制。在半个周期内让 P 组 α 角按正弦规律从 90° 减到 0° 或某个值，再增加到 90°，每个控制间隔内的平均输出电压就按正弦规律从零增至最高，再减到零。另外半个周期可对 N 组进行同样的控制。u_o 由若干段电源电压拼接而成，在 u_o 的一个周期内，包含的电源电压段数越多，其波形就越接近正弦波（见图 4-66）。

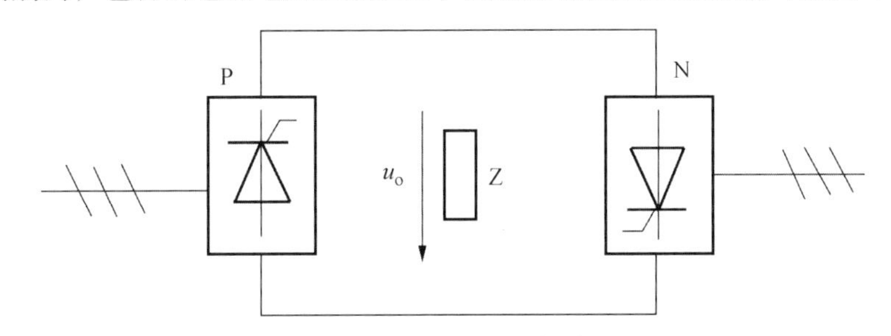

图 4-65 交-交变频器电路原理

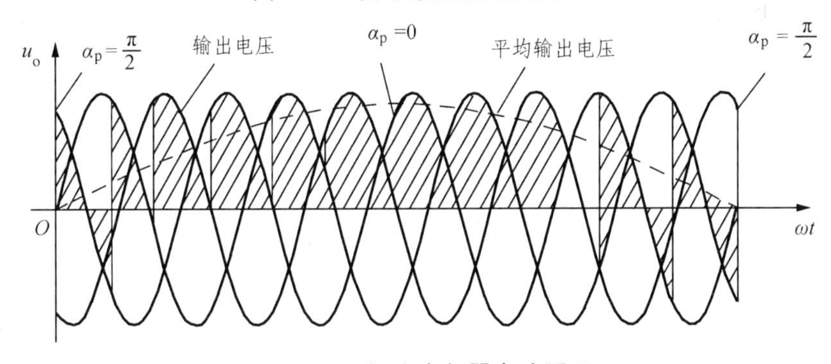

图 4-66 交-交变频器电路原理

2. 整流与逆变工作状态

把交-交变频电路理想化，忽略变流电路换相时 u_o 的脉动分量，就可把电路等效成图 4-67（a）所示的正弦波交流电源和二极管的串联。

$t_1 \sim t_3$ 期间：i_o 正半周，正组工作，反组被封锁。

$t_1 \sim t_2$：u_o 和 i_o 均为正，正组整流，输出功率为正。

$t_2 \sim t_3$：u_o 反向，i_o 仍为正，正组逆变，输出功率为负。

$t_3 \sim t_5$ 期间：i_o 负半周，反组工作，正组被封锁。

$t_3 \sim t_4$：u_o 和 i_o 均为负，反组整流，输出功率为正。

$t_4 \sim t_5$：u_o 反向，i_o 仍为负，反组逆变，输出功率为负。

根据以上分析可知，两组晶闸管哪组工作由 i_o 方向决定，与 u_o 极性无关。

工作在整流还是逆变，则根据 u_o 方向与 i_o 方向是否相同确定。

当 u_o 和 i_o 的相位差小于 90° 时，一周期内电网向负载提供能量的平均值为正，电动机工作在电动状态。

当 u_o 与 i_o 相位差大于 90° 时，一周期内电网向负载提供能量的平均值为负，电网吸收能量，电动机为发电状态（见图 4-68）。

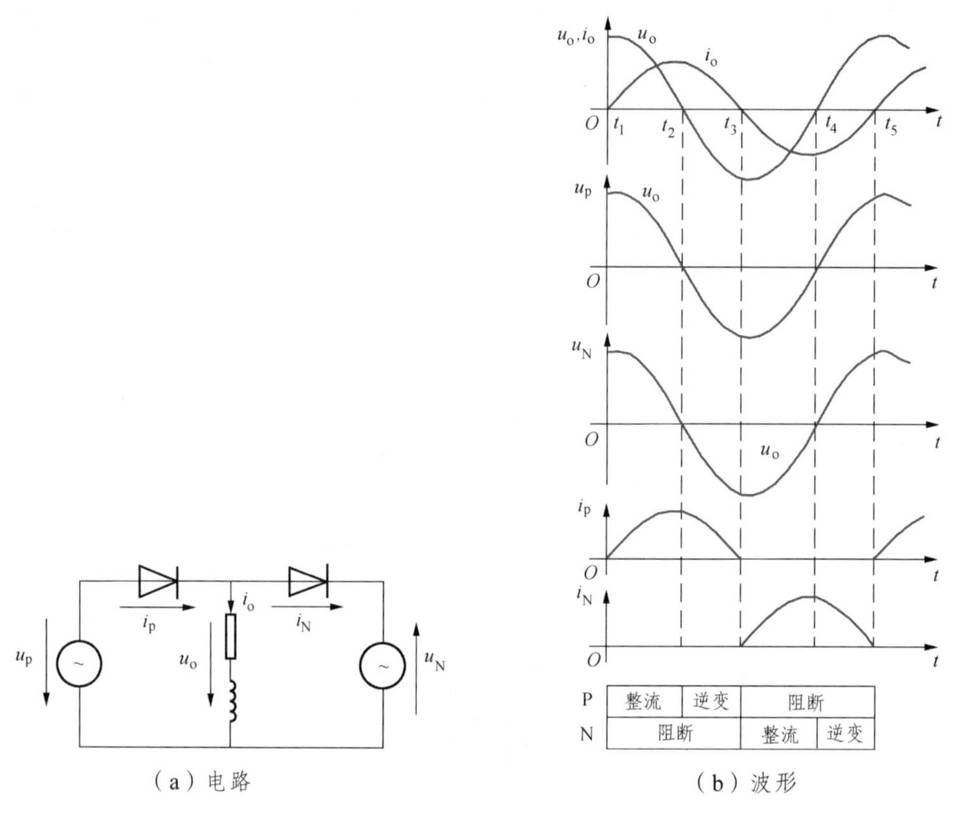

（a）电路　（b）波形

图 4-67　理想化交-交变频电路的整流和逆变工作状态

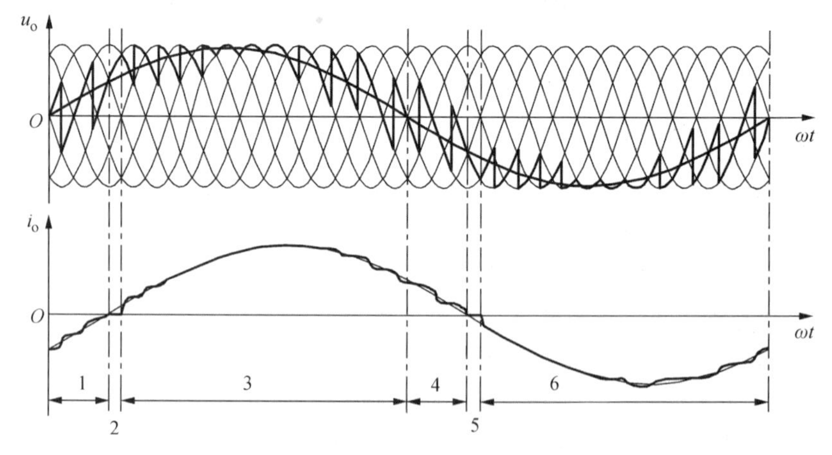

图 4-68　单相交-交变频电路输出电压和电流波形

4.15　西门子 MM440 变频器的基本应用与操作

变频器 MM440 系列（MicroMaster440）是德国西门子公司广泛应用于工业场合的多功能标准变频器。它采用高性能的矢量控制技术，提供低速高转矩输出和良好的动态特性，同时具备超强的过载能力，能满足三相异步电动机变频调速广泛的应用特征。

1. 西门子 MM440 变频器的面板介绍

图 4-69 为 MM440 变频器操作面板，表 4-11 为变频器面板按键功能表。

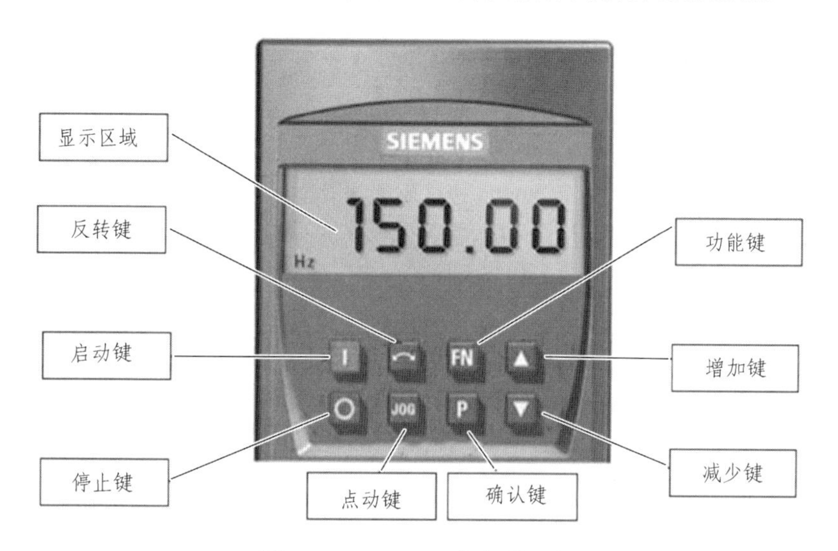

图 4-69　MM440 变频器面板

表 4-11　变频器面板按键功能

显示按键	功能	功能说明
	启动变频器	按此键启动变频器。缺省值运行时此键是被封锁的。为了使此键的操作有效，应按照下面的数值修改 P0700 或 P0719 的设定值： BOP：P0700 = 1 或 P0719 = 10...16， AOP：P0700 = 4 或 P0719 = 40...46，按 BOP 链接； P0700 = 5 或 P0719 = 50...56，按 COM 链接。
	停止变频器	OFF1 按此键，变频器将按选定的斜坡下降速率减速停车。缺省值运行时此键被封锁； 为了使此键的操作有效，请参看“启动变频器”按钮的说明。 OFF2 按此键两次（或一次，但时间较长）电动机将在惯性作用下自由停车。 BOP：此功能总是“使能”的。（与 P0700 或 P0719 的设置无关）
	改变电动机转向	按此键可以改变电动机的转动方向。电动机的反向用负号（－）表示或用闪烁的小数点表示。 缺省值运行时此键是被封锁的。 为了使此键的操作有效，请参看“启动电动机”按钮的说明
	电动机点动	在变频器“运行准备就绪”的状态下，按下此键，将使电动机启动，并按预设定的点动频率运行。释放此键时，变频器停车。如果变频器/电动机正在运行，按此键将不起作用

续表

显示按键	功能	功能说明
Fn	功能键	此键用于浏览辅助信息。变频器运行过程中，在显示任何一个参数时按下此键并保持不动 2 s，将显示以下参数的数值： 1. 直流回路电压（用 d 表示，单位：V）。 2. 输出电流（A）。 3. 输出频率（Hz）。 4. 输出电压（用 o 表示，单位：V）。 5. 由 P0005 选定的数值（如果 P0005 选择显示上述参数中的任何一个（1~4），这里将不再显示）。 连续多次按下此键，将轮流显示以上参数。 跳转功能： 在显示任何一个参数（r×××× 或 P××××）时短时间按下此键，将立即跳转到 r0000，如果需要的话，可以接着修改其他的参数。跳转到 r0000 后，按此键将返回原来的显示点。 确认
P	访问参数	按此键即可访问参数
▲	增加数值	按此键即可增加面板上显示的参数数值
▼	减少数值	按此键即可减少面板上显示的参数数值
r0000	状态显示	LCD 显示变频器当前所用的设定值

2. 西门子 MM440 变频器的外端子功能

图 4-70 是西门子 MM440 变频器外端子的功能图。Ain 表示模拟量输入端子，Din 表示数字量输入端子。数字量输入端子可以通过改变参数定义为不同的功能。

3. MM440 的主要参数设置与快速调试

MM440 有几百个参数，其中绝大多数参数是不需要用户来设定与改变的，对一般的调速来说，只需要按表 4-12 的步骤来进行快速调试，然后便可以使用。

4. MM440 的四种控制模式

表 4-13 变频器的 4 种控制模式也是变频器的 4 种运行模式，用户可以根据控制要求设置参数来改变运行模式。

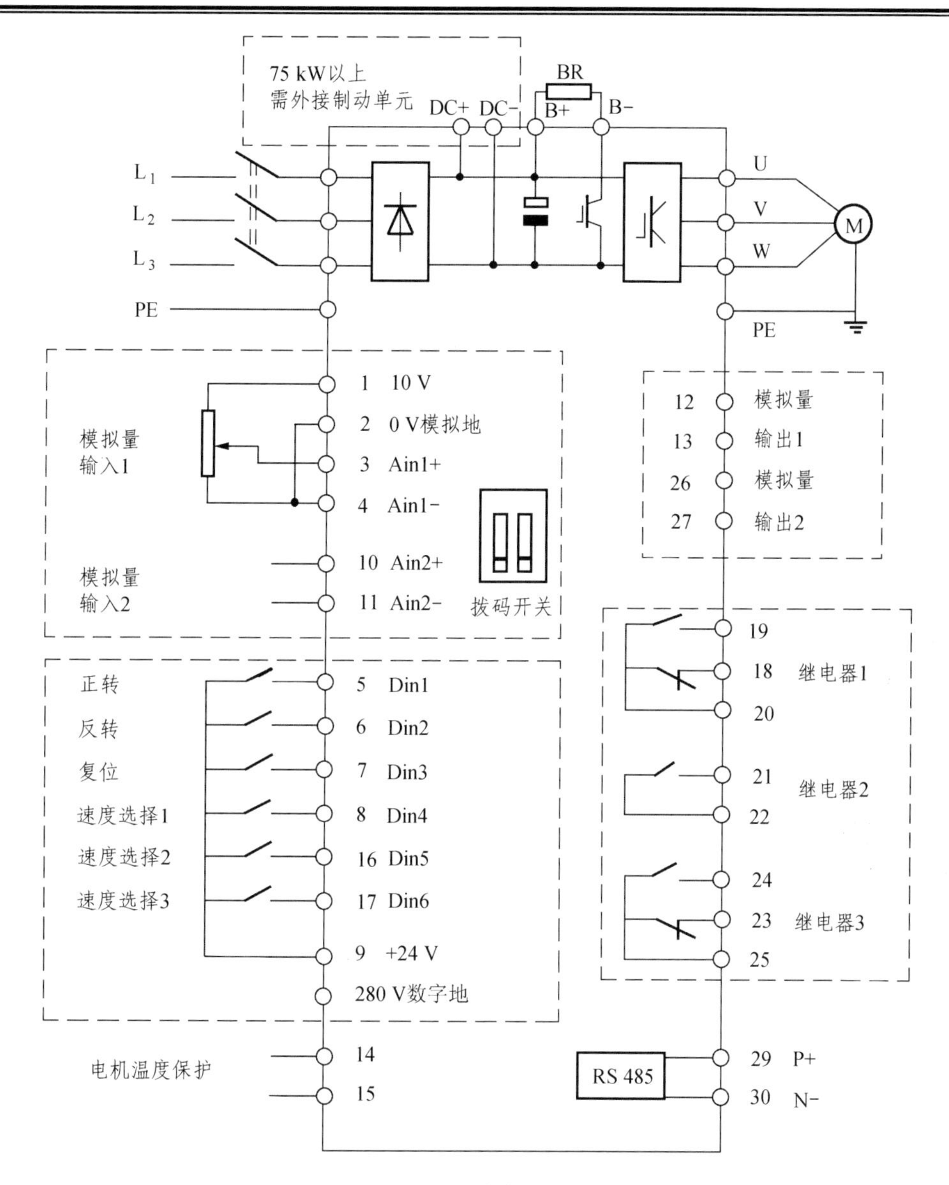

图 4-70　MM440 变频器外端子功能

表 4-12　变频器快速调试步骤

参数号	参数描述	推荐设置
P0003	设置用户访问等级： 1 标准级：可以访问使用最基本的参数。 2 扩展级：可以进行扩展级的参数访问，例如变频器的 I/O 功能。 3 专家级（仅供专家使用）	1
P0010	=1 快速调试，只有在参数 P0010 设定为 1 的情况下，电动机的主要参数才能被修改。 =0 结束快速调试后，将 P001 设置为 0，电动机才能运行	1

续表

参数号	参数描述	推荐设置
P0100	选择电机的功率单位和电网频： =0 单位 kW，频率 50 Hz； =1 单位 HP，频率 60 Hz； =2 单位 kW，频率 60 Hz	0
P0205	变频器应用对象： =0 恒转矩（压缩机，传送带等）； =1 变转矩（风机，泵类等）	0
P0300	选择电机类型： =1 异步电机； =2 同步电机	1
P0304[0]	电机额定电压： 注意电机实际接线（Y/△）	根据电机铭牌
P0305	电机额定电流： 注意：电机实际接线（Y/△）。 如果驱动多台电机，P0305 的值要大于电流总和	根据电机铭牌
P0307	电机额定功率： 如果 P0100=0 或 2，单位是 kW； 如果 P0100=1，单位是 hp	根据电机铭牌
P0309	电机的额定效率： 注意：如果 P0309 设置为 0，则变频器自动计算电机效率。 如果 P0100 设置为 0，看不到此参数	根据电机铭牌
P0310	电机额定频率： 通常为 50/60 Hz。 非标准电机，可以根据电机铭牌修改	根据电机铭牌
P0311	电机的额定速度： 矢量控制方式下，必须准确设置此参数	根据电机铭牌
P0640	电机过载因子： 以电机额定电流的百分比来限制电机的过载电流。 150	150
P0700	选择命令给定源（启动/停止）： =1 BOP（操作面板）； =2 I/O 端子控制； =4 经过 BOP 链路（RS232）的 USS 控制； =5 通过 COM 链路（端子 29，30）； =6 Profibus（CB 通信板）。 注意：改变 P0700 设置，将复位所有的数字输入/输出至出厂设定	2

续表

参数号	参数描述	推荐设置
P1000	设置频率给定源： =1 BOP 电动电位计给定（面板）； =2 模拟输入 1 通道（端子 3，4）； =3 固定频率； =4 BOP 链路的 USS 控制； =5 COM 链路的 USS（端子 29，30）； =6 Profibus（CB 通信板）； =7 模拟输入 2 通道（端子 10，11）	2
P1080[0]	限制电机运行的最小频率	0
P1082[0]	限制电机运行的最大频率	50
P1120[0]	电机从静止状态加速到最大频率所需时间	10
P1121[0]	电机从最大频率降速到静止状态所需时间	10
P1300[0]	控制方式选择： =0 线性 V/F，要求电机的压频比准确； =2 平方曲线的 V/F 控制； =20 无传感器矢量控制； =21 带传感器的矢量控制	0
P3900	结束快速调试： =1 电机数据计算，并将除快速调试以外的参数恢复到工厂设定； =2 电机数据计算，并将 I/O 设定恢复到工厂设定； =3 电机数据计算，其他参数不进行工厂复位	3
P1910=1	使能电机识别，出现 A0541 报警，马上启动变频器	1

表 4-13　变频器的 4 种控制模式

模式	参数设置	控制方式
面板控制	P0700=1，P1000=1	命令给定与频率给定来自于外端子
外端子控制	P0700=2，P1000=2;3;7	命令给定与频率给定来自于外端子
组合模式 1	P0700=2，P1000=1	命令给定来自于外端子，频率给定来自于面板
组合模式 2	P0700=1，P1000=2;3;7	命令给定来自于面板，频率给定来自于外端子

拓展任务二　西门子 MM440 变频器技能训练

实验一　西门子 MM440 变频器的面板操作与运行

【实验目的】

（1）熟悉 MM440 变频器面板的操作方法。

（2）熟练变频器的功能参数设置。

（3）熟练掌握变频器通过面板操作实现正反转、点动及频率调节的方法。

【实验相关知识】

利用变频器的操作面板和相关参数设置，即可实现对变频器的某些基本操作如正反转、点动等运行。变频器面板的介绍及按键功能说明详见表 4-9。

MM440 在缺省设置时，用 BOP 控制电动机的功能是被禁止的。如果要用 BOP 进行控制，参数 P0700 应设置为 1，参数 P1000 也应设置为 1。用基本操作面板（BOP）可以修改任何一个参数。修改参数的数值时，BOP 有时会显示“busy”，表明变频器正忙于处理优先级更高的任务。下面就以设置 P1000 = 1 的过程为例，来介绍通过基本操作面板（BOP）修改设置参数的流程，见表 4-14。

表 4-14 基本操作面板（BOP）设置参数流程

操作步骤		BOP 显示结果
1	按 P 键，访问参数	r0000
2	按 ▲ 键，直到显示 P1000	P1000
3	按 P 键，直到显示 in000，即 P1000 的第 0 组值	in000
4	按 P 键，显示当前值 2	2
5	按 ▼ 键，达到所要求的值 1	1
6	按 P 键，存储当前设置	P1000
7	按 Fn 键，显示 r0000	r0000
8	按 P 键，显示频率	50.00

【实验设备】

西门子 MM440 变频器、小型三相异步电动机、电气控制柜、电工工具（1 套）、手持式数字转速表、多功能实验板（包括低压断路器、交流接触器、按钮开关等常用电器元件）、连接导线若干等。

【实验内容和步骤】

通过变频器操作面板按键启动电动机，实现正反转、点动，并通过面板实现调速控制。

1. 按要求接线

系统接线如图 4-71 所示，检查电路正确无误后，合上主电源开关 QS。

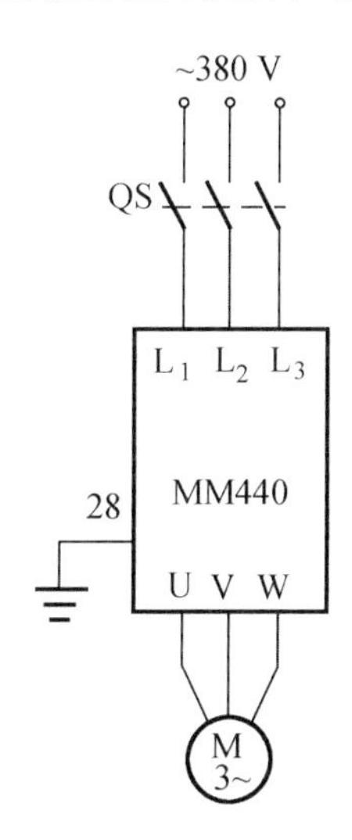

图 4-71　三相异步电动机变频调速主电路

2. 参数设置

（1）设定 P0010 = 30 和 P0970 = 1，按下 P 键，开始复位，将变频器的参数回复到工厂默认值。

（2）设置电动机参数，为了使电动机与变频器相匹配，需要设置电动机参数。电动机的参数设置见表 4-15。电动机参数设定完成后，设 P0010 = 0，变频器当前处于准备状态，可正常运行。

表 4-15　电动机参数设置

参数号	设置值	说　明
P0003	1	设定用户访问级为标准级
P0010	1	快速调试
P0100	0	功率以 kW 表示，频率为 50 Hz
P0304	380	电动机额定电压（V）
P0305	1	电动机额定电流（A）
P0307	0.37	电动机额定功率（kW）
P0310	50	电动机额定频率（Hz）
P0311	1 400	电动机额定转速（r/min）

（3）设置面板操作控制参数，见表 4-16。

表 4-16 面板基本操作控制参数

参数号	出厂值	设置值	说 明
P0003	1	1	设用户访问级为标准级
P0010	0	0	正确地进行运行命令的初始化
P0700	2	1	由键盘输入设定值（选择命令源）
P1000	2	1	由键盘（电动电位计）输入设定值
P1040	5	20	设定键盘控制的频率值（Hz）
P1058	5	10	正向点动频率（Hz）
P1059	5	10	反向点动频率（Hz）
P1060	10	5	点动斜坡上升时间（s）
P1061	10	5	点动斜坡下降时间（s）
P1080	0	0	电动机运行的最低频率（Hz）
P1082	50	50	电动机运行的最高频率（Hz）

3. 变频器运行操作

（1）变频器启动：在变频器的前操作面板上按运行键，变频器的输出频率将由起始频率上升升至设定频率值，驱动电动机升速，并运行在由 P1040 所设定的 20 Hz 频率对应的 560 r/min 的转速上。

（2）正反转及加减速运行：电动机的旋转方向可通过来改变。转速（运行频率）可转过操作面板上的增加键/减少键（▲/▼）来改变。

（3）点动运行：按变频器操作面板上的点动键jog，则变频器驱动电动机升速，并运行在由 P1058 所设置的正向点动 10 Hz 频率值上。当松开变频器面板上的点动键，则变频器的输出频率将降至零。

（4）电动机停车：按操作面板按停止键0，则变频器将驱动电动机降速至零。

实验二 西门子 MM440 变频器的外部运行与操作

【实验目的】

（1）掌握 MM440 变频器基本参数的输入方法。

（2）掌握 MM440 变频器输入端子的操作控制方式。

（3）熟练掌握 MM440 变频器外端子控制的运行操作。

【实验相关知识】

变频器在实际使用中，电动机经常要根据各类机械的某种状态而进行正转、反转、点动等运行，变频器的给定频率信号、电动机的启动信号等都是通过变频器控制端子给出，即变频器的外部运行操作，大大提高了生产过程的自动化程度。

1. MM440 变频器的数字输入端口

MM440 变频器有 6 个数字输入端口，具体如图 4-72 所示。

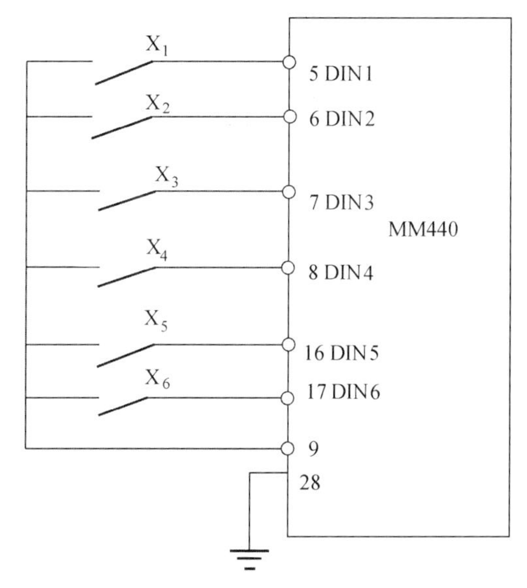

图 4-72　MM440 变频器的数字输入端口

2. 数字输入端口功能

MM440 变频器的 6 个数字输入端口（DIN1 ~ DIN6），即端口“5”“6”“7”“8”“16”和“17”，每一个数字输入端口功能很多，用户可根据需要进行设置。参数号 P0701 ~ P0706 为设定端口“5”“6”“7”“8”“16”和“17”的功能，每一个数字输入功能设置参数值范围均为 0 ~ 99，出厂默认值与各数值的具体含义见表 4-17。

表 4-17　MM440 数字输入端口功能设置

数字输入	端子编号	参数编号	出厂设置	功能说明
DIN1	5	P0701	1	0：禁止数字输入 1：ON/OFF1（接通正转、停车命令 1） 2：ON/OFF1（接通反转、停车命令 1） 3：OFF2（停车命令 2），按惯性自由停车 4：OFF3（停车命令 3），按斜坡函数曲线快速降速 9：故障确认 10：正向点动 11：反向点动 12：反转 13：MOP（电动电位计）升速（增加频率） 14：MOP 降速（减少频率） 15：固定频率设定值（直接选择） 16：固定频率设定值（直接选择 + ON 命令） 17：固定频率设定值（二进制编码选择 + ON 命令） 25：直流注入制动
DIN2	6	P0702	12	
DIN3	7	P0703	9	
DIN4	8	P0704	15	
DIN5	16	P0705	15	
DIN6	17	P0706	15	
	9	公共端		

【实验设备】

西门子 MM440 变频器、小型三相异步电动机、电气控制柜、电工工具（1 套）、手持式数字转速表、多功能实验板（包括低压断路器、交流接触器、按钮开关等常用电器元件）、连接导线若干等。

【实验内容和步骤】

利用开关的通断线路控制 MM440 变频器的运行，实现电动机正转和反转控制。其中端口 5 设为正转控制，端口 6 设为反转控制。对应的功能分别由 P0701 和 P0702 的参数值设置。

1. 接　线

变频器外部运行接线图如图 4-73 所示。

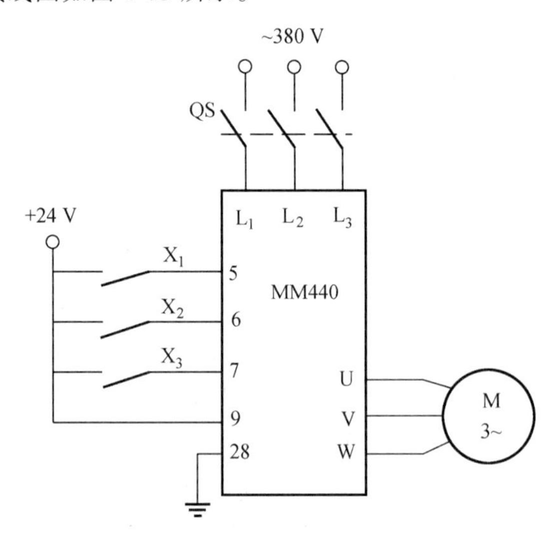

图 4-73　外部运行操作接线图

2. 参数设置

接通断路器 QS，在变频器通电的情况下，完成相关参数设置。具体设置见表 4-18。

表 4-18　变频器参数设置

参数号	出厂值	设置值	说　明
P0003	1	2	设用户访问级为扩展级
P0004	0	7	命令和数字 I/O
P0700	2	2	命令源选择“由外端子输入”
P0701	1	1	ON 接通正转，OFF 停止
P0702	1	2	ON 接通反转，OFF 停止
P0703	9	10	正向点动

续表

参数号	出厂值	设置值	说　明
P0704	15	11	反转点动
P0004	0	10	设定值通道和斜坡函数发生器
P1000	2	1	由键盘（电动电位计）输入设定值
P1080	0	0	电动机运行的最低频率（Hz）
P1082	50	50	电动机运行的最高频率（Hz）
P1120	10	5	斜坡上升时间（s）
P1121	10	5	斜坡下降时间（s）
P1040	5	20	设定键盘控制的频率值
P1058	5	10	正向点动频率（Hz）
P1059	5	10	反向点动频率（Hz）
P1060	10	5	点动斜坡上升时间（s）
P1061	10	5	点动斜坡下降时间（s）

3. 变频器运行操作

（1）正向运行：当闭合开关 X_1 时，变频器数字端口“5”为 ON，电动机按 P1120 所设置的 5 s 斜坡上升时间正向启动运行，经 5 s 后稳定运行在 560 r/min 的转速上，此转速与 P1040 所设置的 20 Hz 对应。放开按钮 SB_1，变频器数字端口“5”为 OFF，电动机按 P1121 所设置的 5 s 斜坡下降时间停止运行。

（2）反向运行：当闭合开关 X_2 时，变频器数字端口“6”为 ON，电动机按 P1120 所设置的 5 s 斜坡上升时间正向启动运行，经 5 s 后稳定运行在 560 r/min 的转速上，此转速与 P1040 所设置的 20 Hz 对应。断开 X_2，变频器数字端口“6”为 OFF，电动机按 P1121 所设置的 5 s 斜坡下降时间停止运行。

（3）电动机的点动运行

① 正向点动运行：当按下带锁按钮 X_3 时，变频器数字端口“7”为 ON，电动机按 P1060 所设置的 5 s 点动斜坡上升时间正向启动运行，经 5 s 后稳定运行在 280 r/min 的转速上，此转速与 P1058 所设置的 10 Hz 对应。断开 X_3，变频器数字端口“7”为 OFF，电动机按 P1061 所设置的 5 s 点动斜坡下降时间停止运行。

② 反向点动运行：当闭合开关 X_4 时，变频器数字端口“8”为 ON，电动机按 P1060 所设置的 5 s 点动斜坡上升时间正向启动运行，经 5 s 后稳定运行在 280 r/min 的转速上，此转速与 P1059 所设置的 10 Hz 对应。断开开关 X_4，变频器数字端口“8”为 OFF，电动机按 P1061 所设置的 5 s 点动斜坡下降时间停止运行。

4. 电动机的速度调节

分别更改 P1040 和 P1058、P1059 的值，按上步操作过程，就可以改变电动机正常运行速度和正、反向点动运行速度。

5. 电动机实际转速测定

电动机运行过程中，利用转速测试表，可以直接测量电动机实际运行速度，当电动机处在空载、轻载或者重载时，实际运行速度会根据负载的轻重略有变化。

【思考题】

（1）电动机正转运行控制，要求稳定运行频率为 40 Hz，DIN3 端口设为在正转控制。画出变频器外部接线图，并进行参数设置、操作调试。

（2）利用变频器外部端子实现电动机正转、反转和点动的功能，电动机加减速时间为 4 s，点动频率为 10 Hz。DIN5 端口设为正转控制，DIN6 端口设为反转控制，进行参数设置、操作调试。

实验三　西门子 MM440 变频器模拟信号操作控制

【实验目的】

（1）掌握 MM440 变频器模拟信号改变输出频率的方法。

（2）掌握 MM440 变频器基本参数的输入方法。

（3）熟练掌握 MM440 变频器的运行操作过程。

【实验相关知识】

MM440 变频器可以通过 6 个数字输入端口对电动机进行正反转运行、正反转点动运行方向控制。可通过基本操作板，按频率调节按键增加和减少输出频率，从而设置正反向转速的大小。也可以由模拟输入端控制电动机转速的大小。本任务的目的就是通过模拟输入端的模拟量控制电动机转速的大小。

MM440 变频器的“1”“2”输出端为用户的给定单元提供了一个高精度的 + 10 V 直流稳压电源。可利用转速调节电位器串联在电路中，调节电位器，改变输入端口 AIN1 + 给定的模拟输入电压，变频器的输入量将紧紧跟踪给定量的变化，从而平滑无极地调节电动机转速的大小。

MM440 变频器为用户提供了两对模拟输入端口，即端口“3”“4”和端口“10”“11”，通过设置 P0701 的参数值，使数字输入“5”端口具有正转控制功能；通过设置 P0702 的参数值，使数字输入“6”端口具有反转控制功能；模拟输入“3”“4”端口外接电位器，通过“3”端口输入大小可调的模拟电压信号，控制电动机转速的大小。即由数字输入端控制电动机转速的方向，由模拟输入端控制转速的大小。

【实验设备】

西门子 MM440 变频器、小型三相异步电动机、电气控制柜、电工工具（1 套）、手持式数字转速表、多功能实验板（包括低压断路器、交流接触器、按钮开关等常用电器元件）、连接导线若干等。

【实验内容和步骤】

由外部端子控制实现电动机启动与停止功能，由模拟输入端输入可调模拟电压信号实现电动机转速的控制。

1. 接　线

变频器模拟信号控制接线如图 4-74 所示。检查电路正确无误后，合上主电源开关 QS。

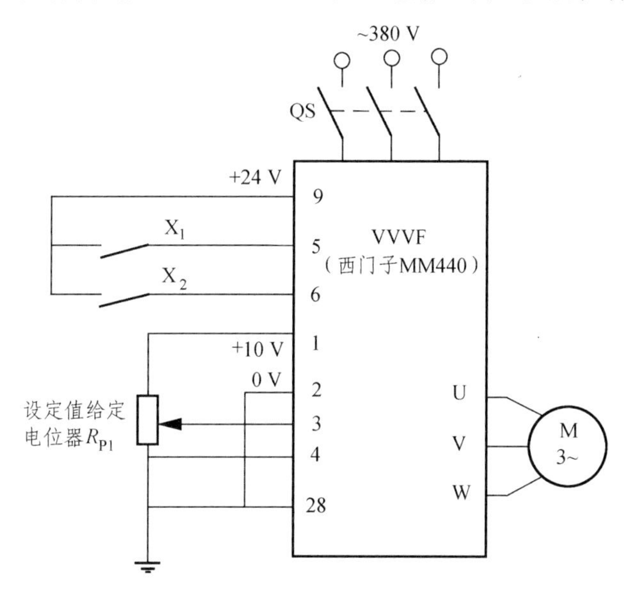

图 4-74　MM440 变频器模拟信号控制接线图

2. 参数设置

（1）恢复变频器工厂默认值，设定 P0010 = 30 和 P0970 = 1，按下“P”键，开始复位。

（2）根据电动机铭牌设置电动机的参数，电动机参数设置完成后，设 P0010 = 0，变频器当前处于准备状态，可正常运行。

（3）预置模拟信号控制模式参数，见表 4-19。

表 4-19　模拟信号控制参数设置

参数号	出厂值	设置值	说　明
P0003	1	1	设用户访问级为扩展级
P0004	0	7	命令和数字 I/O
P0700	2	2	命令源选择由外端子输入
P0701	1	1	ON 接通正转，OFF 停止
P0702	1	2	ON 接通反转，OFF 停止
P0004	0	10	设定值通道和斜坡函数发生器
P1000	2	2	频率设定值选择为模拟输入
P1080	0	0	电动机运行的最低频率（Hz）
P1082	50	50	电动机运行的最高频率（Hz）

3. 变频器运行操作

（1）电动机正转与调速。

闭合开关 X_1，数字输入端口 DINI 为“ON”，电动机正转运行，转速由外接电位器 R_{p1} 来控制，模拟电压信号在 0 ~ 10 V 变化，对应变频器的频率在 0 ~ 50 Hz 变化，对应电动机的转速在 0 ~ 1 500 r/min 变化。当断开 X_1 时，电动机停止运转。

（2）电动机反转与调速。

闭合开关 X_2 时，数字输入端口 DIN2 为“ON”，电动机反转运行，反转转速的大小由外接电位器来调节。当断开 X_2 时，电动机停止运转。

【思考题】

通过模拟输入端口“10”“11”，利用外部可调的模拟电压信号，控制电动机转速的大小。

实验四　西门子 MM440 变频器的多段速运行

【实验目的】

（1）掌握变频器多段速频率控制的方式。
（2）掌握变频器数字多功能端子的参数设置方法。
（3）熟练掌握变频器多段速运行的操作过程。

【实验相关知识】

由于现场工艺上的要求，很多生产机械在不同的转速下运行。为方便这种负载，大多数变频器提供了多挡频率控制功能。用户可以通过几个开关的通、断组合来选择不同的运行频率，实现不同转速下运行的目的。

多段速功能指用开关量端子选择固定频率的组合，实现电机多段速度运行。可通过如下 3 种方法实现：

1. 直接选择（P0701 ~ P0706 = 15）

在这种操作方式下，一个数字输入选择一个固定频率，端子与参数设置对应见表 4-20。这时数字量端子的输入不具备启动功能。

表 4-20　端子与参数设置对应表

端子编号	对应参数	对应频率设置值	说　明
5	P0701	P1001	1. 频率给定源 P1000 必须设置为 3。 2. 当多个选择同时激活时，选定的频率是它们的总和
6	P0702	P1002	
7	P0703	P1003	
8	P0704	P1004	
16	P0705	P1005	
17	P0706	P1006	

2. 直接选择 + ON 命令（P0701 ~ P0706 = 16）

在这种操作方式下，数字量输入既选择固定频率，又具备启动功能。

3. 二进制编码选择 + ON 命令（P0701 ~ P0704 = 17）

MM440 变频器的六个数字输入端口（DIN1 ~ DIN6），通过 P0701 ~ P0706 设置实现多频段控制。这时数字量输入既选择二进制编码固定频率，又具备启动功能，当有任何一个数字输入端口为高电平 1 时，电机启动，当所有数字量端口全都为 0 时，电动机停止运行。每一频段的频率分别由 P1001 ~ P1015 参数进行设置，最多可实现 15 频段控制，各个固定频率的数值选择见表 4-21。在多频段控制中，电动机的转速方向是由 P1001 ~ P1015 参数所设置的频率正负决定的。六个数字输入端口，哪一个作为电动机运行、停止控制，哪些作为多段频率控制，是可以由用户任意确定的，一旦确定了某一数字输入端口的控制功能，其内部的参数设置值必须与端口的控制功能相对应。

表 4-21　固定频率选择对应表

频率设定	DIN4（端子 8）	DIN3（端子 7）	DIN2（端子 6）	DIN1（端子 5）
P1001	0	0	0	1
P1002	0	0	1	0
P1003	0	0	1	1
P1004	0	1	0	0
P1005	0	1	0	1
P1006	0	1	1	0
P1007	0	1	1	1
P10018	1	0	0	0
P1009	1	0	0	1
P1010	1	0	1	0
P1011	1	0	1	1
P1012	1	1	0	0
P1013	1	1	0	1
P1014	1	1	1	0
P1015	1	1	1	1

【实验设备】

西门子 MM440 变频器、小型三相异步电动机、电气控制柜、电工工具（1 套）、手持式数字转速表、多功能实验板（包括低压断路器、交流接触器、按钮开关等常用电器元件）、连接导线若干等。

【实验内容和步骤】

实现 15 段固定频率控制，连接线路，设置功能参数，操作三段固定速度运行。

1. 接　线

按图 4-75 连接电路，检查线路正确后，合上变频器电源空气开关 QS。

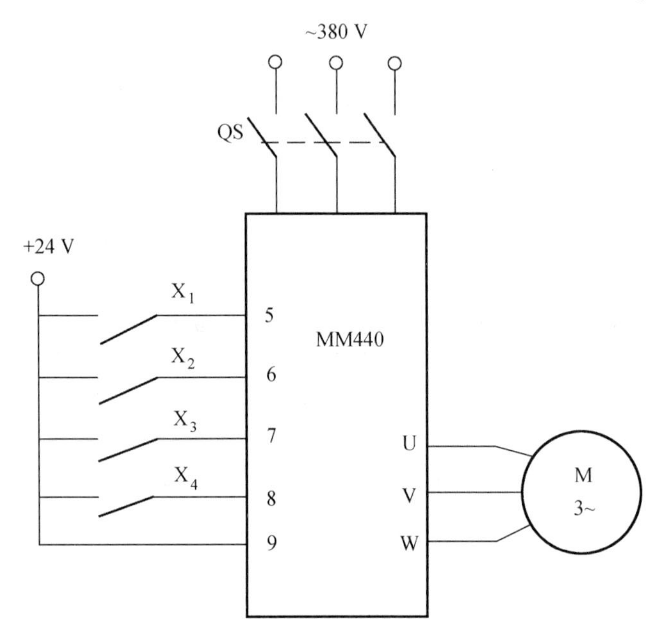

图 4-75　15 段固定频率控制接线图

2. 参数设置

（1）恢复变频器工厂缺省值，设定 P0010 = 30，P0970 = 1。按下“P”键，变频器开始复位到工厂缺省值。

（2）根据电动机铭牌设置电动机的参数。电动机参数设置完成后，设 P0010 = 0，变频器当前处于准备状态，可正常运行。

（3）设置变频器 15 段固定频率控制参数，见表 4-22。

表 4-22　变频器 15 段固定频率控制参数设置

参数号	出厂值	设置值	说　明
P0003	1	1	设用户访问级为扩展级
P0004	0	7	命令和数字 I/O
P0700	2	2	命令源选择由端子排输入
P0701	1	17	编码选择固定频率
P0702	1	17	编码选择固定频率
P0703	1	17	编码选择固定频率
P0704	1	17	编码选择固定频率

续表

参数号	出厂值	设置值	说　明
P0004	2	10	设定值通道和斜坡函数发生器
P1000	2	3	选择固定频率设定值
P1001	0	5	选择固定频率 1（Hz）
P1002	5	10	选择固定频率 2（Hz）
P1003	10	15	选择固定频率 3（Hz）
P1004	0	20	选择固定频率 4（Hz）
P1005	0	25	选择固定频率 5（Hz）
P1006	0	30	选择固定频率 6（Hz）
P1007	0	35	选择固定频率 7（Hz）
P1008	0	40	选择固定频率 8（Hz）
P1009	0	45	选择固定频率 9（Hz）
P1010	0	50	选择固定频率 10（Hz）
P1011	0	55	选择固定频率 11（Hz）
P1012	0	60	选择固定频率 12（Hz）
P1013	0	65	选择固定频率 13（Hz）
P1014	0	68	选择固定频率 14（Hz）
P1015	0	70	选择固定频率 15（Hz）

3. 变频器运行操作

（1）第 1 频段控制。当 X_1 接通、$X_2 \sim X_4$ 断开时，变频器数字输入端口“5”为“ON”，“6”“7”“8”端口为“OFF”，变频器工作在由 P1001 参数所设定的频率为 5 Hz 的第 1 频段上，电动机运行在由 5 Hz 频率决定的速度上。

（2）第 2 频段控制。当 X_1、X_3、X_4 按钮开关断开，X_2 按钮开关接通时，变频器数字输入端口“6”为“ON”，“5”“7”“8”端口为“OFF”，变频器工作在由 P1002 参数所设定的频率为 10 Hz 的第 2 频段上，电动机运行在由 10 Hz 频率决定的速度上。

（3）第 3 频段控制。当 X_1、X_2 按钮接通，X_3、X_4 按钮断开，变频器数字输入端口“5”“6”为“ON”，“7”“8”端口为“OFF”，变频器工作在由 P1003 参数所设定的频率为 15 Hz 的第 3 频段上，电动机运行在由 15 Hz 频率决定的速度上。

按表 19 对 $X_1 \sim X_4$ 进行操作（1 代表按钮闭合，0 代表按钮断开），可以得到 15 段运行速度。

（4）电动机停车。当 X_1、X_2、X_3 按钮开关都断开时，变频器数字输入端口“5”“6”“7”均为“OFF”，电动机停止运行。

15 个频段的频率值可根据用户要求的 P1001 ~ P1015 参数来修改。当电动机需要反向运行时，只要将向对应频段的频率值设定为负就可以实现。

【思考题】

用外接端子控制变频器实现电动机 12 段速频率运转。12 段速设置分别为：第 1 段输出频率为 5 Hz;第 2 段输出频率为 10 Hz;第 3 段输出频率为 15 Hz;第 4 段输出频率为 – 15 Hz;第 5 段输出频率为 – 5 Hz；第 6 段输出频率为 – 20 Hz；第 7 段输出频率为 25 Hz；第 8 段输出频率为 40 Hz；第 9 段输出频率为 50 Hz；第 10 段输出频率为 30 Hz；第 11 段输出频率为 – 30 Hz；第 12 段输出频率为 60 Hz。

思考与练习

1. 变频调速时，改变电源频率 f_1 的同时须控制电源电压 U_1，试说明其原因。
2. 说明 HXD_{1C} 型机车主传动系统的组成部分，并简要说明各种工况形式。
3. 分析交流牵引电机取代直流牵引电机的原因。
4. 说明什么是脉冲宽度调制技术？以三相桥式 SPWM 逆变电路为例，说明脉宽调制逆变电路调压调频的原理。
5. 什么是交流牵引异步电动机的机械稳定性与电气稳定性。
6. 变频器由哪几部分组成？各部分都具有什么功能？
7. 分析二点式与三点式逆变器的工作原理及应用场合。
8. 辅助逆变器与主牵引变流器在结构上有哪些区别？辅助逆变器的主要作用是什么？
9. 根据图 4-30，分析牵引变流器的工作原理。
10. 什么是基本 U/f 控制方式？为什么在基本 U/f 控制的基础上还要进行转矩补偿？转矩补偿分为哪几种类型？各在什么情况下应用？
11. 变频器的外控制端子中除了独立功能端子之外，还有多功能控制端子，多功能控制端子有什么优点？
12. 制动电阻如果因为发热严重而损坏，将会对运行中的变频器产生什么影响？为了使制动电阻免遭烧坏，采用了什么保护方法？

参考文献

[1] 徐立娟，张莹. 电力电子技术[M]. 北京：高等教育出版社，2006.
[2] 莫正康. 半导体变流技术[M]. 北京：机械工业出版社，2007.
[3] 王兆安，刘进军. 电力电子技术[M]. 北京：机械工业出版社，2009.
[4] 李雅轩，杨秀敏，李艳萍. 电力电子技术[M]. 北京：中国电力出版社，2007.
[5] 华平，唐春林. 城市轨道交通车辆电气控制[M]. 北京：中国铁道出版社，2011.
[6] 刘友梅. 韶山$_{6B}$型电力机车[M]. 北京：中国铁道出版社，2003.
[7] 刘喜全. 电力牵引传动及控制[M]. 北京：中国铁道出版社，2012.
[8] 张有松. 韶山$_4$型电力机车[M]. 北京：中国铁道出版社，2009.
[9] 李序葆，赵永键. 电力电子器件及其应用[M]. 北京：机械工业出版社，2003.
[10] 连级三. 电力牵引控制系统[M]. 北京：中国铁道出版社，2010.
[11] 周渊深，宋永安. 电力电子技术[M]. 北京：机械工业出版社，2005.
[12] 苏海滨. 电力电子技术[M]. 北京：高等教育出版社，2004.
[13] 黄家善. 电力电子技术[M]. 北京：机械工业出版社，2005.
[14] 刘毓敏，等. 实用开关电源维修技术[M]. 北京：高等教育出版社，2004.
[15] 李先允. 电力电子技术[M]. 北京：中国电力出版社，2006.
[16] 赵良炳. 现代电力电子技术基础[M]. 北京：清华大学出版社，1997.
[17] 林辉，王辉. 电力电子技术[M]. 武汉：武汉理工大学出版社，2002.
[18] 张一工，肖湘宁. 现代电力电子技术原理与应用[M]. 北京：科学出版社，2000.
[19] 林渭勋. 现代电力电子电路[M]. 杭州：浙江大学出版社，2002.